21世纪全国高职高专机电系列技能型规划教材·机械制造类

机械制图——基于工作过程
（第2版）

主　编　徐连孝
副主编　邢友强　陈善岭
参　编　肖国涛　陈秀云　王丽丽　王　冰
主　审　崔玉祥

北京大学出版社
PEKING UNIVERSITY PRESS

内容简介

本书内容包括绪论及9个学习模块：机械图样的认知与实践，绘制平面图形，绘制几何体的三视图，零件图绘制与识读，装配图识读，绘制与拆画零件图，零部件测绘，图档管理，制图员考证，机械制图基础知识。本书的开发以真实的产品为载体展开，载体的设计全面涵盖学生应知、应会的内容，载体顺序按照由简及繁、由易到难编排，巧妙将知识点、技能点贯穿其中，特别是引导任务中绘图步骤过程化，非常适合职业教育需求。

本书可作为高职高专机械类和近机械类各专业的通用教材，也可作为成人高校机械类和近机械类各专业的通用教材，还可供有关工程技术人员使用或参考。

图书在版编目(CIP)数据

机械制图：基于工作过程/徐连孝主编．—2版．—北京：北京大学出版社，2015.5
（21世纪全国高职高专机电系列技能型规划教材·机械制造类）
ISBN 978-7-301-25479-0

Ⅰ.①机… Ⅱ.①徐… Ⅲ.①机械制图——高等职业教育—教材 Ⅳ.①TH126

中国版本图书馆CIP数据核字(2015)第031885号

书　　　名	机械制图——基于工作过程（第2版）
著作责任者	徐连孝　主编
策划编辑	刘晓东
责任编辑	李娉婷
标准书号	ISBN 978-7-301-25479-0
出版发行	北京大学出版社
地　　　址	北京市海淀区成府路205号　100871
网　　　址	http://www.pup.cn　新浪微博：@北京大学出版社
电子信箱	pup_6@163.com
电　　　话	邮购部 62752015　发行部 62750672　编辑部 62750667
印　刷　者	北京虎彩文化传播有限公司
经　销　者	新华书店
	787毫米×1092毫米　16开本　30.25印张　711千字
	2011年1月第1版
	2015年5月第2版　2019年7月第3次印刷
定　　　价	62.00元

未经许可，不得以任何方式复制或抄袭本书之部分或全部内容。
版权所有，侵权必究
举报电话：010-62752024　电子信箱：fd@pup.pku.edu.cn
图书如有印装质量问题，请与出版部联系，电话：010-62756370

第 2 版前言

为了适应当前高职教育的发展,多年来,我们课题组成员通过大量的调查研究,从职业教育的视角,以实证研究的方式提炼归纳了机械类专业人才应具备的岗位职业能力,对其所包括的知识、技能、素质要求,进行了全面的梳理、分类、排序、重组,按照工作岗位的需求,构建了全新的"机械制图"课程知识体系,并于 2010 年暑假编写了校本教材,结合教师与学生的使用情况,在 2011 年、2012 年分别进行了两次校本教材修订,现再次修订,并由北京大学出版社出版,推向市场。

本书的编写理念主要包括如下几点。

(1) 遵循基于工作过程的"模块化"教学理念,以社会需要技能为编写导向,以实践能力的提高为编写目的。

(2) 注重培养学生的职业规范和综合职业素养。将规范教育作为教学内容的重中之重,并将其融入各个教学环节之中;注重培养学生的质量意识,即质量是做出来的而不是检验出来的。

(3) 注重充分调动学生的学习兴趣。高职学生普遍缺乏学习理论知识的热情,针对理论知识入门教学难的特点,编者提出一种以工作过程为导向、以引导任务为主体、以产品为载体的教学法,首先让学生按照任务书要求去完成引导任务,在做的过程中质疑、好奇并产生兴趣,提出问题;教师此时介入,系统讲解任务指导,在讲解的过程中引导学生总结任务中质疑的问题,进行总结归纳:如何解决问题?即讲授知识包;讲授知识包后重复完成原来的任务;最后完成多个实训,这些实训既包含对前述引导任务的重复,又有系统理论指导下的进一步实践及加深,达到强化训练的目的。整个过程按照"从实践中来,到实践中去"的思路展开,即"实践—理论—理论指导下的进一步实践",真正做到了"做中学、学中做、做中教、教中做",让学生首先"学得会",再逐步培养学生的学习兴趣,最终提高教学效果。

(4) 符合学生的认知规律。任务按照由简及繁、由易到难编排顺序,巧妙地将知识点、技能点贯穿其中,特别是任务中将绘图步骤过程化。

(5) 注重循序渐进的自主学习模式的构建。教学组织突破了以教师为主体的传统教学模式,基本实现了以学生为主体、以教师为主导、以任务为载体的教学模式。

(6) 注重培养学生的关键能力。将抽象的关键能力转变为可以操作的教学活动,如每一个任务配有三维图示、绘图的过程化,增强了直观性,便于学生看图、画图。

本书具有如下特点。

(1) 课程知识体系具有岗位适应性。围绕专业培养目标,以能力为本位,以工作过程为导向,以任务为主体,以产品为载体,通过对现代制造行业所涵盖的职业岗位进行工作任务和职业能力分析,逆推得到基于工作过程的课程知识体系,彻底打破了传统的课程知识体系,以真实的工作过程为依据,以"真实"产品为载体,对传统知识体系的知识点和技能点遵循"解构、重构、序化"的教学原则。

① 打破"机械制图"课程传统的知识体系,将"机械制图""测绘"课程有机整合,

按工作任务中的知识要求和技能要求，设置与工作任务相对应的学习内容，将理论教学与测绘实践教学有机地结合在一起，按认知规律，从简单到复杂，将各知识点遵循"解构、重构、序化"的教学原则融入机械图样中，强调"教、学、做"统一，以达到"在做中学，在学中做"的目的。

② 对教学资源与教师的教学提出相关的要求，将每个知识点放到相应的学习模块任务中，同时配有三维图示、绘图过程，增强了直观性，便于学生看图、画图。重视目标的培养和画图工作的过程化、规范化，注重加强学生读图能力与动手测绘能力的培养。

③ 案例、实训较多。本教材以"重实践，重技能，以能力为本位"为宗旨，以提高实际动手能力为目的，提供了许多典型实用的例子，以满足相关实训内容与要求。

④ 融入职业技能培训的内容。与企业共同开发教材，把相关职业资格证书对知识、技能和态度的要求融入课程教材中，有利于学生的职业能力培养。

⑤ 采用了最新国家制图标准，适用于生产实践。

⑥ 教材中设置的工作任务具有以下特性：完整性、涵盖性、典型性、可操作性、灵活性、可迁移性。

⑦ 每一个任务都配有实施评价项目表，便于学生自评。

（2）教学方案的设计具有岗位适应性。教学方案的设计兼顾了专业能力、社会能力、方法能力，同时考虑到了高职学生的生源特点，符合学生的认知规律，为学生的发展打下了全面的基础。

（3）教学模式具有岗位适应性。基于工作过程的教学实施过程按照"从实践中来，到实践中去"的思路进行，符合职业教育规律。过程评价激发了学生的团队意识、社会意识；自评和互评又是一个拾遗补缺、进一步提高的过程。

本书由山东信息职业技术学院徐连孝任主编，潍柴动力股份有限公司高级工程师邢友强、山东信息职业技术学院陈善岭任副主编，山东信息职业技术学院肖国涛、陈秀云、王丽丽、王冰参编。具体分工为：绪论，模块1、3、4、5、8、9由徐连孝编写；模块2中任务1、2由陈善岭编写；模块2中任务3由肖国涛编写；模块2中任务4由陈秀云编写；模块2中任务5由王冰编写；模块6由邢友强编写；模块7由王丽丽编写。全书由徐连孝负责统稿和定稿。

本书由崔玉祥担任主审，提出了很多宝贵的修改意见，在此表示衷心感谢！在近3年的教学改革与教材的编写过程中得到了学院各级领导与同行的大力支持，特别是张伟主任对教材内容安排提出了宝贵的建议，并大力支持本课程进行教学改革，还有刘萌萌、吴明迪等同学及有关企业领导和企业一线技术人员的大力支持，在此一并表示衷心的感谢！

由于时间仓促，书中难免存在疏漏和不妥之处，恳请读者批评指正。

编 者

2014年11月

目录

绪论 ·· 1
模块 1　机械图样的认知与实践 ·········· 3
　任务 1.1　机用虎钳机械图样的认知与
　　　　　　实践 ································ 4
　　1.1.1　任务书 ······························ 4
　　1.1.2　任务指导 ··························· 5
　　1.1.3　知识包 ······························ 7
　　1.1.4　技能实训 ························· 11
模块 2　绘制平面图形 ······················ 13
　任务 2.1　绘制垫圈 ························· 14
　　2.1.1　任务书 ···························· 14
　　2.1.2　任务指导 ························· 15
　　2.1.3　知识包 ···························· 16
　　2.1.4　技能实训 ························· 26
　任务 2.2　绘制六角开槽螺母 ············ 31
　　2.2.1　任务书 ···························· 31
　　2.2.2　任务指导 ························· 32
　　2.2.3　知识包 ···························· 33
　　2.2.4　技能实训 ························· 35
　任务 2.3　绘制拉楔 ························· 36
　　2.3.1　任务书 ···························· 36
　　2.3.2　任务指导 ························· 37
　　2.3.3　知识包 ···························· 39
　　2.3.4　技能实训 ························· 41
　任务 2.4　绘制手柄 ························· 43
　　2.4.1　任务书 ···························· 43
　　2.4.2　任务指导 ························· 44
　　2.4.3　知识包 ···························· 45
　　2.4.4　技能实训 ························· 49
　任务 2.5　徒手绘制垫块草图 ············ 54
　　2.5.1　任务书 ···························· 54
　　2.5.2　任务指导 ························· 54
　　2.5.3　知识包 ···························· 55
　　2.5.4　技能实训 ························· 57
模块 3　绘制几何体的三视图 ············ 58
　任务 3.1　绘制简单几何体的三视图 ···· 59
　　3.1.1　任务书 ···························· 59
　　3.1.2　任务指导 ························· 59
　　3.1.3　知识包 ···························· 61
　　3.1.4　知识拓展 ························· 81
　　3.1.5　技能实训 ························· 82
　任务 3.2　绘制基本几何体的三视图 ···· 83
　　3.2.1　任务书 ···························· 83
　　3.2.2　任务指导 ························· 84
　　3.2.3　知识包 ···························· 86
　　3.2.4　技能实训 ······················· 109
　任务 3.3　绘制组合几何体的三视图 ·· 111
　　3.3.1　任务书 ·························· 111
　　3.3.2　任务指导 ······················· 112
　　3.3.3　知识包 ·························· 115
　　3.3.4　技能实训 ······················· 136
　任务 3.4　绘制轴承座轴测图 ·········· 140
　　3.4.1　任务书 ·························· 140
　　3.4.2　任务指导 ······················· 142
　　3.4.3　知识包 ·························· 144
　　3.4.4　知识拓展 ······················· 152
　　3.4.5　技能实训 ······················· 156
模块 4　零件图绘制与识读 ············· 160
　任务 4.1　绘制轴承盖 ···················· 161
　　4.1.1　任务书 ·························· 161
　　4.1.2　任务指导 ······················· 162
　　4.1.3　知识包 ·························· 164
　　4.1.4　知识拓展 ······················· 208

4.1.5 技能实训 …………………… 218
任务 4.2 绘制蜗杆轴 …………………… 230
　　4.2.1 任务书 …………………… 230
　　4.2.2 任务指导 ………………… 231
　　4.2.3 知识包 …………………… 234
　　4.2.4 技能实训 ………………… 264
任务 4.3 绘制踏脚座 …………………… 279
　　4.3.1 任务书 …………………… 279
　　4.3.2 任务指导 ………………… 281
　　4.3.3 知识包 …………………… 285
　　4.3.4 知识拓展 ………………… 297
　　4.3.5 技能实训 ………………… 298
任务 4.4 绘制铣刀头座体 ……………… 306
　　4.4.1 任务书 …………………… 306
　　4.4.2 任务指导 ………………… 308
　　4.4.3 知识包 …………………… 311
　　4.4.4 技能实训 ………………… 315

模块 5　装配图识读、绘制与拆画零件图 …………………… 329

任务 5.1 识读滑动轴承装配图 ………… 330
　　5.1.1 任务书 …………………… 330
　　5.1.2 任务指导 ………………… 330
　　5.1.3 知识包 …………………… 332
　　5.1.4 技能实训 ………………… 350
任务 5.2 绘制球阀装配图 ……………… 352
　　5.2.1 任务书 …………………… 352
　　5.2.2 任务指导 ………………… 353
　　5.2.3 知识包 …………………… 358
　　5.2.4 技能实训 ………………… 363
任务 5.3 看齿轮油泵装配图及由齿轮油泵装配图拆画泵体零件图 ……………… 367
　　5.3.1 任务书 …………………… 367
　　5.3.2 任务指导 ………………… 368
　　5.3.3 知识包 …………………… 371
　　5.3.4 知识拓展 ………………… 386
　　5.3.5 技能实训 ………………… 394

模块 6　零部件测绘 …………………… 398

任务 6.1 齿轮油泵泵体的测绘 ………… 399
　　6.1.1 任务书 …………………… 399
　　6.1.2 任务指导 ………………… 400
　　6.1.3 知识包 …………………… 401
　　6.1.4 技能实训 ………………… 408
任务 6.2 机用虎钳的测绘 ……………… 411
　　6.2.1 任务书 …………………… 411
　　6.2.2 任务指导 ………………… 412
　　6.2.3 知识包 …………………… 412
　　6.2.4 技能实训 ………………… 414

模块 7　图档管理 ……………………… 421

7.1 图档管理工作任务 ………………… 422
　　7.1.1 管理知识 …………………… 422
　　7.1.2 图样的保管 ………………… 423
7.2 图纸制作过程 ……………………… 423
　　7.2.1 图纸打印 …………………… 423
　　7.2.2 图纸复制 …………………… 424
　　7.2.3 图纸修复 …………………… 424
7.3 图纸计算机辅助管理 ……………… 425
　　7.3.1 管理系统 …………………… 425
　　7.3.2 管理过程 …………………… 425
7.4 基本训练与检验 …………………… 425

模块 8　制图员考证 …………………… 426

模块 9　机械制图基础知识 …………… 430

9.1 填空题 ……………………………… 431
　　9.1.1 制图基础知识 ……………… 431
　　9.1.2 投影理论 …………………… 432
　　9.1.3 组合体的三视图 …………… 433
　　9.1.4 机件表达 …………………… 434
　　9.1.5 标准件与常用件 …………… 434
　　9.1.6 零件图和装配图 …………… 435
9.2 选择题 ……………………………… 436
　　9.2.1 选择一种正确的答案（制图基础知识） ………………… 436
　　9.2.2 选择一种正确的答案（投影基础知识） ………………… 438
　　9.2.3 选择一种正确的答案（描图基础知识） ………………… 438
　　9.2.4 选择一种正确的答案（轴测图基础知识） ……………… 439

9.2.5 选择一种正确的答案（齿轮图基础知识）………… 440
9.2.6 选择一种正确的答案（零件图草图的基础知识）………… 441
9.2.7 选择一种正确的答案（图档管理的基础知识）………… 441
9.2.8 选择一种正确的答案（立体表面点线面的位置判断）………… 443
9.2.9 选择正确的左视图（投影关系、截交线、相贯线）………… 448

附录 ……………………………………… 451

参考文献 ………………………………… 472

绪 论

"机械制图"是一门重要的专业基础课，它是研究如何运用正投影基本原理绘制和阅读机械工程图样的课程。本书编写的主要任务是培养学生的看图、画图和空间想象能力，达到教学大纲中对"机械制图"课程所提出的教学要求，使学生适应今后从事工程技术管理和操作工作的岗位需要。

1. 本课程的研究对象

图样是根据投影原理、标准或有关规定表示工程对象，并有必要的技术说明的图。它是制造机器、仪器和进行工程施工的主要依据。在机械制造业中，机器设备是根据图样加工制造的。如果要生产一部机器，首先必须画出表达该机器的装配图和所有零件的零件图，然后根据零件图制造出全部零件，再按装配图装配成机器。在工程技术中，人们通过图样来表达设计对象和设计思想。图样不单是指导生产的重要技术文件，而且是进行技术交流的重要工具。因此，图样是每一个工程技术人员必须掌握的"工程技术语言"。机械图样是准确地表达机件（机器或零、部件）的形状和尺寸以及制造和检验该机件时所需要的技术要求的图。机械制图是研究机械图样的绘制（画图）和识读（看图）规律与方法的一门学科。

图样具有形象性、直观性、准确性和简洁性等特点，使人们通过图样认识未知，探索真理，实现造型等功能理想。

2. 本课程的主要任务和要求

（1）掌握用正投影法图示空间物体的基本理论和方法。

（2）掌握正确地使用绘图仪器画图和徒手画图的方法，并具有较高的绘图技能和技巧。

（3）能根据国家标准的规定，运用所学的基本理论、基本知识和基本技能，绘制和识读中等复杂程度的零件图和装配图，并具有查阅有关标准及手册的能力。

（4）培养和发展学生的空间想象能力。

（5）培养学生耐心细致的工作作风和严肃认真的工作态度。

3. 本课程的学习方法及注意事项

本课程是一门既有系统理论，又比较注重实践的技术基础课。本课程的各部分内容既紧密联系，又各有特点。根据课程的学习要求及各部分内容的特点，这里简要介绍一下学习方法。

（1）准备一套合乎要求的制图工具，并认真预习和完成作业，按照正确的制图方法和步骤来画图。

（2）认真听课，及时复习，要掌握形体分析法、线面分析法和投影分析法，提高独立分析和解决看图、画图等问题的能力。对于从事机械制造工作的人员，正确地读懂图样是非常重要的。画图可以加深对制图规律和内容的理解，从而能够提高读图能力。同样只有对图样理解得好，才能又快又好地将其画出。

（3）在读图和画图的实践过程中，注意画图与看图相结合，物体与图样相结合，要多画多看，逐步培养空间逻辑思维与形象思维的能力。在学习中应注意养成认真负责、耐心细致、一丝不苟的优良作风，做到"三多""二勤""一善"，即：多看、多想、多画，勤问、勤改，善于总结。

（4）严格遵守机械制图的国家标准，并具备查阅有关标准和资料的能力。

4. 我国工程图学发展史简介

我国工程图学具有悠久的历史，早在公元前1059年的《尚书》一书中，就有工程中使用图样的记载。宋代（公元1100年）李诫所著《营造法式》一书，是世界上最早的一部建筑技术著作，其中大量的工程图样采用了正投影、轴测投影和透视图等画法。而法国人加斯帕拉·蒙日直到1795年才发表《画法几何》一书。这充分说明我国古代在工程图学方面已达到了很高水平。

20世纪50年代，我国著名学者赵学田教授简明而通俗地总结了三视图的投影规律为"长对正、高平齐、宽相等"，从而使工程图易学易懂。1959年，我国正式颁布《机械制图》国家标准，1970年、1974年、1984年相继做了必要的修订。为了适应各行业间及国际间的技术交流，1993年我国发布了各行业应共同遵守的国家标准《技术制图》，并对1984年颁布的《机械制图》国家标准逐步开始了全面的修订。这标志着我国工程图学已步入了一个新阶段。此外，我国在制图技术、图学教育方面也卓有成效。

5. 机械制图与计算机绘图

传统的机械制图讲述画图方法和标准，是采用尺规画图，随着计算机技术的发展，计算机绘图软件绘图逐步取代手工尺规画图，现代制造企业由手工向数字化发展，CAD——计算机辅助设计，CAPP——计算机辅助工艺规程，CAM——计算机辅助制造，最终实现图—数字化—无纸—数字电子传输—自动加工。计算机绘图一是准确，二是效率高，三是不打印图纸。但机械制图是基础，计算机绘图是工具，机械制图课程不但不能削弱或取消，还要加强徒手画图构图能力，特别是要增加切削造型动手实践能力环节。

6. 制图员考证

我国现已实行持证上岗的人力资源工作制度，目前我国已细分了职业大类，小类制图员技能证就是其中一个，学生在学习手工画图和计算机绘图后考中级或高级制图员证，有利于顶岗实习和就业，并为今后考技师奠定基础。

模块 1

机械图样的认知与实践

 模块描述

通过对机用虎钳的装拆实践及装配图、零件图(图 1.1、图 1.2、图 1.4、图 1.5)分析,达到如下目标。

- 对真实零、部件的认知。
- 对装配图的作用和内容的认知。
- 对零件图的作用和内容的认知。
- 掌握绘图工具及仪器的正确使用。

任务1.1 机用虎钳机械图样的认知与实践

1.1.1 任务书

1. 任务名称

机用虎钳。

2. 任务准备

(1) 机用虎钳实物与装配图、零件图各一份,如图1.1、图1.4、图1.5所示。

(2) 拆装工具。

(3) 绘图工具、绘图用品。

3. 任务要求

(1) 拆装工具使用正确、摆放整齐。

(2) 拆装顺序合理,零件摆放整齐、合理。

(3) 用A4幅面的图纸,竖放,抄画垫圈(二)平面图形。

4. 任务提交

垫圈(二)零件图、认知总结。

5. 评价标准

任务实施评价项目表

序号	评价项目	配分权重/(%)	实得分
1	能否正确使用手工绘图工具及仪器	70	
2	拆装工具使用正确、摆放整齐	10	
3	拆装顺序合理,零件摆放整齐、合理	10	
4	零部件拆装实践中能否细致耐心、严谨认真	10	

模块 1　机械图样的认知与实践

1.1.2　任务指导

图 1.1　机用虎钳轴测图

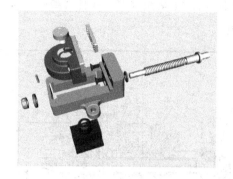

图 1.2　机用虎钳轴测分解图

1. 分析装配图

1）机用虎钳工作原理

机用虎钳是安装在机床工作台上，用于夹紧工件，以便进行切削加工的一种通用工具。该部件共有零件 11 种，其中标准件 2 种，非标准件 9 种，其装配示意图如图 1.3 所示。

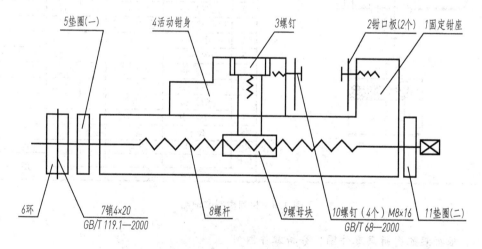

图 1.3　机用虎钳装配示意图

该机用虎钳有一条装配线，螺杆 8 与环 6 之间通过销 7 连接，螺杆 8 只能在固定钳座 1 上转动。活动钳身 4 的底面与固定钳座 1 的顶面相接触，螺母块 9 的上部装在活动钳身 4 的孔中，它们之间通过螺钉 3 固定在一起，而螺母块的下部与螺杆之间通过螺纹连接起来。当转动螺杆 8 时，通过螺纹带动螺母块 9 左右移动，从而带动活动钳身 4 左右移动，达到开、闭钳口夹持工件的目的。固定钳座 1 和活动钳身 4 上都装有钳口板 2，它们之间通过螺钉 10 连接起来，为了便于夹紧工件，钳口板 2 上应有滚花结构。

2）机用虎钳装拆顺序

如图 1.4 所示，机用虎钳的装拆顺序为：件 7 圆柱销→件 6 环→件 5 垫圈（一）→件 8 螺杆→件 11 垫圈（二）→件 3 螺钉→件 4 活动钳身→件 9 螺母块→件 10 螺钉→件 2 钳口板。

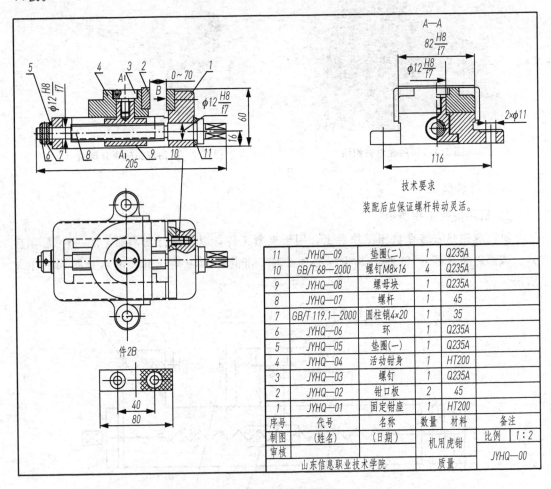

图 1.4 机用虎钳装配图

2. 根据装配图拆画零件图，分析零件图

由装配图拆画零件图简称拆图。拆图是设计工作中的一个重要环节，应在读懂装配图的基础上进行。

拆画垫圈（二），构思垫圈实体，如图 1.5 所示。

3. 活动安排

（1）由教师引导，学生拆装机用虎钳。

（2）由教师引导，学生分组讨论概括每类图样的特点。

（3）教师结合学生讨论的结果进行知识点的总结。

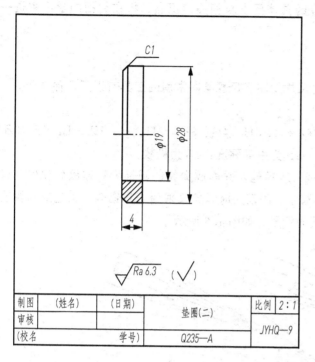

图 1.5 垫圈（二）零件图与轴测图

1.1.3 知识包

1. 软件知识包

1）装配图

（1）装配图的作用。一台机器或一个部件，都是由许多零件按一定的装配关系和技术要求装配而成。图 1.1 是机用虎钳的实物图，图 1.2 是机用虎钳轴测分解图，它是安装在机床上的一种夹具，由 11 个零件组成。图 1.4 是机用虎钳的装配图，它表达了机用虎钳的工作原理和装配关系。

（2）装配图的内容。由图 1.4 可见，一张完整的装配图应具备以下几方面内容：a. 一组视图；b. 必要的尺寸；c. 技术要求；d. 零件序号、明细栏和标题栏。

2）零件图

（1）零件图的作用。机器或部件都是由许多零件装配而成的，制造机器或部件必须首先制造零件。零件图是表示单个零件的图样，它是制造和检验零件的主要依据。零件图是生产中指导制造和检验该零件的主要图样，它不仅仅是把零件的内、外结构形状和大小表达清楚，还需要对零件的材料、加工、检验、测量提出必要的技术要求。零件图必须包含制造和检验零件的全部技术资料。

（2）零件图的内容。一张完整的零件图一般应包括以下几项内容，如图 1.5 所示：a. 一组图形；b. 完整的尺寸；c. 技术要求；d. 标题栏。

有关零件图与装配图的基本内容的具体要求与相关知识点，将在后面的学习中进一步了解掌握。

2. 硬件知识包

使用绘图工具和仪器绘图常称为尺规绘图。尺规绘图常用的工具有以下几种。

1）铅笔

铅笔分硬、中、软 3 种，标号有：6H、5H、4H、3H、2H、H、HB、B、2B、3B、4B、5B 和 6B 等 13 种。6H 为最硬，HB 为中等硬度，6B 为最软。

绘制图形底稿时，建议采用 H 或 2H 铅笔，并削成尖锐的圆锥形；描黑底稿时，建议采用 B 或 2B 铅笔，削成扁铲形；写字、画箭头时，建议采用 HB 铅笔。铅笔应从没有标号的一端开始使用，以便保留软硬的标号，如图 1.6 所示。

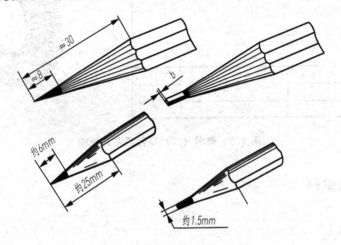

图 1.6　铅笔削法

2）图纸

绘图纸的质地坚实，用橡皮擦拭不易起毛。必须用图纸的正面画图。识别方法是用橡皮擦拭几下，不易起毛的一面即为正面。画图时，将丁字尺尺头紧靠图板，以丁字尺上缘为准，将图纸摆正，然后绷紧图纸，用胶带纸将其固定在图板上。当图幅不大时，图纸宜固定在图板的左下方，图纸下方留出足够放置丁字尺的地方。

3）图板

画图时，需将图纸平铺在图板上，所以，它是画图时的垫板，因此，要求图板表面光洁平整，四边平直且富有弹性。图板的左侧边称为导边，必须平直。常用的图板规格有 A0、A1 和 A2 三种。图纸在图板上固定如图 1.7 所示。

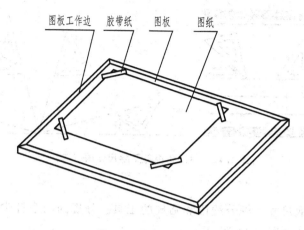

图 1.7 图板与贴图纸

4）丁字尺

丁字尺主要用于画水平线，它由尺头和尺身组成。尺头和尺身的连接处必须牢固，尺头的内侧边与尺身的上边（称为工作边）必须垂直。使用时，用左手扶住尺头，将尺头的内侧边紧贴图板的导边，上下移动丁字尺，自左向右可画出一系列不同位置的水平线，如图 1.8 所示。

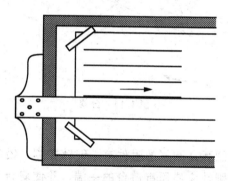

图 1.8 用图板和丁字尺作图

5）三角板

将三角板与丁字尺配合使用，可画出铅垂位置的直线和与水平线成 30°、45°、60° 的斜线；还可画出 15°、75° 等 15°角倍数的斜线，如图 1.9 和图 1.10 所示。

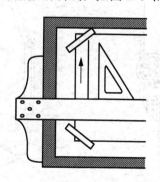

图 1.9 用三角板与丁字尺作图（一）

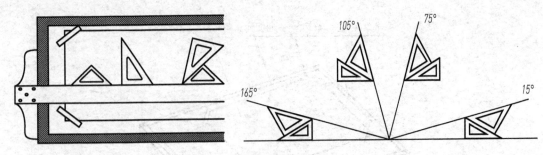

图 1.10　用三角板与丁字尺作图（二）

6）分规

分规是用来截取尺寸、等分线段和圆周的工具。分规的两个针尖并拢时应平齐。用分规截取尺寸的方法如图 1.11 所示。

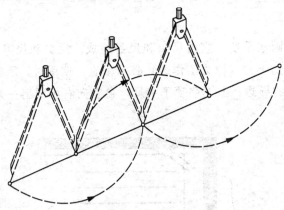

图 1.11　分规

7）圆规

圆规主要用来画圆或圆弧，圆规的附件有：钢针插脚、铅芯插脚、鸭嘴插脚和延伸插杆等。画图时，圆规的刚针应使用有肩台的一端，并使肩台与铅心尖平齐。圆规的使用方法如图 1.12 所示。

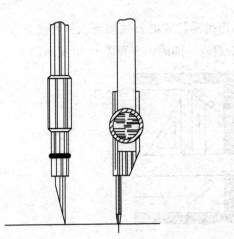

图 1.12　圆规

8）其他绘图用品

除上述工具外，绘图时，还需要用胶带纸、毛刷、橡皮、小刀、擦图片及各种模板等工具。

1.1.4 技能实训

1. 实训名称

垫圈（一）。

2. 实训内容

如图 1.13 所示。

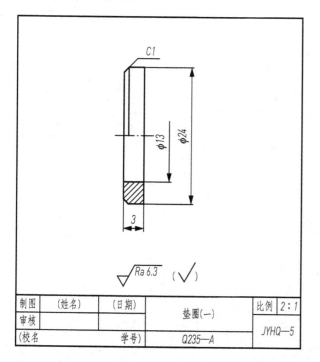

图 1.13 垫圈（一）零件图与轴测图

3. 实训目的

（1）初步掌握绘图工具和仪器的正确使用方法。
（2）增加对实践课的感性认识。

4. 实训要求

（1）参照任务指导，初步了解垫圈零件。
（2）用 A4 幅面的图纸，竖放，抄画垫圈（一）零件图。
（3）树立严肃认真，一丝不苟的工作作风和良好的绘图习惯。

5. 实训提示

(1) 绘制图形底稿时，建议采用 H 或 2H 铅笔，并削成尖锐的圆锥形；描黑底稿时，建议采用 B 或 2B 铅笔，削成扁铲形；写字、画箭头时，建议采用 HB 铅笔。

(2) 汉字应写成长仿宋体。

模块 2

绘制平面图形

模块描述

通过分析简单的平面图形垫圈、六角开槽螺母、拉楔、手柄、垫块（图 2.1、图 2.20、图 2.23、图 2.29、图 2.35）的工作过程，达到如下目标。

• 初步树立标准化意识，能熟悉掌握国家标准《技术制图》和《机械制图》中关于图幅、格式、比例、字体、图线及尺寸注法等基本规定，并在绘图、读图中正确运用。

• 熟练绘制平面图形。

任务2.1 绘制垫圈

2.1.1 任务书

1. 任务名称

垫圈。

2. 任务准备

(1) 绘图工具、绘图用品。

(2) 垫圈实物及平面图,如图2.1所示。

3. 任务要求

(1) 用A4幅面的图纸,竖放,比例1∶1,抄注尺寸。

(2) 遵守国家标准中图幅、比例、字体、图线、尺寸标注的有关规定,作图正确,线型规范,字体工整,连接光滑,图面整洁,不得任意变动。

4. 任务提交

图纸。

5. 评价标准

任务实施评价项目表

序号	评价项目	配分权重/(%)	实得分
1	图纸幅面及格式与标题栏位置是否正确合理	10	
2	字体书写的规范程度	20	
3	图线是否正确绘制和运用	40	
4	尺寸标注是否符合标准规定	30	

2.1.2 任务指导

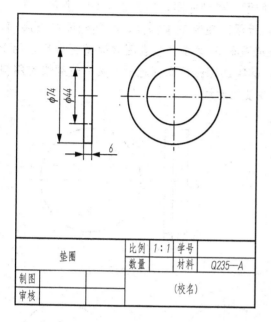
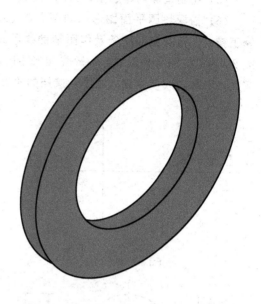

图 2.1　垫圈平面图与轴测图

1. 准备工作

（1）准备绘图工具和用品。

（2）分析图形的尺寸及其线段。

（3）根据图形大小，确定比例，选用图幅、固定图纸。

根据垫圈的尺寸，确定比例为 1∶1，选用 A4 图幅，将图纸竖放固定在图板上。

（4）拟订具体的作图顺序。

2. 绘制图形

（1）绘制 A4 图纸边框线、图框线，如图 2.2（a）、(b) 所示。

（2）在图框线的右下角绘制标题栏，如图 2.2（c）所示。

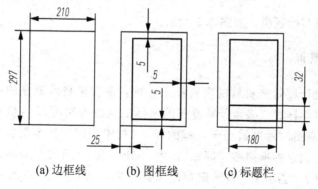

(a) 边框线　　(b) 图框线　　(c) 标题栏

图 2.2　A4 图纸图框、标题栏格式

(3) 在图框线中绘制垫圈的点画线,如图 2.3 (a) 所示。

(4) 绘制垫圈外轮廓图,如图 2.3 (b) 所示。

(5) 绘制垫圈内轮廓图,如图 2.3 (c) 所示。得到底图,如图 2.3 (d) 所示。

(6) 描深垫圈平面图形,如图 2.3 (e) 所示。在铅笔描深前,必须全面检查底稿,修正错误,把画错的线条及作图辅助线用软橡皮轻轻擦净。检查图样完整无误后,用 B 或 2B 铅笔描深各种图线,一般先加深图形,其次加深图框和标题栏。其中轮廓线使用粗实线,对称轴线使用细点画线,遮挡的轮廓线使用虚线。

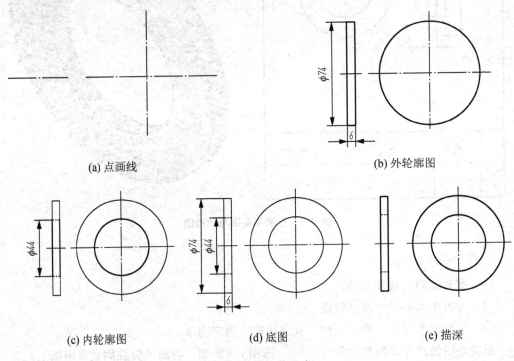

图 2.3 垫圈的画法

3. 尺寸标注

标注垫圈尺寸,如图 2.1 所示。

4. 填写标题栏

用 HB 铅笔填写标题栏,如图 2.1 所示。

2.1.3 知识包

机械图样是设计和制造机械的重要技术文件,是交流技术思想的一种工程语言。因此,在设计和绘制图样时,必须严格遵守国家标准《技术制图》、《机械制图》和有关的技术标准。《机械制图》标准适用于机械图样,《技术制图》标准则普遍适用于工程界各种专业技术图样。国家标准简称"国标",用"GB"或"GB/T"表示。其中,"GB"表示强制性国家标准,"GB/T"表示推荐性国家标准,如 GB/T 14691—1993 为字体的标准,其中 14691 为发布顺序号,1993 是发布年号。

1. 图纸幅面及格式（GB/T 14689—2008）

1）图纸幅面

图纸幅面指的是图纸宽度与长度组成的图面。绘制图样时应优先采用表 2-1 所规定的基本幅面，必要时，也允许加长幅面，加长幅面尺寸是由基本幅面的短边成整数倍增加后得出的。绘图时图纸可以横放或竖放。

表 2-1　图纸基本幅面尺寸

幅面代号	A0	A1	A2	A3	A4
$B×L$	841×1189	594×841	420×594	297×420	210×297
a	25				
c	10			5	
e	20		10		

2）图框格式

图纸上限定绘图区域的线框称为图框，分为不留装订边和留装订边两种。同一产品的图样只能采用同一种格式。图框线用粗实线画出。图 2.4（a）、(b) 为留有装订边，而图 2.5（a）、(b) 则为不留装订边的图框格式。图 2.4（a）为横装（X），图 2.4（b）为竖装（Y），图纸可横装或竖装，一般采用 A4 竖装或 A3 横装。

3）标题栏

标题栏位于图纸的右下角，底边与下图框线重合，右边与右图框线重合。它是由名称、代号区、签字区、更改区和其他区域组成的栏目。标题栏的基本要求、内容、尺寸和格式在国家标准 GB/T 10609.1—2008《技术制图 标题栏》中有详细规定。各单位亦可以有自己的格式，具体格式如图 2.6 所示。在校学生绘图时，推荐按照图 2.7 格式绘制。

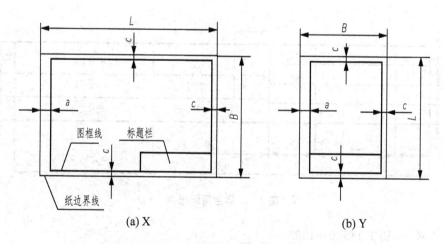

图 2.4　留有装订边图框格式

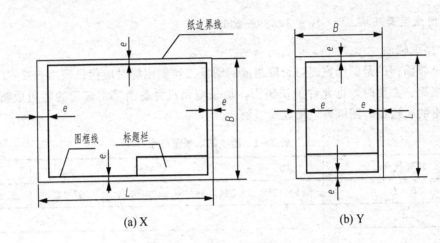

图 2.5 不留装订边图框格式

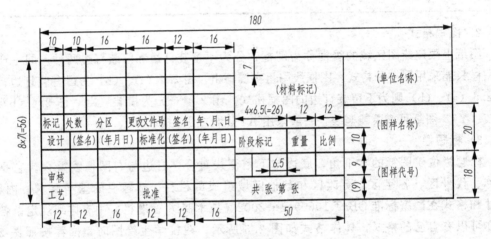

图 2.6 标题栏

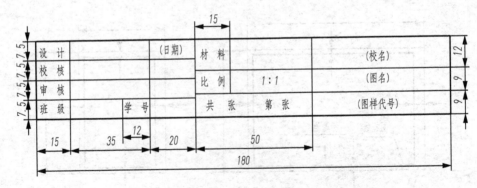

图 2.7 学生用标题栏

2. 比例（GB/T 14690—1993）

比例是指图形与其实物相应要素的线性尺寸之比。比例有原值比例、放大比例、缩小比例 3 种。

原值比例：比值为1的比例，即1∶1。
放大比例：比值大于1的比例，如2∶1等。
缩小比例：比值小于1的比例，如1∶2等。

绘图时尽量采用1∶1的比例。国家标准 GB/T 14690—1993《技术制图 比例》中对比例的选用作了规定。同一张图纸上，各图比例相同时，在标题栏中标注即可，采用不同的比例时，应分别标注。绘图时可采用表2-2中的规定比例。

表2-2 绘图比例

种 类	比 例
原值比例	1∶1
放大比例	2∶1 (2.5∶1) (4∶1)　5∶1　$1×10^n∶1$　$2×10^n∶1$　$(2.5×10^n)∶1$　$(4×10^n∶1)$　$5×10^n∶1$
缩小比例	(1∶1.5) 1∶2 (1∶2.5) (1∶3) (1∶4) 1∶5 (1∶6) 1∶10 (1∶1.5×10^n) 1∶2×10^n (1∶2.5×10^n) (1∶3×10^n) (1∶4×10^n) 1∶5×10^n (1∶6×10^n) 1∶10×10^n

注：n 为正整数，优先选用无括号的比例。

特别提示

标注比例时，一般标注在标题栏内，如1∶1、1∶2等，必要时可注写在视图下方和右侧。但不论采用哪种比例绘图，尺寸数值均应按零件的实际尺寸值标注，与图形的比例无关，如图2.8所示。

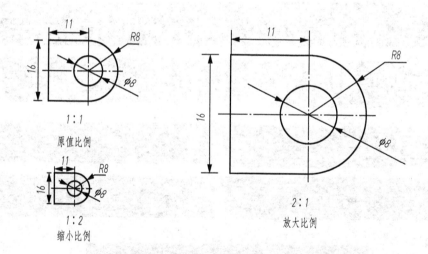

图2.8 用不同比例绘制同一图形

3. 字体（GB/T 14691—1993）

国家标准 GB/T 14691—1993《技术制图 字体》规定，图样中书写的汉字、数字、字母必须做到：字体端正、笔画清楚、排列整齐、间隔均匀。

字体的大小以号数表示，字体的号数就是字体的高度（单位为 mm）。字体高度（用 h 表示）的尺寸系列为：1.8、2.5、3.5、5、7、10、14、20。字体高度按 $\sqrt{2}$ 的比率递增。

1) 汉字

汉字应写成长仿宋体，并应采用国家正式公布的简化字。长仿宋体的书写要领是：横平竖直、注意起落、结构均匀、填满方格。汉字的高度 h 不应小于 3.5mm，其字宽一般为 $h/\sqrt{2}$，如图 2.9 所示。

图 2.9　长仿宋字书写示例

2) 字母和数字

字母和数字分为 A 型和 B 型，A 型字体的笔画宽度为字高的 1/14，B 型字体的笔画宽度为字高的 1/10。

字母有拉丁字母和希腊字母；数字有阿拉伯数字和罗马数字。字母和数字可写成斜体和直体，一般采用斜体，即字头向右倾斜，与水平线约 75°。在同一图样上，只允许选用一种字体。其书写示例字母如图 2.10、数字如图 2.11 所示。

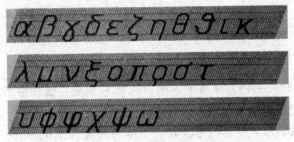

图 2.10　字母书写示例

图 2.11 数字书写示例

数字和字母的字高应不少于 2.5mm。斜体字的高度与宽度应与相应的直体字相等。

3）其他符号

（1）用作指数、分数、极限偏差、注脚等的数字及字母，一般应采用小一号的字体，如图 2.12 所示。

（2）图样中的数学符号、物理量符号、计量单位符号及其他符号、代号，应分别符合相应的规定。

$$R3 \quad C2 \quad M24\text{-}6H \quad \phi 60H7 \quad \phi 30g6$$

$$\phi 20^{+0.021}_{0} \quad \phi 25^{-0.007}_{-0.020} \quad \phi 235 \quad HT200$$

图 2.12 其他符号书写示例

4. 图线（GB/T 17450—1998、GB/T 4457.4—2002）

1）图线型式及应用

图样中的图形是由各种图线组成的。国家标准对图线的名称、型式、线宽、应用等作了相关规定，见表 2-3，应用示例如图 2.13 所示。

表 2-3 图线的型式和用途

图线名称	图线型式	图线宽度	图线应用举例（图 2.13）
粗实线	 ————————	d	可见轮廓线、可见过渡线、相贯线、螺纹牙顶线、齿顶圆（线）、剖切符号用线等
虚线	 — — — — — —	约 $d/2$	不可见轮廓线；不可见过渡线
细实线	————————	约 $d/2$	尺寸线、尺寸界线、剖面线、重合断面的轮廓线及指引线、螺纹牙底线、齿根线等
波浪线	 ∼∼∼∼∼∼	约 $d/2$	断裂处的边界线等
双折线	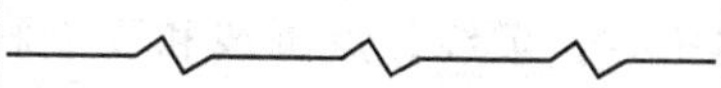 ⌐⌐⌐⌐⌐	约 $d/2$	断裂处的边界线

续表

图线名称	图线型式	图线宽度	图线应用举例（图2.13）
细点画线	—— · —— · —— · ——	约 $d/2$	轴线、对称中心线、分度圆（线）、剖切线、孔系分布的中心线等
粗点画线	—— · —— · —— · ——	d	限定范围表示线
双点画线	—— ·· —— ·· —— ·· ——	约 $d/2$	极限位置的轮廓线、相邻辅助零件的轮廓线、假想投影轮廓线等
粗虚线	— — — — — — —	d	允许表面处理的表示线

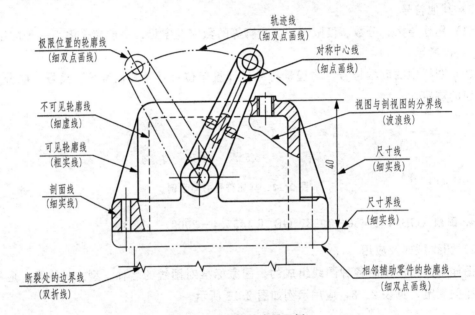

图 2.13 图线的应用示例

2）图线宽度

机械图样用图线宽度分粗细两种，用 d 表示粗线的线宽代号，细线的宽度一般为 $d/2$。粗线的宽度一般按图样的大小和复杂程度在 0.13～2mm 之间选择。图线宽度 d 的推荐系列为：0.13、0.18、0.25、0.35、0.5、0.7、1、1.4、2mm，其中粗线宽度可在表 2-4 中选择，优先采用 0.5 mm 或 0.7 mm 的线宽。

表 2-4 线宽组   （单位：mm）

粗线的宽度系列	0.25	0.35	0.5	0.7	1	1.4	2.0
对应细线的宽度系列	0.13	0.18	0.25	0.35	0.5	0.7	1

3）图线的画法

图线的画法如图 2.14 所示。

(1) 同一图样中，同类图线的宽度应基本一致。虚线、点画线和双点画线的线段长度和间隔应各自大致相等。

（2）点画线和双点画线的首末两端应是线段而不是短画，同时其两端应超出图形的轮廓线 3～5mm。

（3）两条平行线之间的距离应不小于粗实线的两倍宽度，其最小距离不得小于 0.7mm。

（4）绘制圆的对称中心线时，圆心应为线段的交点，且对称中心线的两端应超出圆弧 2～5mm，在较小的图形上绘制点画线或双点画线有困难时，可用细实线代替。

（5）虚线及点画线与其他图线相交时，都应以线段相交，不应在空隙或短画处相交；当虚线是粗实线的延长线时，粗实线应画到分界点，而虚线应留有空隙。

（6）图线不得与文字、数字或符号重叠、混淆，不可避免时，应首先保证文字等的清晰。

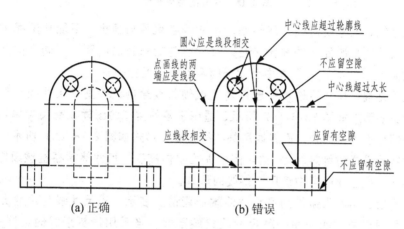

图 2.14　绘制图线应注意的问题

5. 尺寸注法（GB/T 4458.4—2003）

图形只能表示物体的形状，而其大小则由标注的尺寸确定。标注尺寸时应做到正确、齐全、清晰，严格遵守国家标准有关尺寸标注的规定。

1) 基本规则

（1）机件的真实大小应以图样上所注的尺寸数值为依据，与图形的大小及绘图的准确度无关。

（2）图样中的尺寸，以 mm 为单位时，不需标注计量单位的代号或名称，如采用其他单位，则必须注明相应的计量单位的代号或名称。

（3）图样中所注尺寸是该图样所示机件最后完工时的尺寸，否则应另加说明。

（4）机件的每一尺寸一般只标注一次，并应标注在反映该结构最清晰的图形上。

2) 尺寸的组成

一个完整的尺寸应由尺寸界线、尺寸线、尺寸终端和尺寸数字 4 个要素组成，如图 2.15 所示。

（1）尺寸界线。尺寸界线用细实线绘制，并应由图形的轮廓线、轴线或对称中心线处引出。也可利用轮廓线、轴线或对称中心线作尺寸界线。尺寸界线一般应与尺寸线垂直，并超出尺寸线终端 2mm 左右。

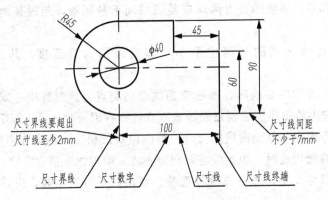

图 2.15 尺寸的组成要素

（2）尺寸线。尺寸线用细实线绘制。尺寸线必须单独画出，不能与图线重合或在其延长线上。尺寸线与所标注的线段平行。尺寸线与轮廓线的间距、相同方向上尺寸线之间的间距应大于 7mm。同一图样中尺寸线间距大小应保持一致。

（3）尺寸终端。尺寸线终端一般用箭头或细斜线绘制，并画在尺寸线与尺寸界线的相交处。箭头的形式如图 2.16（a）所示，适用于各种类型的图样，箭头尖端与尺寸界线接触，不得超出也不得离开；而斜线用细实线绘制，形式如图 2.16（b）所示，其倾斜方向应以尺寸线为准逆时针旋转 45°角，图中 h 为字体高度。尺寸终端在机械图样中一般采用箭头的形式，在土建图样中使用细斜线的形式。

半径、直径、角度与弧长的尺寸线终端应用箭头表示。当尺寸线与尺寸界线互相垂直时，同一张图样中只能采用一种尺寸线终端形式。当采用箭头形式时，同一图样上，箭头大小要一致，不随尺寸数值大小的变化而变化，而且在没有足够位置的情况下，允许用圆点或斜线代替箭头，见表 2-5。当尺寸线终端采用细斜线形式时，尺寸线与尺寸界线必须相互垂直。

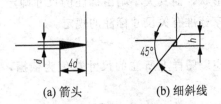

(a) 箭头　　　　(b) 细斜线

图 2.16 尺寸线的终端形式

（4）尺寸数字。尺寸数字表示所注尺寸的数值。

特别提示

（1）国家标准规定图样上标注的尺寸一律用阿拉伯数字标注其实际尺寸，它与绘图所用比例及准确程度无关，应以尺寸数字为准，不得从图上直接量取。

（2）线性尺寸数字一般标注在尺寸线的上方、左侧或中断处。在同一张图样上注写的尺寸数字字高应保持一致，位置不够时可引出标注。

（3）尺寸数字一般注写在尺寸线的中部。尺寸数字的注写基本规定为：水平方向的尺寸数字字头向上，铅垂方向的尺寸数字字头向左，倾斜方向的尺寸数字字头偏向斜上方，并应尽量避免在图示 30°的范围内标注尺寸,详见表 2-5。

(4) 在图样中,尺寸数字不可被任何图形所通过。当不可避免时,图线必须断开。

3) 尺寸的注法

线性尺寸、圆及圆弧尺寸、角度及其他注法见表 2-5。

表 2-5 常用尺寸注法

标注内容		示 例	说 明
线性尺寸		方法1:  (a) 　　(b) 方法2: 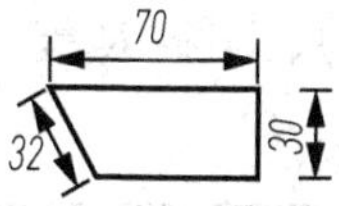 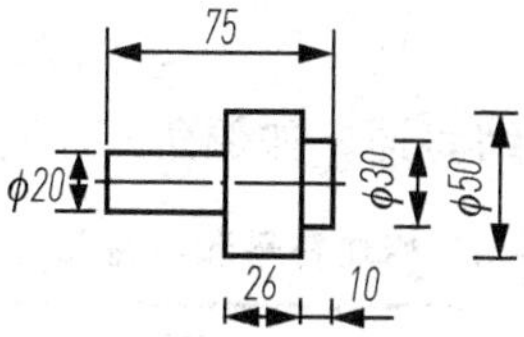	(1) 尺寸数字一般应标注在尺寸线的上方,也允许标注在尺寸线的中断处; (2) 线性尺寸数字的方向一般应采用以下所述的第 1 种方法标注。在不致引起误解时,也允许采用第 2 种方法。在一张图样中,应尽可能采用同一种方法; 方法 1:数字应按图(a)所示的方向标注,并尽可能避免在图示 30°范围内标注,若无法避免时,可按图(b)的形式标注; 方法 2:非水平方向上的尺寸,其数字可水平标注在尺寸线的中断处; (3) 尺寸数字不可被任何图线所通过,否则必须将该图线断开
圆弧	直径尺寸	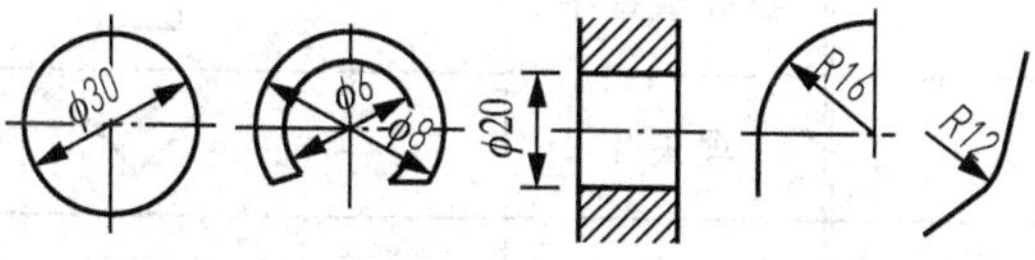	标注圆或大于半圆的圆弧时,尺寸线通过圆心,以圆周为尺寸界线,尺寸数字前加注直径符号"ϕ"
	半径尺寸		标注小于或等于半圆的圆弧时,尺寸线自圆心引向圆弧,只画一个箭头,尺寸数字前加注半径符号"R"
大圆弧			当圆弧的半径过大或在图纸范围内无法标注其圆心位置时,可采用折线形式,若圆心位置不需注明,则尺寸线可只画靠近箭头的一段

续表

标注内容	示 例	说 明
小尺寸	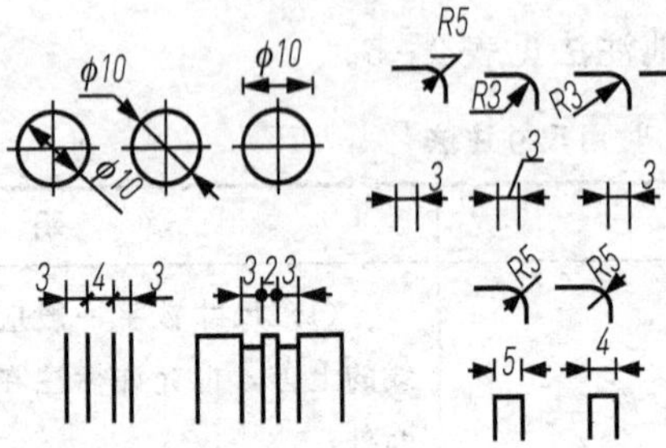	对于小尺寸,在没有足够的位置画箭头或注写数字时,箭头可画在外面,或用小圆点代替两个箭头;尺寸数字也可采用旁注或引出标注
角度	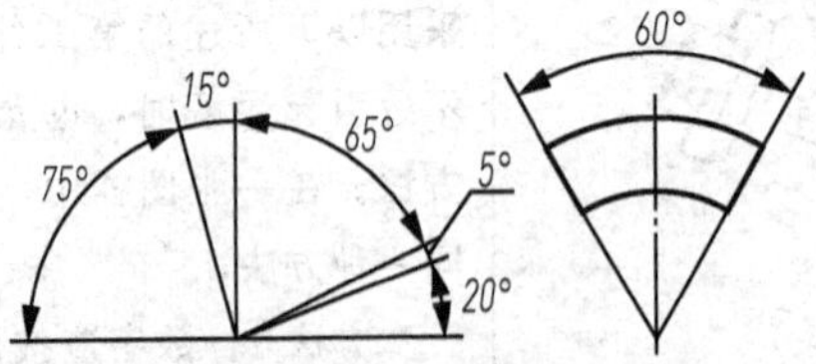	(1) 角度的数字一律水平填写; (2) 角度的数字应写在尺寸线的中断处,必要时允许写在外面或引出标注; (3) 角度的尺寸界线必须沿径向引出

4) 尺寸简化标注

标注尺寸时尽量采用标注符号和缩写词,如倒角 C、直径 ϕ、半径 R 等,见表 2-6。

表 2-6 标注符号和缩写词

名称	符号和缩写词	名称	符号和缩写词
直径	ϕ	45°倒角	C
半径	R	深度	↓
球直径	$S\phi$	沉孔或锪平	⊔
球半径	SR	埋头孔	∨
厚度	t	均布	EQS
正方形	□		

2.1.4 技能实训

实训 1

1. 实训名称

垫圈。

2. 实训内容

如图 2.17 所示。

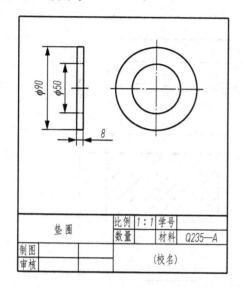

图 2.17 垫圈平面图与轴测图

3. 实训目的

(1) 掌握绘图工具和仪器的正确使用，熟悉制图标准流程。
(2) 熟悉有关图幅及格式、比例、字体、图线的制图标准。
(3) 增加对实践课的感性认识。

4. 实训要求

(1) 用 A4 幅面的图纸竖放，比例 1∶1，抄注尺寸。
(2) 遵守国家标准中图幅、比例、字体、图线、尺寸标注的有关规定。
(3) 树立严肃认真，一丝不苟的工作作风和良好的绘图习惯。

5. 实训提示

(1) 参照任务指导。
(2) 建议采用 HB 铅笔。铅笔应从没有标号的一端开始使用，以便保留软硬的标号。
(3) 汉字应写成长仿宋体。

实训 2

1. 实训名称

图线。

2. 实训内容

如图 2.18 所示。

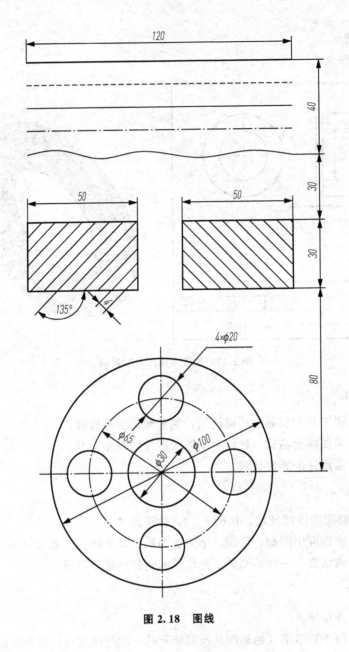

图 2.18　图线

3. 实训目的

(1) 熟悉有关图幅及格式、比例、字体、图线的制图标准。
(2) 掌握绘图仪器及工具的正确使用。
(3) 增加对实践课的感性认识。

4. 实训要求

(1) 用 A4 幅面的图纸竖放,比例 1∶1,抄注尺寸。
(2) 遵守国家标准中图幅、比例、字体、图线、尺寸标注的有关规定,作图正确,线型规范,字体工整,连接光滑,图面整洁,不得任意变动。

(3) 同类图线全图粗细一致。

(4) 树立严肃认真,一丝不苟的工作作风和良好的绘图习惯。

5. 实训提示

(1) 鉴别图纸正反面后绘图。

(2) 用粗实线画出图框线及标题栏。

(3) 图面布置要均匀,作图要准确。

(4) 按题图所给尺寸画底图,然后按图线标准加深,抄注尺寸,最后加深图框线和填写标题栏。

(5) 尺寸数字用 3.5 号字书写。标题栏中,图名、校名用 10 号字书写,其余用 5 号字书写。日期用阿拉伯数字书写。

实训 3

1. 实训名称

比例。

2. 实训内容

如图 2.19 所示。

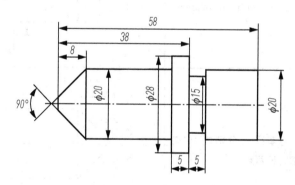

图 2.19 小轴平面图

3. 实训目的

(1) 采用合适的比例绘制小轴的平面图形。

(2) 贯彻国家标准规定的尺寸注法。

4. 实训要求

(1) 用 A4 幅面的图纸竖放,比例 2∶1,抄注尺寸。

(2) 符合国家制图标准中关于比例、线性尺寸和度数尺寸标注的有关规定。

(3) 全图中箭头大小一致、同类图线粗细一致。

5. 实训提示

(1) 如图 2.19 所示,因小轴的尺寸较小,为清晰反映出小轴形状和尺寸标注,可采用 2∶1 的比例作图，作图参考步骤见表 2-7。

(2) 线性尺寸按放大的倍数绘制，角度按原数值绘制。

(3) 抄注全部尺寸。

(4) 按要求填写标题栏。

表 2-7 小轴作图步骤

步骤与方法	图 例
1. 作基准线 作出轴向基准线 A 和径向基准线 B	
2. 截取线性尺寸（线性尺寸均乘 2） 在基准线 B、A 上分别截取标注尺寸 2 倍的长度方向尺寸 8mm、38mm、58mm、5mm、5mm 和径向尺寸 φ20mm、φ28mm、φ15mm、φ20mm	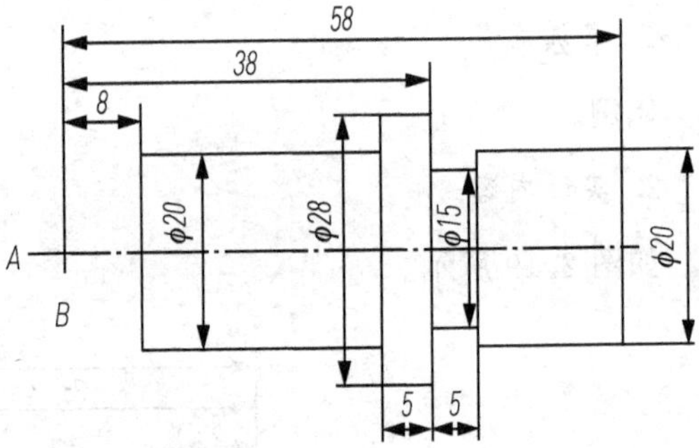
3. 截取角度尺寸 过 C、D 点作两斜线，与基准 A 分别成 45°夹角，并交基准线 B 于 E、F 两点	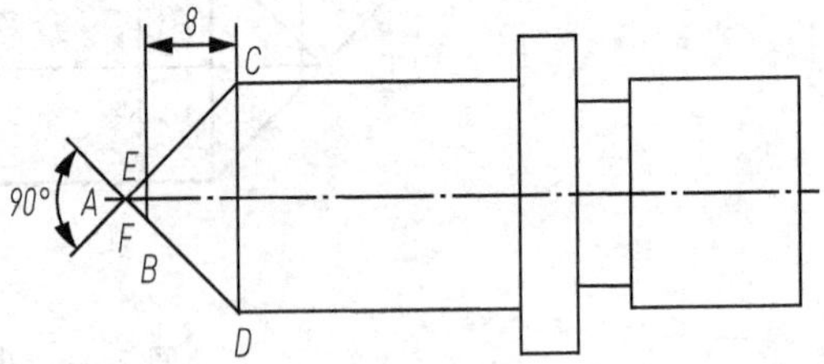
4. 检查，按规定线型加深图线，标注尺寸数字 注意： (1) 线性尺寸数字一般注写在尺寸线的上方或左侧； (2) 当轴线与尺寸数字相交时，应将轴线断开； (3) 角度的数字一律水平填写； (4) 角度的数字应写在尺寸线的中断处，必要时允许写在外面或引出标注	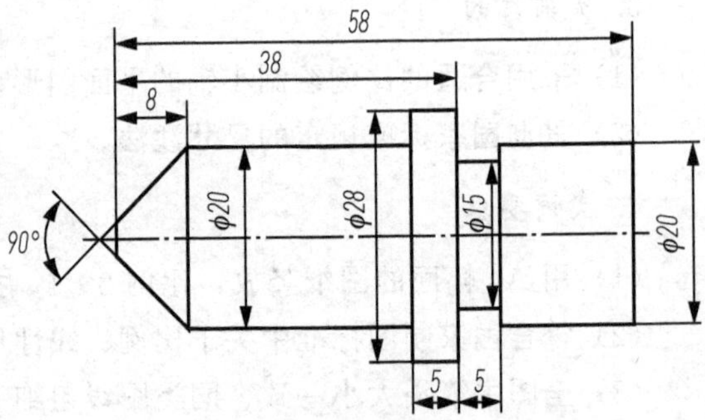

任务 2.2　绘制六角开槽螺母

2.2.1　任务书

1. 任务名称

六角开槽螺母。

2. 任务准备

(1) 绘图工具、绘图用品。

(2) 六角开槽螺母实物及平面图,如图 2.20 所示。

3. 任务要求

(1) 用 A4 幅面的图纸,竖放,比例 2∶1,抄注尺寸。

(2) 遵守国家标准中图幅、比例、字体、图线、尺寸标注的有关规定,作图正确,线型规范,字体工整,连接光滑,图面整洁,不得任意变动。

4. 任务提交

图纸。

5. 评价标准

任务实施评价项目表

序号	评价项目		配分权重/(%)	实得分
1	等分线段的正确性与熟练程度		20	
2	等分圆周和作正多边形的正确性与熟练程度		30	
3	平面图形绘制的准确性与规范性	图形绘制的准确性	10	
		图线绘制与运用的正确程度	10	
		尺寸标注的正确程度	10	
		字体书写的规范程度	10	
		图面的整洁、美观程度	10	

2.2.2 任务指导

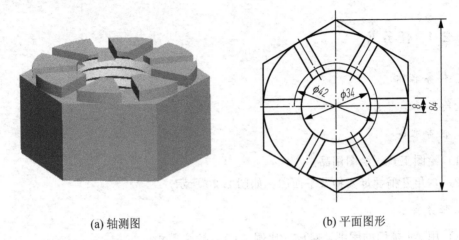

(a) 轴测图   (b) 平面图形

图 2.20　六角开槽螺母轴测图与平面图形

1. 准备工作

（1）准备绘图工具和用品。

（2）分析图形的尺寸及其线段。

图 2.20（b）所示为六角开槽螺母俯视方向的投影图，它由外轮廓正六边形和其他几何图形组成，如何作图呢？正多边形的共同特点是各个边长均相等，可以借助一个辅助圆来实现。

（3）根据图形大小，确定比例，选用图幅、固定图纸。

根据六角开槽螺母的尺寸，确定比例为 2∶1，选用 A4 图幅，将图纸竖放固定在图板上。

（4）拟订具体的作图顺序。

2. 绘制图形

（1）绘制 A4 图纸边框线、图框线。

（2）在图框线的右下角绘制标题栏。

（3）在图框线框中绘制图 2.20（b）所示六角螺母平面图形，绘制步骤见表 2-8。

3. 尺寸标注

标注六角开槽螺母尺寸，如图 2.20（b）所示。

4. 填写标题栏

用 HB 铅笔填写标题栏。

表 2-8　绘制六角螺母平面图形步骤

步骤及方法	图例	步骤及方法	图例
1. 作 φ84mm 的辅助圆	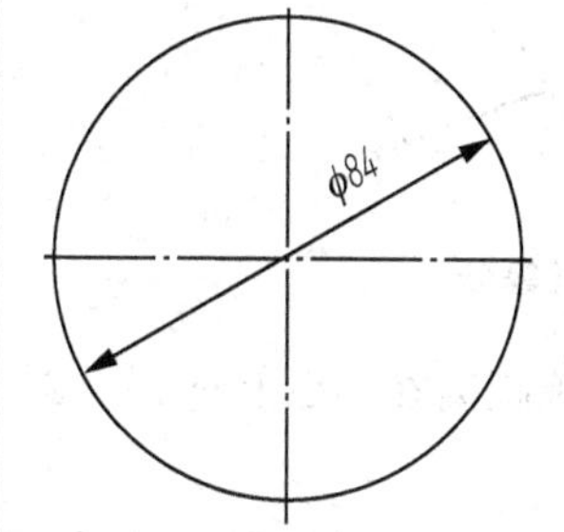	4. 分别以中心线 AB、CE、DF 为基准，作间距为 8mm 的平行线	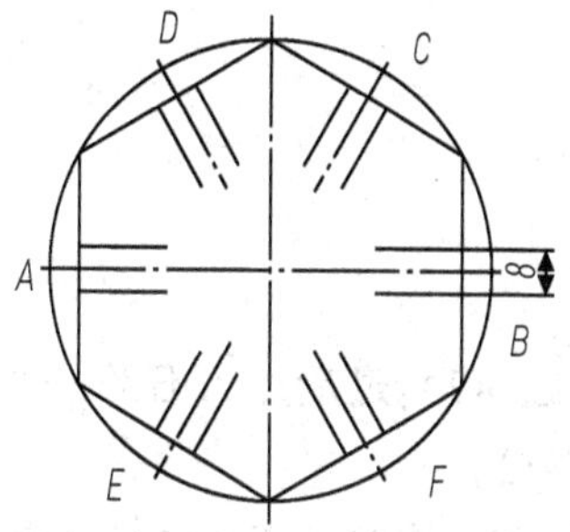
2. 分别以 1、2 点为圆心，D/2 为半径画弧交圆周于 3、4、5、6 点，连接作出正六边形	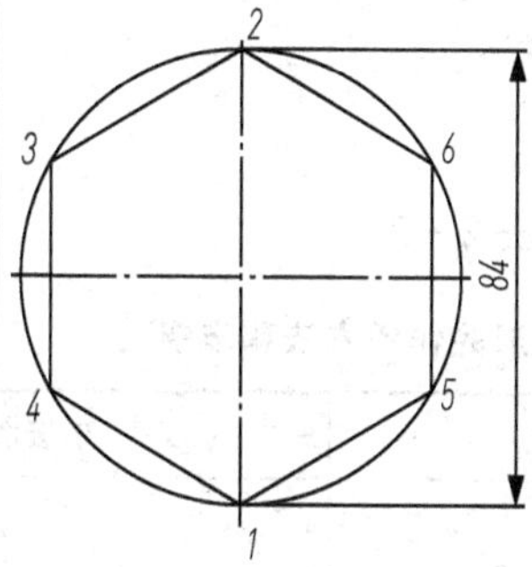	5. 以 O 点为圆心，分别作出正六边形的内切圆，φ34mm 的整圆和 φ42mm 的 3/4 细实线圆	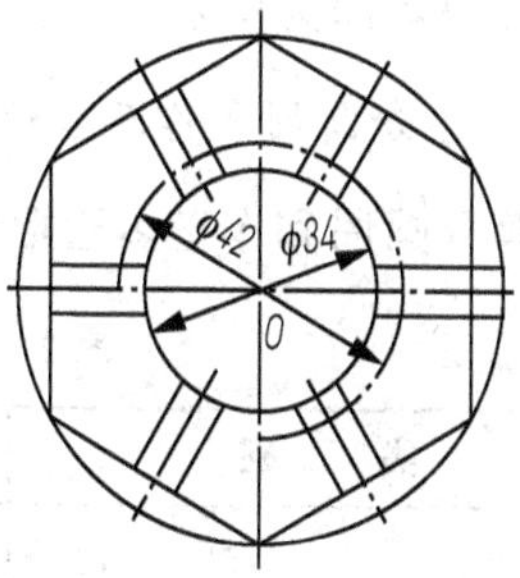
3. 分别以 A、B 点为圆心，以 D/2 为半径画弧交圆周于 D、E、C、F 点，过圆心分别作中心线 DF、CE	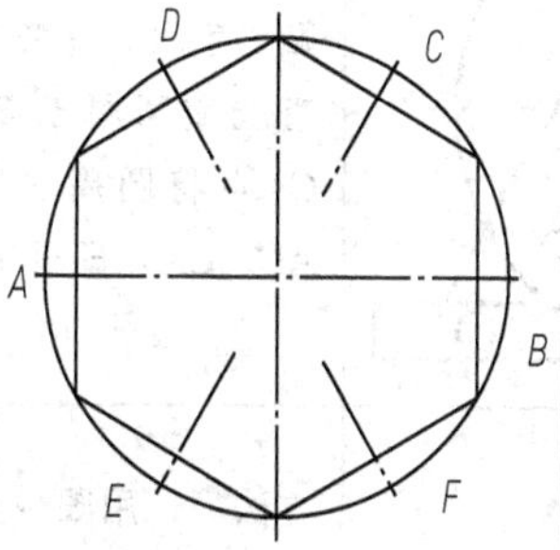	6. 去掉多余辅助线，加深图线，标注尺寸，完成图形	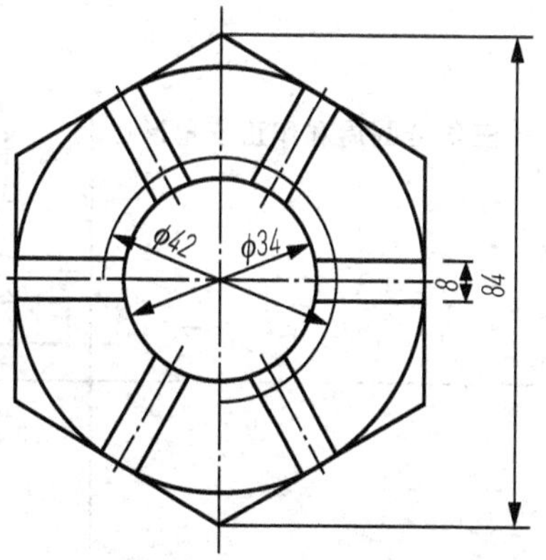

2.2.3　知识包

等分作图

1. 等分已知线段

等分已知线段可采用平行线法。首先过一端点作任意直线，用分规在这条直线上截取 N 等份，然后连接等分的终点和已知线段的另一端点，最后过直线上各等分点作连线的平行线，平行线与线段交点即将线段 n 等分。

图 2.21 作线段 AB 五等分。

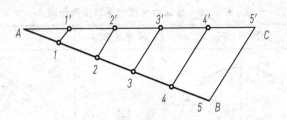

图 2.21 线段五等分

作法：（1）过端点 A 任作一直线 AC，用分规以等距离在 AC 上量 $1'$、$2'$、$3'$、$4'$、$5'$ 各一等分；

（2）连结 $5'B$，过等分点 $1'$、$2'$、$3'$、$4'$ 作 $5'B$ 的平行线与 AB 相交，得等分点 1、2、3、4，即为所求。

2. 等分圆周和作正多边形

等分圆周和作正多边形的作图方法和步骤见表 2-9。

表 2-9 等分圆周和作正多边形的作图方法和步骤

类　　别	作　　图	方法和步骤
三等分圆周和作正三角形		用 30°、60° 三角板等分；用 30°、60° 三角板的短直角边紧贴丁字尺，并使其斜边过点 A 作直线交圆周于 B、C，则 A、B、C 3 点将圆周三等分，连结 BC、AC、CA，即得正三角形
六等分圆周和作正六边形	(a) (b)	方法一：用圆规直接等分；以已知圆周直径的两端点 A、D 为圆心，以已知圆半径 R 为半径画弧与圆周相交，即得等分点 B、F 和 C、E，依次连结各点，即得正六边形，如图 (a) 所示； 方法二：用 30°、60° 三角板的短直角边紧贴丁字尺，并使其斜边过点 A、D（圆直径上的两端点），作直线 AF 和 DC；翻转三角板，以同样方法作直线 AB 和 DE，连结 BC 和 FE，即得正六边形，如图 (b) 所示

续表

类　　别	作　　图	方法和步骤
五等分圆周和作正五边形	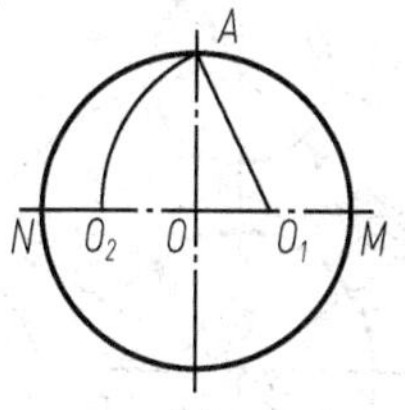 (a) 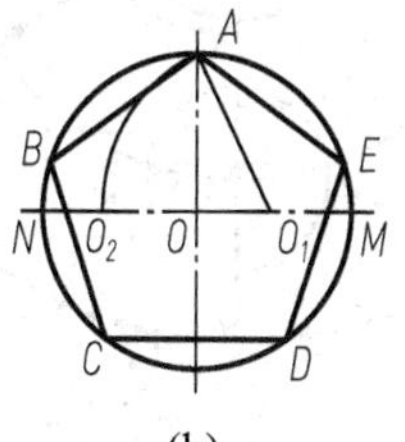 (b)	(1) 平分半径 OM 得 O_1，以点 O_1 为圆心，O_1A 为半径画弧，交 ON 于点 O_2，如图（a）所示； (2) 取 O_2A 的弦长，自 A 点起在圆周上依次截取，得等分点 B、C、D、E，连结后即得正五边形
任意等分圆周和作正 n 边形	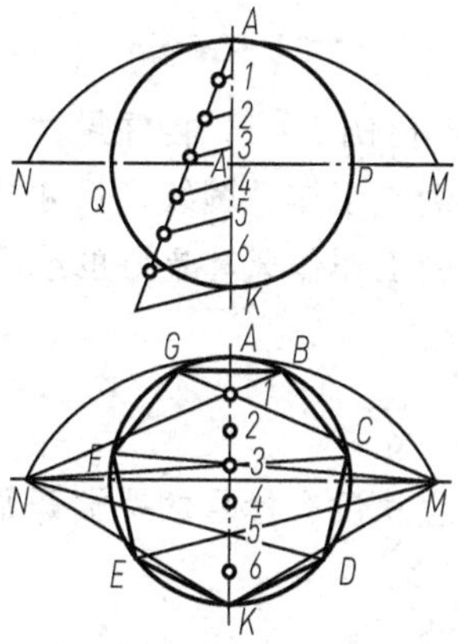	以正七边形作法为例。 (1) 先将已知直径 AK 七等分，再以点 K 为圆心，以直径 AK 为半径画弧，交直径 PQ 的延长线于 M、N 两点，如图所示； (2) 自点 M、N 分别向 AK 上的各偶数点（或奇数点）连线并延长交圆周于点 B、C、D 和 E、F、G，依次连结各点，即得正七边形，如图所示

2.2.4 技能实训

1. 实训名称

几何作图。

2. 实训内容

如图 2.22 所示。

3. 实训目的

(1) 掌握等分作图，熟悉制图标准流程。

(2) 熟悉有关图幅及格式、比例、字体、图线的制图标准。

(3) 增加对实践课的感性认识。

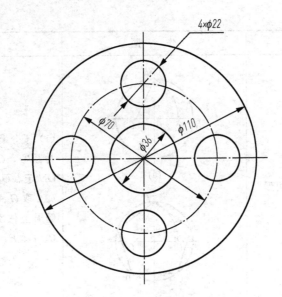

图 2.22 平面图形

4. 实训要求

(1) 用 A4 幅面的图纸，竖放，比例 1∶1，抄注尺寸。
(2) 遵守国家标准中图幅、比例、字体、图线、尺寸标注的有关规定。
(3) 树立严肃认真，一丝不苟的工作作风和良好的绘图习惯。

5. 实训提示

(1) 参照任务指导。
(2) 建议采用 HB 铅笔。铅笔应从没有标号的一端开始使用，以便保留软硬的标号。
(3) 汉字应写成长仿宋体。

任务 2.3 绘制拉楔

2.3.1 任务书

1. 任务名称

拉楔。

2. 任务准备

(1) 绘图工具、绘图用品。
(2) 拉楔实物及平面图，如图 2.23 所示。

3. 任务要求

(1) 用 A4 幅面的图纸，竖放，比例 1∶1，抄注尺寸。
(2) 按国家标准绘制斜度和锥度。

(3) 符合制图国家标准的有关规定。

4. 任务提交

图纸。

5. 评价标准

任务实施评价项目表

序号	评 价 项 目		配分权重/（%）	实得分
1	锥度的画法与标注的正确性与熟练程度		30	
2	斜度的画法及标注的正确性与熟练程度		20	
3	平面图形绘制的准确性与规范性	图形绘制的准确性	10	
		图线绘制与运用的正确程度	10	
		尺寸标注的正确程度	10	
		字体书写的规范程度	10	
		图面的整洁、美观程度	10	

2.3.2 任务指导

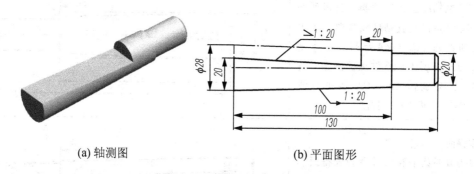

(a) 轴测图　　　　　　　　(b) 平面图形

图 2.23　拉楔轴测图与平面图形

1. 准备工作

(1) 准备绘图工具和用品。

(2) 分析图形的尺寸及其线段。

拉楔是一个轴类的机件，左端是锥度为 1∶20 的圆锥体，上方切有一个斜度为 1∶20 的倾斜平面。

(3) 根据图形大小，确定比例，选用图幅、固定图纸。

根据拉楔的尺寸，确定比例为 1∶1，选用 A4 图幅，将图纸竖放固定在图板上。

(4) 拟订具体的作图顺序。

2. 绘制图形

(1) 绘制 A4 图纸边框线、图框线。

(2) 在图框线的右下角绘制标题栏。

(3) 在图框线框中绘制图 2.23（b）所示拉楔平面图形，绘制步骤见表 2-10。

3. 尺寸标注

标注拉楔尺寸，如图 2.23（b）所示。

4. 填写标题栏

用 HB 铅笔填写标题栏。

表 2-10　绘制拉楔平面图形的作图步骤

画法与步骤	图　例
1. 作基准线 作径向基准和轴向基准线，相交于 M 点 2. 作已知线段 依据尺寸 100mm、130mm、20mm、ϕ20mm、ϕ28mm 画已知线段，得交点 C、D、K 点	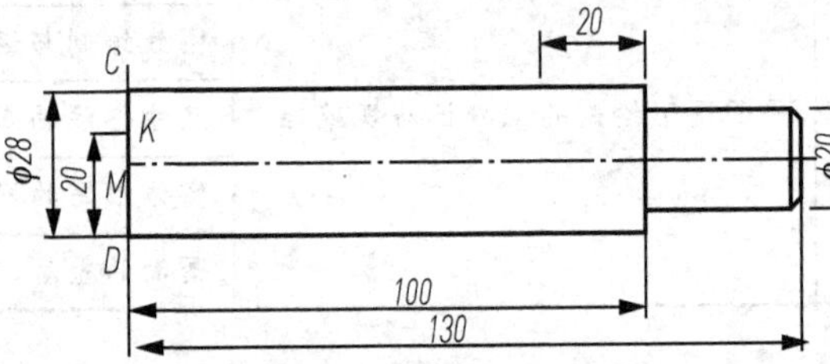
3. 作锥度 从 M 点在轴线上取 20 个单位长得到 N 点，从 M 点沿垂直基准线截取 1 个单位长的线段 AB（$MA=MB$），连结 AN、BN 得到 1∶20 锥度的圆锥。过点 C、D 分别作 AN、BN 的平行线 CE、DF，完成 1∶20 锥度	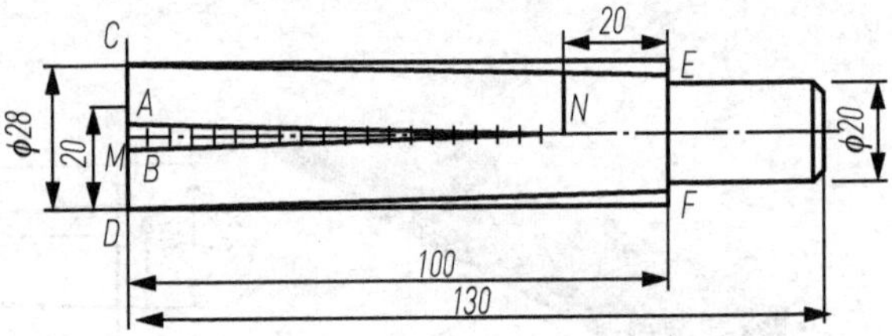
4. 作斜面 从 M 点在轴线上取 20 个单位长得到 N 点，从 M 点沿垂直基准线向上截取 1 个单位长的线段 MG，连结 GN 得到 1∶20 斜度的斜线。过点 K 作 GH 的平行线，完成 1∶20 斜度	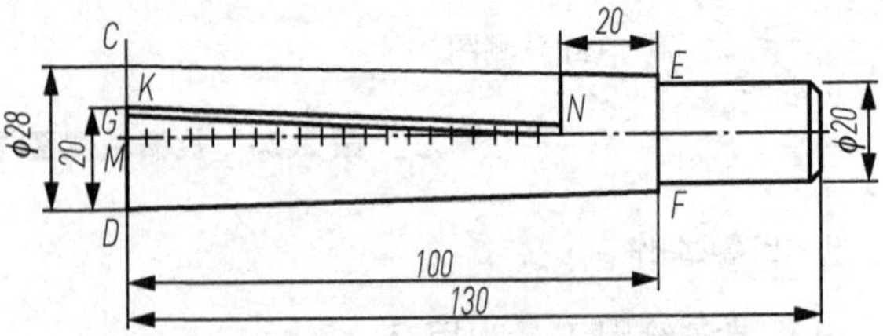
5. 检查 检查无误后，去掉多余辅助线，加深图线，标注尺寸，完成图形	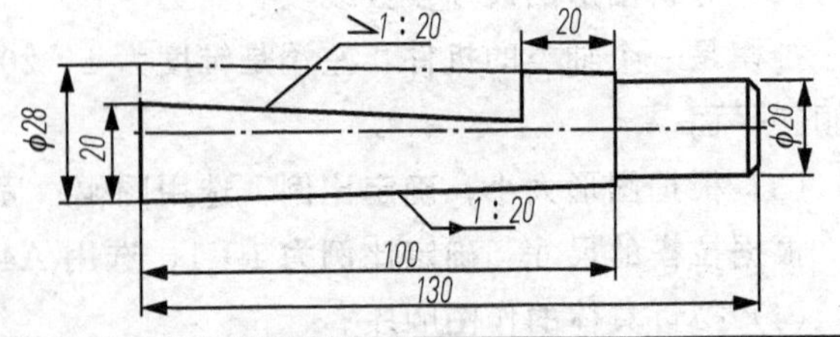

2.3.3 知识包

1. 斜度

1) 斜度的概念

斜度是指一直线（或平面）对另一直线（或平面）的倾斜程度。其大小以它们夹角 α 的正切值来表示，并将此值转化为 $1:n$ 的形式，如图 2.24（a）所示，即斜度 $\tan\alpha = H:L = 1:n$。

2) 斜度符号的画法及标注方法

斜度符号"∠"（用粗实线绘制）的画法如图 2.24（b）所示。图样上标注斜度符号时，需在 $1:n$ 前加注斜度符号"∠"，其斜度符号的斜边应与图中斜线的倾斜方向一致，如图 2.24（c）所示。

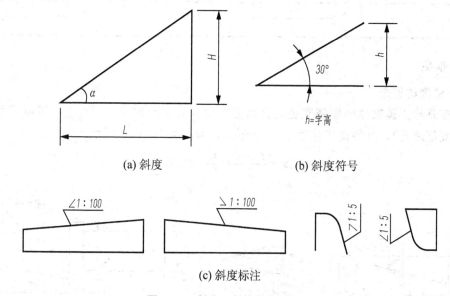

(a) 斜度　　　　　(b) 斜度符号

(c) 斜度标注

图 2.24　斜度、斜度符号及标注

3) 斜度的画法及标注

斜度的画法及标注如图 2.25 所示，相对于直线 AB 斜度为 $1:6$ 的直线作法如下。

(1) 先在直线 AB 上自点 A 作 6 个单位长，得点 D，过点 D 作 AB 的垂线 ED，取 $ED=1$ 个单位长。

(2) 连结 AE，即为 $1:6$ 的斜度线。

(3) 标注。斜度标注一般采用引出标注，如图 2.25 所示。

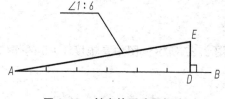

图 2.25　斜度的画法及标注

例 1 斜度的作图方法及尺寸标注见表 2-11。

表 2-11 斜度的作图方法及尺寸标注

要 求	画 法		
按照下图的尺寸绘图	1. 由已知尺寸作出无斜度的轮廓线	2. 将 AB 线段五等分，作 $BC \perp AB$，取 BC 为一等分	3. 连结 AC 即为 1∶5 的斜度线 4. 检查，描粗，标注尺寸，完成作图
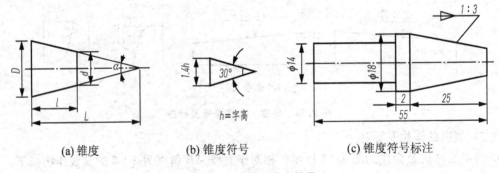			

2. 锥度

1）锥度的概念

锥度是指正圆锥体的底圆直径与其高度之比（对于圆锥台，则为上、下底圆的直径差与其高度之比），并将此值化为 1∶n 的形式，如图 2.26（a）所示。

$$\text{锥度} = \frac{D-d}{l} = \frac{D}{L} = 2\tan\frac{\alpha}{2}$$

(a) 锥度　　(b) 锥度符号　　(c) 锥度符号标注

图 2.26 锥度及锥度符号

2）锥度符号的画法及标注方法

锥度符号的画法如图 2.26（b）所示。标注锥度时，需在 1∶n 之前加注锥度符号（用粗实线绘制），图样上标注锥度符号时，其锥度符号的尖点应与圆锥的锥度方向一致，如图 2.26（c）所示。

3）锥度的画法与标注

锥度的画法与标注如图 2.27 所示。图中是锥度 1∶5 的作法。

模块 2 绘制平面图形

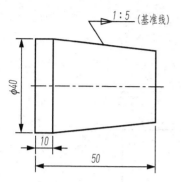 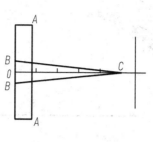 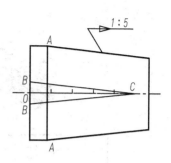

(a) 求作如图所示的图形

(b) 从点O开始任意取5单位长度,得点C;在左端面上取直径为1单位长度,得点B,连BC,即得锥度为1∶5的圆锥

(c) 过点A作线BC的平行线,即完成作图

图 2.27 锥度的画法与标注

例 2 锥度的作图方法及尺寸标注见表 2-12。

表 2-12 锥度的作图方法及尺寸标注

要 求	画 法		
按照下图的尺寸绘圆锥台	1. 作径向和轴向基准线交于 A 点;根据已知尺寸截取20交于 E、F 点,截取长度60	2. 从 A 点向右以任意长度截取三等份,得 B 点,过 B 点作 CD⊥AB,取 CD 为一等份	3. 连结 AC、AD,即为 1∶2 的锥度线。过 E 点作 AC 的平行线,过 F 点作 AD 的平行线 4. 检查,描深,标注尺寸,完成作图

2.3.4 技能实训

1. 实训名称

钩头楔键。

2. 实训内容

如图 2.28 所示。

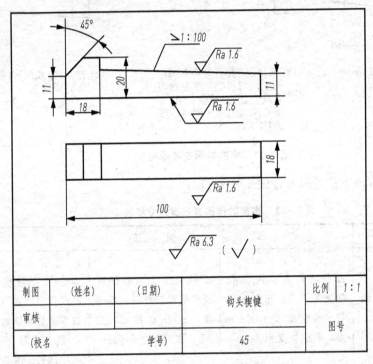

图 2.28 钩头楔键轴测图与零件图

3. 实训目的

(1) 掌握斜度的画法及标注。
(2) 增加对实践课的感性认识。

4. 实训要求

(1) 用 A4 幅面的图纸,竖放,比例 1∶1,抄注尺寸。
(2) 遵守国家标准中图幅、比例、字体、图线、尺寸标注的有关规定。
(3) 树立严肃认真,一丝不苟的工作作风和良好的绘图习惯。

5. 实训提示

(1) 参照任务指导。
(2) 在图样上标注斜度符号时,其斜度符号的斜边应与图中斜线的倾斜方向一致。
(3) 斜度标注一般采用引出标注。

任务2.4 绘制手柄

2.4.1 任务书

1. 任务名称

手柄。

2. 任务准备

(1) 绘图工具、绘图用品。

(2) 手柄实物及平面图,如图2.29所示。

3. 任务要求

(1) 用A4幅面的图纸竖放,比例1∶1,抄注尺寸。

(2) 分析尺寸和线段的性质,拟订出正确的绘图方法和步骤。

(3) 遵守国家标准中图幅、比例、字体、图线、尺寸标注的有关规定,作图正确,线型规范,字体工整,连接光滑,图面整洁,不得任意变动。

(4) 全图中箭头大小一致。同类图线粗细应一致。

4. 任务提交

图纸。

5. 评价标准

任务实施评价项目表

序号	评价项目		配分权重/(%)	实得分
1	圆弧连接的正确性与熟练程度		25	
2	平面图形分析的正确程度		25	
3	平面图形绘制的准确性与规范性	图形绘制的准确性	10	
		图线绘制与运用的正确程度	10	
		尺寸标注的正确程度	10	
		字体书写的规范程度	10	
		图面的整洁、美观程度	10	

2.4.2 任务指导

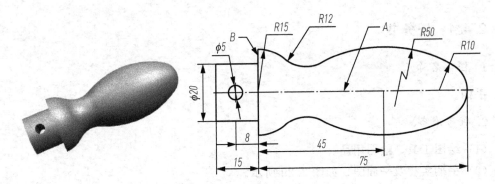

图 2.29 手柄轴测图与平面图形

1. 准备工作

(1) 准备绘图工具和用品。

(2) 分析图形的尺寸及其线段。

(3) 根据图形大小，确定比例，选用图幅、固定图纸。

根据手柄的尺寸，确定比例为 1∶1，选用 A4 图幅，将图纸竖放固定在图板上。

(4) 拟订具体的作图顺序。

2. 绘制图形

(1) 绘制 A4 图纸边框线、图框线。

(2) 在图框线的右下角绘制标题栏。

(3) 在图框线中心位置偏上绘制图形基准线，如图 2.30（a）所示。

(4) 绘制已知线段，如图 2.30（b）所示。

(5) 绘制中间线段，如图 2.30（c）所示。

(6) 绘制连接线段，如图 2.30（d）所示。

(7) 描深平面图形，如图 2.30（e）所示。在铅笔描深前，必须全面检查底稿，修正错误，把画错的线条及作图辅助线用软橡皮轻轻擦净。检查图样完整无误后，用 B 或 2B 铅笔描深各种图线，一般先加深图形，其次加深图框和标题栏。其中轮廓线使用粗实线，对称轴线使用细点画线。

3. 尺寸标注

标注手柄尺寸，如图 2.29 所示。

4. 填写标题栏

用 HB 铅笔填写标题栏。

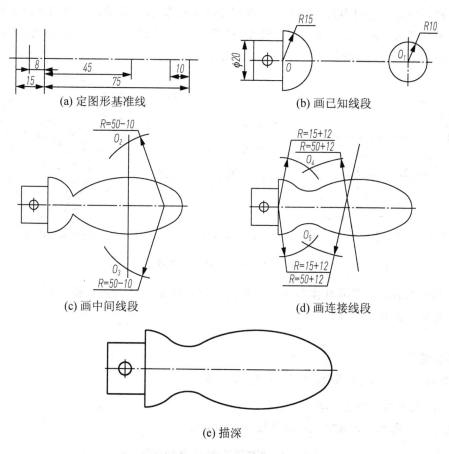

图 2.30 手柄的作图步骤

2.4.3 知识包

1. 圆弧连接

在零件上,经常会遇到由一表面(平面或曲面)光滑地过渡到另一表面的情况,这种过渡称为面面相切,而反映到投影图上,一般为线段(曲线与直线、曲线与曲线)相切。在制图中将这种相切称为连接,常见的连接形式有圆弧与直线连接、圆弧与圆弧连接,如图 2.31 所示。

1) 圆弧连接的几何原理(轨迹法)

绘图时,经常要用已知半径的圆弧(称连接弧)光滑连接(即相切)已知直线或圆弧。为了保证相切,必须准确地作出连接弧的圆心和切点。故连接弧的半径、圆心与切点又称为圆弧连接三要素。

根据平面几何可知,圆弧连接有如下关系。

(1) 图 2.31 (a) 是半径为 R 的圆弧与已知直线 I 相切,其圆心轨迹是距离直线 I 为 R 的两条平行线 II、III,当圆心为 O 时,由 O 向直线 I 作垂线,垂足 K 即为切点。

(2) 图 2.31 (b)、(c) 是半径为 R 的圆弧与已知圆弧(圆心为 O_1、半径为 R_1)相

切，其圆心轨迹是已知圆弧的同心圆，此同心圆半径 R_2 视相切情况（外切或内切）而定。当两圆弧外切时，$R_2=R_1+R$；当两圆弧内切时，$R_2=|R_1-R|$。当圆心为 O 时，连接圆心的直线 O_1O 与已知圆弧的交点 K 即为切点。

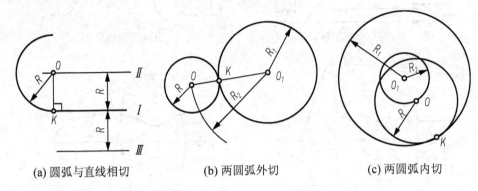

(a) 圆弧与直线相切　　　(b) 两圆弧外切　　　(c) 两圆弧内切

图 2.31　圆弧连接的作图原理

实际作图时，可根据具体要求，作出两条轨迹线的交点即连接弧的圆心，然后确定切点，最后完成圆弧连接。

特别提示

圆弧连接作图原则：找圆心，定切点，画连接圆弧。

2) 圆弧连接的作图方法

表 2-13 列出了几种常见圆弧连接的作图方法。

表 2-13　几种常见圆弧连接的作图方法

连接类型		示　例	作　图　方　法
圆弧连接两已知直线	连接垂直两直线		以直线 ab、ac 的交点 a 为圆心，R 半径为画圆弧交 ab、ac 于 m、n 点（所作切点）； 以 m、n 点为圆心，R 半径为画圆弧交于 O（连接圆弧圆心）； 以 O 为圆心，R 为半径，从 m 至 n 画圆弧
	连接任意两直线		分别作与直线 ab、cd 距离为 R 的平行线 a_1b_1、c_1d_1 交于 O（连接圆弧圆心）； 过 O 分别向 ab、cd 作垂线交于 m_1、m_2（所作切点）； 以 O 为圆心，R 为半径，从 m_1 至 m_2 画圆弧

续表

连接类型		示　例	作图方法
圆弧连接两已知圆弧	外切连接两圆弧	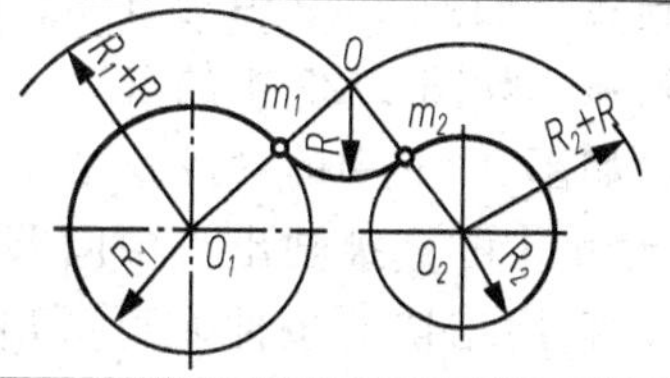	分别以两已知圆弧圆心 O_1、O_2 为圆心，R_1+R 与 R_2+R 为半径画圆弧交于 O 点（连接圆弧圆心）； 连 O_1O、O_2O 交已知弧于 m_1、m_2（所作切点）； 以 O 为圆心，R 为半径，从 m_1 至 m_2 画圆弧
	内切连接两圆弧	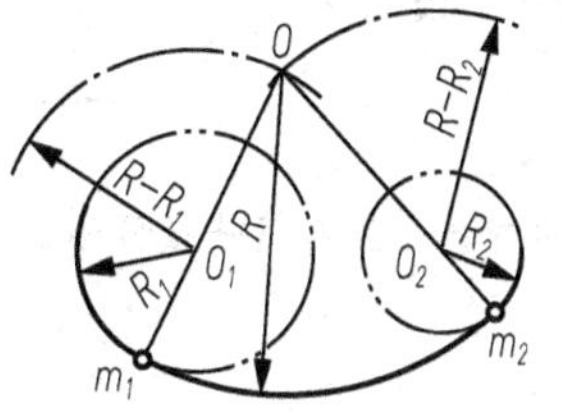	分别以两已知圆弧圆心 O_1、O_2 为圆心，$\|R_1-R\|$ 与 $\|R_2-R\|$ 为半径画圆弧交于 O 点（连接圆弧圆心）； 连 O_1O、O_2O 并反向延长交已知弧于 m_1、m_2（所作切点）； 以 O 为圆心，R 为半径，从 m_1 至 m_2 画圆弧
	内外切连接两圆弧	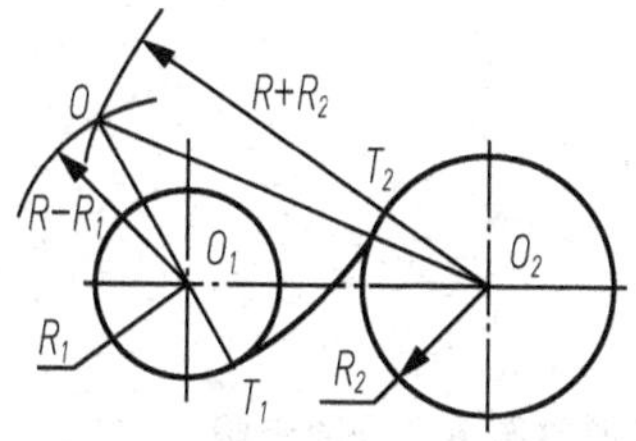	分别以两已知圆弧圆心 O_1、O_2 为圆心，$\|R_1-R\|$ 与 R_2+R 为半径画圆弧交于 O 点（连接圆弧圆心）； 连 O_1O（反向延长）、O_2O 并交已知弧于 T_1、T_2（所作切点）； 以 O 为圆心，R 为半径，从 T_1 至 T_2 画圆弧
圆弧连接直线和圆弧		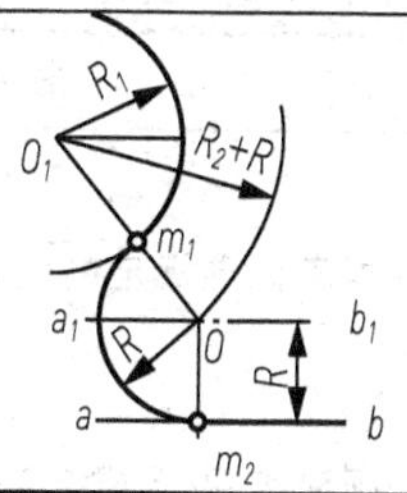	以已知圆弧圆心 O_1 为圆心，R_1+R 为半径画圆弧，再作与直线 ab 距离为 R 的平行线 a_1b_1，两者交于 O 点（连接圆弧圆心）； 连 O_1O 交已知弧于 m_1，再过 O 向 ab 作垂线交于 m_2（所作切点）； 以 O 为圆心，R 为半径，从 m_1 至 m_2 画圆弧

2. 平面图形的画法

如图 2.29 所示，平面图形常由许多线段连接而成，这些线段之间的相对位置和连接关系由给定的尺寸来确定。因此，绘制平面图形之前，必须先对图形的尺寸进行分析，确定线段的性质，明确作图顺序，才能正确、快速地画出图形。

1）平面图形的尺寸分析

（1）定形尺寸：用于确定线段的长度、圆弧的半径（或圆的直径）和角度大小等的尺寸，称为定形尺寸，如图 2.29 中的 15、$\phi 5$、$\phi 20$ 以及 $R10$、$R15$、$R12$ 等。

（2）定位尺寸：用于确定线段在平面图形中所处位置的尺寸，称为定位尺寸。例如，图 2.29 中 8 确定了 $\phi 5$ 的圆心位置；75 间接地确定了 $R10$ 的圆心位置；45 确定了 $R50$ 圆心的一个坐标值。

（3）基准：定位尺寸通常以图形的对称线、中心线或某一轮廓线作为标注尺寸的起点，这个起点叫做基准，如图 2.29 中的 A 和 B。基准有上下、左右两个方向，相当于坐标轴。

2）平面图形的线段分析

平面图形中的线段包含直线或圆弧，根据其定位尺寸的完整与否，可分为 3 类。

直线：已知线段、中间线段、连接线段。（直线连接的作图比较简单，不再介绍）

圆弧：已知圆弧、中间圆弧、连接圆弧。

(1) 已知圆弧：具有两个定位尺寸的圆弧，如图2.29中的$R10$、$R15$。

(2) 中间圆弧：具有一个定位尺寸的圆弧，如图2.29中的$R50$。

(3) 连接圆弧：没有定位尺寸的圆弧，如图2.29中的$R12$。

在作图时，由于已知圆弧有两个定位尺寸，可直接画出；中间圆弧虽然缺少一个定位尺寸，但它总是和一个已知线段相连接，利用相切的条件便可画出；连接圆弧由于缺少两个定位尺寸，需借助和其他线段相切的条件画出。

特别提示

画图原则：画图时，应先画已知圆弧，再画中间圆弧，最后画连接圆弧。

课堂互动

(1) 圆弧连接作图原则。

(2) 圆弧连接的作图方法。

(3) 画图原则。

3) 平面图形的作图方法和步骤

平面图形的作图方法和步骤见表2-14。

表2-14 平面图形的作图方法和步骤

步　　骤	分步骤（或方法）	注 意 事 项
准备工作	(1) 分析图形的尺寸及其线段； (2) 确定比例，选用图幅、固定图纸； (3) 拟订具体的作图顺序	选用国家标准规定的图幅和比例
绘制底稿	(1) 画边框线、图框线和标题栏； (2) 合理、匀称地布图，画出基准线； (3) 画出已知圆弧； (4) 画出中间圆弧； (5) 画出连接圆弧； (6) 校对修改图形，画出尺寸界线、尺寸线	(1) 画底稿用H或2H铅笔，铅笔应经常修磨以保持尖锐； (2) 底稿上，各种线型暂不分粗细，并要画得很轻很细； (3) 作图力求准确； (4) 画错的地方，在不影响画图的情况下，可先作记号，待底稿完成后一齐擦掉
铅笔描深底稿	(1) 先粗后细； (2) 先曲后直； (3) 先水平、后垂斜； (4) 画箭头，填写尺寸数字、标题栏等	(1) 在铅笔描深前，必须全面检查底稿，修正错误，把画错的线条及作图辅助线用软橡皮轻轻擦净； (2) B或2B铅笔描深各种图线，用力要均匀一致，以免线条浓淡不均； (3) 为避免弄脏图面，要保持双手和三角板及丁字尺的清洁。描深的过程中应经常用毛刷将图纸上的铅芯浮末扫净，并尽量减少三角板在已描深的图线上反复推摩； (4) 描深后的图线很难擦净，故要尽量避免画错。需要擦掉时，可用软橡皮顺着图线的方向擦拭

4)手柄的作图步骤

手柄的作图步骤如图2.30所示。

3. 平面图形的尺寸标注

标注平面图形的要求是：正确、完整、清晰，如图2.29所示。

(1)正确：指标注尺寸要按国家标准的规定标注，尺寸数值不能写错和出现矛盾。

(2)完整：指平面图形的尺寸要注写齐全。

(3)清晰：指尺寸的位置要安排在图形的明显处，标注清晰、布局整齐。

2.4.4 技能实训

实训1

1. 实训名称

手柄。

2. 实训内容

如图2.29所示。

3. 实训目的

(1)增加对理论课的感性认识，充分调动学生的学习兴趣。

(2)培养学生的职业规范。

4. 实训要求

到实习车间参观，由指导教师现场加工手柄。

5. 实训提示

提前预习。

6. 实训地点

机加工或数控实训室。

实训2

1. 实训名称

手柄。

2. 实训内容

如图2.32所示。

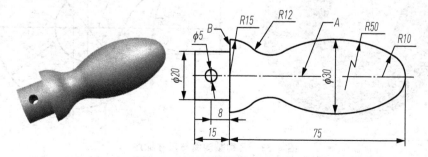

图2.32 手柄轴测图与平面图形

3. 实训目的

(1) 熟悉制图标准流程，掌握相关知识。

(2) 掌握平面图形的作图方法和步骤。

(3) 掌握图弧连接的作图方法。

(4) 贯彻国家标准规定的尺寸注法。

(5) 增加对实践课的感性认识。

4. 实训要求

(1) 用 A4 幅面的图纸，竖放，比例 1∶1，抄注尺寸。

(2) 遵守国家标准中的有关规定，全图中箭头大小一致。同类图线粗细应一致。

5. 实训提示

(1) 参照任务指导。

(2) 作圆弧连接时，应准确求出连接弧的圆心和切点的位置，以便加深时用。

实训 3

1. 实训名称

吊钩。

2. 实训内容

如图 2.33 所示。

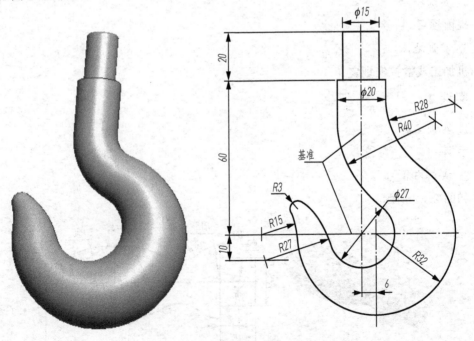

图 2.33　吊钩轴测图与尺寸标注

模块2 绘制平面图形

3. 实训目的

（1）学习平面图形的尺寸和线段分析。
（2）掌握圆弧连接的作图方法。
（3）贯彻国家标准规定的尺寸注法。

4. 实训要求

（1）用 A4 幅面的图纸，竖放，比例 1∶1，抄注尺寸。
（2）分析尺寸和线段的性质，拟订出正确的绘图方法和步骤。
（3）遵守国家标准中的有关规定，全图中箭头大小一致。同类图线粗细应一致。

5. 实训提示

（1）参照任务指导，熟悉制图标准流程。
（2）按拟订的绘图步骤，先画已知线段，再画中间线段，最后画连接线段。
（3）作圆弧连接时，应准确求出连接弧的圆心和切点的位置，以便加深时用。
（4）底稿完成后应认真检查，然后按图线标准加深。
（5）抄注全部尺寸。
（6）按要求填写标题栏。

实训 4

1. 实训名称

挂轮架。

2. 实训内容

如图 2.34 所示。

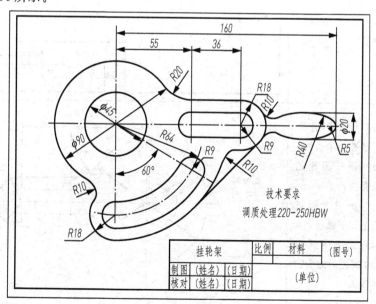

图 2.34 挂轮架的尺寸标注

3. 实训目的

(1) 掌握复杂平面图形的作图方法。
(2) 进一步熟悉制图标准流程。
(3) 树立严肃认真,一丝不苟的工作作风和良好的绘图习惯。

4. 实训要求

(1) 用 A3 幅面的图纸横放,比例 1∶1,抄注尺寸。
(2) 符合国家制图标准的有关规定。

5. 实训提示

(1) 参照任务指导,挂轮架绘图参考步骤见表 2-15。
(2) 底稿完成后应认真检查,然后按图线标准加深。

表 2-15 挂轮架作图步骤

步骤	方法	图例
1. 绘制图框,标题栏 2. 绘制基准线	选取 $\phi45$ 圆的横中心线和竖中心线作为基准	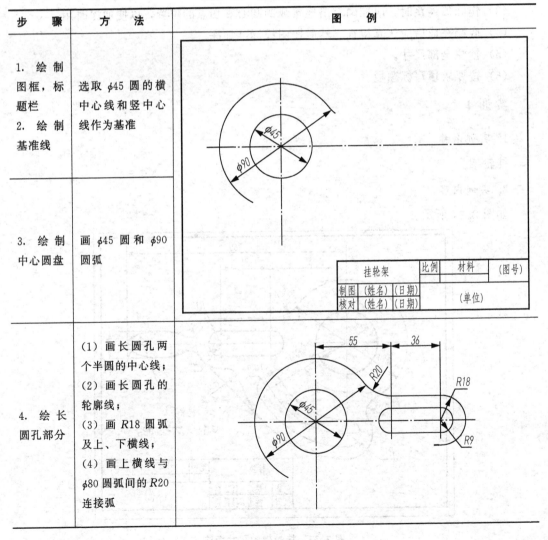
3. 绘制中心圆盘	画 $\phi45$ 圆和 $\phi90$ 圆弧	
4. 绘长圆孔部分	(1) 画长圆孔两个半圆的中心线; (2) 画长圆孔的轮廓线; (3) 画 $R18$ 圆弧及上、下横线; (4) 画上横线与 $\phi80$ 圆弧间的 $R20$ 连接弧	

模块 2 绘制平面图形

续表

步　骤	方　法	图　例
5. 绘弧形孔部分	(1) 画两个 R9 圆弧的中心线； (2) 画两端 R9 圆弧； (3) 画 R9 圆弧的连接弧； (4) 画 R18 圆弧； (5) 画 R18 圆弧的右侧连接弧； (6) 画两侧 R10 连接弧及右下切线	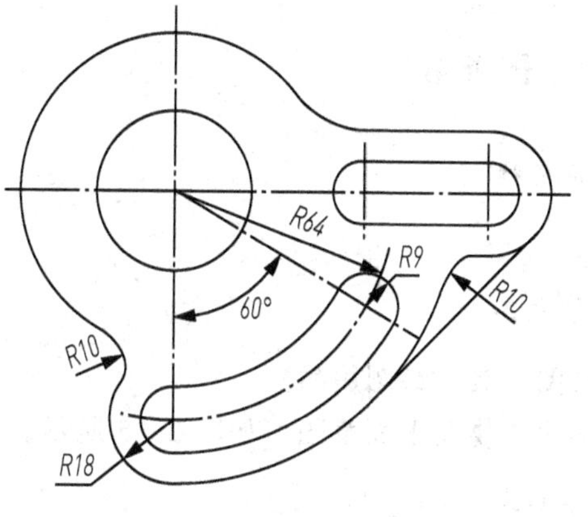
6. 绘手柄	(1) 画 R5 圆弧； (2) 画 R40 圆弧； (3) 画 R10 连接弧	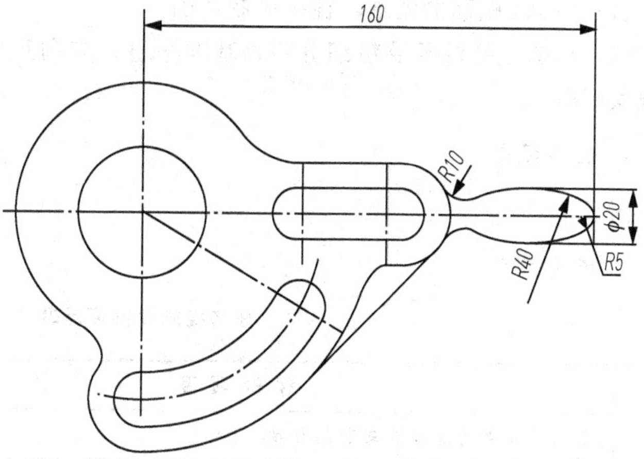
7. 校核、描粗 8. 标注尺寸 9. 填写标题栏、技术要求	描粗前检查各部图线，擦除多余的作图线	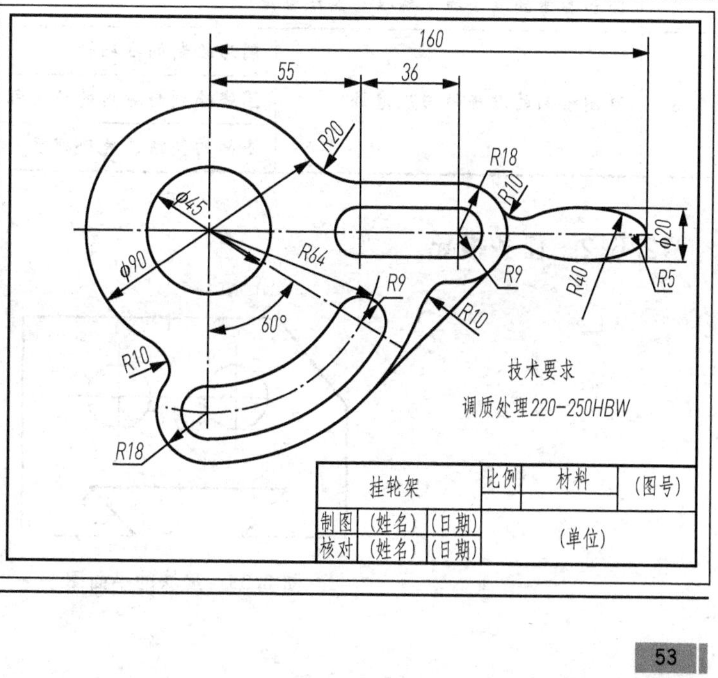 技术要求 调质处理220-250HBW 挂轮架　比例　材料　(图号) 制图 (姓名)(日期) 核对 (姓名)(日期)　(单位)

任务2.5　徒手绘制垫块草图

2.5.1　任务书

1. 任务名称

垫块。

2. 任务准备

(1) 绘图工具、绘图用品。

(2) 垫块实物及平面草图,如图 2.35 所示。

3. 任务要求

(1) 用 A4 幅面的图纸,徒手绘制草图。

(2) 草图上的线条要粗细分明,基本平直,方向正确,长短大致符合比例,线型符合国家标准。

4. 任务提交

图纸。

5. 评价标准

任务实施评价项目表

序号	评价项目		配分权重/(%)	实得分
1	直线的画法的正确性与熟练程度		30	
2	圆和圆弧的画法的正确性与熟练程度		40	
3	草图绘制的准确性与规范性	图形绘制的准确性	10	
		图线绘制与运用的正确程度	10	
		图面的整洁、美观程度	10	

2.5.2　任务指导

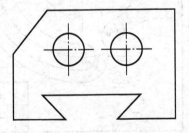

图 2.35　垫块的平面图

1. 准备工作

(1) 准备绘图工具和用品。

(2) 分析图形的尺寸及其线段。该垫块的平面图形由水平和垂直、倾斜直线及圆组成,徒手绘制该图形时,必须掌握徒手绘制各种线条的基本方法。

(3) 拟订具体的作图顺序。

2. 绘制图形

徒手绘制垫块草图的步骤见表2-16。

表 2-16 徒手绘制垫块草图的步骤

内 容	步骤与方法	图 例
1. 通过目测绘制基准线 2. 绘制外形轮廓线	根据目测尺寸绘制外轮廓及斜线	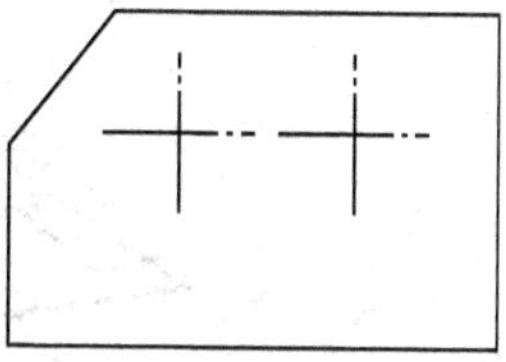
3. 绘制下方燕尾槽	根据燕尾槽的深度,在槽的两面端画正方形,正方形的对角线确定槽的斜度	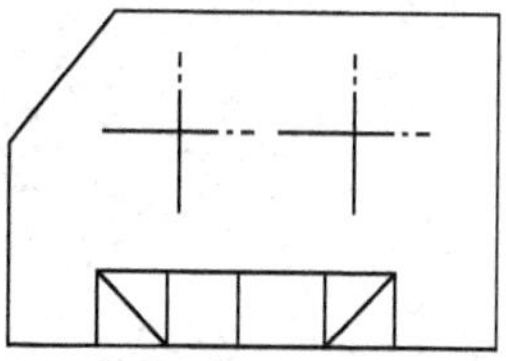
4. 绘制两个小圆	根据圆的半径画正方形,与正方形相切画小圆	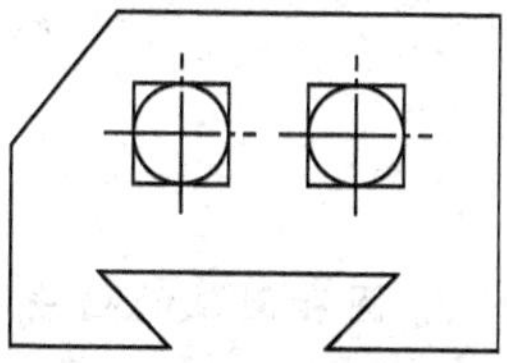
5. 检查、校核、描粗	擦去作图辅助线,完成徒手绘图	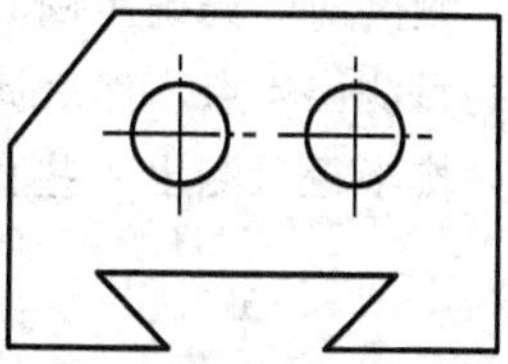

2.5.3 知识包

以目测估计图形与实物的比例,用徒手(或部分使用使用仪器)画出的图,称为草图。草图是工程技术人员交谈、记录、构思、创作的有力工具。技术人员必须熟练掌握徒手作草图的技巧。

草图的"草"字只是指徒手作图而言,并没有允许潦草的含义。草图上的线条也要粗细分明,基本平直,方向正确,长短大致符合比例,线型符合国家标准。

草图图形的大小是根据目测估计画出的,目测尺寸要尽可能准。画草图时铅笔一般用 HB 或 B。为了便于转动图纸顺手画成,提高徒手画图的速度,草图的图纸一般不固定。初学者可在方格纸上进行练习。

1. 直线的画法

徒手画图时,手腕和手指微触纸面。画短线以手腕运笔;画长线时,移动手臂运笔,眼睛注视着线段终点,以眼睛的余光控制运笔方向,移动手腕使笔尖沿要画线的方向作直线运动。画水平线时,为了便于运笔,可将图纸微微左倾,自左向右画线;画竖直线时,应自上而下运笔画线,如图 2.36 所示;画 30°、45°、60°等常见角度斜线时,可根据两直角边的比例关系,先定出两端点,然后连接两端点即为所画角度线,如图 2.37 所示。

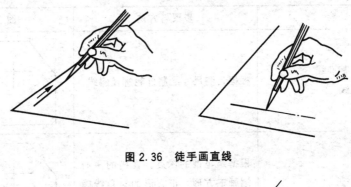

图 2.36 徒手画直线

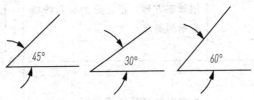

图 2.37 角度直线画法

2. 圆和圆弧的画法

画圆时,先确定圆心位置,并过圆心画出两条中心线;画小圆时,可在中心线上按半径目测出 4 点,然后徒手连点;当圆直径较大时,可以通过圆心多画几条不同方向的直线,按半径目测出一些直径端点,再徒手连点画圆,如图 2.38 所示。

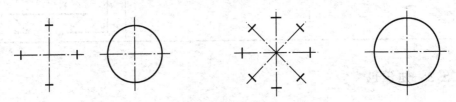

图 2.38 圆的画法

徒手画图,最重要的是要保持物体各部分的比例关系,确定出长、宽、高的相对比例。画图过程中随时注意将测定线段与参照线段进行比较、修改,避免图形与实物失真太大。对于小的机件可利用手中的笔估量各部分的大小,对于大的机件则应取一参照尺度,目测机件各部分与参照尺度的倍数关系。

2.5.4 技能实训

1. 实训名称

垫圈。

2. 实训内容

如图 2.17 所示。

3. 实训目的

(1) 掌握绘图工具和仪器的正确使用。
(2) 直线画法的正确性与熟练程度。
(3) 圆和圆弧画法的正确性与熟练程度。
(4) 掌握草图绘制的准确性与规范性。

4. 实训要求

(1) 用 A4 幅面的图纸徒手绘制草图。
(2) 草图上的线条要粗细分明,基本平直,方向正确,长短大致符合比例,线型符合国家标准。
(3) 树立严肃认真,一丝不苟的工作作风和良好的绘图习惯。

5. 实训提示

(1) 参照任务指导。
(2) 建议采用 2H、2B 铅笔。铅笔应从没有标号的一端开始使用,以便保留软硬的标号。
(3) 汉字应写成长仿宋体。

模块 3

绘制几何体的三视图

 模块描述

通过分析简单几何体、基本几何体、组合几何体的三视图（图 3.1、图 3.33、图 3.70、图 3.108）的工作过程，达到如下目标。

- 掌握投影的概念，正投影的基本特性，三视图的形成原理和投影规律。
- 掌握点、线、面的投影规律及其从属性，两点、两直线的相对位置。
- 掌握基本几何体的投影特性和作图方法及在立体表面上取点的方法。
- 掌握截交线和相贯线的性质及作图过程。
- 掌握基本体、截断体和相贯体的尺寸标注。
- 掌握组合体的组合形式、表面连接关系、形体分析法。
- 掌握组合体视图的画法、识读、尺寸标注。
- 了解绘制轴测图的基本知识。
- 掌握正等测图及斜二测图的画法。
- 熟练绘制轴测图。

任务 3.1　绘制简单几何体的三视图

3.1.1　任务书

1. 任务名称

简单几何体。

2. 任务准备

(1) 绘图工具、绘图用品。

(2) 简单几何体实物及三视图,如图 3.1 所示。

3. 任务要求

(1) 用 A4 幅面的图纸,比例 1∶1,抄注尺寸。

(2) 三视图符合"三等"规律。

(3) 符合国家标准中的基本规定,图面布局要恰当。

4. 任务提交

图纸。

5. 评价标准

任务实施评价项目表

序号	评 价 项 目	配分权重/(%)	实得分
1	正投影法的基本特性	10	
2	三视图绘制的正确、规范程度	40	
3	点、线、面投影作图的正确和熟练程度	50	

3.1.2　任务指导

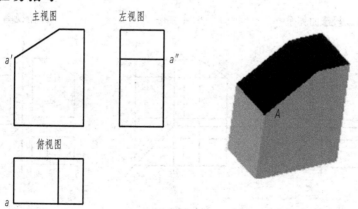

图 3.1　简单几何体的轴测图及三视图

1. 准备工作

(1) 准备绘图工具和用品。

(2) 分析图形。

(3) 根据图形大小，确定比例，选用图幅，固定图纸。

根据简单几何体的三视图，确定比例为1∶1，选用 A4 图幅，将图纸竖放，固定在图板上。

(4) 拟订具体的作图顺序。

2. 绘制图形

(1) 绘制 A4 图纸的边框线、图框线。

(2) 在图框线的右下角绘制标题栏。

(3) 在图纸中心位置偏上绘制三投影面体系，用 2H 铅笔作互相垂直的 OX 轴、OY 轴、OZ 轴，及与 OY 轴和 OZ 轴成 45°的辅助线，如图 3.2（a）所示。

(4) 在 V 面（XOZ 面）作长方体的主视图，其中长边与 OX 轴平行，高边与 OZ 轴平行，如图 3.2（b）所示。

(5) 在 H 面（XOY 面）依据三视图中长对正关系绘制出俯视图，如图 3.2（c）所示。

(6) 在 W 面（YOZ 面）依据三视图中高平齐、宽相等关系绘制出左视图，如图 3.2（d）所示。

(7) 作截面的三视图，如图 3.2（e）所示。

(8) 得到底图，作 A 点三面投影，注意点 A 在三视图中的投影位置，如图 3.2（f）所示。

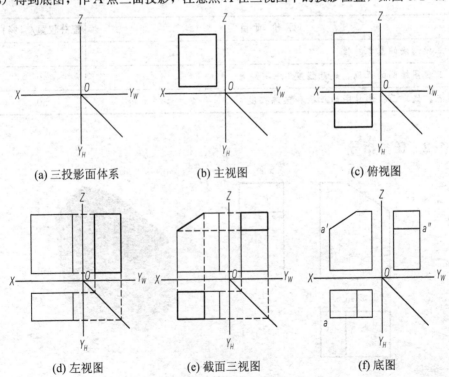

图 3.2　简单几何体三视图的作图步骤

(9) 描深三视图,如图 3.1 所示。在用铅笔描深前,必须全面检查底稿,修正错误,把画错的线条及作图辅助线用软橡皮轻轻擦净。检查图样完整无误后,用 B 或 2B 铅笔描深各种图线,一般先加深图形,其次加深图框和标题栏,其中轮廓线使用粗实线。

3. 填写标题栏

用 HB 铅笔填写标题栏。

3.1.3 知识包

机械图样中表达物体形状的图形是按正投影法绘制的,正投影法是绘制和阅读机械图样的理论基础。所以掌握正投影法理论是提高看图和绘图能力的关键。

如图 3.1 所示,为了正确地绘制空间物体的投影图,必须首先掌握投影法,并研究空间几何元素的投影规律和投影特性。

1. 正投影法及正投影基本特性

1) 正投影法

(1) 投影法的基本概念。

投影法就是投射线通过物体,向选定的面投射,并在该面上得到图形的方法。

根据投影法所得到的图形称为投影。

投影法中,得到投影的面称为投影面。

物体在光线照射下,在平面上会出现影子,这种现象就是投影。如图 3.3 所示,△ABC 被光源 S 照射后,在平面 P 上得到投影△abc,其中 S 称为投影中心,光线 SA、SB 和 SC 称为投射线,投射线的方向称为投影方向,P 面称为投影面。投射线与 P 面的交点称为投影点。

(2) 正投影法的概念。

投射线与投影面相垂直的投影法叫正投影法。根据正投影法所得到的图形称为正投影或正投影图,如图 3.4 所示。

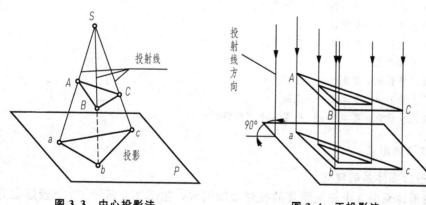

图 3.3 中心投影法　　　　图 3.4 正投影法

由于正投影法的投射线相互平行且垂直于投影面,所以当空间的平面图形平行于投影面时,其投影反映该平面图形的真实形状和大小,因此,绘制机械图样主要采用正投影法。

在正投影中，又以所用投影面数量的不同而分为单面投影和多面投影。生产用图一般为多面投影。

应当指出，对物体进行投射时，要将物体放在观察者与投影面之间，即始终要保持人—物体—投影面这个相对位置关系。

2）正投影的基本特性

(1) 显实性。平面图形（或直线线段）与投影面平行时，其投影反映实形（或实长），如图3.5（a）所示。

(2) 积聚性。平面图形（或直线线段）与投影面垂直时，其投影积聚为一条直线（或一个点），如图3.5（b）所示。

(3) 类似性。平面图形（或直线线段）与投影面倾斜时，其投影变小（或变短），但投影的形状仍与原来形状相类似，如图3.5（c）所示。

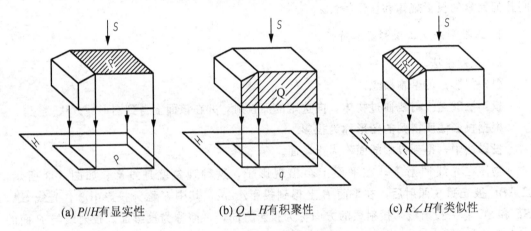

(a) $P//H$ 有显实性　　(b) $Q \perp H$ 有积聚性　　(c) $R \angle H$ 有类似性

图3.5　正投影的基本特性

特别提示

1. 直线的投影特性

(1) 直线∥投影面：显实性——直线实长。

(2) 直线⊥投影面：积聚性——点。

(3) 直线∠投影面：类似性——直线变短。

2. 平面的投影特性

(1) 平面∥投影面：显实性——平面实形。

(2) 平面⊥投影面：积聚性——直线。

(3) 平面∠投影面：类似性——平面变小（非实形）。

2. 三视图的形成

1）三投影面体系的建立

三投影面体系由3个相互垂直的投影面所组成，如图3.6所示。3个投影面分别为：正立投影面，简称正面，用 V 表示；水平投影面，简称水平面，用 H 表示；侧立投影面，简称侧面，用 W 表示。

相互垂直的投影面之间的交线称为投影轴，它们分别是：OX 轴（简称 X 轴），是 V

面与 H 面的交线，代表长度方向；OY 轴（简称 Y 轴），是 H 面与 W 面的交线，代表宽度方向；OZ 轴（简称 Z 轴），是 V 面与 W 面的交线，代表高度方向。

三根投影轴相互垂直，其交点 O 称为原点。

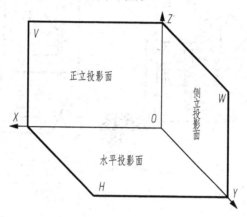

图 3.6　三投影面体系

2）物体在三投影面体系中的投影

将物体放置在三投影面体系中，按正投影法向各投影面投影，即可分别得到物体的正面投影、水平投影和侧面投影，如图 3.7（a）所示。

3）三投影面的展开

为了画图方便，需要将相互垂直的 3 个投影面摊平在同一个平面上，规定：正立投影面不动，将水平投影面绕 OX 轴向下旋转 90°，将侧立投影面绕 OZ 轴向右旋转 90°，如图 3.7（b）所示，分别重合到正立投影面上（这个平面就是图纸），如图 3.7（c）所示。

特别提示

水平投影面和侧立投影面旋转时，OY 轴被分为两处，分别用 OY_H 和 OY_W 表示。

视图：在机械制图中，可把人的视线设想成一组平行的投射线，而把物体在投影面上的投影称为视图。

三视图：将物体向 3 个投影面上分别进行投影。

主视图：物体在正立投影面上的投影，也就是由前向后投射所得的视图。

俯视图：物体在水平投影面上的投影，也就是由上向下投射所得的视图。

左视图：物体在侧立投影面上的投影，也就是由左向右投射所得的视图。

画图时，不必画出投影面的范围，因为它的大小与视图无关，如图 3.7（d）所示。

3. 三视图之间的对应关系

1）三视图的位置关系

以主视图为准，俯视图在正下，左视图在正右，如图 3.7（c）所示。

2）三视图间的"三等"关系

从三视图的形成过程中，可以看出：主视图反映物体的长度（X）和高度（Z）；俯视图反映物体的长度（X）和宽度（Y）；左视图反映物体的宽度（Y）和高度（Z），如图 3.7（d）所示。

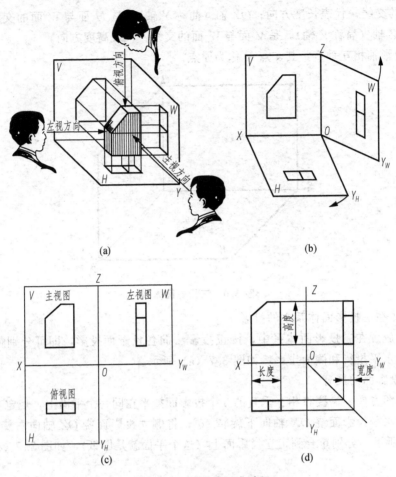

图 3.7 三视图的形成过程

归纳得出"三等"关系：主、俯视图——长对正（等长）；主、左视图——高平齐（等高）；俯、左视图——宽相等（等宽）。

特别提示

如图 3.8 所示，无论是整个物体或物体的局部，其三面投影都肯定符合"长对正，高平齐，宽相等"的"三等"规律。

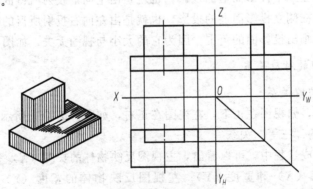

图 3.8 物体的三视图

3）视图与物体的方位关系

方位关系指的是以绘图（或看图）者面对正面（即主视图的投射方向）来观察物体为准，看物体的上、下、左、右、前、后 6 个方位在三视图中的对应关系，如图 3.9 所示。

主视图反映物体的上、下和左、右；俯视图反映物体的左、右和前、后；侧视图反映物体的上、下和前、后。

由图 3.9 可知，俯视图、左视图靠近主视图的一边（里边）均表示物体的后面，远离主视图的一边（外边）均表示物体的前面。

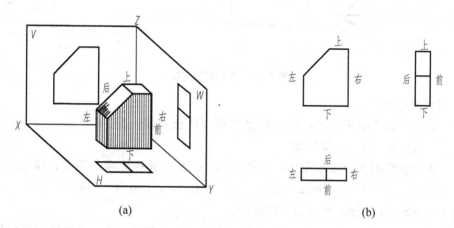

图 3.9 视图和物体的方位对应关系

 特别提示

视图的形成即是物体的投影，所谓三视图是一个物体分别向 3 个投影面进行的投影，展成在一个投影面上后，三者应满足："长对正、高平齐、宽相等"的对应关系，三视图可以说明物体的方位关系。

点是构成立体表面的最基本的几何要素。为了正确地画出图 3.1 物体的三视图，必须首先掌握点的投影规律。

4．绘制简单几何体点的三面投影

1）投影的标记

空间点用大写字母 A、B、C、…表示；水平投影用相应的小写字母 a、b、c、…表示；正面投影用相应的小写字母加一撇 a'、b'、c'、…表示；侧面投影用相应的小写字母加两撇 a''、b''、c''、…表示。

2）点的三面投影

空间点的投影仍为一个点。如图 3.10 所示，将点 A 放在三投影面体系中分别向 3 个投影面 V 面、H 面、W 面作正投影，就是过 A 点分别向投影面 V 面、H 面、W 面作垂线所得到的垂足，如图 3.10（a）所示。三投影面体系展开后，点的 3 个投影在同一平面内得到点的三面投影图。

特别提示

投影面展开后,同一条 Y 轴旋转后出现了两个位置,如图 3.10 (b) 和图 3.10 (c) 所示。

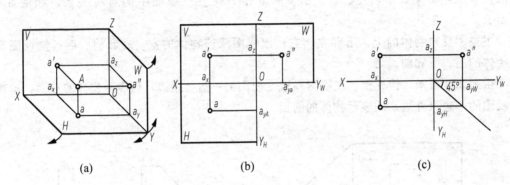

图 3.10 点的三面投影

3)点的投影规律

(1)点的两面投影的连线,必定垂直于相应的投影轴,即:$a'a \perp OX$ 轴、$a'a'' \perp OZ$ 轴、$aa_{yh} \perp OY_H$ 轴、$a''a_{yw} \perp OY_W$ 轴。

(2)点的投影到投影轴的距离,等于空间点到相应的投影面的距离,即"影轴距等于点面距",即:$a'a_x = a''a_{y_w} = Aa$,$a'a_z = aa_{y_h} = Aa''$,$aa_x = a''a_z = Aa'$。

例 1 利用点的两面投影求第三面投影。

如果知道点的两面投影,则该点在空间的位置就确定了,因此它的第三面投影也唯一确定,如图 3.11 所示。

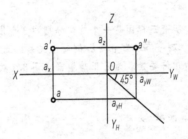

图 3.11 已知点的两面投影求第三面投影

4)点的投影与直角坐标的关系

点的空间位置可用直角坐标来表示,如图 3.12 所示,即把投影面当作坐标面,投影轴当作坐标轴,O 即为坐标原点。则

A 点的 X 坐标 $X_A = A$ 点到 W 面的距离 Aa''。

A 点的 Y 坐标 $Y_A = A$ 点到 V 面的距离 Aa'。

A 点的 Z 坐标 $Z_A = A$ 点到 H 面的距离 Aa。

点 A 坐标的规定书写形式为:A (x, y, z)。

可见,点的投影与其坐标值是一一对应的,因此,可以直接从点的三面投影图中量得该点得坐标值。反之,根据所给的点的坐标值,可按点的投影规律画出其三面投影图。

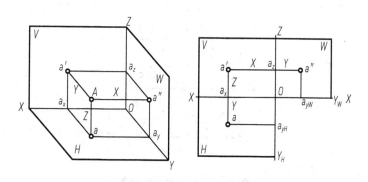

图 3.12 点的投影和直角坐标的关系

例 2 已知点 A（25，15，20），B（30，0，25），C（0，25，0），求作 A、B、C 的三面投影，如图 3.13 所示。

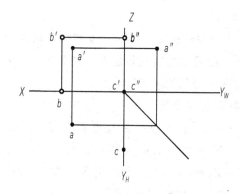

图 3.13 由点的坐标作投影图

特别提示

各种位置点的投影特征如下。

(1) 点在空间，(X，Y，Z) 3 个坐标值都不为零。

(2) 点在投影面上，(X，Y，Z) 3 个坐标值有一个为零。

(3) 点在投影轴上，(X，Y，Z) 3 个坐标值有两个为零。

(4) 点在原点，(X，Y，Z) 3 个坐标值都为零，点的坐标为 (0，0，0)，3 个投影都重合于 O 点。

5) 两点的相对位置

两点在空间的相对位置由两点的坐标关系来确定，如图 3.14 所示。

两点的左、右相对位置由 X 坐标来确定，坐标大者在左方。故点 A 在点 B 的左方。

两点的前、后相对位置由 Y 坐标来确定，坐标大者在前方。故点 A 在点 B 的前方。

两点的上、下相对位置由 Z 坐标来确定，坐标大者在上方。故点 A 在点 B 的上方。

若反过来说，则点 B 在点 A 的右、后、下方。

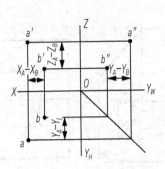

图 3.14 两点的相对位置

例 3 已知点 A 的三面投影图，如图 3.15（a）所示，作点 B（30，10，0）的三面投影，并判断两点的空间相对位置。

分析：点 B 的 Z 坐标等于 0，说明点 B 属于 H 面，点 B 的正面投影 b' 一定在 OX 轴上，侧面投影 b'' 一定在 OY_W 轴上。

作图：在 OX 轴上由 O 向左量取 30，得 b_x（b' 重合于该点），由 b_x 向下作垂线并量取 $b_x b=10$，得 b。根据 b、b'，即可求出第三投影 b''，如图 3.15（b）所示。应注意，b'' 事实上在 W 面的 OY_W 轴上，而不在 H 面的 OY_H 轴上。

判别 A、B 两点在空间的相对位置：

左、右相对位置：$X_B - X_A = 10$，故点 A 在点 B 右方 10mm。

前、后相对位置：$Y_A - Y_B = 10$，故点 A 在点 B 前方 10mm。

上、下相对位置：$Z_A - Z_B = 10$，故点 A 在点 B 上方 10mm。

即点 A 在点 B 的右、前、上方各 10mm 处。

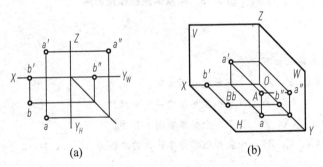

(a)　　　　　　　　　(b)

图 3.15 两点的相对位置

6）重影点的投影

共处于同一条投影线上的两点，必在相应的投影面上具有重合的投影，这两个点被称为该投影面的一对重影点，如图 3.16 所示。重影点的可见性需根据这两点不重影的投影的坐标大小来判别，即：当两点在 V 面的投影重合时，需判别其 H 面或 W 面投影，则点在前（Y 坐标大）者可见；当两点在 H 面的投影重合时，需判别其 V 面或 W 面投影，则点在上（Z 坐标大）者可见；当两点在 W 面的投影重合时，需判别其 H 面或 V 面投影，则点在左（X 坐标大）者可见。

在投影图中，对不可见的点，需加圆括号表示。

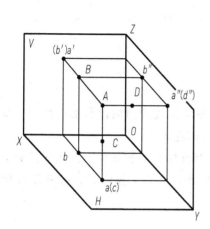 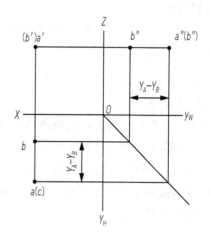

图 3.16　重影点的投影

特别提示

读图是本课程的学习重点，从最基本的几何元素（点）开始讨论读图问题，有利于培养正确的读图思维方式，从而为识读体的投影图打好基础。

5. 绘制简单几何体直线的投影

本节所研究的直线，均为直线的有限长度，即线段。

1）直线的三面投影

（1）一般来说，直线的投影仍为直线。

（2）直线的投影可由直线上两点的同面投影（即同一投影面上的投影）来确定，如图 3.17 所示。

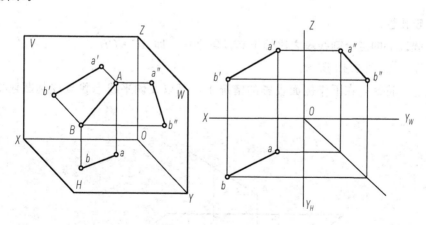

图 3.17　直线的投影

> **特别提示**
>
> 直线上两点的同面投影（即同一投影面上的投影）的连线，即为该直线的投影。

2）直线上点的投影

直线上点的投影具有以下特性。

（1）从属性。

如果一个点在直线上，则该点的各个投影必在该直线的同面投影上；反之，如果点的各个投影都在直线的同面投影上，则该点一定在该直线上。

如图 3.18 所示，K 点在直线 AB 上，则其正面投影 k' 必在 $a'b'$ 上；水平投影 k 必在 ab 上；侧面投影 k'' 必在 $a''b''$ 上。如果已知直线 AB 上 K 点正面投影 k'，可按图 3.18 所示方法作出 k 和 k''。

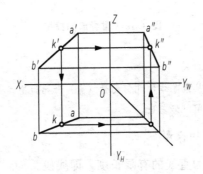

图 3.18　直线上点的投影

> **特别提示**
>
> 如果一点的三面投影中有一面不属于直线的同面投影，则该点必不属于该直线。

（2）定比性。

属于线段上的点分割线段之比等于其投影之比，即 $AC:CB = ac:cb = a'c':c'b' = a''c'':c''b''$，如图 3.19 所示。

利用这一特性，在不作侧面投影的情况下，可以在侧平线上找点或判断已知点是否在直线上。

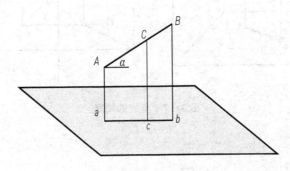

图 3.19　定比性

特别提示

如果线段上的点分割线段之比不等于其投影之比,则该点必不属于该直线。

3) 各种位置直线及其投影特性

直线的位置共有 3 种,即一般位置直线、投影面平行线、投影面垂直线,见表 3-1。

表 3-1 各种位置直线

直线
- 一般位置直线:对 V、H、W 面都倾斜
- 投影面平行线:(只平行于一个面)
  - 正平线:平行于 V 面,倾斜于 H、W 面
  - 水平线:平行于 H 面,倾斜于 V、W 面
  - 侧平线:平行于 W 面,倾斜于 H、V 面
- 投影面垂直线
  - 正垂线:垂直于 V 面,平行于 H、W 面
  - 铅垂线:垂直于 H 面,平行于 V、W 面
  - 侧垂线:垂直于 W 面,平行于 H、V 面

(1) 特殊位置直线。特殊位置直线主要包括以下两种。

① 投影面平行线。平行于一个投影面而与其他两个投影面倾斜的直线,称为投影面平行线,见表 3-2。

根据投影面平行线所平行的平面不同,投影面平行线又可分为 3 种:平行于 H 面的直线,称为水平线;平行于 V 面的直线,称为正平线;平行于 W 面的直线,称为侧平线。

直线和投影面的夹角叫直线对投影面的倾角,并以 $α$、$β$、$γ$ 分别表示直线对 H、V、W 面的倾角。

下面以水平线为例说明投影面平行线的投影特性。

在表 3-2 中,由于水平线 AB 平行于 H 面,同时又倾斜于 V、W 面,因而其 H 面投影 ab 与直线 AB 平行且相等,即 ab 反映直线的实长。投影 ab 倾斜于 OX、OY_H 轴,其与 OX 轴的夹角反映直线对 V 面的倾角 $β$ 的实形,与 OY_H 轴的夹角反映直线对 W 面的倾角 $γ$ 的实形,AB 的 V 面投影和 W 面投影分别平行于 OX、OY_W 轴,同时垂直于 OZ 轴。同理可分析出正平线 CD 和侧平线 EF 的投影特性。

综合表 3-2 中的水平线、正平线、侧平线的投影规律,可归纳出投影面平行线的投影特性如下。

a. 投影面平行线在它所平行的投影面上的投影反映实长,且倾斜于投影轴,该投影与相应投影轴之间的夹角反映空间直线与另外两个投影面的倾角。

b. 其余两个投影平行于相应的投影轴,长度小于实长。

表 3-2 投影面平行线

名 称	水 平 线	正 平 线	侧 平 线
直观图	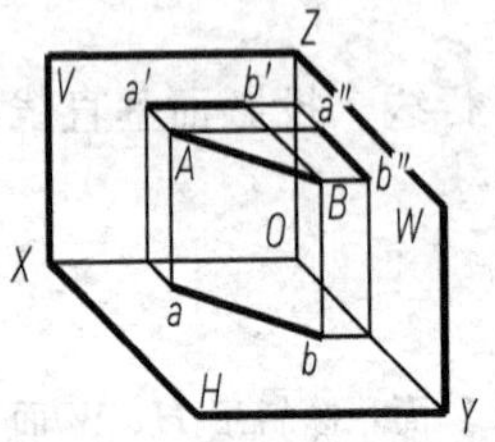	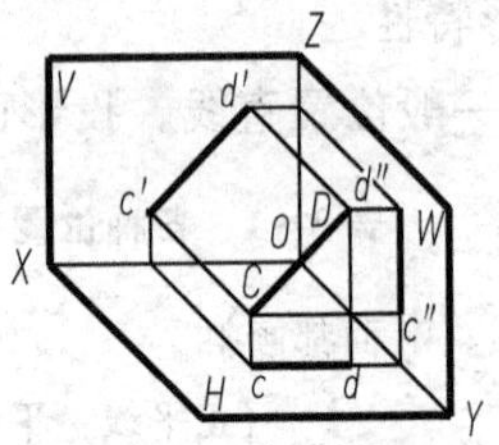	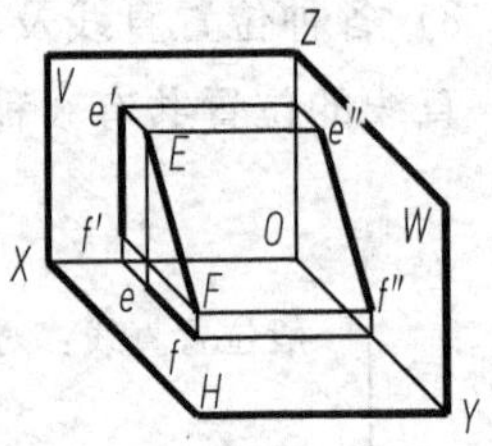
投影图	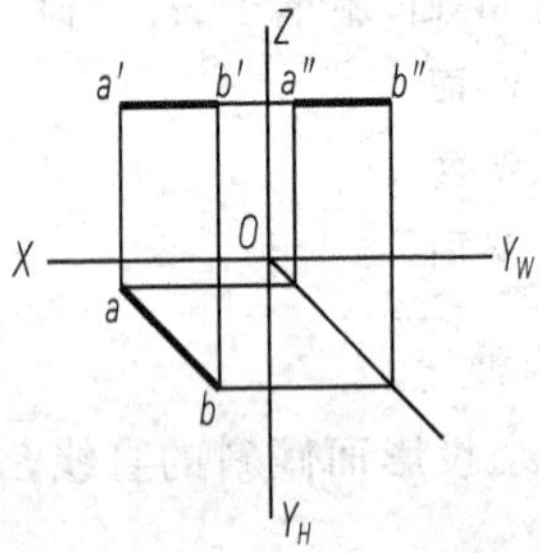	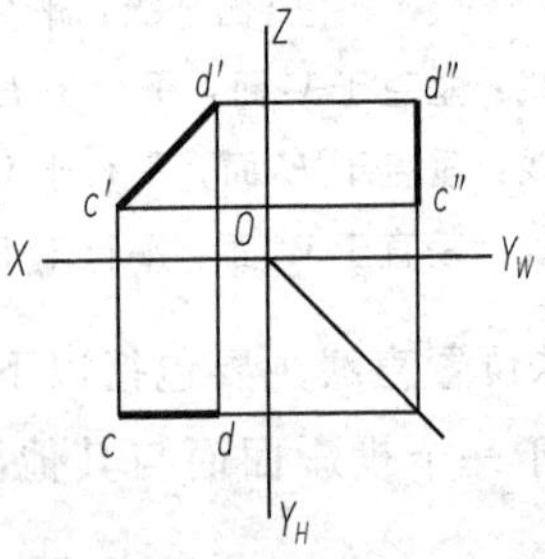	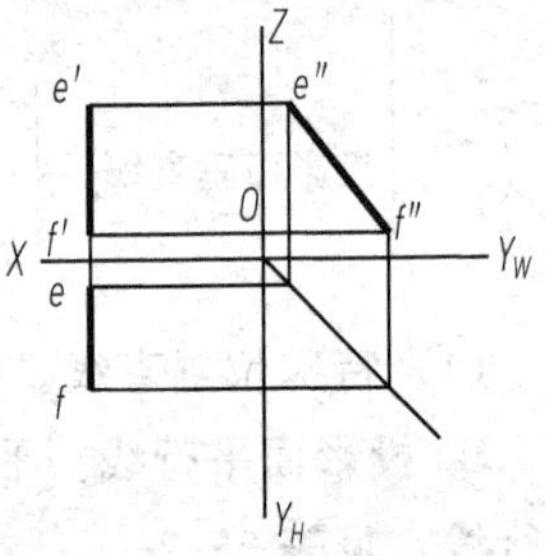

② 投影面垂直线。垂直于某一个投影面的直线，称为投影面垂直线，见表 3-3。

根据投影面垂直线垂直的投影面不同，投影面垂直线又可分为 3 种：垂直于 H 面的直线，称为铅垂线；垂直于 V 面的直线，称为正垂线；垂直于 W 面的直线，称为侧垂线。

表 3-3 投影面垂直线

名 称	铅 垂 线	正 垂 线	侧 垂 线
直观图	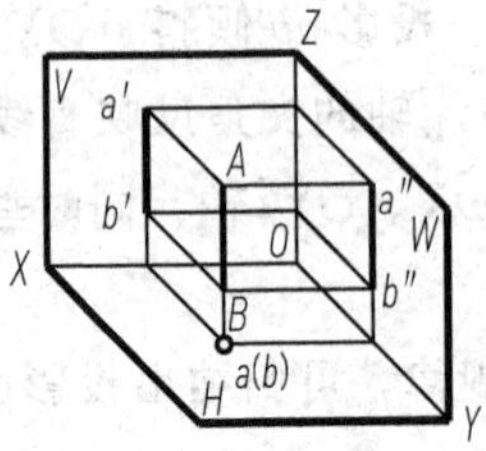	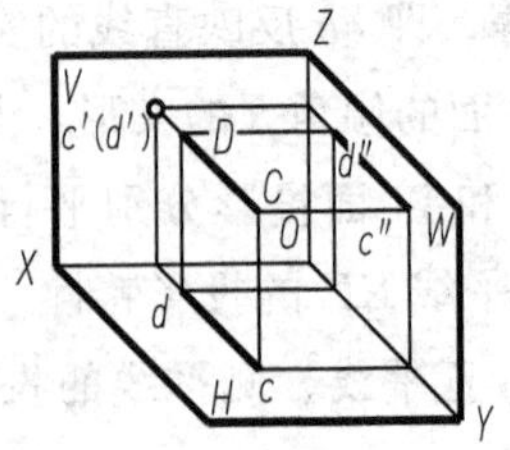	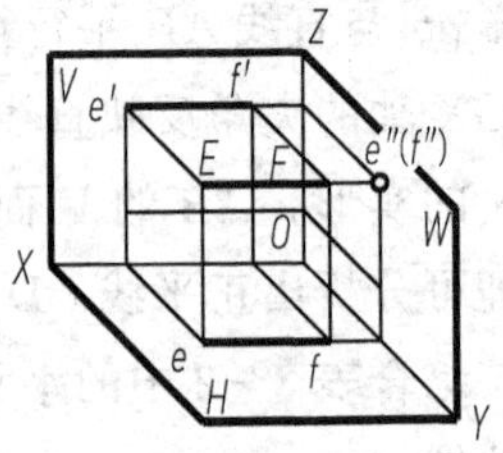
投影图	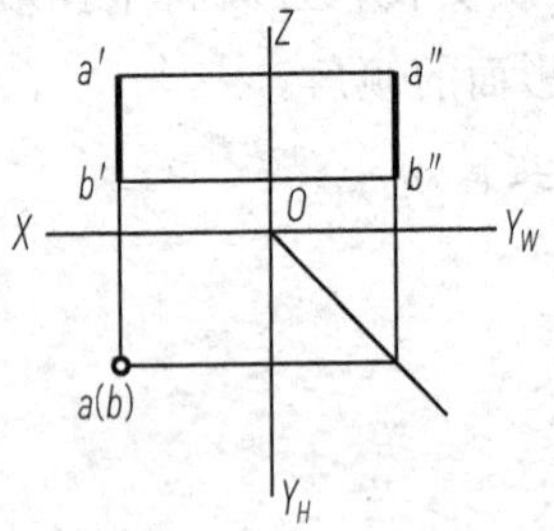	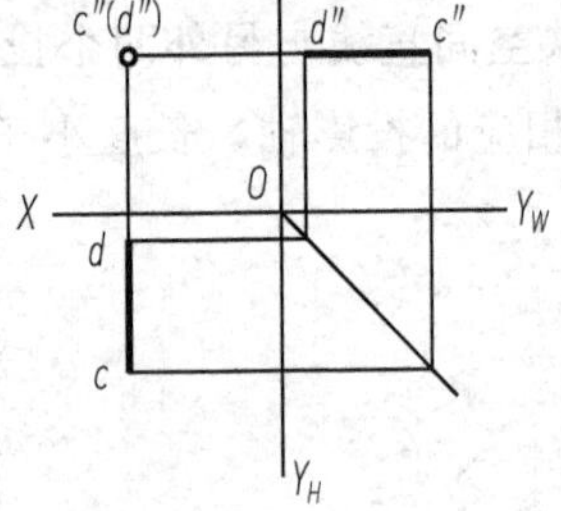	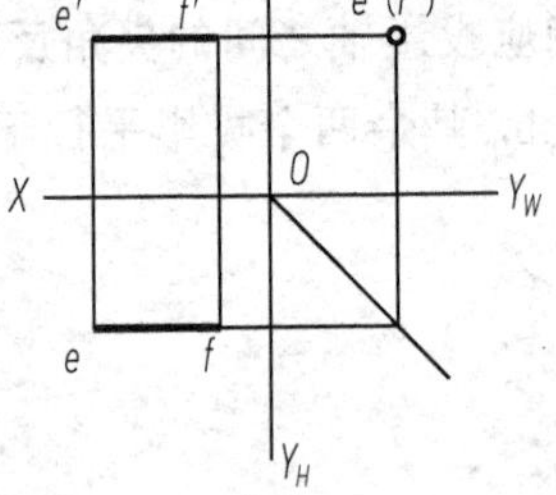

下面以铅垂线为例说明投影面垂直线的投影特性。

在表 3-3 中，因直线 AB 垂直于 H 面，所以 AB 的 H 面投影积聚为一点 a（b）；AB 垂直于 H 面的同时必定平行于 V 面和 W 面，所以由平行投影的显实性可知 $a'b' = a''b'' = AB$，并且 $a'b'$ 垂直于 OX 轴，$a''b''$ 垂直于 OY_W 轴，它们同时平行于 OZ 轴。

综合表 3-3 中的铅垂线、正垂线、侧垂线的投影规律，可归纳出投影面垂直线的投影特性如下。

a. 直线在它所垂直的投影面上的投影积聚为一点。

b. 直线的另外两个投影垂直于相应的投影轴，且反映实长。

（2）一般位置直线。

对 3 个投影面都倾斜的直线称为一般位置直线，如图 3.20 所示。

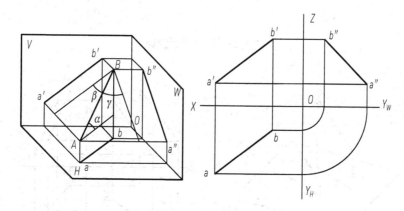

图 3.20　一般位置直线

一般位置直线的投影特性如下。

① 一般位置直线的各面投影都与投影轴倾斜。

② 一般位置直线的各面投影的长度均小于实长。

③ 一般位置直线的各面投影均不反映直线对投影面的真实倾角。

（3）读直线的投影。读直线的投影图，就是根据其投影想象直线的空间位置。

例如，识读图 3.21 所示 AB 直线的投影。根据直线的投影特性"三面投影都与投影轴倾斜"，可以直接判定 AB 为一般位置直线，"走向"为：从左、前、下方向右、后、上方倾斜。

但应指出，看图时不能只根据"投影图"机械地套用"投影特性"而加以判断。关键是建立起空间概念，即在脑海中呈现出直线投影的立体情况。有了这样的思路，再运用直线的投影特性判定直线的空间位置，才是正确的看图方法。

4）两直线的相对位置

空间两直线的相对位置有平行、相交和交叉 3 种情况，它们的投影特性分述如下。

（1）平行两直线。

① 若空间两直线相互平行，则它们的同面投影必然相互平行。反之，如果两直线的各个同面投影相互平行，则此两直线在空间也一定相互平行，如图 3.22 所示。

② 平行两线段之比等于其投影之比。

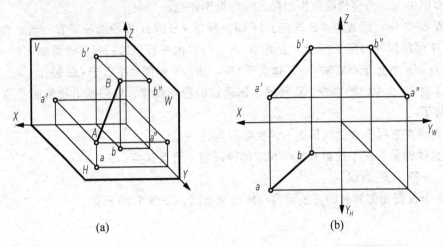

(a)   (b)

图 3.21 读直线的投影

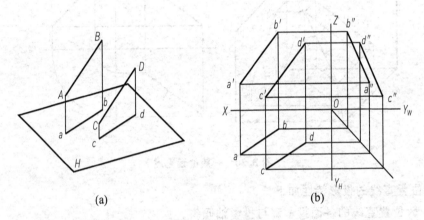

(a)   (b)

图 3.22 平行两直线

特别提示

判断图中两条直线是否平行的方法如下。

(1) 对于一般位置直线，只要有两个同面投影互相平行，就能确定空间两直线互相平行。

(2) 对于特殊位置直线，有两个同面投影互相平行，不能确定空间两直线互相平行，还要求出第三面投影。

(2) 相交两直线。

空间相交的两直线，它们的同面投影也一定相交，交点为两直线的共有点，且应符合点的投影规律，如图 3.23 所示。

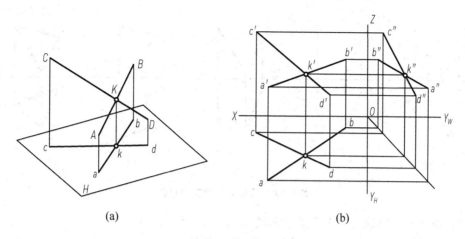

图 3.23 相交两直线

(3) 交叉两直线。

在空间既不平行也不相交的两直线，叫交叉两直线，又称异面直线，如图 3.24 所示。交叉两直线不存在共有点，交叉两直线的同面投影可能相交，但各投影的交点不符合点的投影规律，实际上是两直线处于同一投射线上的两点的重影点。利用重影点的投影可见性，可以来判断这两直线的相对位置。

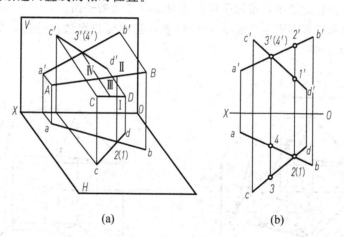

图 3.24 交叉两直线

6. 绘制简单几何体平面的投影

本节所研究的平面，均指平面的有限部分，即平面图形。

1) 用几何元素表示平面

由初等几何学可知，不在一条直线上的 3 个点、一直线和直线外一点、相交两直线、平行两直线可决定一平面，在形体上任何一个平面图形都有一定的形状、大小和位置。从形状上看，常见的平面图形有三角形、矩形、正多边形等直线轮廓的平面图形。图 3.25 是用各种几何元素表示平面的方法。

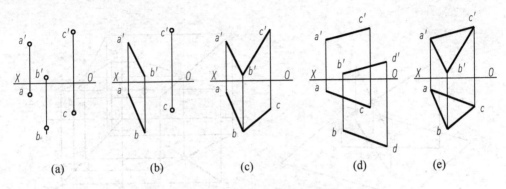

图 3.25 用几何元素表示平面

(1) 不在一条直线上的 3 个点,如图 3.25(a) 所示。
(2) 一直线和直线外一点,如图 3.25(b) 所示。
(3) 相交二直线,如图 3.25(c) 所示。
(4) 平行二直线,如图 3.25(d) 所示。
(5) 任意平面图形,如图 3.25(e) 所示。

2) 平面的投影

不属于同一直线的三点可确定一平面。因此平面可以用图 3.25 中任何一组几何要素的投影来表示。在投影图中,常用平面图形来表示空间的平面。

先画出平面图形各顶点的投影,然后将各点的同面投影依次连接,即为平面图形的投影,如图 3.26 所示。

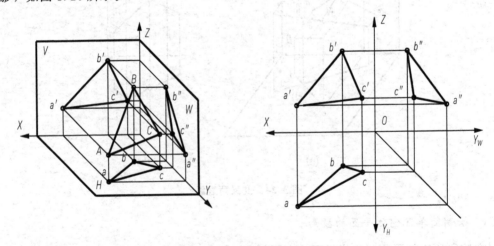

图 3.26 平面的投影

3) 各种位置平面的投影

在投影体系中,平面相对于投影面的位置也有 3 种,即一般位置平面、投影面平行面、投影面垂直面。

(1) 特殊位置平面。特殊位置平面包括投影面垂直面和投影面平行面。

① 投影面垂直面。垂直于一个投影面而对其他两个投影面倾斜的平面,称为投影面

垂直面，见表3-4。

根据投影面垂直面所垂直的平面不同，投影面垂直面又可分为3种：垂直于 H 面的平面，称为铅垂面；垂直于 V 面的平面，称为正垂面；垂直于 W 面的平面，称为侧垂面。

平面与投影面的夹角称为平面的倾角，平面与 H 面、V 面、W 面的倾角分别用 α、β、γ 标记。在表3-4中，平面 P 垂直于水平面，其水平面投影积聚成一倾斜直线 p，倾斜直线 p 与 OX 轴、OY_H 轴的夹角分别反映铅垂面 P 与 V 面、W 面的倾角 β 和 γ，由于平面 P 倾斜于 V 面、W 面，所以其正面投影和侧面投影均为类似形。

综合分析表3-4中的平面 Q 和平面 R 的投影情况，可归纳出投影面垂直面的投影特性如下。

a. 平面在它所垂直的投影面上的投影积聚成一直线，此直线与相应投影轴的夹角反映该平面对另外两个投影面的倾角。

b. 平面在另外两个投影面上的投影为原平面图形的类似形，面积比实形小。

表3-4 投影面垂直面

名称	铅垂面	正垂面	侧垂面
直观图	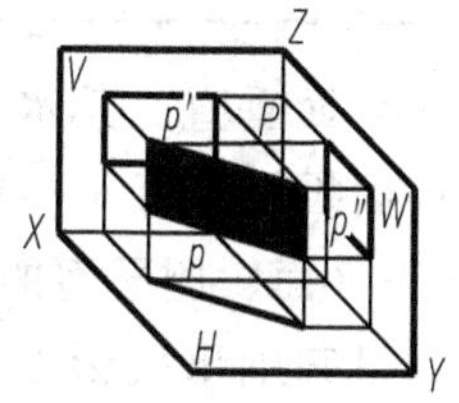	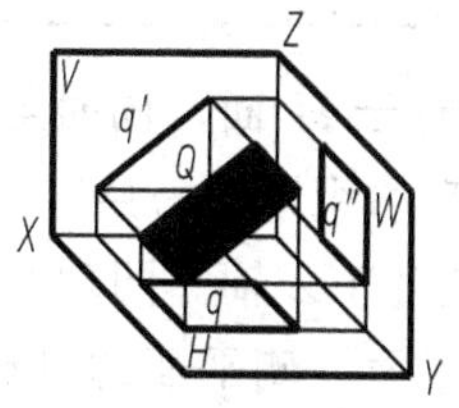	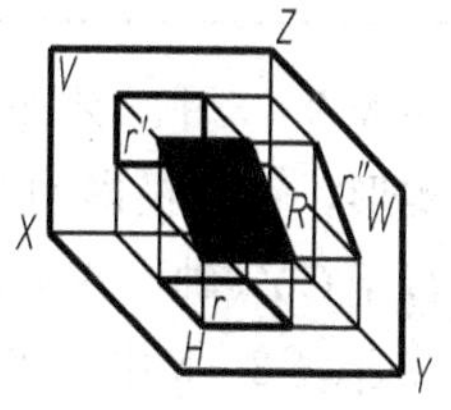
投影图	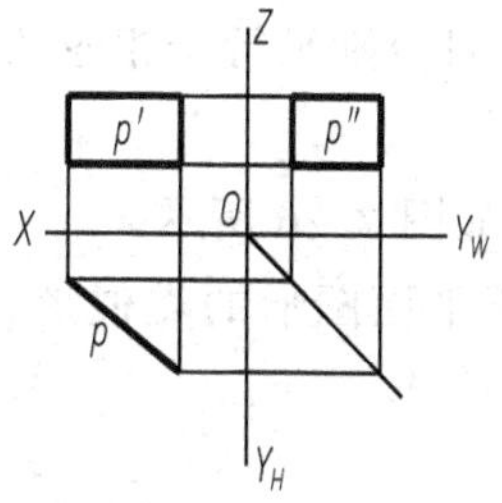	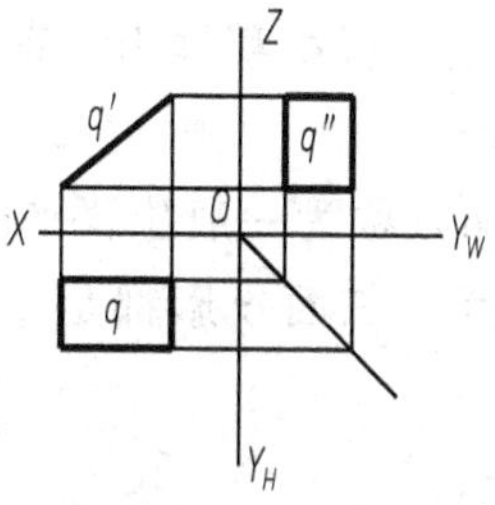	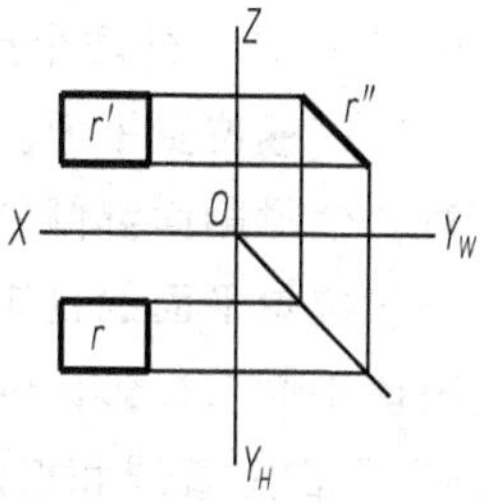

② 投影面平行面。平行于一个投影面的平面，称为投影面平行面，见表3-5。

根据投影面平行面所平行的平面不同，投影面平行面又可分为3种：平行于 H 面的平面，称为水平面；平行于 V 面的平面，称为正平面；平行于 W 面的平面，称为侧平面。

表 3-5 投影面平行面

名称	水平面	正平面	侧平面
直观图	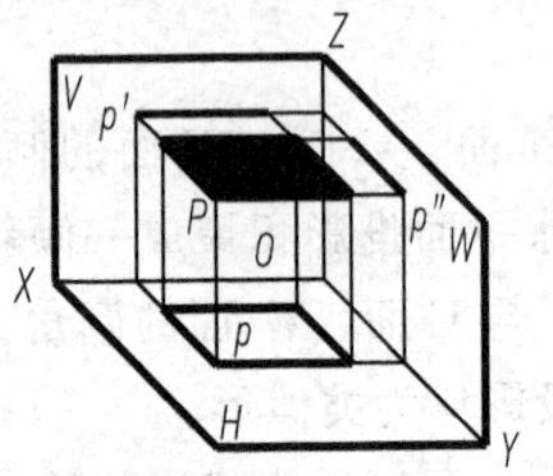	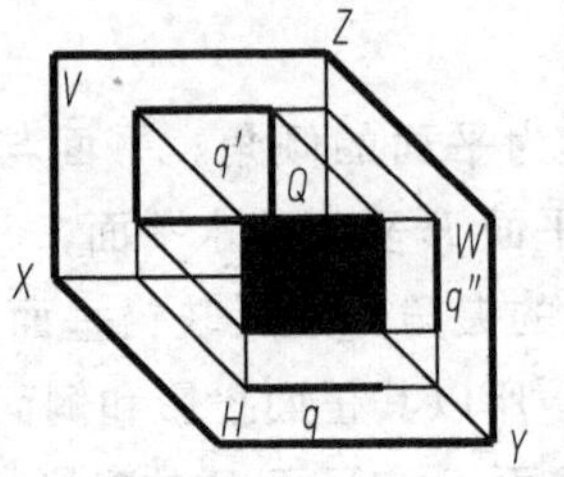	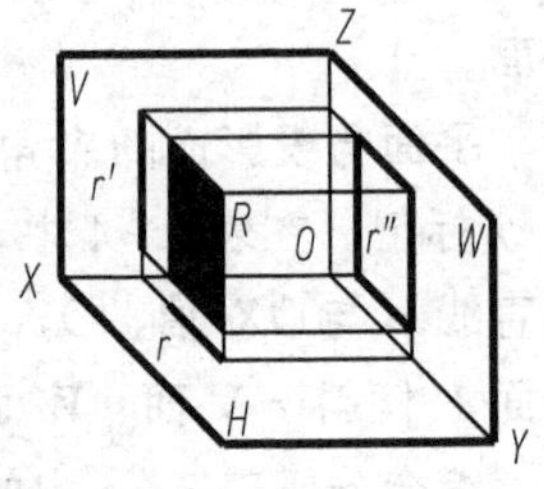
投影图	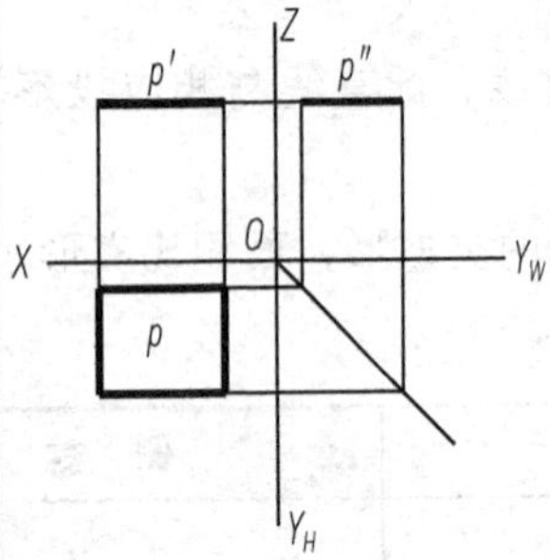	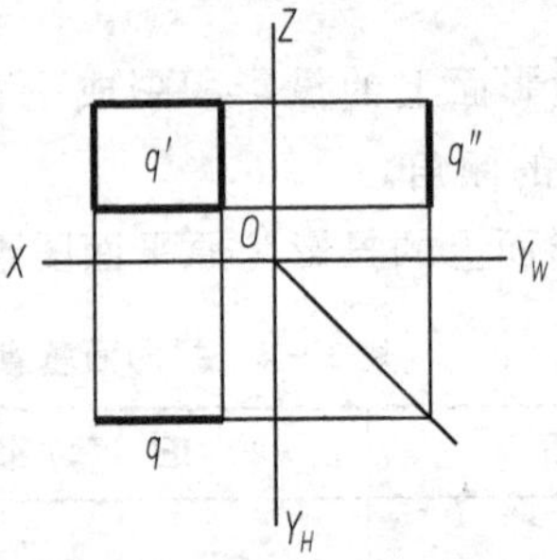	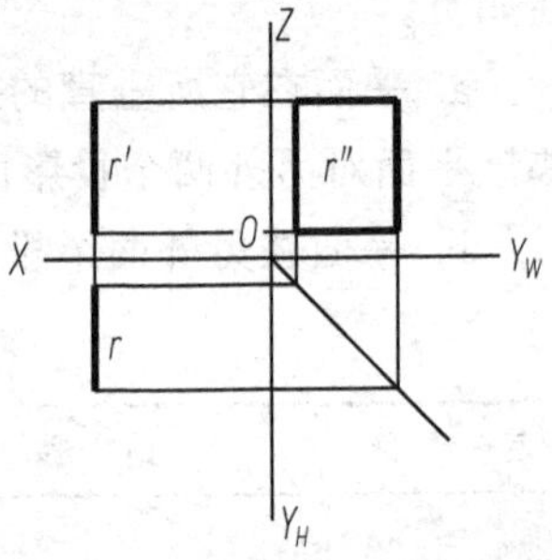

在表 3-5 中，水平面 P 平行于 H 面，同时与 V 面、W 面垂直。其水平投影反映图形的实形，V 面投影和 W 面投影均积聚成一条直线，且 V 面投影平行于 OX 轴，W 面投影平行于 OY_W 轴，它们同时垂直于 OZ 轴。同理可分析出正平面、侧平面的投影情况。

综合表 3-5 中水平面、正平面、侧平面的投影规律，可归纳出投影面平行面的投影特性如下。

a. 平面在它所平行的投影面上的投影反映实形。

b. 平面在另外两个投影面上的投影积聚为一直线，且分别平行于相应的投影轴。

（2）一般位置平面。

对 3 个投影面都倾斜的平面，称为一般位置平面，如图 3.26 所示。

一般位置平面的投影特性为：三面投影都是小于原平面图形的类似形，三面投影都不反映该平面与投影面的倾角。

4）平面上直线和点的投影

（1）平面上的直线。

在平面上取直线的条件是：①一直线经过平面上的两点；②一直线经过平面上的一点，且平行于平面上的另一已知直线。

（2）平面上的点。

在平面上取点的条件是：若点在直线上，直线在平面上，则点一定在该平面上。如图 3.27 所示，两相交直线 AB、BC 确定一个平面 H，M 是 AB 上的一个点，因此 M 点在平面 H 上。因此，在平面上取点时，应先在平面上取直线，再在该直线上取点。

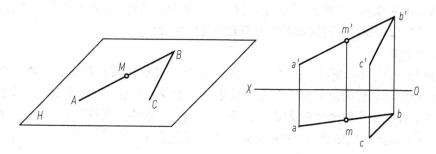

图 3.27 平面的点

例 4 已知 △ABC 上的直线 EF 的正面投影 $e'f'$，如图 3.28（b）所示，求水平投影 ef。

分析：如图 3.28（a）所示，因为直线 EF 在 △ABC 平面内，延长 EF，可与 △ABC 的边线交于 M、N，则直线 EF 是 △ABC 上直线 MN 的一部分，它的投影必属于直线 MN 的同面投影。

作图步骤如下。

① 延长 $e'f'$ 与 $a'b'$ 和 $b'c'$ 交于 m'、n'，由 $m'n'$ 求得 m、n，如图 3.28（c）所示。

② 连 m、n，在 mn 上由 $e'f'$ 求得 ef，如图 3.28（d）所示。

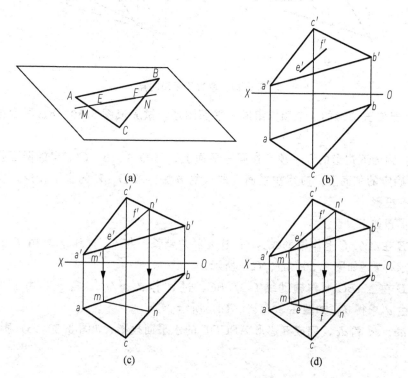

图 3.28 取属于平面的直线

例 5 如图 3.29（a）所示，已知 △ABC 上点 E 的正面投影 e' 和点 F 的水平投影 f，求作它们的另一面投影。

分析：因为点 E、F 在 $\triangle ABC$ 上，故过 E、F 在 $\triangle ABC$ 平面上各作一条辅助直线，则点 E、F 的两个投影必定在相应的辅助直线的同面投影上。

作图步骤如下。

① 如图3.29（b）所示，过 e' 做一条辅助直线Ⅰ Ⅱ的正面投影 $1'2'$，使 $1'2'//a'b'$，求出水平投影 12；然后过 e' 作 OX 轴的垂线与 12 相交，交点 e 即为点 E 的水平投影。

② 过 f 作辅助直线的水平投影 fa，fa 交 bc 于 3，求出正面投影 $a'3'$，过 f 作 OX 轴的垂线与 $a'3'$ 的延长线相交，交点即为点 F 的正面投影 f'。

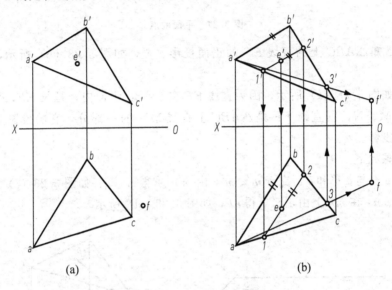

图3.29 取属于平面的点

例6 已知五边形的5个顶点组成一平面图形，试完成图3.30（b）所示图形的水平投影。

分析：因为五边形的5个顶点在同一平面上，已知 A、B、C 三点的两面投影，可在 $\triangle ABC$ 所确定的平面上，应用在平面上取点的方法，求 D、E 的水平投影，从而完成五边形的水平投影。

作图步骤如下。

① 过 E 在 $\triangle ABC$ 上作辅助线 AF：连 $a'e'$ 并延长，与 $b'c'$ 交于 f'，由 f' 求得 f；连 af，由 e' 求得 e，如图3.30（a）、（c）所示。

② 过 D 在 $\triangle ABC$ 上作辅助线 $DG//BC$：过 d' 作 $d'g'//b'c'$ 得 g'，由 g' 求得 g；作 $dg//bc$，由 d' 求得 d，如图3.30（a）、（d）所示。

③ 连 ae、ed 和 dc，完成五边形 $ABCDE$ 的水平面投影，如图3.30（d）所示。

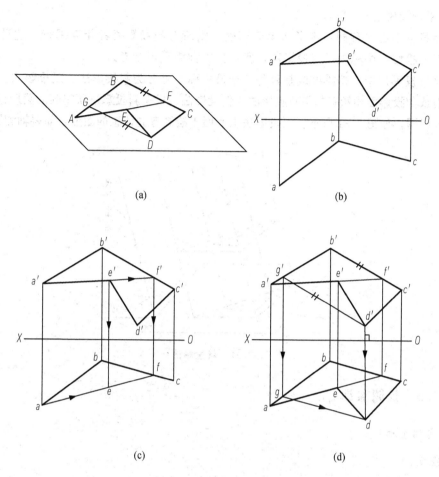

图 3.30 五边形 ABCDE 的水平面投影

3.1.4 知识拓展

1. 投影法及其分类

投影法分为两大类，即中心投影法和平行投影法。

1）中心投影法

基本条件：光源、物体、平面（投影面）。

如图 3.3 所示，若 S 为光源，A 为物体，a 为 A 的投影，则 S 称为投射中心；P 称为投影面；SAa 称为投射线。

如图 3.3 所示，S 为光源，ABC 为物体，abc 为 ABC 的投影，则 S 称为投射中心；P 称为投影面；SAa、SBb、SCc 称为投射线。

中心投影法绘制的图样具有较强的立体感，主要用于绘制产品或建筑物富有真实感的立体图，也称透视图。

中心投影法由于光线从 S 点出发呈发散相交状，其投影不能反映物体的真实形状和大小，因此在机械图样中较少使用。

2）平行投影法

若将投影中心 S 移到离投影面无穷远处，则所有的投影线都相互平行，这种投影线相互平行的投影方法称为平行投影法，所得投影称为平行投影。

在平行投影法中，按投射线是否垂直于投影面，可分为斜投影法、正投影法。

投射线与投影面相倾斜的平行投影法叫斜投影法。根据斜投影法所得到的图形称为斜投影或斜投影图，如图 3.31 所示。斜投影法主要用于绘制有立体感的图形，如斜轴测图。

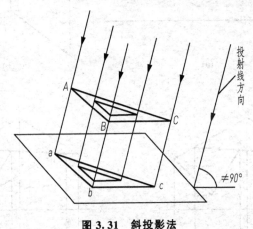

图 3.31　斜投影法

3.1.5　技能实训

1. 实训名称

三视图。

2. 实训内容

如图 3.32 所示。

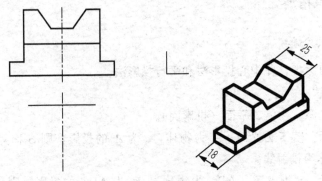

图 3.32

3. 实训目的

(1) 了解投影的概念，正投影的基本特性。

(2) 掌握三视图的形成原理和投影规律。

(3) 建立空间思维概念。

4. 实训要求

（1）根据立体图及图上的尺寸和给出的视图，画出其余两视图。

（2）画图要正确、完整、清晰。

5. 实训提示

（1）参照任务指导，熟悉制图标准流程。

（2）掌握三投影面体系的建立及展开。

（3）OY 轴被分为两处，分别用 OY_H 和 OY_W 表示。

（4）注意三视图的位置关系。

（5）三视图应符合"三等"规律。

（6）注意视图与物体的方位关系。

（7）底稿完成后应认真检查，然后按图线标准加深。

任务 3.2 绘制基本几何体的三视图

3.2.1 任务书

1. 任务名称

基本几何体。

2. 任务准备

（1）绘图工具、绘图用品。

（2）基本几何体实物及三视图，如图 3.33 所示。

3. 任务要求

（1）用 A4 幅面的图纸，比例 1∶1，抄注尺寸。

（2）尺寸标注要正确、完整、清晰。

（3）图框、线型、字体等应符合规定，图面布局要恰当。

4. 任务提交

图纸。

5. 评价标准

任务实施评价项目表

序号	评 价 项 目	配分权重/（%）	实得分
1	基本体的投影识读与绘制的正确和熟练程度	20	
2	基本体面上取点的正确和熟练程度	10	
3	立体截交线作图的正确和熟练程度	20	

续表

序号	评价项目	配分权重/（%）	实得分
4	立体相贯线作图的正确和熟练程度	20	
5	可见性判断的正确程度	10	
6	立体的尺寸标注的正确和合理程度	20	

3.2.2 任务指导

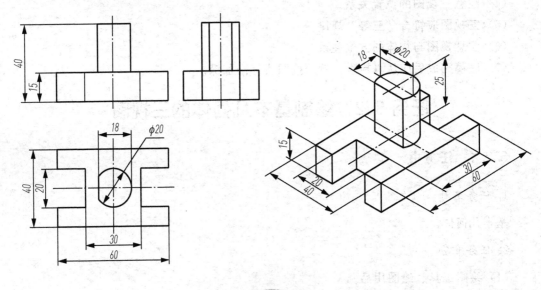

图3.33 物体轴测图、三视图及尺寸标注

1. 准备工作

(1) 准备绘图工具和用品。

(2) 分析图形的尺寸及其线段。

(3) 根据图形大小，确定比例，选用图幅，固定图纸。

根据物体的三视图，确定比例为1∶1，选用A4图幅，将图纸竖放固定在图板上。

(4) 拟订具体的作图顺序。

2. 画图过程

(1) 绘制 A4 图纸边框线、图框线。

(2) 在图框线的右下角绘制标题栏。

(3) 绘制底稿。

① 画轴线、对称中心线、底板定位线,如图 3.34(a)所示。

② 画底板的三视图,如图 3.34(b)所示。

③ 画圆柱的三视图,如图 3.34(c)所示。

④ 画底板凹槽的三视图,如图 3.34(d)所示。

⑤ 画圆柱切口的三视图,如图 3.34(e)所示。

⑥ 完成底稿,如图 3.34(f)所示。

(4) 检查底稿并加深,如图 3.34(g)所示。

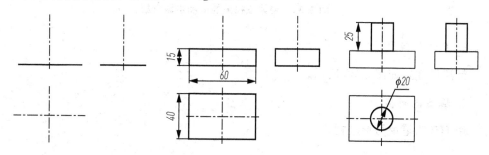

(a) 画轴线、对称中心线、底板定位线　　(b) 画底板的三视图　　(c) 画圆柱的三视图

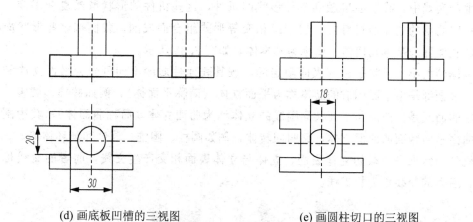

(d) 画底板凹槽的三视图　　(e) 画圆柱切口的三视图

图 3.34　物体三视图的画图步骤

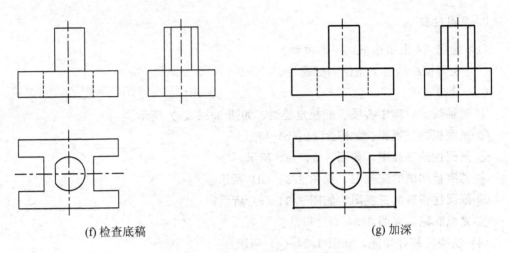

(f) 检查底稿　　　　　　　　　　　　(g) 加深

图 3.34　物体三视图的画图步骤（续）

3. 尺寸标注

标注尺寸，如图 3.33 所示。

4. 填写标题栏

用 HB 铅笔填写标题栏。

3.2.3　知识包

在生产实践中，我们会接触到各种形状的机件，这些机件的形状虽然复杂多样，但都是由一些简单的立体经过叠加、切割或相交等形式组合而成的。我们把这些形状简单且规则的立体称为基本几何体，简称为基本体，如图 3.35 所示。

基本体的大小、形状是由其表面限定的，按其表面性质的不同可分为平面立体和曲面立体。表面都是由平面围成的立体称为平面立体（简称平面体），例如棱柱、棱锥。表面都是由曲面或是由曲面与平面共同围成的立体称为曲面立体（简称曲面体），其中围成立体的曲面是回转面的曲面立体，又叫回转体，例如圆柱、圆锥、球体和圆环体等。

在机件中常见平面截切立体表面、立体与立体表面相交产生交线，前者的交线称为截交线，后者的交线称为相贯线。

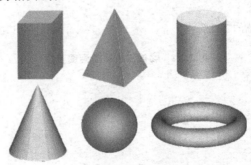

图 3.35　常见的基本体

1. 基本体的投影

1) 平面立体的投影

由于平面立体是由平面围成的,因此平面立体的三视图就可归结为各个表面(棱面)的投影的集合。由于平面图形系由直线段组成,而每条线段都可由其两端点确定,因此平面立体的三视图又可归结为其各表面的交线(棱线)及各顶点的投影的集合。

在立体的三视图中,有些表面和表面的交线处于不可见位置,在图中用虚线表示。

(1) 棱柱。棱柱体由顶面、底面和若干个棱面组成,它的棱线相互平行。顶面和底面为正多边形的直棱柱,称为正棱柱。常见的棱柱有三棱柱、四棱柱、六棱柱等。

① 棱柱的三视图。图 3.36 是一个直三棱柱的投影。它的三角形顶面及底面为水平面,3 个侧棱面(均为矩形)中,后面是正平面,其余两侧面为铅垂面,3 条侧棱线为铅垂线。

画三视图时,先画顶面和底面的投影:水平投影中,顶面和底面均反映实形(三角形)且重影,正面和侧面投影都有积聚性,分别为平行于 OX 轴和 OY_W 轴的直线;3 条侧棱的水平投影有积聚性,为三角形的 3 个顶点,它们的正面和侧面投影均平行于 OZ 轴且反映棱柱的高。

> **特别提示**
>
> 棱柱在与底面平行的投影面上的投影图为一多边形,其他两面投影图的外形轮廓为矩形。

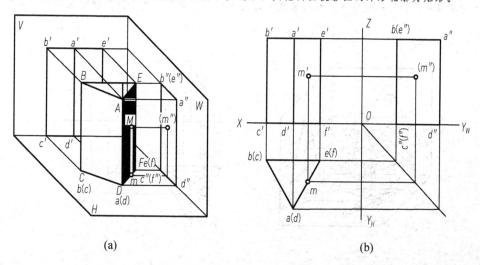

图 3.36 三棱柱的三视图及属于表面的点的求法

② 棱柱表面上的点。当点属于几何体的某个表面时,该点的投影必在所属表面的各同面投影范围内。若该表面的某一投影为可见,则该点的同面投影也可见;反之为不可见。棱面在某一投影面上的投影为不可见时,该棱面上点的投影需加括号,以表示其为不可见。

当棱柱的表面为特殊位置时,属于该棱面的点可利用平面的积聚性求得。

例 1 如图 3.36（b）所示，已知三棱柱上一点 M 的正面投影 m'，求 m 和 m''。

方法：按 m 的位置和可见性，可判定点 M 属于三棱柱的右侧棱面。因点 M 所属平面 $AEFD$ 为铅垂面，因此，其水平投影 m 必落在该平面有积聚性的水平投影 $aefd$ 上。再根据 m 和 m' 即可求出侧面投影 m''。由于 M 点属于三棱柱的右侧面，该棱面的侧面投影为不可见，故 m'' 为不可见（需加括号）。

（2）棱锥。棱锥的底面为多边形，各侧面为若干具有公共顶点的三角形。从棱锥顶点到底面的距离叫做锥高。当棱锥底面为正多边形，各侧面是全等的等腰三角形时，称为正棱锥。常见的正棱锥有正三棱锥、正四棱锥、正六棱锥等。

① 棱锥的三视图。图 3.37 是正三棱锥的投影。它由底面 △ABC 和 3 个棱锥面 △SAB、△SBC、△SAC 所组成。底面为水平面，其水平投影反映实形，正面和侧面投影积聚为一直线。棱面 △SAC 为侧垂面，因此侧面投影积聚为一直线，水平投影和正面投影都是类似形。棱面 △SAB 和 △SBC 为一般位置平面，它的三面投影均为类似形。棱线 SB 为侧平线，棱线 SA、SC 为一般位置直线，棱线 AC 为侧垂线，棱线 AB、BC 为水平线。

画正三棱锥的三视图时，先画出底面 △ABC 的各个投影，再画出锥顶 S 的各个投影，连接各顶点的同面投影，即为正三棱锥的三视图，如图 3.37 所示。

 特别提示

棱锥在与底面平行的投影面上的投影图外形轮廓为一多边形，其他两面投影图的外形轮廓为三角形。

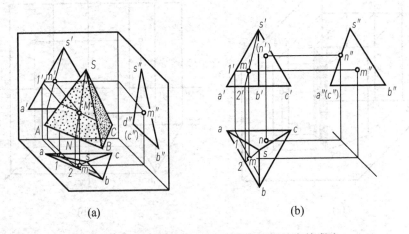

图 3.37 正三棱锥的三视图及属于表面的点的求法

② 棱锥表面上的点。正三棱锥的表面有特殊位置平面，也有一般位置平面。属于特殊位置平面的点投影，可利用该平面投影的积聚性直接作图。属于一般位置平面的点的投影，可通过在平面上作辅助线的方法求得。

例 2 如图 3.37（b）所示，已知属于棱面 △SAB 的点 M 的正面投影 m' 和属于 △SAC 的点 N 的水平投影 n，试求 M、N 的其他投影。

方法：因棱面 △SAC 是侧垂面，它的侧面投影 $s''a''$（c''）具有积聚性，因此 n'' 在

$s''a''$（c''）上，再由 n 和 n'' 求得（n'）。

棱面△SAB 是一般位置平面，需过锥顶 S 及点 M 作一辅助线 SII（图 3.37（b）中即过 m' 作 $s'2'$，其水平投影为 $s2$）然后根据属于直线的点的投影特性，求出其水平投影 m，再由 m、m' 求出侧面投影 m''。

2）曲面立体的投影

曲面立体的表面是由一母线绕定轴旋转而成的，故称曲面立体，也称为回转体。

回转面：由一条母线（直线或曲线）围绕轴线回转而形成的表面。

回转体：由回转面或回转面与平面所围成的立体。例如：圆柱、圆锥、圆球、圆环。

（1）圆柱。

① 圆柱面的形成。圆柱面可看作一条直线围绕与它平行的轴线回转而成。轴线称为回转轴，直线称为母线，母线转至任一位置时称为素线，如图 3.38（a）所示。

 特别提示

搞清回转面上特殊位置素线（如最左、最右、最前、最后等素线）的投影特性及其几何意义，对画、看回转体的视图和在体表面上取点至为重要。

画回转体的视图时，轴线必须用点画线清晰画出。

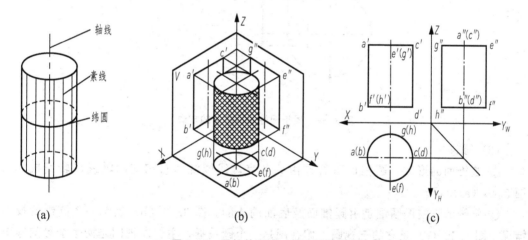

图 3.38 圆柱的形成、视图及其分析

② 圆柱的三视图。圆柱是由圆柱面及顶、底平面所围成的。图 3.38（b）表示一个圆柱的投影情况。图 3.38（c）为该圆柱的三视图：俯视图是一个圆线框，主、左视图是两个相等的矩形线框。

俯视图的圆线框，表示圆柱面的水平投影（图中圆柱轴线为铅垂线，圆柱面的全部素线皆为铅垂线，因此圆柱面的水平投影积聚为一圆）；顶、底面的水平投影反映实形，即由这一圆线框所围成的圆形。

主视图的矩形线框，表示圆柱面的正面投影（前半圆柱面和后半圆柱面投影重合）；矩形的上、下两边分别为顶、底面的积聚性投影；左、右两边 $a'b'$、$c'd'$ 分别是圆柱最左、最右素线的投影，其水平投影积聚成点。

左视图的矩形线框，表示圆柱面的侧面投影（左半圆柱面和右半圆柱面投影重合）；

矩形的上、下两边分别为顶、底面的积聚性投影；前、后两边分别是圆柱最前、最后素线的投影，其水平投影积聚成点。

特别提示

圆柱在与底面平行的投影面上的投影图外形轮廓为一圆，其他两面投影图的外形轮廓为矩形。

③ 圆柱表面上的点。如图 3.39 所示，已知属于圆柱面上的点 A、B、C 的一个投影，求另外两面投影。

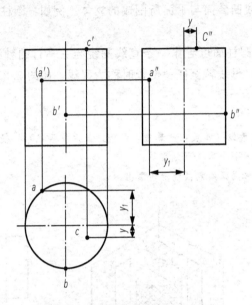

图 3.39　属于圆柱表面的点的求法

(2) 圆锥。

① 圆锥面的形成。圆锥面可看作由一条直母线围绕和它相交的轴线回转而成，如图 3.40（a）所示。

② 圆锥的三视图圆锥是由圆锥面及底面围成的。图 3.40（b）表示一个圆锥的投影情况。图 3.40（c）是它的三视图；俯视图是一个圆线框，主、左视图是两个全等的等腰三角形线框。

俯视图的圆线框反映圆锥底面的实形，同时也表示圆锥面的投影。

主、左视图的等腰三角形线框，其下边为圆锥底面的积聚性投影。主视图中三角形的左、右两边分别表示圆锥面最左、最右素线（前、后转向线）SA、SB 的投影（反映实长），它们是圆锥面在主视图上可见与不可见部分的分界线；左视图中三角形的两边分别表示圆锥面最前、最后素线（左、右转向线）SC、SD 的投影（反映实长），它们是圆锥面在左视图上可见与不可见部分的分界线。

特别提示

圆锥在与底面平行的投影面上的投影图外形轮廓为一圆，其他两面投影图的外形轮廓为三角形。

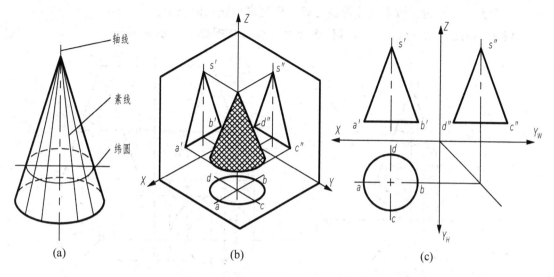

图 3.40 圆锥的形成、视图及其分析

③ 圆锥表面上的点。圆锥体的投影没有积聚性,在其表面上取点的方法有两种:辅助素线法和纬圆法(辅助圆法)。

方法一:辅助素线法。圆锥面是由许多素线组成的。圆锥面上任一点必定在经过该点的素线上,因此只要求出过该点素线的投影,即可求出该点的投影。

例 3 如图 3.41 所示,已知圆锥面上一点 K 的投影正面投影 k',求 k、k''。

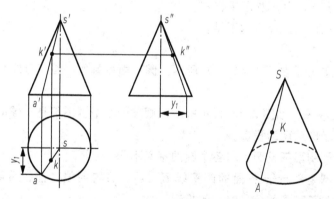

图 3.41 属于圆锥表面的点的求法(辅助素线法)

作图步骤如下。

(1) 过 k' 作素线 SA 的正面投影 $s'a'$。

(2) 求 k。连结 $s'k'$ 并延长交底于 a',在水平投影上求出 a 点,连结 sa 即为素线 SA 的水平投影 sa。

(3) 由 k' 求出 k,由 k' 及 k 求出 k''。或先求出 SA 的侧面投影,根据从属关系求出 K 点的侧面投影 k''。

方法二:纬圆法。由回转面的形成可知,母线上任意一点的运动轨迹为圆,该圆垂直于旋转轴线,我们把这样的圆称之为纬圆。圆锥面上任一点必然在与其高度相同的纬圆上，因此只要求出过该点的纬圆的投影，即可求出该点的投影。

例 4 如图 3.42 所示，已知圆锥表面上一点 A 的投影 a'，求 a、a''。

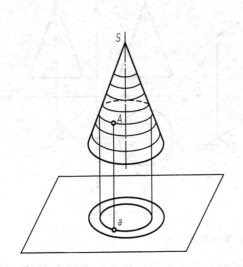
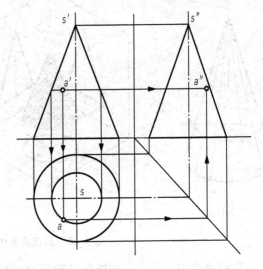

图 3.42 属于圆锥表面的点的求法（纬圆法）

作图步骤如下。

(1) 过 a' 作纬圆的正面投影，此投影为一直线。

(2) 画出纬圆的水平投影。

(3) 由 a' 求出 a，由 a 及 a' 求出 a''。

(4) 判别可见性，两投影均可见。

(3) 圆球。

① 圆球面的形成。如图 3.43（a）所示，圆球面可看作一圆（母线）围绕它的直径回转而成。

② 圆球的三视图。如图 3.43（c）所示，圆球的 3 个视图都是与球面直径相等的的圆线框，它们均表示圆球面的投影。

球的各个投影图形都是圆，但各个圆的意义不同。

正面投影的圆是平行于 V 面的圆素线 B（前、后转向线，前、后两半球的分界线，即主视图上可见与不可见的分界线）的投影。

水平投影的圆是平行于 H 面的圆素线 A（上、下转向线，上、下两半球的分界线，即俯视图上可见与不可见的分界线）的投影。

侧面投影的圆是平行于 W 面的圆素线 C（左、右转向线，左、右两半球的分界线，即左视图上可见与不可见的分界线）的投影。

这 3 条圆素线的其他两面投影都与圆的相应中心线重合。

特别提示

圆球的各个投影图形都是圆。

模块 3　绘制几何体的三视图

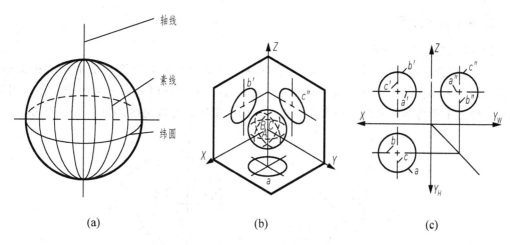

图 3.43　圆球的形成、视图

③ 圆球表面上的点。由于圆球体的特殊性，过球面上一点可以作属于球体的无数个纬圆，为作图方便，常沿投影面的平行面作相应投影面的纬圆，这样过球面上任一点可以得到 H、V、W 3 个方向的纬圆。因此只要求出过该点的纬圆投影，即可求出该点的投影。

例 5　如图 3.44 所示，已知球面上的一点 A 的投影 a'，求 a 及 a''。

分析：由 a' 得知 A 点在左上半球上，可以利用水平纬圆解题。

作图步骤如下。

(1) 过 a' 作纬圆的正立投影（为一直线）。
(2) 求出纬圆的水平投影。
(3) 由 a' 求出 a，由 a' 及 a 求出 a''。
(4) 判别可见性。两投影均可见。

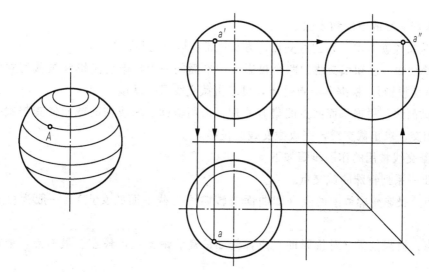

图 3.44　圆球表面上取点

2. 立体的截交线

1）截交线的基本性质

（1）截交线的基本性质。在机件上常见到一些平面与立体表面相交而产生的交线，这些交线即为截交线。当立体被平面截成两部分时，其中任何一部分称为截断体，用来截切立体的平面称为截平面，截平面与立体表面的交线成为截交线，如图3.45所示。

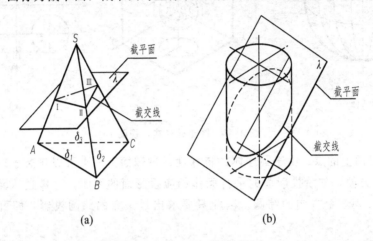

图3.45 截交线的基本性质

截交线具有以下两个基本性质。

① 共有性：截交线既是截平面上的线，又是立体表面上的线，因此是截平面和立体表面的共有线，截交线上的点都是截平面和立体表面的共有点。

② 封闭性：平面与曲面立体的截交线是一个（或数个）封闭的平面图形，在一般情况下它是一个平面曲线。特殊情况下，可以是由直线段和曲线，或仅由直线段组成的平面图形。

（2）求截交线的方法和步骤。

① 求截交线就是求一系列截交点，方法通常有以下几种。

a. 积聚性法：已知截交线的两个投影（截平面的一个积聚性投影和被截切立体表面的一个积聚性投影），根据共有点性质，可求出截交线另一投影。

b. 辅助面法：根据三面共点的集合原理，采用辅助平面或辅助球面使其与截平面和立体表面相交，求出截交线，完成截交线的投影。

② 求截交线常用的作图步骤如下。

a. 找出一系列特殊的截交点。

转向点：投影轮廓线上的点（即曲面的转向线与截平面的交点），一般为可见性分界点。

极限点：极限位置（对投影面）点，例如最高、最低点，最左、最右点，最前、最后点等。

特征点：曲线本身的特征点，例如椭圆长、短轴上4个端点。

结合点：截交线由几部分组成时的结合点。

b. 求出若干一般截交点。

c. 判别可见性。

d. 顺次连接各点成多边形或曲线。

2）平面立体的截交线

平面立体被单个或多个平面切割后，既具有平面立体的形状特征，又具有截平面的平面特征。因此在看图或画图时，一般应先从反映平面立体特征视图的多边形线框出发，想象出完整的平面立体形状并画出其投影，然后再根据截平面的空间位置，想象出截平面的形状并画出其投影。平面立体上切口的画法常利用平面特性中"类似形"这一投影特征来作图。具体作图步骤如下。

（1）找到截平面与棱锥上若干条棱线的交点；如立体被多个平面截割，应求出截平面间的交线。

（2）依次将各点连线。

（3）判断可见性。

（4）整理轮廓线。

例 6 如图 3.46 所示，正三棱锥被正垂面切割，已知正三棱锥被截切后的正面投影，试画出三棱锥被截切后的水平投影和侧面投影。

分析：由于正三棱锥被正垂面切割，截平面与三棱锥的 3 条棱线都相交，所以截交线是一个三角形，三角形的顶点为各棱线与正垂面的交点。截交线的正面投影具有积聚性，求出正面投影 a'、b'、c'，利用直线上点的投影性质作出水平投影和侧面投影。

作图步骤如下。

（1）在主视图求出正面投影 a'、b'、c'。

（2）由 a'、b'、c' 在俯视图上作出 a、b、c；在左视图作出 a''、b''、c''。

（3）整理轮廓线，将各点连接起来。

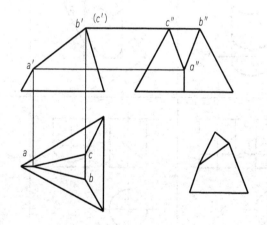

图 3.46 求三棱锥的截交线

例 7 如图 3.47 所示，六棱柱与平面相交，已知主视图，补全俯视图与左视图。

作图步骤如下。

（1）由 $1'$ 在俯视图上作出 1，由 $4'$ 在俯视图上作出 4。再分别由 $2'$、$3'$、$5'$、$6'$ 作

出 2、3、5、6 在水平截面上的积聚投影。

（2）由 4 和 4′作出 4″，然后依照同样方法作出 1″、2″、3″、5″、6″。

（3）整理轮廓线，将各点连接起来。

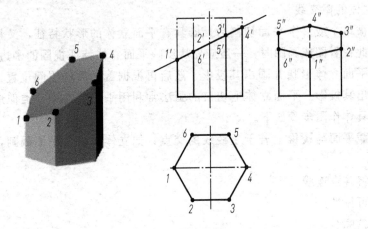

图 3.47 求六棱柱的截交线

3）曲面立体的截交线

曲面立体的截交线一般情况下是一条封闭的平面曲线。作图时，须先求出若干个共有点的投影，然后用曲线板将它们依次光滑地连接起来，即为截交线的投影。

（1）圆柱的截交线。截平面与圆柱轴线的相对位置不同，其截交线有 3 种不同的形状，见表 3-6。

表 3-6 圆柱的截交线

立体图			
投影图			
截切平面位置	垂直于轴线	倾斜于轴线	平行于轴线
截交线	圆	椭圆或椭圆弧加直线	矩形

例 8 如图 3.48 所示,求圆柱被正垂面截切后的截交线的投影。

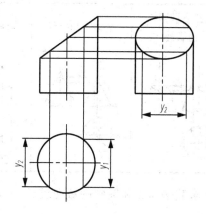

图 3.48 圆柱被正垂面截切后的截交线的投影

分析:由于截平面与圆柱轴线倾斜,故截交线应为椭圆。截交线的正面投影积聚成直线。由于圆柱面具有积聚性,故截交线的水平投影与圆柱面的投影重合,侧面投影可根据圆柱面上取点的方法求出。

作图步骤如下。

① 先找出截交线上特殊点的正面投影,它们是圆柱的最左、最右以及最前、最后素线上的点,也是椭圆长、短轴的 4 个端点。作出其水平投影和侧面投影。

② 再作出适当数量的一般点。

③ 将这些点的侧面投影依次光滑地连接起来,就得到截交线的侧面投影。

④ 整理轮廓线。

(2) 圆锥的截交线。截平面与圆锥轴线的相对位置不同,其截交线有 5 种不同的形状,见表 3-7。

表 3-7 圆锥的截交线

截切平面位置	与轴线垂直 $\theta=90°$	与全部素线相交 $\theta>\alpha$	平行于一条素线 $\theta=\alpha$	平行于两条素线 $\alpha>\theta=0°$	过锥顶
立体图					

续表

截交线	圆	椭圆或椭圆弧加直线	抛物线加直线	双曲线加直线	等腰三角形
投影图	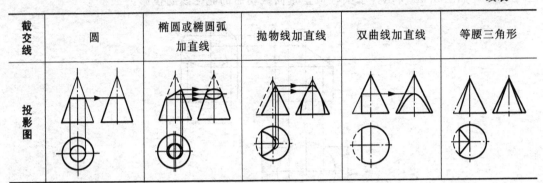				

例9 如图3.49所示，求截平面λ和圆锥的截交线。

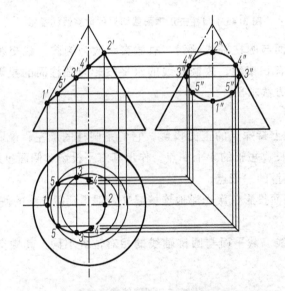

图3.49 求圆锥被正垂面截切后的截交线的投影

分析：截平面为正垂面，截交线为椭圆；截交线的水平投影和侧面投影均为椭圆。

作图步骤如下。

① 求特殊点 1、2、4。

② 求一般点 3、5。按照三面投影的规律求出左视图与俯视图上对应的点。

③ 判断可见性，光滑连接各点。

④ 整理轮廓线。

（3）圆球的截交线。圆球被任意方向的平面截切，截交线都是圆。当截平面为投影面平行面时，截交线在所平行的投影面上的投影反映圆的实形，其余两面投影积聚为直线。当截平面与投影面垂直时，截交线在其垂直的投影面上的投影积聚为直线，而其余两个投影均为椭圆，见表3-8。

表 3-8 圆球的截交线

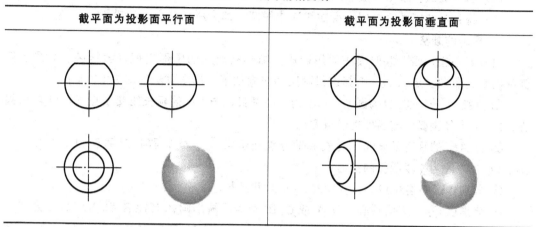

例 10 如图 3.50 所示,求截平面 λ 和圆球的截交线。

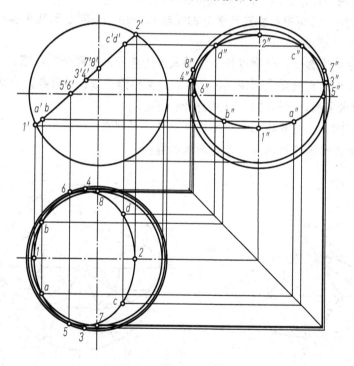

图 3.50 圆球的截交线

(1) 分析。截交线的正面投影积聚为直线,水平投影及侧面投影都是椭圆。

(2) 求特殊点。图 3.50 中球的正面轮廓线与截平面的交点 1′、2′ 是截交线上的最低、最高点的正面投影,其水平投影 1、2 及侧面投影 1″、2″ 为截交线投影椭圆的短轴。取正面投影 1′2′ 的中点 3′、(4′),在水平投影及侧面投影中求 3、4 及 3″、4″,即为截交线投影的长轴。5、6、7、8 及 5″、6″、7″、8″ 分别是球的水平轮廓线圆及侧面轮廓线圆与截平面的交点的水平投影和侧面投影,画图时截交线的水平投影与球的水平投影相切于 5 和 6 两点,截交线的侧面投影与圆球的侧面投影相切于 7″ 和 8″ 两点。

(3) 求一般点。求出一般点的投影 a、b、c、d 及 a''、b''、c''、d''。

(4) 将各点的同面投影用光滑曲线连成椭圆，即为所求截交线的投影。

4) 椭圆的画法

(1) 四心法。四心近似画法即用四段圆弧连接起来的图形近似代替椭圆。如果已知椭圆的长、短轴 AB、CD，则其近似画法的步骤如下，作图方法如图 3.51 所示。

① 连接 A、C，以 O 为圆心、OA 为半径画弧，与 CD 的延长线交于点 E，以 C 为圆心、CE 为半径画弧，与 AC 交于点 E_1。

② 作 AE_1 的垂直平分线，与长短轴分别交于点 O_1、O_2，再作对称点 O_3、O_4；O_1、O_2、O_3、O_4 即为 4 段圆弧的圆心。

③ 分别作圆心连线 O_1O_4、O_2O_3、O_3O_4 并延长。

④ 分别以 O_1、O_3 为圆心，O_1A 或 O_3B 为半径画小圆弧 K_1AK 和 NBN_1，分别以 O_2、O_4 为圆心，O_2C 或 O_4D 为半径画大圆弧 KCN 和 N_1DK_1（切点 K、K_1、N_1、N 分别位于相应的圆心连线上），即完成近似椭圆的作图。

(2) 同心圆法。已知相互垂直且平分的长轴和短轴，用同心圆法画椭圆的步骤如下，作图方法如图 3.52 所示。

① 以椭圆中心为圆心，分别以长、短轴长度为直径，作两个同心圆。

② 过圆心作任意直线交大圆于 1、2 两点，交小圆于 3、4 两点，分别过 1、2 引垂线，过 3、4 引水平线，它们的交点即为椭圆上的点。

③ 按第二步的方法重复作图，求出椭圆上的一系列点。

④ 用曲线板光滑地连接诸点，即得所求的椭圆。

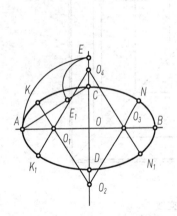

图 3.51 四心近似法作椭圆

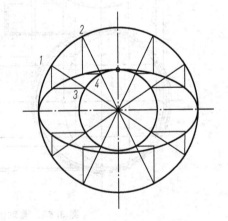

图 3.52 同心圆法作椭圆

3. 立体的相贯线

两立体相交称相贯体，所产生的表面交线称为相贯线。相贯线一般为封闭的空间曲线，特殊情况下可能是平面曲线或直线，如图 3.53 所示。

1) 相贯线的基本性质

(1) 相贯线的基本性质。由于相交基本体的几何形状、大小和相对位置不同，相贯线的形状也不相同，但都有共同的基本性质。

① 共有性：相贯线是两回转体表面的共有线，也是两相交立体的分界线，相贯线上的所有点都是两回转体表面的共有点。

② 封闭性：由于立体的表面是封闭的，因此两回转体的相贯线一般是一条封闭的空间曲线，特殊情况下是平面曲线或直线。

（2）求相贯线的方法和步骤。根据共有性这一性质，求相贯线可归结为求一系列相贯点的问题，常用方法为积聚性法、辅助平面法、辅助同心球面法。

作图步骤如下。

① 找出一系列特殊相贯点。

② 求出若干一般相贯点。

③ 判别可见性。

④ 顺次连接各点的同面投影。

⑤ 整理轮廓线。

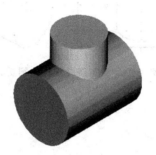

图 3.53　零件表面交线

特别提示

（1）特殊点：能够确定相贯线的投影范围和变化趋势的点，如相贯体的曲面投影的转向轮廓线上的点，以及最高、最低、最左、最右、最前、最后点等。

（2）可见性：只有一段相贯线同时位于两个立体的可见表面上时，这段相贯线的投影才是可见的；否则，就不可见。

2）求曲面立体相贯线投影的基本方法

（1）用积聚性法求相贯线。当两个立体中有一个立体表面的投影具有积聚性时，可以用在曲面立体表面上取点的方法作出这些点的投影。在求作相贯线上的这些点时，与求作曲面立体的截交线一样，应在可能和方便的情况下，适当地作出一些在相贯线上的特殊点，即能够确定相贯线的投影范围和变化趋势的点，如相贯体的曲面投影的转向轮廓线上的点，以及最高、最低、最左、最右、最前、最后点等，然后按需要再求作相贯线上一些其他的一般点，从而准确地连得相贯线的投影，并表明可见性。

例 11　如图 3.54 所示，求作两圆柱正交的相贯线。

分析：相贯线的水平投影和侧面投影已知，可利用表面取点法求正面投影共有点。

作图步骤如下。

（1）求出相贯线上的特殊点 a'、b'、c'、d'。

（2）求出若干个一般点 1、2。

(3) 光滑且顺次地连接各点,作出相贯线,并且判别可见性。
(4) 整理轮廓线。

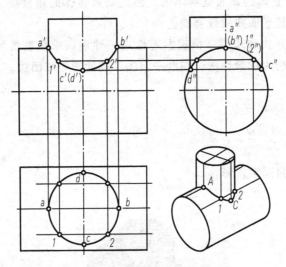

图 3.54 求两圆柱正交的相贯线

🔔 **特别提示**

相贯线始终弯向大圆柱的轴线方向。

两圆柱正交有 3 种基本形式,图 3.55 (a) 所示为两外表面相交,图 3.55 (b) 所示为外表面与内表面相交,图 3.55 (c) 所示为两内表面相交。这些相贯线的作图方法都和图 3.54 所示方法相同。

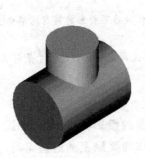  

(a) 两外表面相交　　(b) 外表面与内表面相交　　(c) 两内表面相交

图 3.55 两圆柱正交相贯线的 3 种基本形式

两圆柱正交相贯时,相贯线的变化情况见表 3-9。

表3-9 两圆柱正交相贯线

两圆柱直径不相等	两圆柱直径相等	两圆柱直径不相等
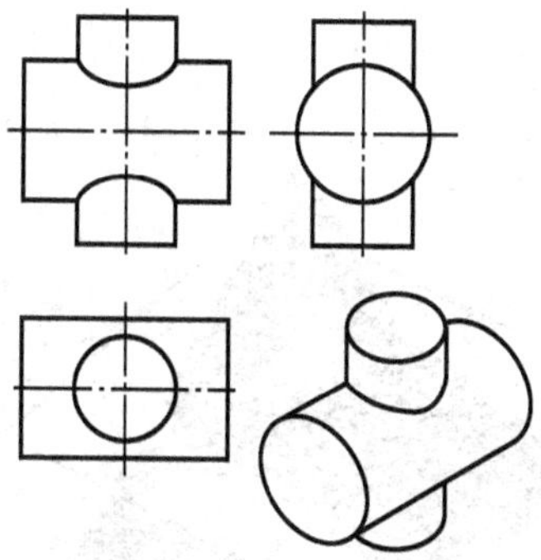	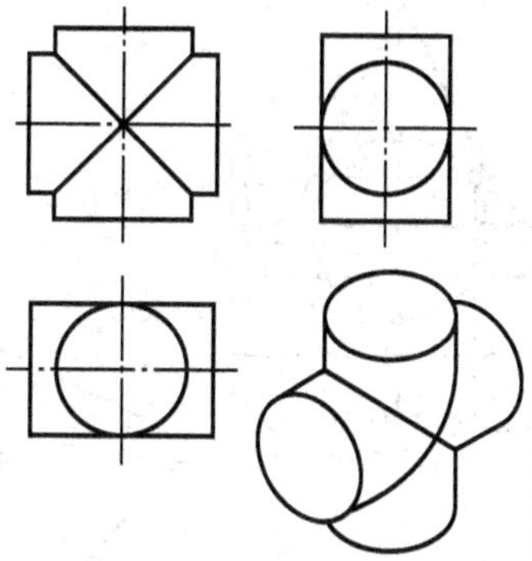	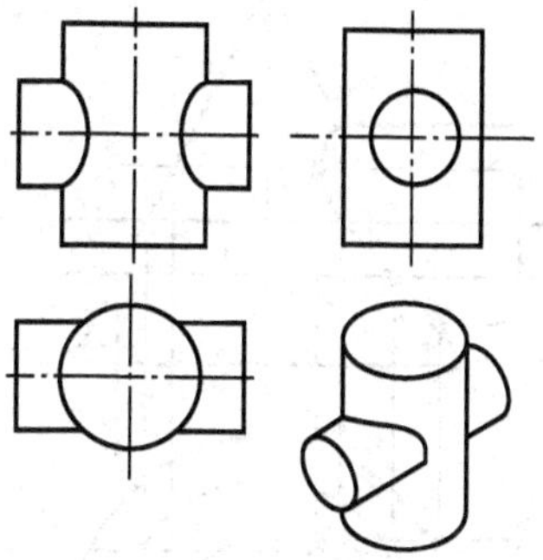

圆柱穿孔的相贯线见表3-10。

表3-10 圆柱穿孔的相贯线

轴上圆柱孔	不等径圆柱孔	等径圆柱孔
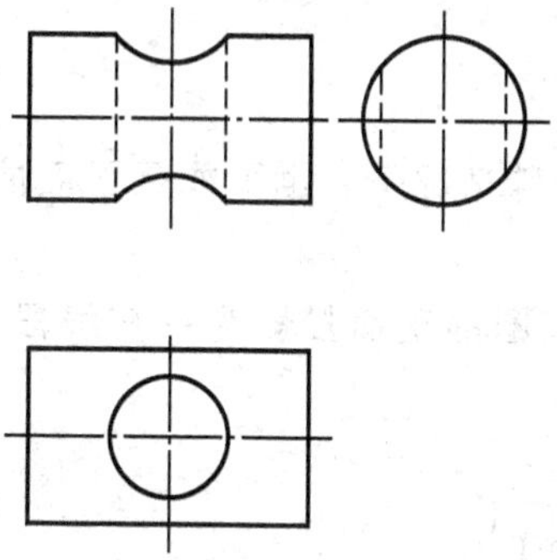	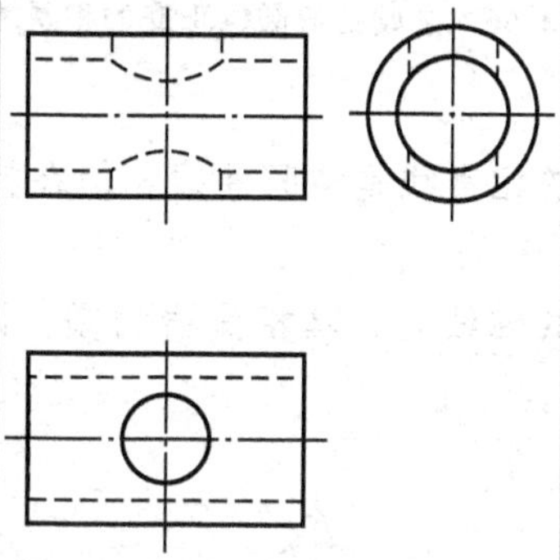	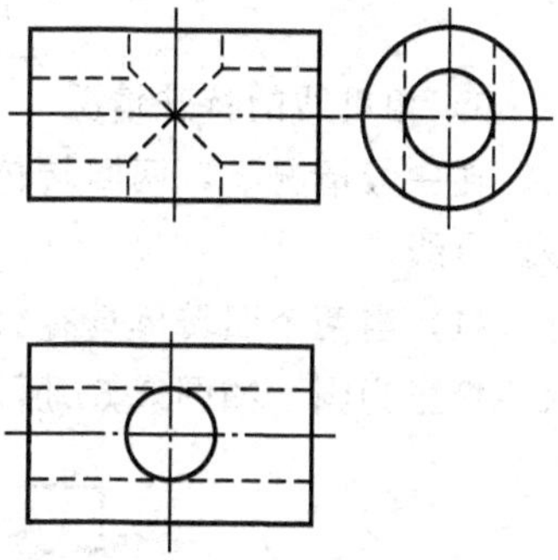

（2）用辅助平面法求相贯线。作两曲面立体的相贯线时，假设用辅助平面截切两相贯体，则得两组截交线，其交点是两个相贯体表面和辅助平面的共有点（三面共点），即为相贯线上的点。

为了能简便地作出相贯线上的点，应选取特殊位置平面作为辅助平面，并使辅助平面与两回转体的截交线的投影为最简图形（直线或圆）。

利用辅助平面法求相贯线的作图步骤如下。

① 选取合适的辅助平面。
② 分别求出辅助平面与两回转体的截交线。
③ 求出两截交线的交点，即相贯线上的点。

例12 如图3.56所示，求圆柱与圆锥的相贯线。

分析：相贯线的侧面投影已知，可利用辅助平面法求共有点。

作图步骤如下。

① 求出相贯线上的特殊点 1、2、3、4。
② 求出若干个一般点 5、6、7、8。

③ 光滑且顺次地连接各点，作出相贯线，并且判别可见性。
④ 整理轮廓线。

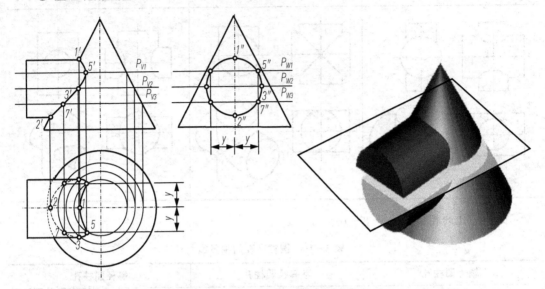

图 3.56　求圆柱与圆锥正交的相贯线

3）相贯线的特殊情况

在一般情况下，两回转体的相贯线是空间曲线，但在特殊情况下，也可能是平面曲线或直线。

（1）当两个回转体具有公共轴线时，其相贯线为圆，该圆的正面投影为一直线段，水平投影为圆，如图 3.57 所示。

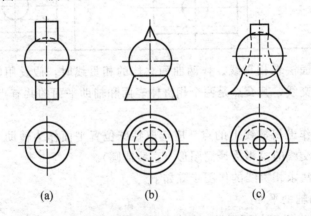

图 3.57　两同轴回转体相交的相贯线

（2）当圆柱与圆柱、圆柱与圆锥相交，且公切于一个球面时，如图 3.58 所示，相贯线为两个垂直于 V 面的椭圆，椭圆的正面投影积聚为直线段。

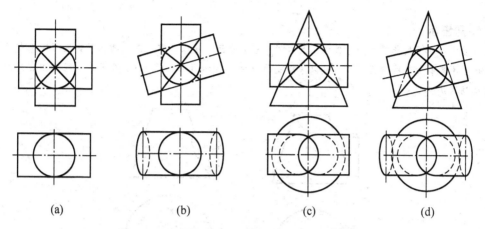

(a)　　　　　　　(b)　　　　　　　(c)　　　　　　　(d)

图 3.58　圆柱与圆柱、圆柱与圆锥相交的相贯线

4）相贯线的近似画法

在不引起误解时，图形中的相贯线可以简化成圆弧或直线。如图 3.59 所示，轴线正交且平行于 V 面的两圆柱相贯，相贯线的 V 面投影可以用与大圆柱半径相等的圆弧来代替。圆弧的圆心在小圆柱的轴线上，圆弧通过 V 面转向线的两个交点，并凸向大圆柱的轴线。

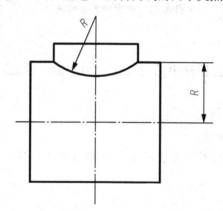

图 3.59　相贯线投影的近似画法

对于轴线垂直偏交且平行于 V 面的两圆柱相贯，非圆曲线的相贯线可以简化为直线，如图 3.60（a）、（b）所示。

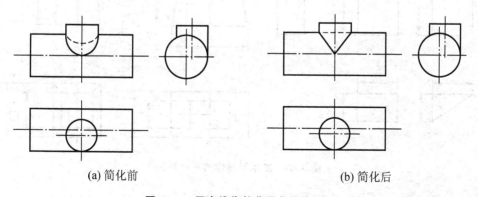

(a) 简化前　　　　　　　　　　　　　(b) 简化后

图 3.60　用直线代替非圆曲线的示例

特别提示

大多数情况下的相贯线是零件加工后自然形成的交线,所以,零件图上的相贯线实质上只起示意的作用,在不影响加工的情况下,还可以采用模糊画法表示相贯线。图 3.61 为圆台与圆柱相贯时的相贯线的模糊画法。

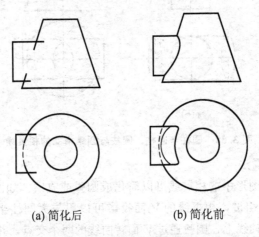

(a) 简化后　　　　　(b) 简化前

图 3.61　相贯线的模糊画法

4. 立体的尺寸标注

任何机器零件都是依据图样中的尺寸进行加工的。因此,图样中必须正确地注出尺寸。

1) 基本几何体的尺寸标注

(1) 平面立体的尺寸标注。

① 平面立体一般应标注长、宽、高 3 个方向的尺寸,每个尺寸在图上一般只出现一次,如图 3.62 所示。

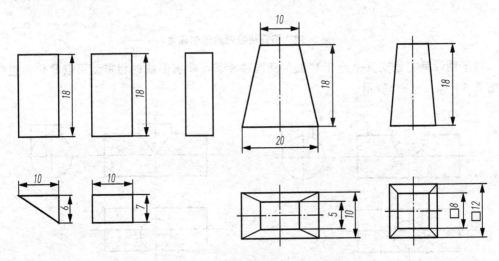

图 3.62　基本平面体的尺寸标注

② 正棱柱和正棱锥除标注高度尺寸外，一般应注出其底的外接圆直径。但也可以根据需要注成其他形式，如图 3.63 所示。

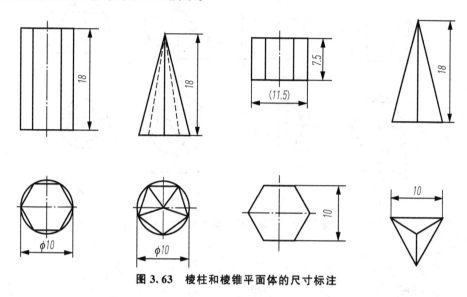

图 3.63　棱柱和棱锥平面体的尺寸标注

(2) 曲面立体的尺寸标注。

① 圆柱和圆锥（或圆台）应注出高和底圆直径；圆环应注出素线圆和中心圆直径。

② 圆柱、圆锥（或圆台）在直径尺寸前加注"ϕ"，圆球在直径尺寸前加注"$S\phi$"，只用一个视图就可将其形状和大小表达清楚，如图 3.64 所示。

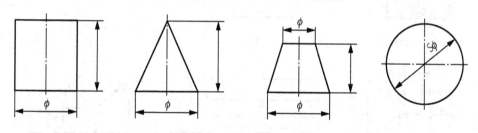

图 3.64　曲面立体的尺寸标注

2) 带切口的几何体的尺寸标注

(1) 带切口的几何体，除了注出几何体的尺寸外，还必须注出切口的位置尺寸，如图 3.65 所示。

(2) 带凹槽的几何体，除了注出几何体的尺寸外，还必须注出槽的定形尺寸和定位尺寸，如图 3.66 所示。

3) 截断体的尺寸标注

截断体除了应注出基本形体的尺寸外，还应注出截平面的位置尺寸。当基本形体与截平面之间的相对位置被尺寸限定后，截断体的形状和大小才能完全确定，截交线也就确定，因此截交线就不需要注尺寸了，如图 3.67 所示。（图中有"×"的尺寸不应注出）。

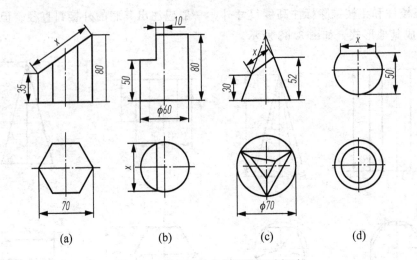

(a)　　　　　(b)　　　　　(c)　　　　　(d)

图 3.65　带切口的几何体的尺寸标注

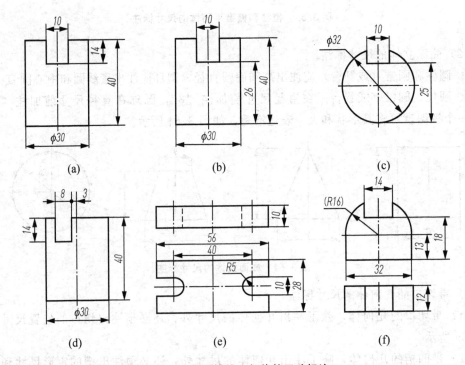

图 3.66　带凹槽的几何体的尺寸标注

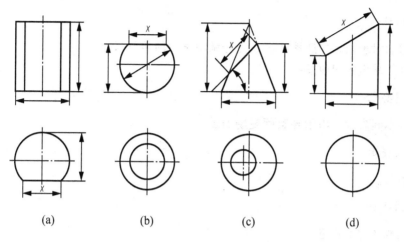

图 3.67 截断体的尺寸标注

4) 相贯体的尺寸标注

相贯体除了应注出相交两基本形体的尺寸外，还应注出两相交形体的相对位置尺寸。当两相交基本形体的形状、大小及相对位置确定后，相贯体的形状、大小才能完全确定，因此，相贯线就不需要再注尺寸了，如图 3.68 所示。

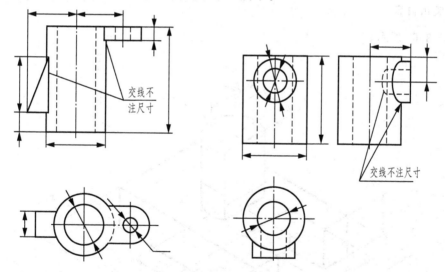

图 3.68 相贯体的尺寸标注

3.2.4 技能实训

实训 1

1. 实训名称

基本体、截交线、相贯线模型制作。

2. 实训内容

用水萝卜切削基本体 3 个。进行模型观测并运用手工造型切割。

3. 实训目的

(1) 增加对理论课的感性认识，充分调动学生的学习兴趣。

(2) 培养学生的职业规范。

4. 实训要求

到实习车间参观，由指导教师现场加工。

5. 实训提示

提前预习。

6. 实训地点

机加工或数控实训室

实训 2

1. 实训名称

基本几何体。

2. 实训内容

如图 3.69 所示。

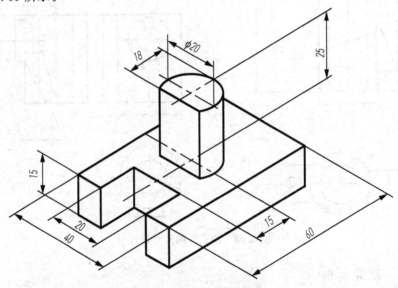

图 3.69 物体轴测图

3. 实训目的

(1) 掌握基本几何体的投影特性和作图方法及在立体表面上取点的方法。

(2) 掌握截交线和相贯线的性质及作图过程。

(3) 掌握基本体、截断体和相贯体的尺寸标注。

(4) 贯彻国家标准规定的尺寸注法。

4. 实训要求

(1) 用 A4 幅面的图纸,比例 1∶1,根据轴测图画出三视图,并标注尺寸。
(2) 正确绘制基本体、截断体和相贯体的三视图。
(3) 尺寸标注要正确、完整、清晰、布局合理。
(4) 遵守国家标准中的有关规定,全图中箭头大小一致。同类图线粗细应一致。

5. 实训提示

(1) 参照任务指导,熟悉制图标准流程。
(2) 基本几何体的投影特性。
(3) 四心法画椭圆:即用 4 段圆弧连接起来的图形近似代替椭圆。
(4) 底稿完成后应认真检查,然后按图线标准加深。

任务 3.3　绘制组合几何体的三视图

3.3.1　任务书

1. 任务名称

轴承座。

2. 任务准备

(1) 绘图工具、绘图用品。
(2) 轴承座实物及三视图,如图 3.70 所示。

3. 任务要求

(1) 用 A3 幅面的图纸,比例 1∶1,抄注尺寸。
(2) 尺寸标注要正确、完整、清晰,布局合理。
(3) 图框、线型、字体等应符合规定,图面布局要恰当。

4. 任务提交

图纸。

5. 评价标准

任务实施评价项目表

序号	评价项目	配分权重/(%)	实得分
1	组合体形体分析的正确和熟练程度	10	
2	组合体三视图绘制的正确、规范程度	30	
3	组合体三视图尺寸标注的正确、合理程度	30	
4	组合体三视图的补图与补线训练中看懂视图所表达物体结构的正确程度	30	

3.3.2 任务指导

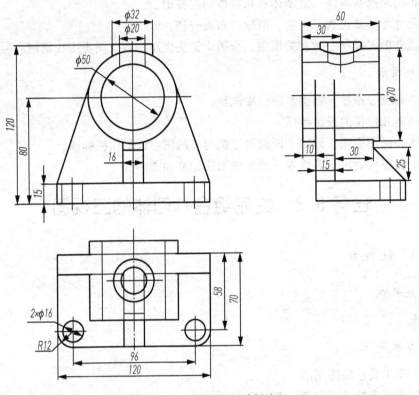

(a) 三视图及尺寸标注

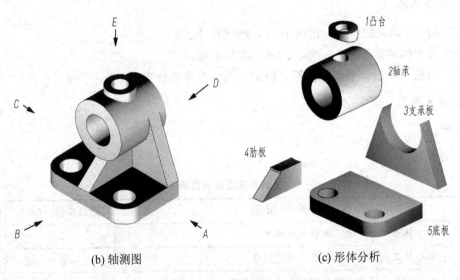

(b) 轴测图   (c) 形体分析

图 3.70 轴承座轴测图、形体分析、三视图及尺寸标注

1. 准备工作

(1) 准备绘图工具和用品。
(2) 形体分析。
(3) 选择主视图。
(4) 根据图形大小,确定比例,选用图幅,固定图纸。

根据轴承座的三视图,确定比例为 1∶1,选用 A3 图幅,将图纸横放固定在图板上,并要注意所选幅面要留有余地,以便标注尺寸、画标题栏等。

2. 画图过程

(1) 绘制 A3 图纸边框线、图框线。
(2) 在图框线的右下角绘制标题栏。
(3) 布置视图。

应按各个视图每个方向的最大尺寸布置视图,并在各个视图之间留有空档,所留空档应保证在标注尺寸后视图间仍有适当距离,布图要匀称美观,不要过稀或过密。

(4) 绘制底稿。

① 画轴线、对称中心线、底板定位线,如图 3.71(a)所示。
② 画底板的三视图,如图 3.71(b)所示。
③ 画轴承的三视图,如图 3.71(c)所示。
④ 画支撑板的三视图,如图 3.71(d)所示。
⑤ 画凸台、肋的三视图,如图 3.71(e)所示。
⑥ 画底板细节的三视图,如图 3.71(f)所示。
⑦ 完成底稿,如图 3.71(g)所示。

(5) 检查底稿并加深,如图 3.71(h)所示。

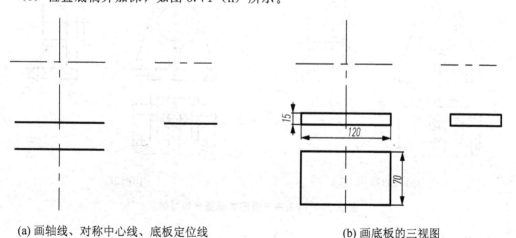

(a) 画轴线、对称中心线、底板定位线　　　(b) 画底板的三视图

图 3.71 轴承座三视图的画图步骤

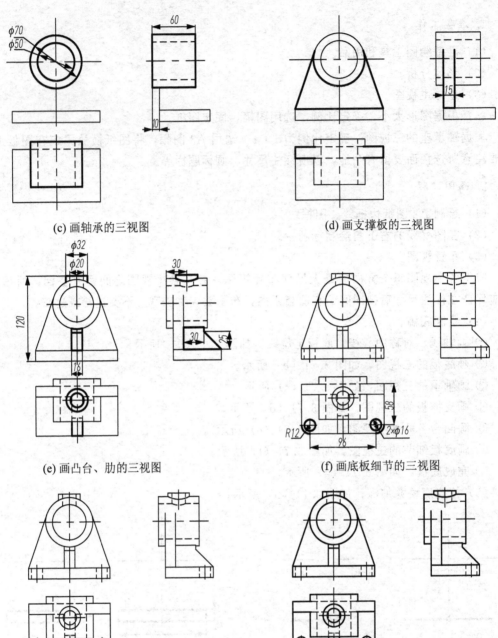

图 3.71 轴承座三视图的画图步骤（续）

3. 尺寸标注

标注尺寸，如图 3.70 所示。

4. 填写标题栏

用 HB 铅笔填写标题栏。

3.3.3 知识包

如果从几何形状考察任何机器零件，它们一般都可以看作由若干简单立体（称为基本体，如棱柱、棱锥、圆柱、圆锥、球、环等）通过叠加、切割等方式而形成的组合体。

本节将在前面学习的基础上，通过图 3.70 进一步研究如何应用正投影基本理论，解决组合体画图、看图以及尺寸标注等问题。

1. 组合体的形体分析

1）组合体的形成方式

组合体按其形成的方式，可分为叠加和切割两类。

图 3.72（a）所示立体是一个叠加式组合体，它是由几个基本体通过叠加而形成的。图 3.72（b）所示的立体是切割式组合体，它可看作是由长方体经过切割、穿孔而形成的。将组合体分解为若干基本体的叠加或切割，弄清各部分的形状，分析它们的组合方式和相对位置，从而产生对整个组合体形状的完整概念，这种分析方法称为形体分析法。"形体分析法"是组合体的画图、看图和尺寸标注的基本方法。

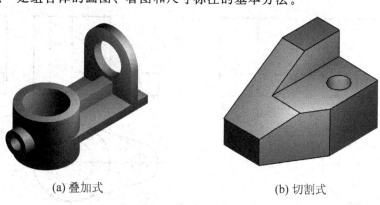

(a) 叠加式   (b) 切割式

图 3.72 组合体的形成方式

2）基本体之间的连接关系

基本体之间的连接关系可以分为如图 3.73 所示 4 种。在画图时，必须注意这些关系，才能不多线，不漏线。

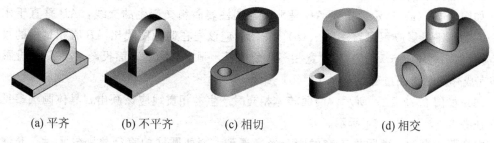

(a) 平齐   (b) 不平齐   (c) 相切   (d) 相交

图 3.73 形体间的表面连接关系

（1）当两形体的表面平齐时，中间应该没有线隔开，如图 3.74（a）所示。图 3.74（b）出现了多线的错误，因为若中间有线隔开，就成了两个表面了。

(2) 当两形体的表面不平齐时，中间应该有线隔开，如图 3.75（a）所示。图 3.75（b）出现了漏线的错误，因为若中间没有线隔开，就成了一个连续的表面了。

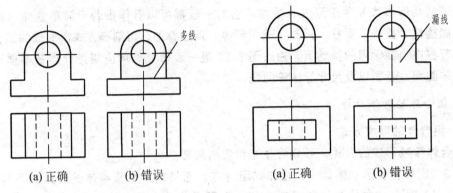

(a) 正确　　　　(b) 错误　　　　　　　(a) 正确　　　　(b) 错误

图 3.74　平齐画法的正误对比　　　　图 3.75　不平齐画法的正误对比

(3) 当两形体的表面相切时，在相切处不应该画线。图 3.76 是平面与曲面相切画法的正误对比。

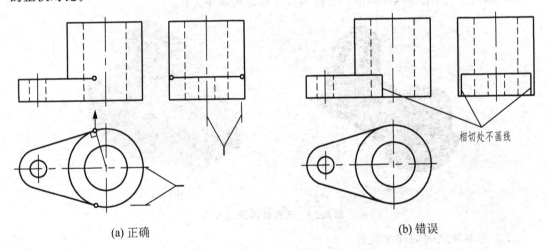

(a) 正确　　　　　　　　　　　　　　　(b) 错误

图 3.76　相切画法的正误对比

(4) 当两形体的表面相交时，在相交处应该画线。

如图 3.77（a）所示，直线 AB 是平面与圆柱表面相交产生的交线，AB 垂直于水平面，它的水平投影应积聚为一点 a（b）。作图时应该先在俯视图找出 AB 有积聚性的投影 a（b），然后根据"长对正"和"宽相等"的关系，画出交线的正面投影 ab′和侧面投影 a″b″即完成作图。作图过程如图 3.77（b）所示。

(5) 如图 3.73（d）所示，两回转体相交时产生的相贯线应该画出，具体画法参见模块 3 任务 3.2，如图 3.54 所示。

在实际画图时，两圆柱正交的情况经常遇到，当两圆柱的直径差别较大时，允许采用近似画法，用圆弧来代替相贯线，如图 3.78 所示。此简化画法也适用于实心圆柱与圆柱孔表面相交、两圆柱孔表面相交的情况。

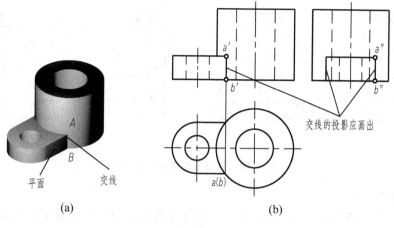

图 3.77 交线的投影应画出

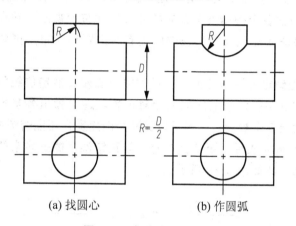

图 3.78 相贯线近似画法

2. 组合体三视图的画法

1) 叠加式组合体

（1）形体分析。如图 3.70 所示，轴承座由上部的凸台 1、轴承 2、支承板 3、肋板 4 及底板 5 所组成。凸台与轴承是两个垂直相交的圆柱筒，在外表面和内表面上都有相贯线。支承板、肋板和底板分别是不同形状的平板，支承板的左右侧面都与轴承的外圆柱面相切，肋板的左右侧面都与轴承的外圆柱面相交，支承板、肋板叠加在底板上。

（2）视图选择。在 3 个视图中，主视图应该尽量反映机件的形状特征。如图 3.70（b）所示，将轴承座按自然位置安放后，对由箭头所示的 A、B、C、D 4 个方向投影所得的视图进行比较，确定主视图。

如图 3.79 所示，若以 D 向作为主视图，虚线较多，显然没有 B 向清楚；C 向与 A 向视图虽然虚线情况相同，但如以 C 向作为主视图，则左视图上会出现较多虚线，没有 A 向好；再比较 B 向与 A 向视图，B 向更能反映轴承座各部分的轮廓特征，所以确定以 B 向作为主视图的投影方向。

主视图确定以后，俯视图和左视图的投影方向也就确定了，见图 3.70 中的 E 向和 C 向。

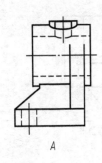 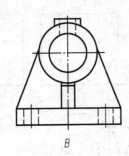 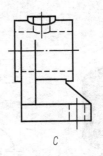 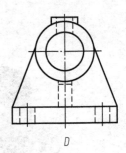

    A   B   C   D

图 3.79　选择主视图的投影方向

（3）画图步骤。

① 选比例、定图幅。视图确定以后，便可根据实物的大小按国家标准选定作图比例和图幅大小，并要注意所选幅面要留有余地，以便标注尺寸、画标题栏等。

② 布置视图。应按各个视图每个方向的最大尺寸布置视图，并在各个视图之间留有空档，所留空档应保证在标注尺寸后视图间仍有适当距离，布图要匀称美观，不要过稀或过密。

③ 画底稿线。先确定各视图的轴线、对称中心线或其他定位线的位置；然后按形体分析法分解各基本体以及确定它们之间的相对位置，逐个画出各基本体的视图。画每个基本体时，可同时画出 3 个视图，这样可以提高绘图速度，还能避免漏线、多线。

④ 检查描深。底稿完成后，要认真检查，修正错误，擦去多余的图线，再按规定的线型加深。具体作图步骤如图 3.80 所示。

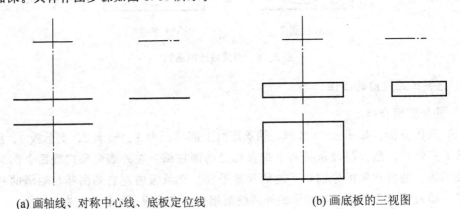

(a) 画轴线、对称中心线、底板定位线　　　　　　(b) 画底板的三视图

图 3.80　轴承座的作图步骤

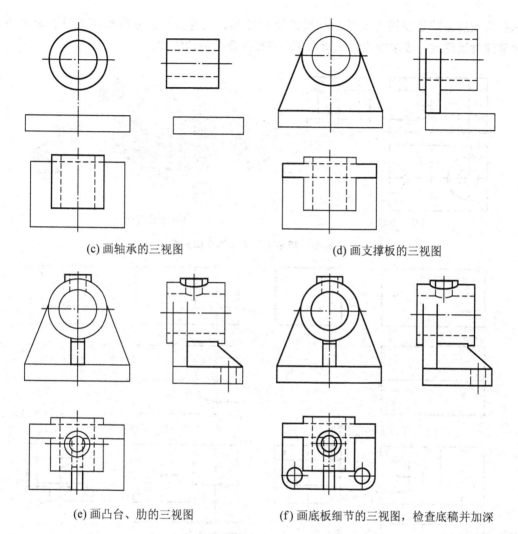

(c) 画轴承的三视图　　(d) 画支撑板的三视图

(e) 画凸台、肋的三视图　　(f) 画底板细节的三视图，检查底稿并加深

图 3.80　轴承座的作图步骤（续）

2）切割式组合体

图 3.81（a）所示的物体可以看作是由长方体 1 经过切割，切去基本体 2、3、4、5 而成的，如图 3.81（b）所示。它的形体分析方法及画图步骤与前面讲述的方法基本相同，只不过是各个基本体是一块块"切割"下来的，而不是"叠加"上去的。切割式组合体的画图方法和注意点如图 3.82 所示。

从上述例子，可以总结出以下几点。

（1）要善于运用形体分析的方法分析组合体，将组合体适当地分块。目前，只要以画图容易来分块即可，在分解方法上不强求一致。

（2）画图之前一定要对组合体的各部分形状及相互位置关系有明确认识，画图时要保证这些关系表示正确。

（3）在画各部分的三视图时，应从最能反映该形体形状特征的视图开始。

（4）要细致地分析组合体各块之间的表面连接关系。画图时注意不要漏线或多线。为此，需要对连接部分作具体分析，弄清楚它代表的是物体上哪个面或哪条线的投影，这些面或线在其他视图上又是什么样的投影等等。只有这样，才算做到有分析地画图，才能通过画图进一步掌握投影规律，逐步提高投影分析的能力。

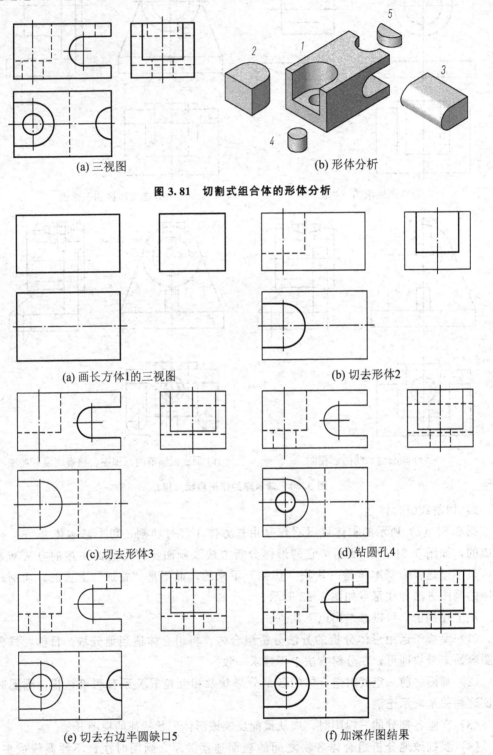

(a) 三视图　　　　　　　　　　　　　　(b) 形体分析

图 3.81　切割式组合体的形体分析

(a) 画长方体1的三视图　　　　　　　　(b) 切去形体2

(c) 切去形体3　　　　　　　　　　　　(d) 钻圆孔4

(e) 切去右边半圆缺口5　　　　　　　　(f) 加深作图结果

图 3.82　切割式组合体的画图方法

3) 过渡线的画法

由于铸造和锻造工艺的要求,在铸造或锻造的两个表面之间,常常用一个不大的圆弧面进行圆角过渡。由于圆角的影响,零件表面的交线变得不够明显,但是为了便于看图时区分不同表面,在图样上仍旧要画出这些线,一般称之为过渡线。

过渡线的画法与没有圆角时的相贯线或截交线的画法完全相同,只是在表示时有些差别。

(1) 当两曲面相交时,过渡线不应与圆角轮廓接触,如图 3.83(a)所示。

(2) 当两曲面的轮廓线相切时,过渡线在切点附近应断开,如图 3.83(b)所示。

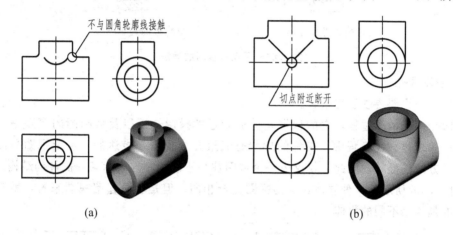

图 3.83 两曲面相交时的过渡线

(3) 在画平面与平面或平面与曲面的过渡线时,应该在转角处断开,并加画过渡圆弧。其弯向与铸造圆角的的弯向一致,如图 3.84 所示。

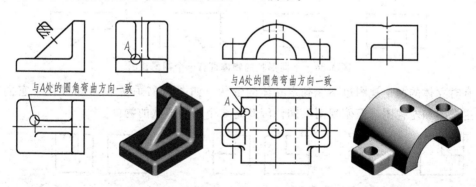

图 3.84 平面与平面、平面与曲面的过渡线

(4) 图 3.85 所示为零件上常见的肋板与圆柱的组合,存在圆角过渡时的画法。从图中可以看出,过渡线的形状取决于肋板的断面形状及相交或相切的关系。

3. 看组合体视图的方法

画图和看图是学习本课程的两个重要环节。画图是把空间形体用视图表现在平面上;而看图则是根据正投影的规律和特性,通过对视图的分析,想象出空间形体的结构和形状的过程。

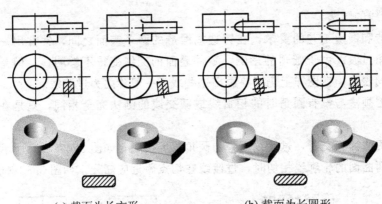

(a) 截面为长方形　　　　　　(b) 截面为长圆形

图 3.85　圆角过渡时的画法

1) 看图须知

(1) 几个视图要联系起来看。

看图是一个构思过程，它的依据是前面学过的投影知识以及从画图的实践中总结归纳出的一些规律。在工程中，机件的形状是通过几个视图来表达的，每个视图只能反映机件一个方向的形状。因此，仅仅由一个视图往往不能唯一地表达某一机件的结构。

如图 3.86 所示的 4 种立体，其主视图完全相同，但是联系起俯视图来看，就知道它们表达的是 4 个不同的物体。

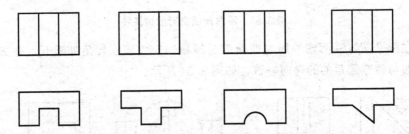

图 3.86　不同形状的物体可有一个相同视图

有时立体的两个视图也不能确定立体的形状。如图 3.87 所示的 3 组视图，它们有相同的主视图和左视图，但俯视图不同，因此是 3 个不同形状的物体。

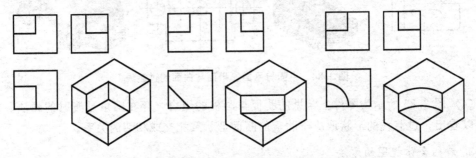

图 3.87　不同形状的物体可有两个相同的视图

(2) 明确视图中线框和图线的含义。

视图中每个封闭线框通常表示物体上的一个表面（平面或曲面）或孔的投影。视图中的每条图线则可能是平面或曲面的积聚性投影,也可能是线的投影。因此,必须将几个视图联系起来对照分析,才能明确视图中的线框和图线的含义。

① 线框的含义。视图中每个封闭的线框可能表示 3 种情况。

a. 平面。如图 3.88(a)所示,主视图中的线框 B' 对应着俯视图中的斜线 B,表示四棱柱左前棱面的投影。

b. 曲面。如图 3.88(a)所示,主视图中的线框 D' 对应着俯视图中的圆线框 D,表示一个圆柱面的投影。

c. 基本形体。如俯视图中的四边形,对照主视图可知为一四棱柱。

② 图线的含义。视图中的每条图线可能表示 3 种情况:

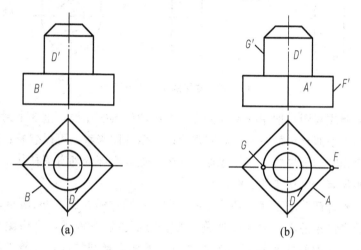

图 3.88 线框和图线的含义

a. 垂直于投影面的平面或曲面的投影。图 3.88(b)俯视图中的直线 A,对应着主视图中的四边形 A',它是四棱柱右前棱面(铅垂面)的投影;俯视图中的圆 D,对应着主视图中的 D' 线框,表示一个圆柱面(曲面)。

b. 两个面交线的投影。图 3.88(b)主视图中的直线 F' 对应着俯视图中积聚成一点的 F,它是四棱柱右前和右后两棱面交线的投影。

c. 回转体转向轮廓线的投影。图 3.88(b)主视图中的直线 G',对应着俯视图圆框中的最左点 G,显然,它表示的是圆柱面对正面的转向轮廓线。用同样的方法也可以分析其他图线的性质。

2)看图的基本方法

(1)形体分析法。形体分析法是看图的基本方法,通常是从最能反映该组合体形状特征的视图着手,分析该组合体由哪几部分组成以及组成的方式,然后按照投影规律逐个找出每一基本形体在其他视图中的位置,最终想象出组合体的整体形状。

例 1 如图 3.89 所示,由支撑的主视图、左视图想象出支撑的形状,并补画出俯视图。

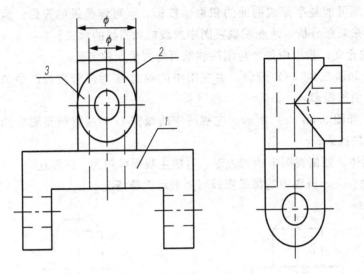

图 3.89 支撑的主、左视图

解：(1) 对照左视图，把主视图划分为 3 个封闭的实线线框，这 3 个封闭的线框表示了这个组合体的 3 个部分，每一部分对照主视图、俯视图来看，可以想象：这个支撑是由底板 1 以及两个相交的圆柱体 2 和 3 叠加而成的，这 3 个部分都有圆柱孔。再分析它们的相对位置，对整体有一个初步的了解。

(2) 具体想象各部分的形状，补画出俯视图。作图过程如图 3.90 所示。图 3.90（a）为从主视图上分离出来的底板的封闭线框"1"，对照主、左视图，可想象出这是一个倒凹字形状的底板，它的两侧耳板上部为长方体，下部为半圆柱体，耳板上各有一圆柱形通孔。据此，可以画出底板的俯视图。

如图 3.90（b）所示，在主视图分离出来的上部矩形线框"2"，对应左视图上仍是矩形，但从图 3.89 左视图"2"与"3"的交线形状分析，它是一个轴线为铅垂线的圆柱体。在该圆柱体中间有一个与其共轴线的穿通底板的圆柱孔，底板的前面和后面分别与圆柱体相切，底板的宽度等于圆柱体的直径，通过分析可画出"2"的俯视图。

如图 3.90（c）所示，在主视图上分离出来上部的圆形线框（包括框中小圆），对照左视图可知，它是一个中间有圆柱孔的轴线垂直于正面的圆柱体，它的直径与轴线垂直于水平面的圆柱体的直径相等，且轴线垂直相交，这从左视图中的相贯线投影成直线（相贯线为平面曲线）形式也可看出，因为只有当两圆柱直径相等，轴线垂直相交时才会产生这种相贯线。

轴线为正垂线的圆柱孔与轴线为铅垂线的圆柱孔正贯（轴线垂直相交），垂直于正面的圆柱孔的直径小于铅垂的圆柱孔的直径，这从主视图、左视图中的孔与孔的相贯线形式可以看出，由此可补画出"3"的俯视图。由于垂直于正面的圆柱高于底板，且在前方超出底板前表面，所以在俯视图中底板前表面在此圆柱的投影范围内的轮廓线应为虚线。

(3) 如图 3.90（d）所示，根据底板和两个圆柱体以及几个孔的形状与位置，可以想象出这个支撑的整体形状。经认真检查校核底稿后，按规定线型加深各图线即完成该题。

此例题的求解过程即已知立体的两个视图，想象出立体的形状，补画出第三个视图的过程，常称之为"二求三"。

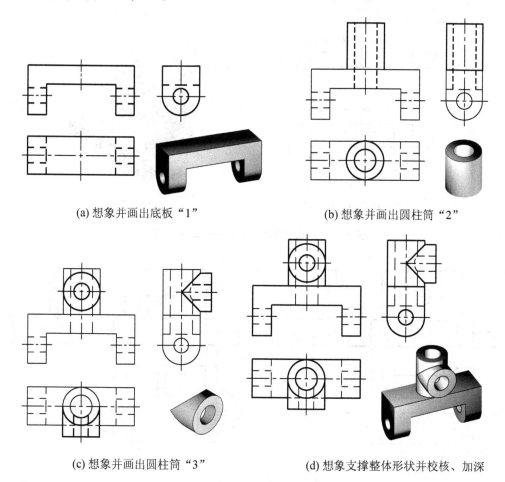

(a) 想象并画出底板"1"　　　　　　(b) 想象并画出圆柱筒"2"

(c) 想象并画出圆柱筒"3"　　　　　(d) 想象支撑整体形状并校核、加深

图 3.90　补画支撑俯视图的过程

例 2　如图 3.91（a）所示，已知组合体的主视图、俯视图，求画左视图。

解：从主、俯两个视图可以看出，该组合体左右对称，组成它的 4 个简单形体中，形体 1 的基本形状是以水平投影形状为底面的柱体（上下底面形状相同的立体称为柱体），左右两边各有一方槽。形体 4 是带有半圆面的柱体，其下底面与形体 1 上的方槽底面平齐，前、后与方槽等宽，其中还有与形体 4 的半圆柱面共轴线的小圆柱孔。形体 2、3 的形状和位置读者可自行分析。该组合体的形状如图 3.91（b）所示。

看懂组合体的形状后，便可按形体分析法逐步补画出左视图，具体作图步骤如图 3.92 所示。

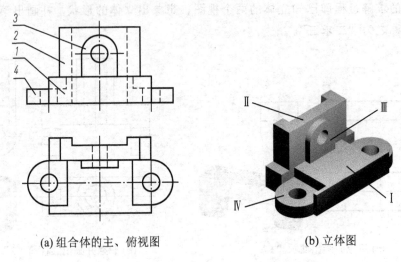

(a) 组合体的主、俯视图　　　　　　(b) 立体图

图 3.91　由组合体的主、俯视图求画左视图

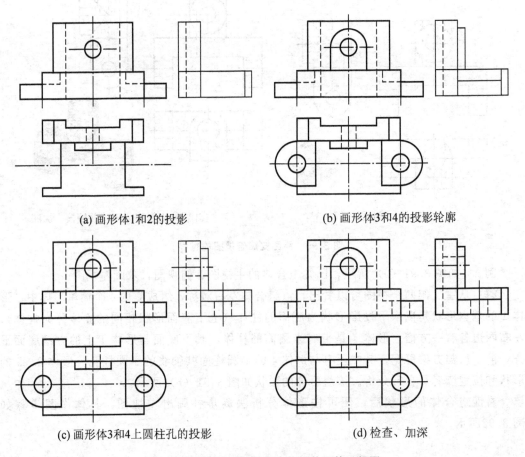

(a) 画形体1和2的投影　　　　　　(b) 画形体3和4的投影轮廓

(c) 画形体3和4上圆柱孔的投影　　　　　　(d) 检查、加深

图 3.92　根据组合体的两个视图补画第三视图

（2）线面分析法。在阅读比较复杂组合体的视图时，通常在运用形体分析法的基础上，对不易看懂的局部，还要结合线面的投影分析，如分析立体的表面形状、表面交线、

面与面之间的相对位置等,来帮助看懂和想象这些局部的形状,这种方法称为线面分析法。

例 3 如图 3.93(a)所示,由压板的主、俯视图想象出它的整体形状,并画出左视图。

解:对照压板的主、俯视图,可看出压板是由长方体经过切割得到的,属切割式组合体。如图 3.93(b)所示,添画出表示长方体外轮廓的双点画线,并补画出该长方体的左视图。由 3.93(a)的俯视图可知,立体具有前后对称结构。在图 3.93(a)所示的主视图的左上角有一条斜线,对应的俯视图是一个六边形,这说明该压板被一个正垂面切割去了左上角,据正垂面的投影特性补画出侧面投影的六边形,如图 3.94(a)所示。再根据主视图中的一个四边形对应着俯视图中的两条前后对称的斜线,可分析出压板的左侧前后角被两个对称的铅垂面切割,由此补画出它们的具有类似形(四边形)的侧面投影,如图 3.94(b)所示。在 3.94(c)中的主视图左边有一条直线,对应的俯视图也是一条直线,仅从正面和侧面投影来判断,它可能是一条侧平线,也可能是一个侧平面,那么如何确定呢?由前面的分析可知,六边形正垂面的左边是一条正垂线,对称的四边形的左边是两条铅垂线,因此可断定压板的左端是由一条正垂线和一条铅垂线构成的一个矩形侧平面。这个侧平面的侧面投影已在前几步作图中画出。完成后的左视图如图 3.94(d)所示。

由已画出的压板的左视图,对照主、俯视图可以验证以上的分析作图是正确的。

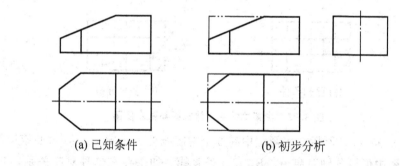

(a) 已知条件　　　　　　　(b) 初步分析

图 3.93　由压板的主、俯视图补画左视图

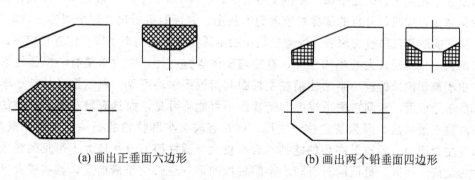

(a) 画出正垂面六边形　　　　(b) 画出两个铅垂面四边形

图 3.94　求作压板左视图的过程

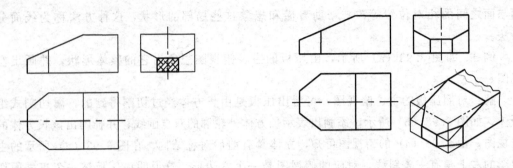

(c) 分析侧平面矩形　　　　(d) 想象出压板的整体形状，校核加深图线

图 3.94　求作压板左视图的过程（续）

例 4　如图 3.95（a）所示，由架体的主、俯视图想象出它的整体形状，并画出左视图。

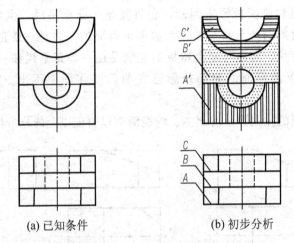

(a) 已知条件　　　　(b) 初步分析

图 3.95　由架体的主、俯视图补画左视图

解：如图 3.95（b）所示，主视图中有 3 个封闭线框 A'、B'、C'，对照俯视图，这 3 个线框在俯视图中可能分别对应 A、B、C 3 条直线。如果存在这种对应关系，它们表示的则是 3 个相互平行的正平面，A 位于最前面，B 位于中间，C 在最后面。那么，前后的位置关系是否按我们分析的那样对应着呢？从主、俯视图可看出，这个架体分成前、中、后 3 层；前层和后层被切割去一块直径较小的半圆柱体，这两个半圆柱体直径相等；中间被切割去一块直径较大的半圆柱体，直径与架体等宽；另外在中后层有一个圆柱形的通孔。由于被切割掉的较小半圆柱槽在主视图和俯视图中均可见，所以最低的较小半圆柱槽必位于最前面，否则它的主视图和俯视图不可能均可见；而具有较小半圆柱槽的最高的一层位于最后层，因为若它位于中层，则具有较大半圆柱槽的那一层将位于最后层，那么在主视图中，因被最高层的遮挡，表示较大半圆柱槽的投影应为不可见的虚线，而图中为实线。所以，最低的具有较小半圆柱槽的那一层必位于最前层，具有较大半圆柱槽的那一层位于中层，而具有较小半圆柱槽的最高的一层位于最后层。这证明我们最初的分析是正确的。根据分析，可以想象出架体的整体形状，图 3.96 给出了补画左视图的分析和作图过程。

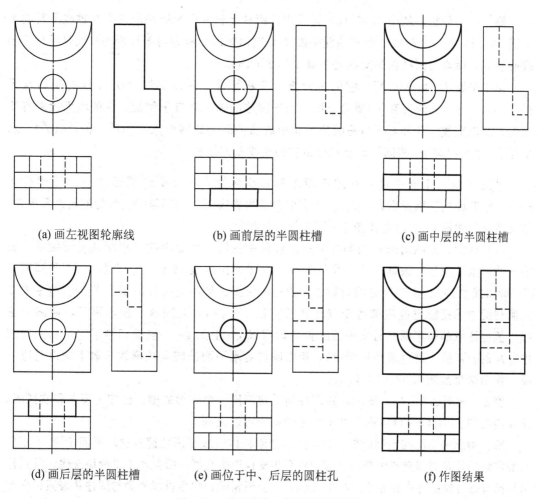

图 3.96 补画架体左视图的作图过程

例 5 如图 3.97 所示，在圆柱体上切割出一个方形的槽。已知主视图和左视图，求作俯视图。（类似这种情形，在轴的接头中可以见到）

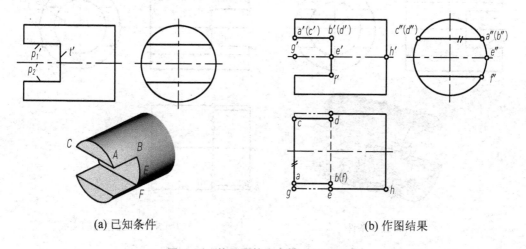

图 3.97 补画圆柱开方槽后的俯视图

解：(1) 分析。从图 3.97 (a) 可看出，圆柱上长方形的槽是由两个与轴线平行的水平面 P_1、P_2 和一个与轴线垂直的侧平面 T 切割出来的。前者与圆柱面的交线是平行于轴线的直线，后者与圆柱面的交线是垂直于轴线的圆弧。

由于平面 P_1 是水平面，它的正面投影有积聚性，所以交线 AB、CD 的正面投影 $a'b'$、$c'd'$ 与 P_1 面的投影 p_1' 重合。同时由于圆柱的轴线垂直于侧面，它的侧面投影有积聚性，所以交线 AB 和 CD 的侧面投影积聚成圆柱面上的两个点 $a''(b'')$ 和 $c''(d'')$。水平面 P_2 的情况与 P_1 相同，请自行分析它的交线及其投影。

平面 T 是一个侧平面，它的正面投影有积聚性，所以交线圆弧 $\overline{BEF}$ 的正面投影 $b'e'f'$ 与 T 面的正面投影 t' 重合；而它的侧面投影圆弧 $b''e''f''$ 与圆柱面的侧面投影重合。俯视图上的线段 ac 应与左视图上 $a''c''$ 相等（宽相等）。

(2) 作图。先画出未被切割前完整圆柱的俯视图，然后再按三视图的投影关系，画出交线的水平投影。根据 $a'b'$、$a''b''$ 和 $c'd'$、$c''d''$ 画出线段 ab 和 cd。根据 $b'e'f'$ 和圆弧 $b''e''f''$ 画出线段 bef。由于物体的对称性，俯视图后面 d 处的交线与 be 是一样的。侧平面 T 在俯视图中的投影宽度应该等于圆柱体的直径，但在 db 之间这一段不可见，应画成虚线。值得注意的是：圆柱对水平面的转向轮廓线 gh 上的 ge 一段被切割了（这从主视图中 $g'h'$ 的 $g'e'$ 被切割可清楚地看出），所以圆柱对水平面的转向轮廓线只剩下缺口右边一段。作图结果如图 3.97 (b) 所示。

例 6 如图 3.98 (a) 所示，在圆柱筒上切割出一个方形的槽。已知主视图和左视图，求作俯视图。（类似这种情形，在十字联轴器中可以见到）

解：本题的情况与上例相似，只不过是把圆柱体改成了圆柱筒。这时平面 P 和 T 不仅与圆柱筒的外表面相交产生交线，与圆柱孔相交也产生交线，因此产生了两层交线。可先作出平面与圆柱筒的外表面相交产生的交线，与上题相同；然后再求平面与圆柱孔表面相交产生的交线，分析方法与上题类似，只是在俯视图中，孔的投影是不可见的，因此产生的交线也是不可见的，应画成虚线。具体作图步骤如图 3.98 (b)、(c)、(d) 所示。

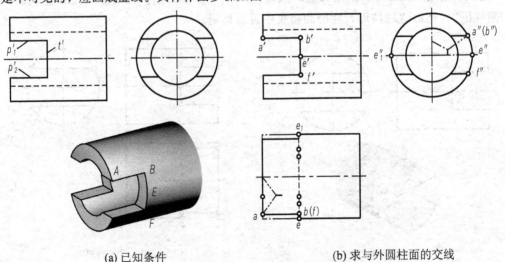

(a) 已知条件　　　　　　　　　　　　(b) 求与外圆柱面的交线

图 3.98 补画圆柱筒开方槽后的俯视图

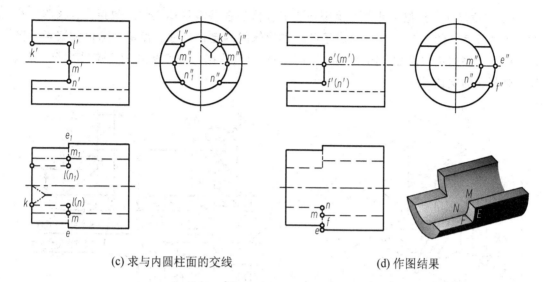

(c) 求与内圆柱面的交线　　　　　　(d) 作图结果

图 3.98　补画圆柱筒开方槽后的俯视图（续）

4. 组合体的尺寸标注

视图只能表达组合体的形状，各种形体的真实大小及其相对位置要通过尺寸标注才能够确定。本节主要是在平面图形尺寸标注基础上，进一步学习组合体的尺寸标注。

组合体尺寸标注的基本要求如下。

（1）正确。严格遵守国家标准中有关尺寸标注的规定，详见模块 2。

（2）完整。所注尺寸必须齐全，能够完全确定立体的形状和大小，不重复，不遗漏。

（3）清晰。尺寸在图中应布置适当、清楚，便于看图。

1) 组合体的尺寸标注

要确定组合体的形状和大小，从形体分析的角度来看，需确定组合体中各基本体的形状和大小，并确定它们之间的相对位置。

（1）形体分析和尺寸基准。确定组合体各组成部分之间的相互位置，需要有标注尺寸的基准，即尺寸基准。因为立体需要从长、宽、高 3 个方向确定各基本体的相对位置，显然需要在长、宽、高 3 个方向选取尺寸基准。一般地，选取组合体的底面、对称平面、端面及主要轴线作为尺寸基准。

图 3.99 是一个支架的轴测图和三视图，通过形体分析可看出它由 3 部分组成：底板、竖板和肋板。它在长度方向具有对称平面，在高度方向具有能使立体平稳放置的底面，在宽度方向上底板和竖板的后表面平齐（共面）。因此，选取对称平面为长度方向的尺寸基准，底面作为高度方向的尺寸基准，平齐的后表面作为宽度方向的尺寸基准。

（2）尺寸的种类。

① 定形尺寸。定形尺寸是指用来确定组合体上各基本形体形状和大小的尺寸。注出支架的各基本形体的尺寸，如图 3.100 所示。其中图 3.100（a）中的尺寸 80、48、40、4、12 及 4×ϕ10 是定形尺寸，图 3.100（b）（除 36 外）、图 3.100（c）的尺寸均为定形尺寸。

② 定位尺寸。定位尺寸是指确定构成组合体的各基本形体之间（包括孔、槽等）相对位置的尺寸。图 3.100（d）给出了各基本形体间的定位尺寸。而单个形体如底板、竖板中的孔、槽的定位尺寸在图 3.100（a）、(b) 中已注出，如底板孔的定位尺寸 60、28、10，竖板孔的定位尺寸 36 等。

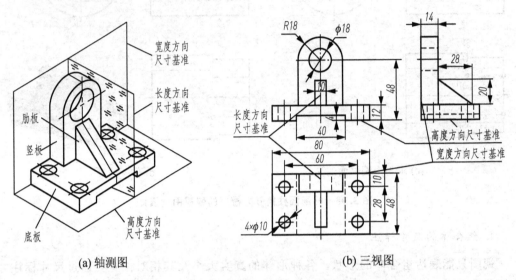

图 3.99 形体分析和尺寸基准

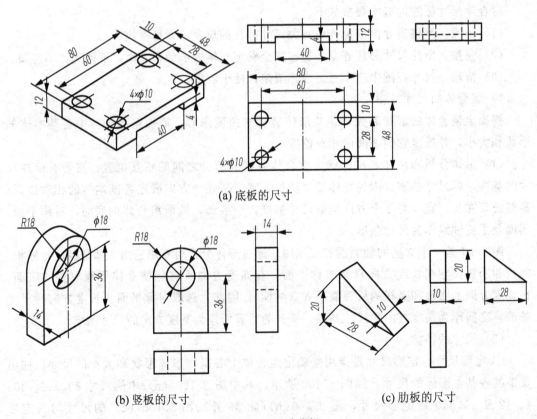

图 3.100 尺寸分析

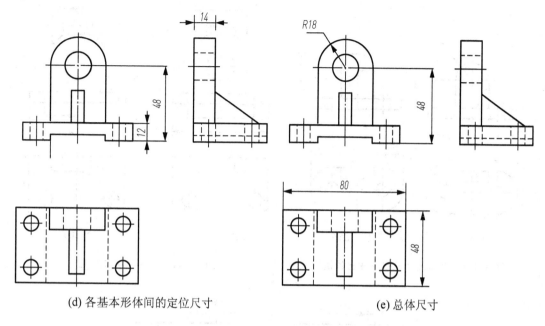

(d) 各基本形体间的定位尺寸　　　　(e) 总体尺寸

图 3.100　尺寸分析（续）

③ 总体尺寸。用来确定组合体的总长、总宽、总高的尺寸为总体尺寸。总体尺寸有时在注定形尺寸、定位尺寸时已经得到，就不必再注。如图 3.100（e）所示，总长尺寸就是底板的长度尺寸 80，总宽尺寸为底板的宽度 48，总高尺寸是由 48 和 $R18$ 间接得到的。

由上述分析可知，各类尺寸有时并不是孤立的，它们可能同时兼有几类尺寸的功能，如底板的厚度尺寸 12 也是竖板和肋板高度方向的定位尺寸，竖板的宽度 14 也是肋板宽度方向的定位尺寸等。只要正确地选择尺寸基准，注全定形尺寸和定位尺寸及总体尺寸，就能做到尺寸齐全。当然组合体的尺寸标注并不是几个基本形体尺寸的机械组合，有时为了避免重复尺寸以及尺寸布置的清晰问题，还要对所注尺寸作适当调整，完整的尺寸标注如图 3.99（b）所示。

(3) 组合体尺寸标注应注意的问题。

① 组合体的端部都是回转体时，该处的总体尺寸一般不直接注出，如图 3.101（a）所示的是正确的注法，图 3.101（b）所示的是错误的注法。

② 对称的定位尺寸应以尺寸基准对称面为基准直接注出，不应在尺寸基准两边分别注出，正误对比如图 3.102 所示。

③ 半径尺寸应注在反映圆弧的视图上，半径相同的圆弧只注一个，并不加任何说明。几个相同圆孔标注直径标注时，只注一个，但在直径符号前加上孔的个数。正误对比如图 3.103 所示。

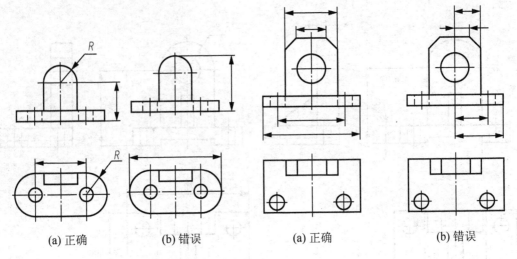

图 3.101　总体尺寸不直接注出的情况　　　　图 3.102　对称尺寸的注法

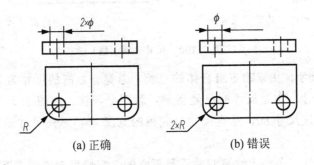

图 3.103　圆弧与圆孔的注法

④ 标注尺寸要注意排列整齐、清晰，尺寸尽量注在视图之外，两视图之间，如图 3.104 所示的左视图中的 C、D 等。对每一个几何体，有关尺寸尽量集中在特征视图上，如图 3.104 所示的主视图中的 E、F 等。

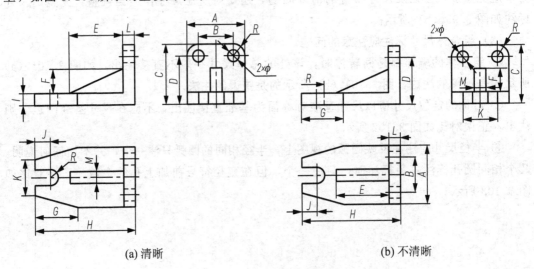

图 3.104　尺寸标注要清晰

(4) 组合体尺寸标注示例。

下面以图 3.105 (a) 所示的组合体为例,进一步说明标注组合体尺寸的一般方法和步骤。

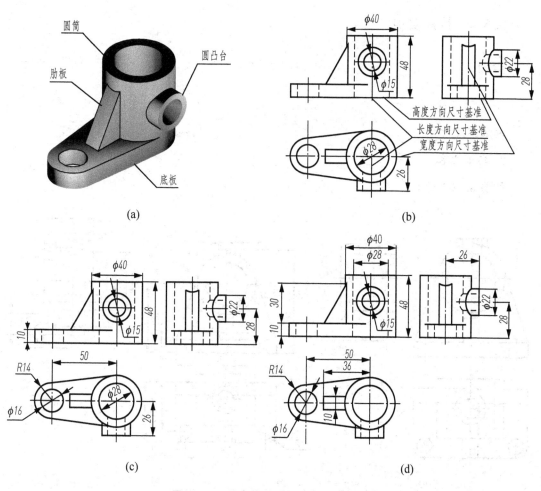

图 3.105 组合体尺寸标注的方法步骤

① 形体分析。对组合体视图进行形体分析,看懂视图。图 3.105 (a) 所示组合体由 4 个部分组成:底板、圆筒、凸台、肋板。除凸台外,其他 3 部分具有公共的前后对称平面,圆筒与底板共底面,凸台与圆筒轴线垂直相交。

② 选择尺寸基准。根据形体分析的结果,选取圆筒与凸台的两条轴线所确定的侧平面为长度方向尺寸基准,选择底板、肋板、圆筒的前后对称的正平面为宽度方向的尺寸基准,选取底板底面为高度方向的尺寸基准,如图 3.105 (b) 所示。

③ 分别注出各基本形体的定形和定位尺寸。通常先注出组合体中最主要基本形体的尺寸,然后再注出其余基本形体的尺寸。图 3.105 (b) 中注出了圆筒(主要基本形体)和凸台的定形、定位尺寸,图 3.105 (c)、(d) 中注出了底板和肋板的定形、定位尺寸。

④ 注出总体尺寸。在注基本形体定形和定位尺寸时已同时得到了总体尺寸:总长为 50+14+40/2,总宽为 40/2+26,总高 48,如图 3.105 (c) 所示。

为了使尺寸布置得清晰,便于看图,有时要对已注尺寸作适当调整。如尺寸 26 原注在俯视图上,现调整注在左视图上;$\phi 28$ 由俯视图调整到了主视图上,这是为了集中标注。该组合体完成后的尺寸标注如图 3.105(d)所示。

3.3.4 技能实训

实训 1

1. 实训名称

轴承座尺寸标注。

2. 实训内容

如图 3.106 所示。

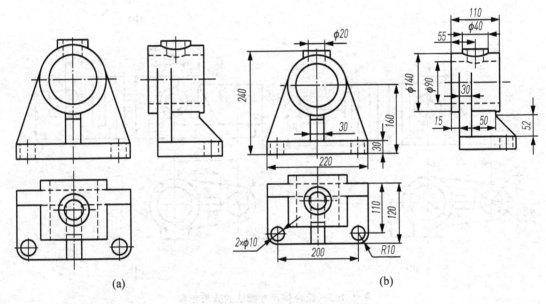

图 3.106 轴承座三视图及尺寸标注

3. 实训目的

(1) 掌握组合体的组合形式、表面连接关系、形体分析法。

(2) 掌握组合体视图的识读、尺寸标注。

(3) 贯彻国家标准规定的尺寸注法。

4. 实训要求

(1) 用 A3 幅面的图纸,比例 1∶2,画出三视图。

(2) 在如图 3.106(a)所示的轴承座的三视图上标注尺寸,如图 3.106(b)所示。

(3) 尺寸标注要正确、完整、清晰、布局合理。

(4) 遵守国家标准中的有关规定,全图中箭头大小一致,同类图线粗细应一致。

5. 实训提示

（1）参考任务指导。

（2）尺寸标注首先要确定组合体中各基本体的形状和大小，先标注基本几何体，后根据基准合并尺寸。

（3）轴承座尺寸标注的步骤见表 3-11。

（4）注意以下问题。

① 与两视图相关的尺寸，最好注在两视图之间，以保持视图间的联系。长度尺寸尽量标注在主、俯视图之间；宽度尺寸尽量标注在俯、左视图之间；高度尺寸尽量标注在主、左视图之间。

② 尺寸应标注在表达形状特征最明显的视图上。

③ 同一尺寸只能标注一次，不能重复。

表 3-11 轴承座尺寸标注的步骤

标注的方法和步骤	图 例
1. 选择尺寸基准 根据其结构特点，长度方向以左右对称面为基准，高度方向以底面为基准，宽度方向以后面为基准	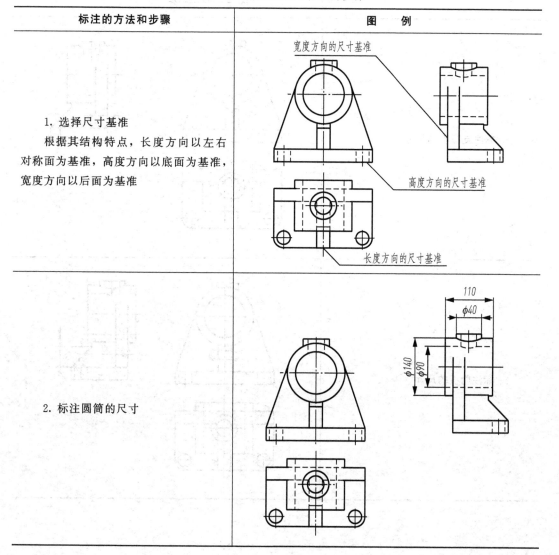
2. 标注圆筒的尺寸	

续表

标注的方法和步骤	图 例
3. 标注底板的尺寸	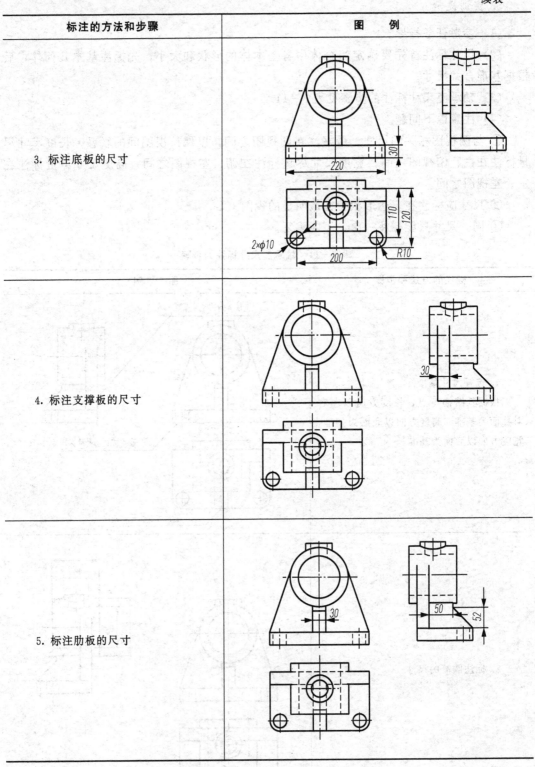
4. 标注支撑板的尺寸	
5. 标注肋板的尺寸	

续表

标注的方法和步骤	图 例
6. 标注定位尺寸 从 3 个基准出发，标注确定底板、支撑板、圆筒和肋板相对位置尺寸	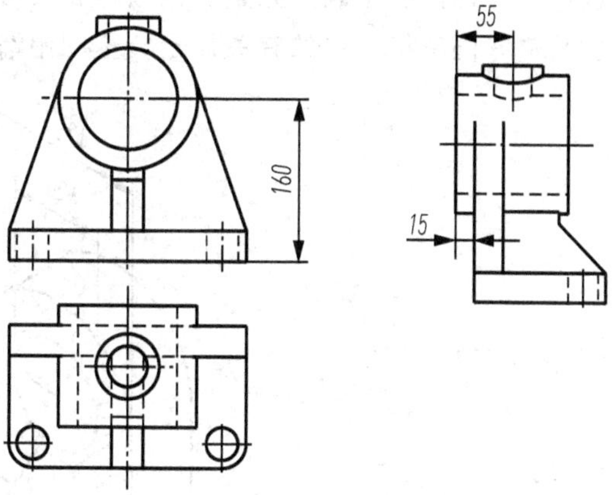
7. 标注总体尺寸，并核对、调整布局	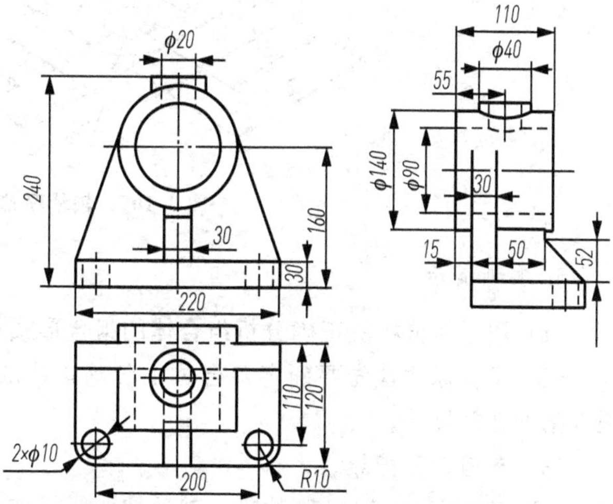

实训 2

1. 实训名称

轴承座。

2. 实训内容

如图 3.107 所示。

3. 实训目的

（1）掌握组合体的组合形式、表面连接关系、形体分析法。

（2）掌握组合体视图的画法、识读、尺寸标注。

（3）贯彻国家标准规定的尺寸注法。

4. 实训要求

(1) 用 A4 幅面的图纸，比例 1∶1，根据轴测图画出三视图，并标注尺寸。

(2) 尺寸标注要正确、完整、清晰、布局合理。

(3) 遵守国家标准中的有关规定，全图中箭头大小一致。同类图线粗细应一致。

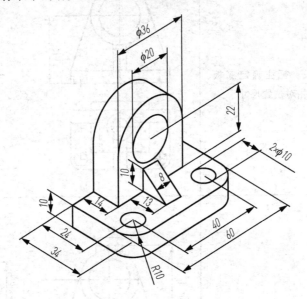

图 3.107 轴承座轴测图

5. 实训提示

(1) 用形体分析法正确分析组合体的组合形式和表面连接关系。

(2) 尺寸标注首先要确定组合体中各基本体的形状和大小，先标注基本几何体，后根据基准合并尺寸。

(3) 参考任务指导。

(4) 底稿完成后应认真检查，然后按图线标准加深。

任务 3.4　绘制轴承座轴测图

3.4.1　任务书

1. 任务名称

轴承座。

2. 任务准备

(1) 绘图工具、绘图用品。

(2) 轴承座实物及轴测图，如图 3.70 (b)、图 3.108 所示。

3. 任务要求

（1）根据轴承座三视图（图3.70（a）），画出它的正等轴测图，如图3.108所示。

（2）用A4幅面的图纸，比例1∶1，抄注尺寸。

（3）尺寸标注要正确、完整、清晰，布局合理。

（4）图框、线型、字体等应符合规定，图面布局要恰当。

4. 任务提交

图纸。

5. 评价标准

任务实施评价项目表

序号	评 价 项 目	配分权重/（%）	实得分
1	平面体正等轴测图绘制的正确和熟练程度	35	
2	回转体正等轴测图绘制的正确和熟练程度	25	
3	组合体正等轴测图绘制的正确和熟练程度	30	
4	机件斜二等轴测图绘制的正确程度	10	

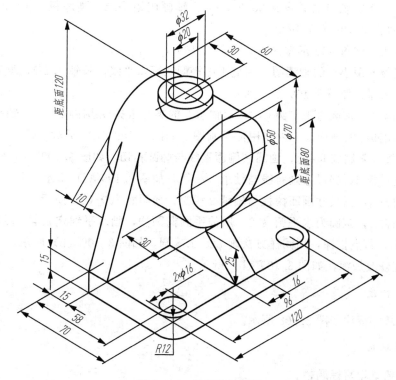

图 3.108　轴承座轴测图

3.4.2 任务指导

1. 准备工作

(1) 准备绘图工具和用品。

(2) 形体分析。如图 3.70 (c) 所示，该组合体可以看作是由上部的凸台 1、轴承 2、支承板 3、肋板 4 及底板 5 所组成。画轴测图时，可以由下而上，取支承板 3、肋板 4 及底板 5 的结合面作为坐标面，按照主次顺序底板 5—轴承 2—支承板 3—肋板 4—凸台 1 逐个画出。

(3) 根据图形大小，确定比例，选用图幅、固定图纸。根据轴承座的轴测图，如图 3.108 所示，确定比例为 1∶1，选用 A4 图幅，将图纸竖放固定在图板上，并要注意所选幅面要留有余地，以便标注尺寸、画标题栏等。

2. 画图过程

(1) 绘制 A4 图纸边框线、图框线。

(2) 在图框线的右下角绘制标题栏。

(3) 绘制底稿。

① 在正投影图上选择、确定坐标系，坐标原点选在底板 5 上后面的中心 O_1，建立坐标系，O_1X_1、O_1Y_1 轴与水平线成 30°角，O_1Z_1 轴画成铅垂线，画底板 5 (120×70×15) 的轴测图，如图 3.109 (a) 所示。

② 画底板 5 圆角 $R12$ 的轴测图，如图 3.109 (b) 所示。

③ 画底板 5 两小孔的轴测图，用徒手画椭圆法画水平线定长轴 $1.2D$，画垂线定短轴 $0.8D$，打点描深，如图 3.109 (c) 所示。

④ 画轴承 2，该圆为正平圆 $\phi70$，用轴承 2 的半径 $R35$ 分别画 X_1、Z_1 轴平行线，画菱形，然后用四心法画椭圆，内孔用徒手画图，如图 3.109 (d) 所示。延长 Y_1 轴线，将椭圆四心沿轴线复制到 60 处，画圆柱侧面素线与椭圆相切，如图 3.109 (e) 所示。

⑤ 画支承板 3，据尺寸画斜线与轴承 2 相切，如图 3.109 (f) 所示。

⑥ 画肋板 4，据尺寸画四棱柱与轴承 2 相交，如图 3.109 (g) 所示。

⑦ 画凸台 1，该圆为水平圆 $\phi32$，用徒手画椭圆法，画水平线定长轴 $1.2D$，画垂线定短轴 $0.8D$，打点描深，用同样方法画 $\phi20$ 水平圆，如图 3.109 (h) 所示。

⑧ 整理修改加深，如图 3.109 (h) 所示。

3. 尺寸标注

轴测图尺寸标注如图 3.108 所示。

4. 填写标题栏

用 HB 铅笔填写标题栏。

模块3 绘制几何体的三视图

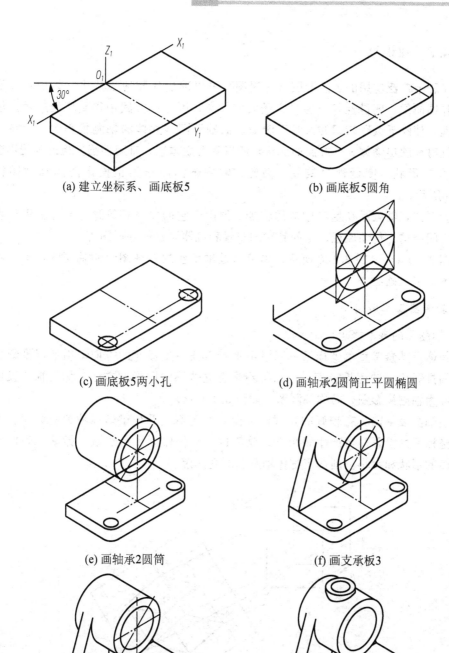

(a) 建立坐标系、画底板5

(b) 画底板5圆角

(c) 画底板5两小孔

(d) 画轴承2圆筒正平圆椭圆

(e) 画轴承2圆筒

(f) 画支承板3

(g) 画肋板4

(h) 画凸台1并整理修改加深

图3.109 轴承座正等轴测图的画图步骤

3.4.3 知识包

在工程上广泛应用的正投影图（三视图）可以准确完整地表达出立体的真实形状和大小。作图简便，度量性好，这是它最大的优点，因此在实践中得到广泛应用。但是它立体感差，使缺乏读图知识的人难以看懂。而轴测图（立体的轴测投影图）能在一个投影面上同时反映出物体3个方面的形状，所以富有立体感，直观性强，但这种图不能表示物体的真实形状，度量性也较差，因此，常用轴测图作为正投影图的辅助图样，如图3.108所示。

由上可知，轴测图在生产中应用较少，但由于它的立体感较强，通常多用于表达较复杂的空间结构、传动原理、空间管路的布置和机器设备的外形图等。

如图3.70（a）、图3.108所示，本节通过轴承座的三视图绘制轴测图，来学习轴测图的基本知识及画法。

1. 轴测图基本知识

1）轴测图的基本概念

将物体及其参考直角坐标系一同沿不平行于任一坐标面的方向，用平行投影法投射在单一的投影面（轴测投影面）上，得到具有立体感的图形的方法，称为轴测投影，所得图形称为轴测投影图，简称轴测图，如图3.110所示。

为使轴测投影图具有较好的直观性，投射方向不应平行于坐标轴和坐标面。否则坐标轴和坐标面的投影便会产生积聚性，就表达不出物体上平行于该坐标轴和坐标面的线段和表面的形状和大小，削弱了物体轴测图的立体感。

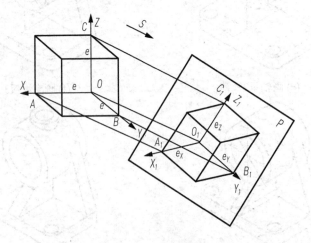

图 3.110 正轴测图

轴测投影方向垂直于轴测投影面，将立体倾斜放，使轴测投影面与立体上任何一个坐标面都不平行，即与立体上的3个直角坐标轴都斜交，这样所得的轴测图称为正轴测图。如图3.110所示。

(1) P——轴测投影面。

(2) S——投影方向。

(3) 轴测轴：立体上空间直角坐标轴 OX、OY、OZ 在轴测投影面上所得到的轴测投影 O_1X_1、O_1Y_1、O_1Z_1 称为轴测轴（轴测投影轴）。

(4) 轴间角：轴测轴间的夹角 $\angle X_1O_1Y_1$、$\angle Y_1O_1Z_1$、$\angle Z_1O_1X_1$ 称为轴间角。

(5) 伸缩系数：将轴测轴的度量单位与相应空间坐标轴的度量单位单位之比称为伸缩系数。

在空间坐标轴上截取线段 $OA=OB=OC=e$，e 称为空间坐标度量单位。轴测投影分别为 $O_1A_1=e_X$，$O_1B_1=e_Y$，$O_1C_1=e_Z$。e_X，e_Y，e_Z 分别称为相应轴测轴的度量单位。

并令：$\frac{e_x}{e}=p$，$\frac{e_y}{e}=q$，$\frac{e_z}{e}=r$，则 p、q、r 分别是指 O_1X_1、O_1Y_1、O_1Z_1 轴的轴向伸缩系数。

(6) 两个投影特性：轴测投影图是由平行投影得到的，所以它具有平行投影的一切特性。

常用到的投影特性有：空间平行的两直线，轴测投影应保持平行；空间平行于某一投影轴的线段，其轴测投影的长度等于该坐标轴的变形系数与该段长度的乘积。

据此，若已知轴间角和各轴的轴向变形系数，就可以画出轴测轴，并沿着轴测轴的方向定出与空间坐标轴平行的线段的大小，从而可很方便地画出物体的轴测图。

2) 轴测投影图分类

轴测投影图分为以下两大类。

(1) 正轴测投影图：投影方向垂直于轴测投影面 P。

(2) 斜轴测投影图：投影方向倾斜于轴测投影面 P。

在正轴测投影中，由于确定物体位置的空间坐标系与轴测投影面的相对位置不同，故轴间角与变形系数也不相同。根据变形系数的不同，正投影图又可分为以下 3 类。

(1) 正等轴测图，简称正等测：$p=q=r$。

(2) 正二等轴测图，简称正二测：一般采用 $p=r$，$q=\frac{1}{2}p$。

(3) 正三轴测图，简称正三测：$p\neq q\neq r$。

同样斜轴测投影图可分为斜等测、斜二测、斜三测。

国家标准中推荐了 3 种作图比较简便的轴测图，即正等轴测图、正二等轴测图、斜二等测轴测图。工程上用得较多的是正等轴测图和斜二轴测图，本节将重点介绍正等轴测图的作图方法，简要介绍斜二轴测图的作图方法。

2. 正等轴测图

1) 正等轴测图的轴间角和伸缩系数

(1) 正等轴测图的投射（影）方向垂直于轴测投影面。

(2) 空间 3 个坐标轴均与轴测投影面倾斜 $35°16'$。

(3) 三轴间角相等：即 $\angle X_1O_1Y_1=\angle Y_1O_1Z_1=\angle Z_1O_1X_1=120°$。

(4) 3 个轴测轴向伸缩系数也相等，即 $p=q=r=0.82$。

图 3.111 所示就是正等轴测图的轴间角和轴向伸缩系数。

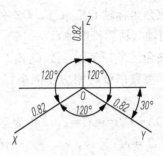

图 3.111　正等轴测图的轴间角和轴向伸缩系数

作图方法如下。

(1) 通常将 O_1Z_1 轴画成铅垂线。

(2) O_1X_1、O_1Y_1 轴与水平线成 30°角；

(3) 在画物体的轴测投影图时，常根据物体上各点的直角坐标乘以相应的轴向伸缩系数，得到轴测坐标值后，才能进行画图。因而画图前需要进行繁琐的计算工作。当用 $p_1=q_1=r_1=0.82$ 的轴向伸缩系数绘制物体的正等轴测图时，需将每一个轴向尺寸都乘以 0.82，这样画出的轴测图为理论上的正等测轴测图。图 3.112（a）所示为一立体的三视图，用上述轴间角和轴向伸缩系数画出的该立体的正等测轴测图如图 3.112（b）所示。

为作图方便，国家标准（GB）规定用简化的变形系数"1"代替理论变形系数 0.82（也就是说，凡是平行于坐标轴的尺寸，均按原尺寸画出）。这样画出的轴测图比按理论变形系数画出的轴测图放大 $1/0.82=1.22$ 倍，如图 3.112（c）所示，但对物体形状的表达没有影响，今后在画正等轴测图时，如不特别指明，均按简化的变形系数作图。

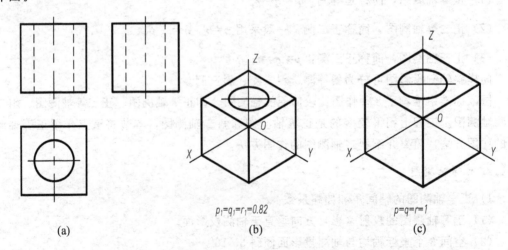

图 3.112　理论的轴向伸缩系数与简化的轴向伸缩系数的比较

2) 平面立体的正等测图的基本画法

画轴测图的基本方法是坐标法。但实际作图时，还应根据形体的形状特点的不同而灵活采用叠加和切割等其他作图方法，下面举例说明不同形状结构的平面立体轴测图的几种具体作图方法。

(1) 坐标法。坐标法是根据形体表面上各顶点的空间坐标画出它们的轴测投影，然后依次连接成形体表面的轮廓线，即得该形体的轴测图，这种方法是画轴测图的基本方法。

用坐标法画平面立体的正等测图的作图步骤如下。

① 在平面立体上选定坐标轴和坐标原点。

② 画轴测轴。

③ 定底面各点的投影。

④ 根据高度定其他各点的投影。

⑤ 将同面相邻各点依次连接，加深图线完成图形。

例1 根据正六棱柱的主、俯视图（图 3.113（a）），作出其正等测图。

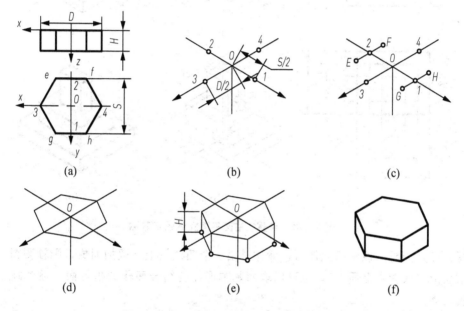

图 3.113 用坐标法画正六棱柱的正等测图

解：(1) 分析。首先要看懂两视图，想象出正六棱柱的形状大小。由图 3.113（a）可以看出，正六棱柱的前后、左右都对称，因此，选择顶面（也可选择底面）的中点作为坐标原点，并且从顶面开始作图。

(2) 作图。

① 在正投影图上确定坐标系，选取顶面（也可选择底面）的中点作为坐标原点，如图 3.113（a）所示。

② 画正等测轴测轴，根据尺寸 S、D 定出顶面上的 1、2、3、4 这 4 个点，如图 3.113（b）所示。

③ 过 1、2 两点作直线平行于 OX，在所作两直线上各截取正六边形边长的一半，得顶面的 4 个顶点 E、F、G、H，如图 3.113（c）所示。

④ 连接各顶点，如图 3.111（d）所示。

⑤ 过各顶点向下取尺寸 H，画出侧棱及底面各边，如图 3.113（e）所示。

⑥ 擦去多余的作图线，加深可见图线即完成全图，如图 3.113（f）所示。

（2）叠加法。叠加法也叫组合法，是将叠加式或以其他方式组合的组合体，通过形体分析，分解成几个基本形体，再依次按其相对位置逐个地画出各个部分，最后完成组合体的轴测图的作图方法。

例 2　根据平面立体的两视图，如图 3.114（a）所示，画出它的正等测图。

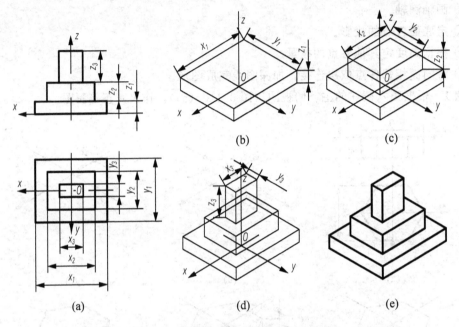

图 3.114　用叠加法画平面立体的正等测

解：（1）分析。该平面立体可以看作是由 3 个四棱柱上下叠加而成，画轴测图时，可以由下而上（或者由上而下），也可以取两基本形体的结合面作为坐标面，逐个画出每一个四棱柱体。

（2）作图。

① 在正投影图上选择、确定坐标系，坐标原点选在基础底面的中心，如图 3.114（a）所示。

② 画轴测轴。根据 x_1、y_1、z_1 作出底部四棱柱的轴测图，如图 3.114（b）所示。

③ 将坐标原点移至底部四棱柱上表面的中心位置，根据 x_2、y_2 作出中间 4 棱柱底面的 4 个顶点，并根据 z_2 向上作出中间四棱柱的轴测图，如图 3.114（c）所示。

④ 将坐标原点再移至中间四棱柱上表面的中心位置，根据 x_3、y_3 作出上部四棱柱底面的 4 个顶点，并根据 z_3 向上作出上部四棱柱的轴测图，如图 3.114（d）所示。

⑤ 擦去多余的作图线，加深可见图线即完成该基础的正等测，如图 3.114（e）所示。

（3）切割法。切割法适合于画由基本形体经切割而得到的形体。它是以坐标法为基础，先画出基本形体的轴测投影，然后把应该去掉的部分切去，从而得到所需的轴测图的作图方法。

例 3 如图 3.115（a）所示，用切割法绘制形体的正等测轴测图。

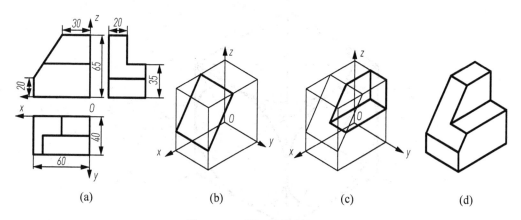

图 3.115 用切割法画轴测图

解：（1）分析。通过对图 3.115（a）所示的物体进行形体分析，可以把该形体看作是由一长方体斜切左上角，再在前上方切去一个六面体而成。画图时可先画出完整的长方体，然后再切去一斜角和一个六面体。

（2）作图。

① 确定坐标原点及坐标轴，如图 3.115（a）所示。

② 画轴测轴，根据给出的尺寸作出长方体的轴测图，然后再根据尺寸 20 和 30 作出斜面的投影，如图 3.115（b）所示。

③ 沿 Y 轴量尺寸 20 作平行于 XOZ 面的平面，并由上往下切，沿 Z 轴量取尺寸 35 作 XOY 面的平行面，并由前往后切，两平面相交切去一角，如图 3.115（c）所示。

④ 擦去多余的图线，并加深图线，即得物体的正等轴测图，如图 3.115（d）所示。

3）回转体的正等轴测图的基本画法

（1）平行于坐标面的圆的正等测图画法。在平行投影中，当圆所在的平面平行于投影面时，它的投影反映实形，依然是圆。而如图 3.116 所示的各圆，虽然它们都平行于坐标面，但 3 个坐标面或其平行面都不平行于相应的轴测投影面，因此它们的正等测轴测投影就变成了椭圆，如图 3.116 所示。

人们把位于或平行于坐标面 XOZ 的圆叫做正平圆，把位于或平行于坐标面 ZOY 的圆叫做侧平圆，把位于或平行于坐标面 XOY 的圆叫做水平圆。它们的正等测图的形状、大小和画法完全相同，只是长短轴的方向不同，从图 3.116 中可以看出，各椭圆的长轴与垂直于该坐标面的轴测轴垂直，即与其所在的菱形的长对角线重合，长度约为 $1.22d$（d 为圆的直径）；而短轴与垂直于该坐标面的轴测轴平行，即与其所在的菱形的短对角线重合，长度约为 $0.7d$。

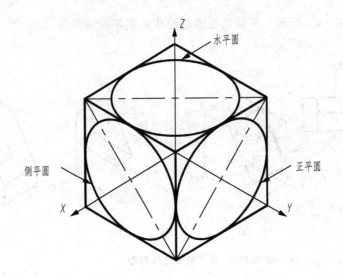

图 3.116　平行于坐标面的圆的正等测图

当画正等测图中的椭圆时，通常采用近似方法画出。现以平行于 H 面的圆（水平圆）为例，如图 3.117（a）所示。作图方法如下。

① 过圆心沿轴测轴方向 $O'X'$ 和 $O'Y'$ 作中心线，截取半径长度，得椭圆上 4 个点 B_1、D_1 和 A_1、C_1，然后画出外切正方形的轴测投影（菱形），如图 3.117（b）所示。

② 菱形短对角线端点为 O_1、O_2。连 $O_1 A_1$、$O_1 B_1$，它们分别垂直于菱形的相应边，并交菱形的长对角线于 O_3、O_4，得 4 个圆心 O_1、O_2、O_3、O_4，如图 3.117（c）所示。

③ 以 O_1 为圆心，$O_1 A_1$ 为半径作圆弧 $\overset{\frown}{A_1 B_1}$，再以 O_2 为圆心，作另一圆弧 $\overset{\frown}{C_1 D_1}$，如图 3.117（d）所示。

④ 以 O_3 为圆心，$O_3 A_1$ 为半径作圆弧 $\overset{\frown}{A_1 D_1}$，再以 O_4 为圆心，作另一圆弧 $\overset{\frown}{B_1 C_1}$。所得近似椭圆即为所求，如图 3.117（e）所示。

⑤ 擦去多余的图线，描深即得要画的椭圆，如图 3.117（f）所示。

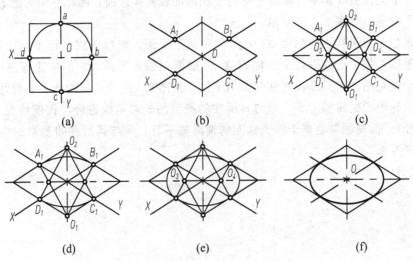

图 3.117　圆的正等测图的近似画法

(2) 圆角的正等测图的画法。1/4 的圆柱面称为圆柱角（圆角）。圆角是零件上出现几率最多的工艺结构之一。圆角轮廓的正等测图是 1/4 椭圆弧。实际画圆角的正等测图时，没有必要画出整个椭圆，而是采用简化画法。以带有圆角的平板为例，如图 3.118（a）所示，其正等测图的画图步骤如下。

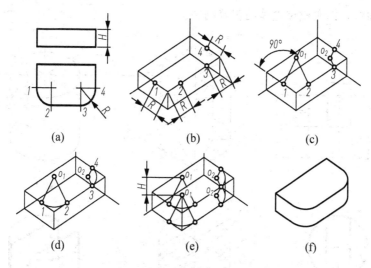

图 3.118　圆角的正等测图的画法

① 在作圆角的两边上量取圆角半径 R，如图 3.118（b）所示。

② 从量得的两点（即切点）作各边线的垂线，得两垂线的交点 O，如图 3.118（c）所示。

③ 以两垂线的交点 O 为圆心，以圆心到切点的距离为半径作圆弧，即得要作的轴测图上的圆角，如图 3.118（d）所示。

④ 将圆心平移至另一表面，同理可作出另一表面的圆角，作两圆角的公切线，如图 3.118（e）所示。

⑤ 检查、描深，擦去多余的图线并完成全图，如图 3.118（f）所示。

(3) 回转体的正等测图画法。掌握了平行于坐标平面的圆的正等测图画法，就不难画出各种轴线垂直于坐标平面的圆柱、圆锥及其组合体的轴测图。

例 4　作出图 3.119（a）所示圆柱切割体的正等测图。

解：(1) 分析。该形体由圆柱体切割而成。可先画出切割前圆柱的轴测投影，然后根据切口宽度 b 和深度 h，画出槽口轴测投影。为作图方便和尽可能减少作图线，作图时选顶圆的圆心为坐标原点，连同槽口底面在内该形体共有 3 个位置的水平面，在画轴测图时要注意定出它们的正确位置。

(2) 作图。

① 在正投影图上确定坐标系，如图 3.119（a）所示。

② 画轴测轴，用近似画法画出顶面椭圆。根据圆柱的高度尺寸 H 定出底面椭面的圆心位置 O_2。将各连接圆弧的圆心下移 H，圆弧与圆弧的切点也随之下移，然后作出底面近似椭圆的可见部分，如图 3.119（b）所示。

③ 作为上述两椭圆相切的圆柱面轴测投影的外形线。再由 h 定出槽口底面的中心，

并按上述的移心方法画出槽口椭圆的可见部分，如图 3.119（c）所示。作图时注意这一段椭圆由两段圆弧组成。

④ 根据宽度 b 画出槽口，如图 3.119（d）所示。切割后的槽口如图 3.119（e）所示。

⑤ 整理加深，即完成该立体的正等测图。

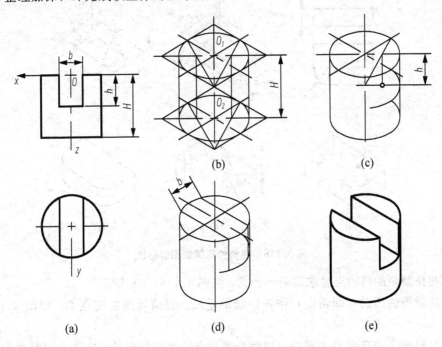

图 3.119　画圆柱切割体的正等测

特别提示

画正等轴测图的注意事项如下。

（1）立体上平行于 3 个坐标轴的棱线，在轴测图上分别平行于相应的轴测轴，可以直接度量。

（2）立体上不平行于 3 个坐标轴的棱线，在轴测图上即不平行于任何轴测轴，不能直接度量其长度。

（3）立体上互相平行的棱线，在轴测图上仍互相平行。

（4）轴测图一般只画出可见轮廓线，必要时才画出其不可见轮廓线。

3.4.4　知识拓展

1. 斜二等轴测投影图

1）斜二测图的形成

当投射方向 S 倾斜于轴测投影面时所得的投影称为斜轴测投影。在斜轴测投影中，通常以 V 面（即 XOZ 坐标面）或 V 面的平行面作为轴测投影面，而投射方向不平行于任何坐标面（当投射方向平行于某一坐标面时，会影响图形的立体感），这样所得的斜轴测投影称为正面斜轴测投影。在正面斜轴测投影中，不管投射方向如何倾斜，平行于轴测投影面的平面图形,它的斜轴测投影反映实形。也就是说,正面斜轴测图中 OX 轴和 OZ 轴之间的轴间角 $\angle XOZ=90°$,两者的轴向伸缩系数都等于 1,即 $p_1=r_1=1$。这个特性使得斜轴测图的作图较为方便,对具有较复杂的侧面形状或为圆形的形体,这个优点尤为显著。而轴测轴 OY 的方向和轴向伸缩系数 q 可随着投影方向的改变而变化,可取得合适的投影方向,使得 $q_1=0.5$, $\angle YOZ=135°$,这样就得到了国家标准中的斜二等轴测投影图,简称斜二测图,如图 3.120 所示。这样画出的轴测图较为美观,是常用的一种斜轴测投影。

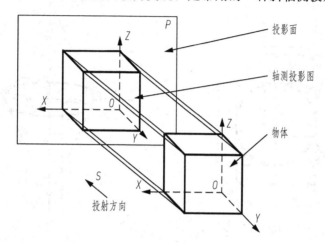

图 3.120　斜二等轴测投影图的形成

2)斜二测图的参数

(1)轴间角。将 OZ 轴竖直放置,斜二测图的三个轴间角分别为 $\angle XOZ=90°$、$\angle ZOY=\angle YOX=135°$,如图 3.121 所示。

(2)轴向伸缩系数。3 个方向上的轴向伸缩系数分别为 $p_1=r_1=1$, $q_1=0.5$,不必再进行简化。如图 3.121(a)所示,轴间角 $\angle XOY=135°$;如图 3.121(b)所示,轴间角 $\angle XOY=45°$。这两种画法的斜二测图都较为美观,但前者更为常用。

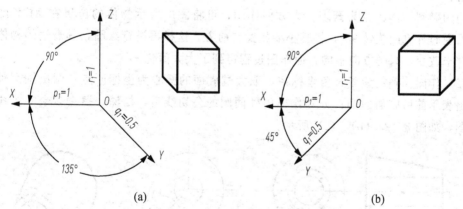

(a)　　　　　　　　　　　　　(b)

图 3.121　斜二测图的轴间角和轴向伸缩系数

3)斜二测图的画法

平行于坐标面的圆的斜二测图的画法介绍如下。

平行于坐标面 XOZ 的圆(正面圆)的斜二测图反映实形,仍是大小相同(圆的直径

为 d）的圆。平行于坐标面 XOY（水平圆）和 YOZ（侧平圆）的圆的斜二测图是椭圆。其中两椭圆的长轴长度约为 $1.067d$，短轴长度约为 $0.33d$。其长轴分别与 OX 轴、OZ 轴约成 $7°$，短轴与长轴垂直，如图 3.122（a）所示。斜二测图中的正平圆可直接画出，但水平圆和侧平圆的投影为椭圆时，其画法与正等测图中的椭圆一样，通常采用近似方法画出。以水平圆为例，其画法如图 3.122（b）所示。

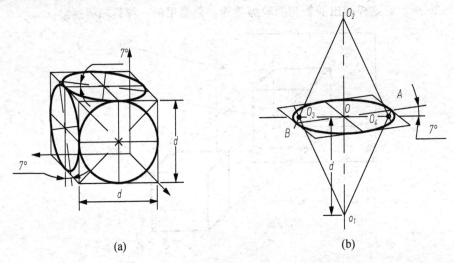

图 3.122 平行于坐标面的圆的斜二测图的画法

4）斜二测图的画法举例

由以上分析可知，物体上只要是平行于坐标面 XOZ 的直线、曲线或其他平面图形，在斜二测图中都能反映其实长或实形。因此，在作轴测投影图时，当物体上的正面形状结构较复杂，具有较多的圆和曲线时，采用斜二测图作图就会方便得多。

例5 如图 3.123（a）所示，作出带圆孔的圆台的斜二测图。

解：（1）分析。带孔圆台的两个底面分别平行于侧平面，由上述知识可知，其斜二测图均为椭圆，作图较为繁琐。为方便作图，可将图中所示物体的位置在 XOY 坐标面内，沿逆时针方向旋转 $90°$，将其小端放置在前方，这样再进行绘图，其表达的物体形状结构并未改变，只是方向不同，但作图过程得到了大大简化。

（2）作图。确定参考直角坐标系，取大端底面的圆心为坐标原点；画出轴测轴；依次画出表示前后底面的圆；分别作出内外两圆的公切线后，描深，擦去多余的图线并完成全图，如图 3.123（b）、（c）所示。

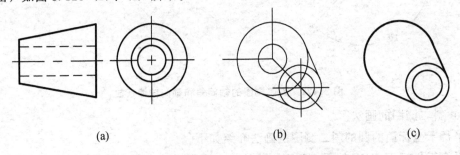

图 3.123 带圆孔的圆台的斜二测图的画法

例6 作出如图3.124（a）所示的法兰盘的轴测图。

解：（1）分析。该物体平行于坐标面 XOZ 的平面上具有较多的圆和圆弧，因此确定采用斜二测图。

（2）作图。

① 确定参考直角坐标系，取法兰盘后表面的中心作为坐标原点，如图3.124（a）所示。

② 画出斜二测轴测轴及后端的圆柱板，如图3.124（b）所示。

③ 画出前端的小圆柱，如图3.124（c）所示。

④ 画出圆柱板上的4个圆孔及小圆柱上的圆孔，如图3.124（d）所示。

⑤ 检查，擦去多余的图线并描深，完成全图，如图3.124（e）所示。

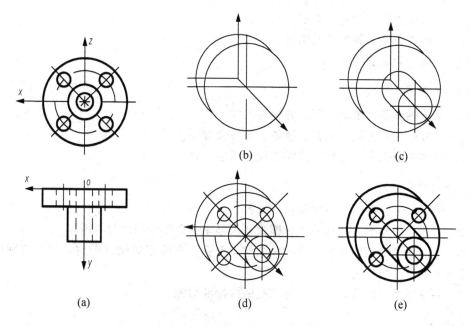

图3.124 物体的斜二测图的画法

特别提示

轴测图是单面投影图，相对三视图而言，轴测图能直观地反映形体的空间结构特征。绘制轴测图采用的投影法为平行投影法，有两种基本思路：保持正投影法不变，使被投影形体相对投影面倾斜，所得到的轴测图称为正轴测图；保持形体摆放位置为"正放"，使投射光线相对投影面倾斜，所得到的轴测图称为斜轴测图。每一类轴测图根据轴向伸缩系数的不同，又可分别分为3种不同的轴测图。本节介绍了常用的正等轴测图与斜二轴测图。

3.4.5 技能实训

实训 1

1. 实训名称

组合体正等轴测图。

2. 实训内容

如图 3.33、图 3.69、图 3.107、图 3.108 所示。

3. 实训目的

(1) 了解绘轴测图的基本知识。
(2) 掌握组合体正等测图的画法。
(3) 熟练绘制轴测图。

4. 实训要求

(1) 根据轴测图抄画轴测图，并标注尺寸。
(2) 尺寸标注要正确、完整、清晰、布局合理。
(3) 全图中箭头大小一致。同类图线粗细应一致。

5. 实训提示

(1) 参考任务指导，熟悉制图标准流程。
(2) 用四心法画椭圆，即用 4 段圆弧连接起来的图形近似代替椭圆。
(3) 注意正等轴测图的轴间角和轴向伸缩系数。在画正等轴测图时，如不特别指明，均按简化的变形系数作图。
(4) 底稿完成后应认真检查，然后按图线标准加深。

实训 2

1. 实训名称

切割体。

2. 实训内容

如图 3.125（a）所示。

3. 实训目的

(1) 了解绘轴测图的基本知识。
(2) 掌握正等测图切割法的画法。
(3) 熟练用切割法绘制轴测图。

4. 实训要求

根据三视图画出正等轴测图。

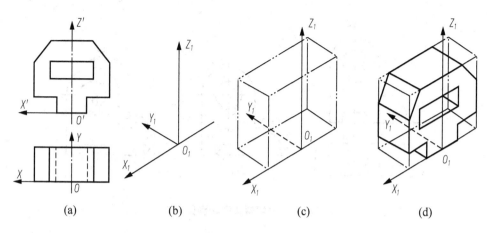

图 3.125 用切割法画轴测图（一）

5. 实训提示

（1）参照任务指导及图 3.115、图 3.125 的绘图步骤，熟悉制图标准流程。

（2）正等轴测图的轴间角和轴向伸缩系数，在画正等轴测图时，如不特别指明，均按简化的变形系数作图。

（3）作图步骤如下。

① 首先设置主、俯视图的直角坐标轴。由于物体对称，为作图方便，选择直角坐标系如图 3.125（a）所示。

② 画轴测轴，如图 3.125（b）所示，这种轴测轴的选择方法是为了将物体的特征面放在前面。

③ 根据主、俯视图的总长、总宽、总高作出辅助长方体的轴测图，如图 3.125（c）所示。

④ 在平行于轴测轴方向上按题意进行比例切割，如图 3.125（d）所示。

⑤ 擦去多余的线，整理描深完成轴测图。

实训 3

1. 实训名称

绘制斜二轴测图。

2. 实训内容

如图 3.126 所示。

3. 实训目的

（1）了解绘斜二轴测图的基本知识。

（2）掌握斜二等测图的画法。

（3）熟练绘制斜二等轴测图。

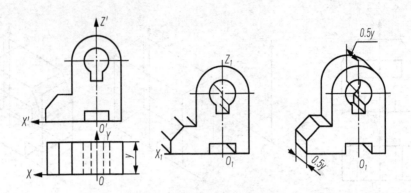

图 3.126 用切割法画轴测图（二）

4. 实训要求

根据三视图绘制斜二轴测图。

5. 实训提示

(1) 根据视图可以看出，此形体平行于正面（XOZ 面）的方向上具有较多的圆或圆弧。如果画正等轴测图，就要画很多椭圆，作图繁琐。如果用斜二轴测图来表达，就会大大简化作图。

(2) 参照斜二测图的画法举例，熟悉制图标准流程。

(3) 在斜二测图中，$O_1X_1 \perp O_1Z_1$ 轴，O_1Y_1 与 O_1X_1、O_1Z_1 的夹角均为 $135°$，3 个轴向伸缩系数分别为 $p_1 = r_1 = 1$，$q_1 = 0.5$。

(4) 绘制图 3.126 所示形体的斜二轴测图的步骤见表 3-12。

表 3-12 斜二轴测图的绘图步骤

步骤与方法	图 例
1. 确定坐标轴	
2. 作轴测轴，将形体上各平面分层定位，并画出各平面的对称线、中心线，再画主要平面的形状	

续表

步骤与方法	图例
3. 画各层主要部分形状和各细节及孔洞的可见部分形状	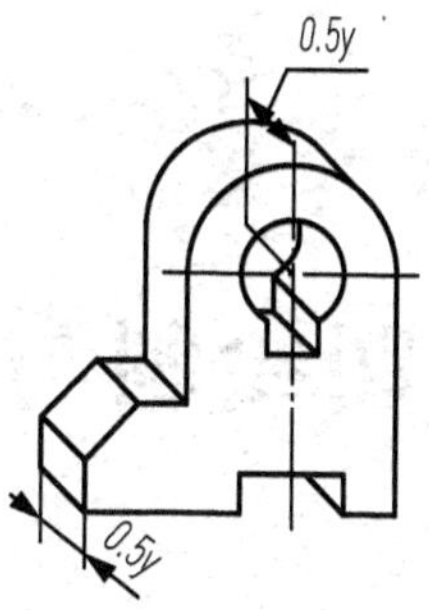
4. 擦去多余图线，加深轮廓线	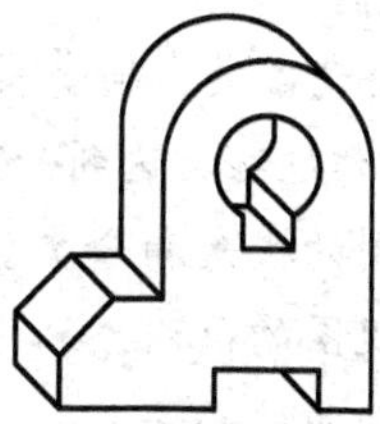

模块 4

零件图绘制与识读

模块描述

通过分析轮盘盖类、轴套类、叉架类、箱体类的零件图（图 4.1、图 4.91、图 4.154、图 4.180）的工作过程，达到如下目标。

• 掌握视图的概念和分类。
• 掌握剖视图的画法。
• 掌握断面图的画法。
• 掌握局部放大图和简化画法
• 了解零件图的作用和内容。
• 掌握零件图的表达方法。
• 掌握零件图的尺寸标注。
• 掌握零件图的常见工艺结构。
• 了解表面结构的图样表示法、极限与配合、形位公差的基本概念，掌握其在零件图上的标注方法。
• 掌握如何阅读零件图。

模块 4　零件图绘制与识读

任务 4.1　绘制轴承盖

4.1.1　任务书

1. 任务名称

轴承盖。

2. 任务准备

（1）绘图工具、绘图用品。

（2）轴承盖模型及零件图，如图 4.1 所示。

3. 任务要求

（1）用 A3 幅面的图纸，比例 1∶1，抄画零件图。

（2）图框、线型、字体等应符合规定，图面布局要恰当。

4. 任务提交

图纸。

5. 评价标准

任务实施评价项目表

序号	评价项目		配分权重/（%）	实得分
1	能否读懂零件图	能否明确零件图的主要内容	3	
		能否明确各视图的表达方法和重点	10	
		能否准确构想出零件的形体结构	10	
		能否正确辨别零件的工艺结构	5	
		能否正确找出尺寸基准，明确各个尺寸的类型	7	
		能否正确识别各项技术要求标注	5	
		能否对图样各项信息进行准确归纳，得到对零件的全部认识	10	
2	能否正确绘制零件图	零件图主要内容是否齐全	5	
		选择主视图和表达方案是否合理	10	
		零件各部分结构表达是否正确、完整、清晰	10	
		各类尺寸标注是否正确、完整、清晰、合理	10	
		各项技术要求标注是否正确	10	
		图框、线型、字体等是否符合规定，图面布局是否恰当	5	

4.1.2 任务指导

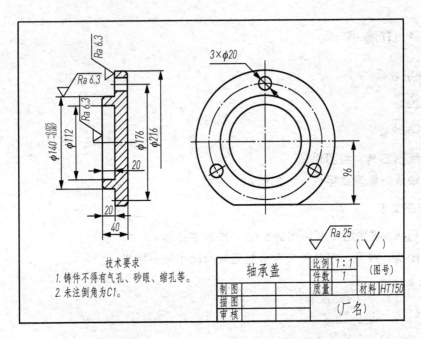

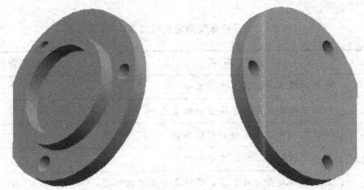

图 4.1 轴承盖轴测图及零件图

1. 准备工作

(1) 准备绘图工具和用品。
(2) 分析图形的尺寸、线段、表达方法及技术要求。
(3) 根据图形大小，确定比例，选用图幅、固定图纸。
根据轴承盖的尺寸，确定比例为 1∶1，选用 A3 图幅，将图纸横放固定在图板上。
(4) 拟订具体的作图顺序。

2. 绘制图形

(1) 绘制 A3 图纸边框线、图框线，在图框线的右下角绘制标题栏，在图框线中绘制轴承盖主要基准线和定位线，如图 4.2（a）所示。

(2) 绘制主视图、左视图轮廓，如图 4.2（b）所示。

(3) 绘制孔、倒角、主视图全剖视图及剖面符号，如图 4.2（c）所示。

(4) 描深零件图，如图 4.2（d）所示。在用铅笔描深前，必须全面检查底稿，修正错误，把画错的线条及作图辅助线用软橡皮轻轻擦净。检查图样完整无误后，用 B 或 2B 铅笔描深各种图线，一般先加深图形，其次加深图框和标题栏。其中轮廓线使用粗实线，对称轴线使用细点画线。

3. 尺寸标注及技术要求

标注视图尺寸、尺寸公差、表面粗糙度及技术要求，如图 4.1 所示。

4. 填写标题栏

用 HB 铅笔填写标题栏。

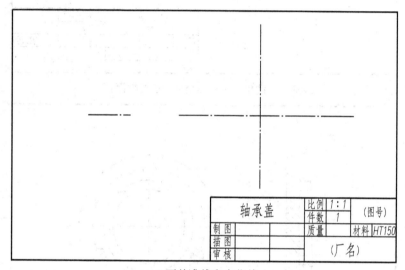

(a) 画基准线和定位线

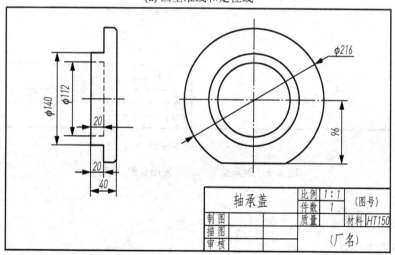

(b) 画主视图、左视图轮廓

图 4.2 轴承盖零件图的画图步骤

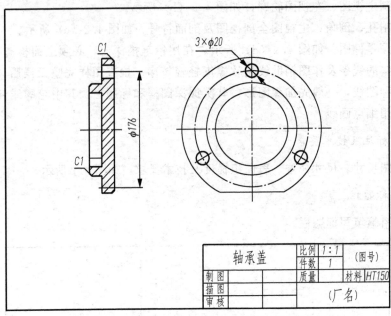

(c) 画孔、倒角、主视图全剖视图及剖面符号

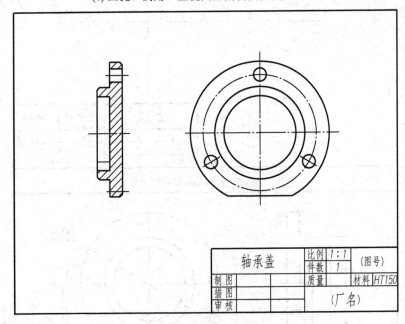

(b) 检查、描深底稿

图 4.2 轴承盖零件图的画图步骤（续）

4.1.3 知识包

1. 轮盘盖类零件

1）作用

轮盘盖类零件包括各种用途的轮和盘盖类零件，其毛坯多为铸件或锻件。轮一般用

键、销与轴连接，用以传递扭矩。盘盖类零件一般装在箱体的两端支承孔中，起支承传动轴和密封作用，或通过其使所属部件与相邻件连接起来，如图 4.1 所示的轴承盖。

2）结构特点

轮类零件常见的有手轮、带轮、链轮、齿轮、蜗轮、飞轮等，盘盖类零件有圆、方各种形状的法兰盘、端盖等。轮盘盖类零件主体部分多系回转体，一般径向尺寸大于轴向尺寸。其上常有均布的孔、肋、槽、耳板和齿等结构，透盖上常有密封槽。轮一般由轮毂、轮辐和轮缘 3 部分组成。

3）视图选择

（1）主视图选择。

① 轮盘盖类零件的主要回转面和端面都在车床上加工，故其主视图的选择与轴套类零件相同，即也按加工位置将其轴线水平安放画主视图，但有些较复杂的盘盖因加工工序较多，主视图也可按工作位置画出。

② 通常选投影为非圆的视图作为主视图。其主视图通常侧重反映内部形状，故主视图常取全剖视图。

（2）其他视图的选择。

轮盘盖类零件一般需要两个以上基本视图表达，除主视图外，为了表示零件上均布的孔、槽、肋、轮辐等结构，还需选用一个端面视图（左视图或右视图），如图 4.1 中所示就增加了一个左视图，以表达凸缘和 3 个均布的通孔。此外，未能表达的其他结构形状，可用断面图或局部视图表达，为了表达细小结构，有时还常采用局部放大图。

4）尺寸标注

盘盖类零件主要是径向和轴向尺寸。径向尺寸的设计基准为轴线，轴向尺寸的设计基准是经过加工并与其他零件接触的较大端面。盘盖类零件各组成部分的定位尺寸和定形尺寸比较明显，圆周均匀分布小孔常用"3×φ"形式标注，如图 4.1 所示。

5）技术要求

有配合关系的表面及其轴向定位作用的端面，其表面粗糙度参数值较小；有配合关系的尺寸应给出恰当的尺寸公差，如 φ140；与其他零件相接触的表面，尤其是与运动零件相接触的表面应有平行度或垂直度要求。

2. 零件图的作用和内容

1）零件图的作用

机器或部件都是由许多零件装配而成的，制造机器或部件必须首先制造零件。零件图是表示单个零件的图样，它是制造和检验零件的主要依据。零件图是生产中指导制造和检验该零件的主要图样，它不仅仅是把零件的内、外结构形状和大小表达清楚，还需要对零件的材料、加工、检验、测量提出必要的技术要求。零件图必须包含制造和检验零件的全部技术资料。

2）零件图的内容

如图 4.1 所示，一张完整的零件图一般应包括以下几项内容。

（1）一组图形。该组图形用于正确、完整、清晰和简便地表达出零件内外形状，其中包括机件的各种表达方法，如视图、剖视图、断面图、局部放大图和简化画法等。

（2）完整的尺寸。零件图中应正确、完整、清晰、合理地注出制造零件所需的全部尺寸。

（3）技术要求。零件图中必须用规定的代号、数字、字母和文字注解说明制造和检验零件时在技术指标上应达到的要求，如表面粗糙度、尺寸公差、形位公差、材料和热处理、检验方法以及其他特殊要求等。技术要求的文字一般注写在标题栏上方图纸空白处。

（4）标题栏。标题栏应配置在图框的右下角。它一般由更改区、签字区、其他区、名称以及代号区组成。填写的内容主要有零件的名称、材料、数量、比例、图样代号以及设计、审核、批准者的姓名、日期等。标题栏的尺寸和格式已经标准化，可参考有关标准。

3. 零件的视图选择原则和步骤

零件的视图选择应首先考虑看图方便。根据零件的结构特点，选用适当的表示方法。由于零件的结构形状是多种多样的，所以在画图前，应对零件进行结构形状分析，结合零件的工作位置和加工位置，选择最能反映零件形状特征的视图作为主视图，并选好其他视图，以确定一组最佳的表达方案。

选择表达方案的原则是：在完整、清晰地表示零件形状的前提下，力求制图简便，少选用视图个数。

1）零件分析

零件分析是认识零件的过程，是确定零件表达方案的前提。零件的结构形状及其工作位置或加工位置不同，视图选择也往往不同。因此，在选择视图之前，应首先对零件进行形体分析和结构分析，并了解零件的工作和加工情况，以便确切地表达零件的结构形状，反映零件的设计和工艺要求。

2）主视图的选择

主视图是表达零件形状最重要的视图，其选择是否合理将直接影响其他视图的选择和看图是否方便，甚至影响到画图时图幅的合理利用。一般来说，零件主视图的选择应满足"合理位置"和"形状特征"两个基本原则。

（1）合理位置原则。

① 加工位置是零件在加工时所处的位置。主视图应尽量反映零件在机床上加工时所处的位置。这样在加工时可以直接进行图物对照，既便于看图和测量尺寸，又可减少差错。如轴套类、轮盘盖类零件的加工，大部分工序是在车床或磨床上进行的，因此通常要按加工位置（即轴线水平放置）画其主视图，如图 4.1、图 4.3 所示。

② 工作位置是零件在装配体中所处的位置。零件主视图的放置应尽量与零件在机器或部件中的工作位置一致。这样便于根据装配关系来考虑零件的形状及有关尺寸，便于校对。如图 4.180 所示的铣刀头座体零件的主视图就是按工作位置选择的。对于工作位置歪斜放置的零件，因为不便于绘图，应将零件放正。

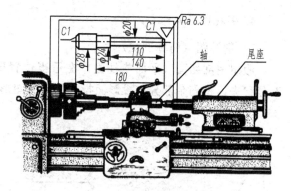

图 4.3　轴类零件的加工位置

（2）形状特征原则。

确定了零件的安放位置后，还要确定主视图的投影方向。形状特征原则就是将最能反映零件形状特征的方向作为主视图的投影方向，即主视图要较多地反映零件各部分的形状及它们之间的相对位置，以满足表达零件清晰的要求。如图 4.4 所示是确定机床尾架主视图投影方向的比较。由图可知，图 4.4（a）的表达效果显然比图 4.4（b）要好得多。

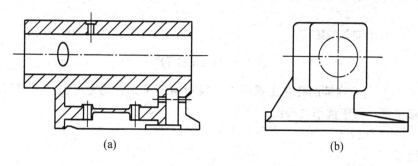

图 4.4　确定主视图投影方向的比较

3）选择其他视图

一般来讲，仅用一个主视图是不能完全反映零件的结构形状的，必须选择其他视图，包括剖视图、断面图、局部放大图和简化画法等各种表达方法。主视图确定后，对其表达未尽的部分，再选择其他视图予以完善表达。具体选用时，应注意以下几点。

（1）根据零件的复杂程度及内、外结构形状，全面地考虑还应绘出的其他视图，使每个所选视图应具有独立存在的意义及明确的表达重点，注意避免不必要的细节重复，在明确表达零件的前提下，使视图数量为最少。

（2）优先考虑采用基本视图，当有内部结构时应尽量在基本视图上作剖视；对尚未表达清楚的局部结构和倾斜部分结构，可增加必要的局部（剖）视图和局部放大图；有关的视图应尽量保持直接投影关系，配置在相关视图附近。

（3）按照视图表达零件形状要正确、完整、清晰、简便的要求，进一步综合、比较、调整、完善，选出最佳的表达方案。

4. 剖视图的概念

1) 剖视图（简称剖视）

假想用剖切面（平面或柱面）在适当位置剖开机件，将处在观察者与剖切面之间的部分移去，将剩余部分向投影面投射所得的图形称为剖视图，简称剖视，如图 4.5 所示。

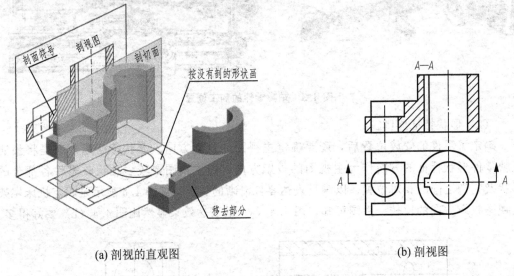

(a) 剖视的直观图　　　　　　　　　　　　　(b) 剖视图

图 4.5　剖视图的形成

图 4.5（b）所示内部的孔在主视图上的投影由不可见转化为可见，由虚线转化为粗实线，图形清晰，便于读图与画图。

> **特别提示**
>
> 当机件内部结构比较复杂时，视图中的虚线较多，这些虚线与虚线、虚线与实线之间往往重叠交错，大大影响了图形的清晰度，既不便于画图、看图，也不便于标注尺寸。为了解决这些问题，国家标准规定采用剖视图来表达机件的内部结构形状。

2) 剖面符号

剖切面与机件接触的部分称为剖面区域。为区分机件的实心和空心部分，同时也为了区分材料的类别，国家标准规定剖视图要在剖面区域上要画出规定的剖面符号，各种材料的剖面符号参见表 4-1。

画金属材料的剖面符号时，应遵守下述规定。

(1) 金属材料的剖面符号（简称剖面线）最好与主要轮廓或剖面区域的对称线成 45°（向左、右倾斜均可）且间隔相等的平行细实线，如图 4.6（a）所示。

(2) 当不需要在剖面区域中表示材料的类别时，所有材料的剖面符号均可采用与金属材料相同的剖面线，因此这种剖面符号又称为通用剖面线。

(3) 同一机件的所有剖视图和断面图的剖面线应同方向、同间隔。

(4) 当图形的主要轮廓线与水平线成 45°或接近 45°时，则该图形的剖面线应改画成与水平方向成 30°或 60°的平行线，但同一机件各剖视图剖面线的倾斜方向和间隔均应一致，如图 4.6（b）所示。

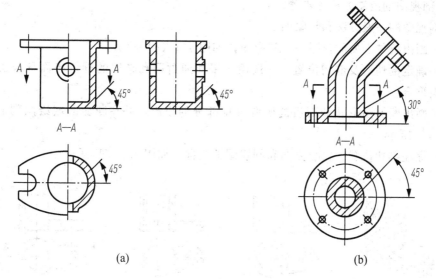

图 4.6 金属材料的剖面线画法

表 4-1 剖面符号

金属材料（已有规定剖面符号者除外）		木质胶合板（不分层数）	
非金属材料（已有规定剖面符号者除外）		基础周围的泥土	
转子、电枢、变压器和电抗器等的迭钢片		混凝土	
线圈绕组元件		钢筋混凝土	
型砂、填砂、粉末冶金、砂轮、陶瓷刀片、硬质合金、刀片等		砖	
玻璃及供观察用的其他透明材料		格网筛网、过滤网等	
木材	纵剖面	液 体	
	横剖面		

3）剖视图的绘制方法和步骤

画剖视图的一般方法和步骤如下。

（1）画出机件必要的视图——三视图，如图4.7（b）所示。

（2）确定剖切面及剖切位置——选用正平面通过两孔轴线的剖切平面且与机件的前后对称面重合。

（3）画出断面图形及断面后的所有可见部分的投影，并在断面区域绘制剖面线，如图4.7（c）所示。

（4）标注剖切位置、投射方向和剖视图的名称，如图4.7（d）所示。

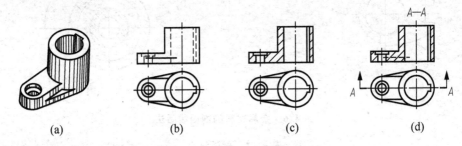

图4.7　画剖视图的方法和步骤

4）剖视图的标注

剖视图一般应进行标注，以指明剖切位置，指示视图间的投影关系，以免造成误读。

（1）剖视图标注的三要素。

剖切线——指示剖切面位置的线，用细点画线表示。

剖切符号——用长约5mm的粗实线表示，指示剖切面起讫和转折位置及投射方向（用箭头表示）的符号。剖切符号不能与图形轮廓线相交。

字母——用大写拉丁字母标出剖视图的名称，注写在剖视图的上方。

（2）剖视图的标注方法。

一般应用大写的拉丁字母在剖视图的上方标出剖视图的名称"×—×"，在相应的视图上用剖切符号表示剖切位置和投射方向，并标注相同的字母，如图4.7（d）所示。同一张图上有几个剖视图时，则剖视图的名称应按字母顺序排列，不得重复。

剖视图标注的简化或省略规则如下。

① 当剖视图按投影关系配置，中间又无其他图形隔开时，可省略表示投射方向的箭头，如图4.10所示。

② 当单一剖切平面通过机件的对称平面或基本对称平面，且剖视图按投影关系配置，中间又无其他图形隔开时，则不必标注，如图4.7（c）所示。

特别提示

（1）剖视是一种假想画法，因此当机件的一个视图画成剖视图后，其他视图的表达方案仍应按完整的机件考虑。

（2）避免剖切出不完整的结构要素：为达机件内部的实形，剖切面的位置应尽量通过被剖切机件的对称平面或孔、槽的中心线，且要平行于某一基本投影面。

(3) 剖切平面位置一般不与轮廓线重合。必要时,也允许紧贴机件的表面进行剖切,该表面不画剖面线,如图 4.8 所示。

(4) 剖视图上一般不画虚线,只有在不影响剖视图的清晰而又能减少视图的数量时,可画少量虚线,如图 4.7(d)所示。

(5) 仔细分析剖切后的结构形状,不要漏线或多线。

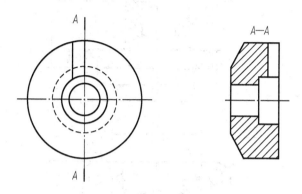

图 4.8 沿表面剖切的剖视图

5．剖视图的种类

剖视图分为全剖视图、半剖视图和局部剖视图。下面介绍 3 种剖视图的适用范围、画法及标注方法。

1) 全剖视图

用剖切面 $A—A$ 完全地剖开机件所得的剖视图称为全剖视图,如图 4.9 所示。

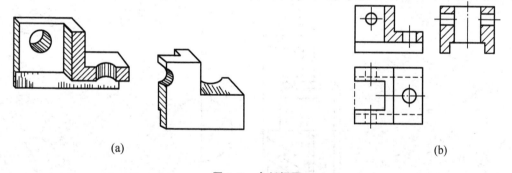

(a)　　　　　　　　　　　　　　　　　　(b)

图 4.9 全剖视图

适用场合:外形简单,内腔结构复杂的不对称机件或全由回转面构成外形的机件。全剖视图的画法和标注及注意事项同前所述。

2) 半剖视图

当机件具有对称平面时,向垂直于对称平面的投影面上投射所得的图形,可以对称中心线(细点画线)为界,一半画成剖视图,另一半画成视图,这样的图形称为半剖视图,如图 4.10 所示。

根据机件主视图左右对称的特点,以中心线为界,一半用视图表达外形,如凸台、圆孔等;一半用剖视图表达内形,如圆柱孔、槽口等的半剖视表达。

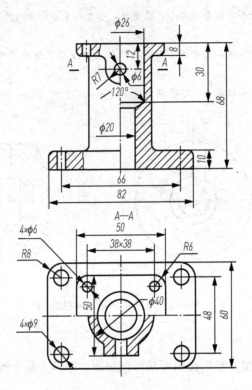

图 4.10 半剖视图及尺寸标注

适用场合：内、外形状都需要表达的对称机件。当机件的形状接近于对称，且不对称部分已另有其他视图表达清楚时，也可画成半剖视图，如图 4.11 所示。

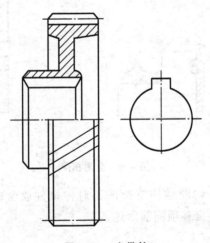

图 4.11 皮带轮

特别提示

画半剖视图时应注意以下问题。
(1) 半个视图与半个剖视图的分界线应是细点画线。
(2) 为使视图清晰，半个视图中表达内部形状的虚线应省去不画。

(3) 半剖视图中，标注尺寸时，尺寸线上只能画出一端箭头，而另一端只需超过中心线，不画箭头。

(4) 半剖视图中剖视的习惯位置是：图形左、右对称时剖右半部分；前、后对称时剖前半部分，如图 4.10 所示。

(5) 机件的对称面上有轮廓线时，不宜作半剖视图，如图 4.12 所示。

(6) 半剖视图的标注方法与全剖视图相同。

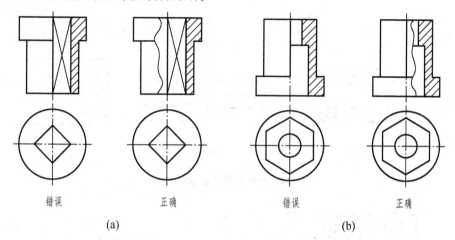

图 4.12　不宜作半剖视图的机件

3）局部剖视图

用剖切面局部地剖开机件所得的剖视图称为局部剖视图。如图 4.13 所示，机件主视图外形简单，可剖开表示其内腔，但右侧空心圆筒上部的圆形凸台外形要表达，故不宜采用全剖视；俯视图右侧圆筒和圆形凸台的内部相贯需要表达，底板上各种孔的外形及分布需要表达，因而在主、俯视图上均采用相应的局部剖视图表示。

适用场合：内、外形状都需表达的不对称机件，对于实心机件上的孔、槽（图 4.15）等结构和不宜作半剖的对称机件（图 4.12）常采用局部剖视。

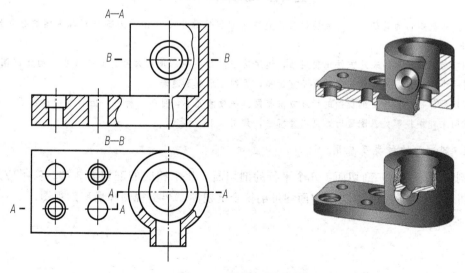

图 4.13　局部剖视图

特别提示

画局部剖视图的注意事项如下。

(1) 在局部剖视图中,剖视图与视图应以波浪线为界。画波浪线时应注意:波浪线不能与其他图线重合或成为其他图线的延长线,也不能超出图形轮廓线;遇到孔、槽等结构时,必须断开,如图4.14所示。

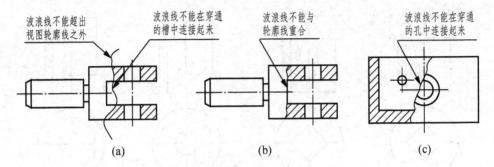

图4.14 局部剖视图波浪线的画法

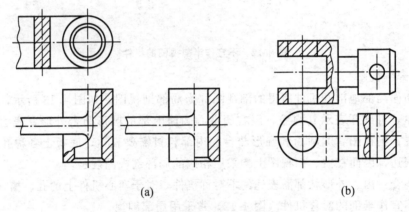

图4.15 局部剖视图的画法

(2) 当被剖切的局部结构为回转体时,允许将回转体的中心线作为局部剖视与视图的分界线,如图4.15 (a)所示。

(3) 局部剖视图的表达方法比较灵活,运用恰当,可使视图简明清晰、重点突出,简化制图工作。但在同一个视图中,局部剖视的数量不宜过多,否则图形过于破碎。

(4) 局部剖视图和全剖视图的标注方法相同。一般情况下,可省略标注,但当剖切位置不明显或局部剖视图未能按投影关系配置时,则必须标注,如图4.13所示。

6. 剖切面的种类及应用

剖切面分为单一剖切面、几个平行的剖切面、几个相交的剖切面3类。实际应用中,根据机件的结构特点,3类剖切面均可剖得全剖视图、半剖视图和局部剖视图。

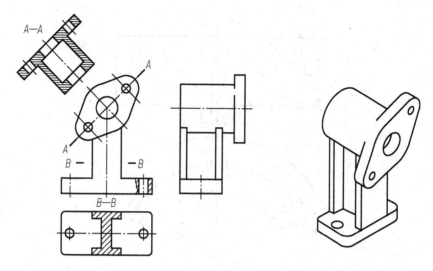

图 4.16 单一斜剖切面（一）

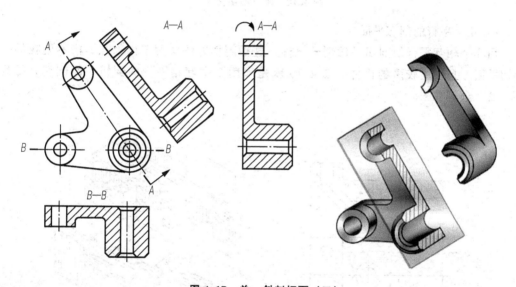

图 4.17 单一斜剖切面（二）

1）单一剖切面

单一剖切面包括单一剖切平面、单一斜剖切平面和单一剖切柱面。

（1）单一剖切平面一般采用平行于基本投影面的剖切平面，可剖得全剖视图（图 4.1、图 4.9）、半剖视图（图 4.10）和局部剖视图（图 4.13）。

（2）单一斜剖切平面应用于机件上具有倾斜部分的内部结构需要表达时，采用此剖切面剖切，如图 4.16 所示机件中的 "A—A" 全剖视图。采用此剖切方法得到的剖视图必须标注，对于旋转摆正画出的剖视图，应标注旋转 "⌒" 符号，如图 4.17 中的 "A—A" 视图。

（3）单一剖切柱面适用于表达位于柱面上的孔、槽等，如图 4.18 的机件用圆柱面剖切后按展开画法画出的全剖视图。

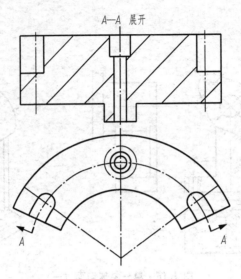

图 4.18　单一剖切柱面

2）几个平行的剖切平面

用几个相互平行的剖切平面剖开机件,这种剖切方法常用于内部孔、槽不处在同一剖切平面上且层次较多的机件。图 4.19 就是采用 3 个互相平行的剖切平面剖切,得到"A—A"全剖视图。

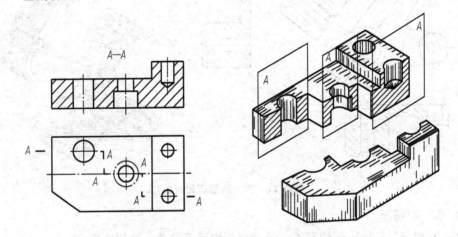

图 4.19　几个平行的剖切平面剖切

图 4.20 所示的模具卸料板,其内部具有四种不同的孔、槽结构且它们的中心线排列在几个互相平行的平面上,适合采用几个平行的剖切平面的剖切方法。

模块 4　零件图绘制与识读

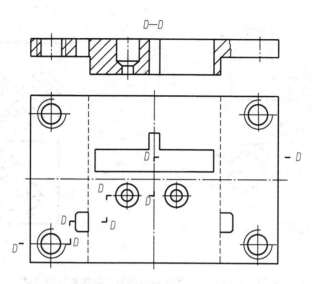

图 4.20　卸料板的结构表达

 特别提示

采用几个平行剖切面剖切时的注意事项如下。

（1）两个剖切平面的转折处必须是直角，且不应在剖视图上画出转折处的分界线，应按单一剖切面进行画图，如图 4.21（a）所示。

（2）剖切平面的转折处不应与视图中的轮廓线重合，如图 4.21（b）所示。在不致引起误解时，可不注写字母。

（3）选择剖切位置要恰当，避免在剖视图上出现不完整的结构要素，如图 4.21（c）所示。仅当机件上的两个要素具有公共对称中心线或轴线时，可以各画一半，中间以点画线分界，如图 4.21（d）所示。

（4）必须标注，如图 4.19 所示。

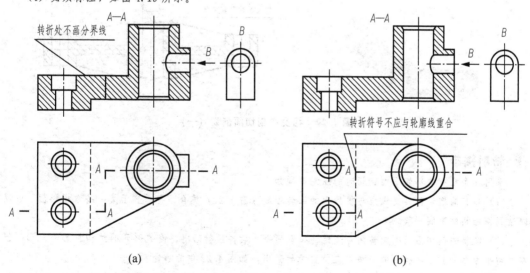

图 4.21　采用几个平行剖切面剖切时的注意事项

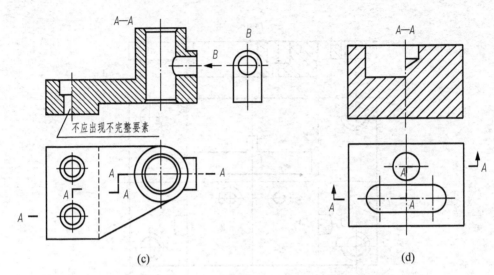

图 4.21 采用几个平行剖切面剖切时的注意事项（续）

3) 几个相交的剖切平面

用几个相交的剖切面且交线垂直于某一基本投影面剖开机件，主要表达具有回转轴机件（图 4.22 摇臂）的内部形状和轮盘类机件的呈辐射状均匀分布的孔、槽（图 4.23）内部结构。

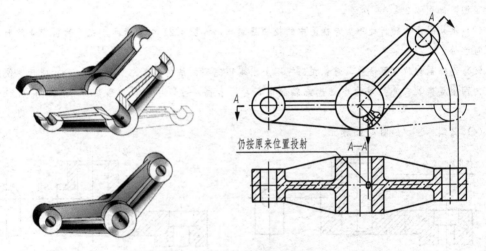

图 4.22 相交的剖切面剖切（一）

特别提示

采用几个相交的剖切平面剖切时的注意事项如下。

(1) 相交的剖切面其交线应与机件上的回转轴线（图 4.22）重合，并垂直于某一基本投影面，以反映被剖切结构的真实形状。

(2) 倾斜的剖切面必须旋转到与选定的投影面平行后再投射画出，使被剖开的结构投影为实形。但在剖切平面后的其他结构一般应按原来位置投射画出，如图 4.22 中的小油孔。

(3) 必须标注，但当剖视图按投影关系配置，中间有没有其他图形隔开时箭头可省略，如图 4.23 所示。

模块 4　零件图绘制与识读

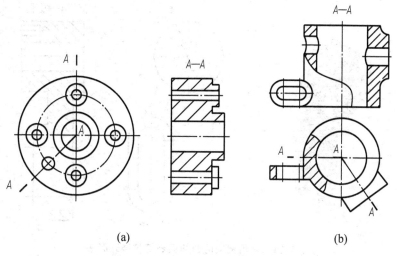

(a)　　　　　　　　　　　　　　　　(b)

图 4.23　相交的剖切面剖切（二）

（4）当相交剖切面剖切机件后，结构产生不完整要素时，应将此部分结构按不剖画出，如图 4.24 所示。

图 4.25 是采用几个相交的剖切面剖切获得的半剖视图。图 4.26 是采用几个相交的剖切面剖切获得的全剖视图，采用展开画法时，则应标注"×—×展开"字样。

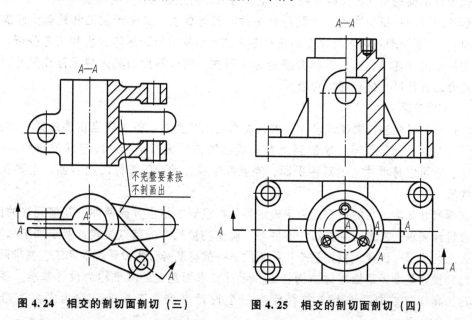

图 4.24　相交的剖切面剖切（三）　　　图 4.25　相交的剖切面剖切（四）

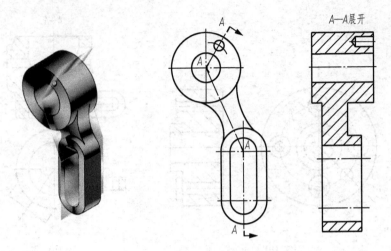

图 4.26 采用相交的剖切面剖切的展开画法

7. 零件图的尺寸标注

1) 基本要求

零件上各部分的大小是按照图样上所标注的尺寸进行制造和检验的。零件图中的尺寸不但要按前面的要求标注得正确、完整、清晰,而且必须注得合理。

所谓合理,是指所注的尺寸既符合零件的设计要求,又便于加工和检验(即满足工艺要求)。为了合理地标注尺寸,必须对零件进行结构分析、形体分析和工艺分析,根据分析先确定尺寸基准,然后选择合理的标注形式,结合零件的具体情况标注尺寸。本节将重点介绍标注尺寸的合理性问题。

2) 尺寸基准

零件图尺寸标注既要保证设计要求又要满足工艺要求,首先应当正确选择尺寸基准。所谓尺寸基准,就是指零件装配到机器上或在加工测量时,用以确定其位置的一些面、线或点。它可以是零件上的对称平面、安装底平面、端面、零件的结合面、主要孔和轴的轴线等。

选择尺寸基准的目的,一是为了确定零件在机器中的位置或零件上几何元素的位置,以符合设计要求;二是为了在制作零件时,确定测量尺寸的起点位置,便于加工和测量,以符合工艺要求。因此,根据基准作用不同,一般将基准分为设计基准和工艺基准两类。

(1) 设计基准。根据零件结构特点和设计要求而选定的基准称为设计基准。零件有长、宽、高 3 个方向,每个方向都要有一个设计基准,该基准又称为主要基准,如图 4.27(a)所示。

对于轴套类和轮盘类零件,实际设计中经常采用的是轴向基准和径向基准,而不用长、宽、高基准,如图 4.27(b)所示。

(2) 工艺基准。在加工时,确定零件装夹位置和刀具位置的一些基准以及检测时所使用的基准,称为工艺基准。工艺基准有时可能与设计基准重合,该基准不与设计基准重合时又称为辅助基准。零件同一方向有多个尺寸基准时,主要基准只有一个,其余均为辅助基准,辅助基准必有一个尺寸与主要基准相联系,该尺寸称为联系尺寸。如

图 4.27（a）中的尺寸 40、11、30，图 4.27（b）中的尺寸 30、90。

选择基准的原则是：尽可能使设计基准与工艺基准一致，以减少两个基准不重合而引起的尺寸误差。当设计基准与工艺基准不一致时，应以保证设计要求为主，将重要尺寸从设计基准注出，次要基准从工艺基准注出，以便加工和测量。

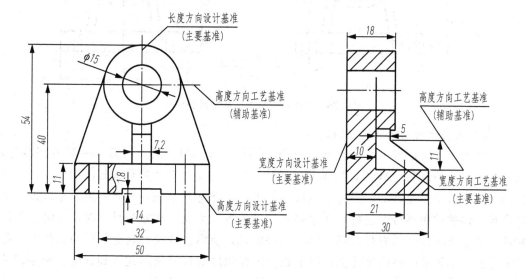

(a) 叉架类零件

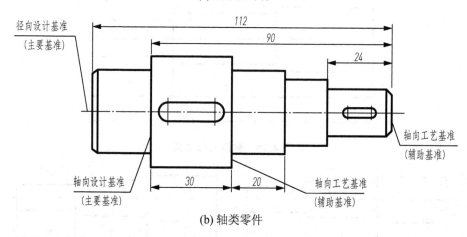

(b) 轴类零件

图 4.27 工艺基准

3）合理选择标注尺寸应注意的问题

（1）结构上的重要尺寸必须直接注出。

重要尺寸是指零件上与机器的使用性能和装配质量有关的尺寸，这类尺寸应从设计基准直接注出。如图 4.28 中的高度尺寸 32 ± 0.08 为重要尺寸，应直接从高度方向主要基准直接注出，以保证精度要求。

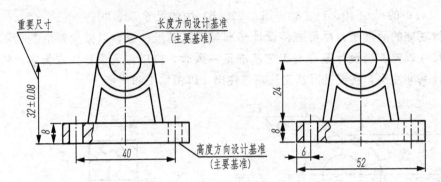

图 4.28 重要尺寸从设计基准直接注出

(2) 避免出现封闭的尺寸链。

封闭的尺寸链是指一个零件同一方向上的尺寸像车链一样，一环扣一环首尾相连，成为封闭形状的情况。如图 4.29 所示，各分段尺寸与总体尺寸间形成封闭的尺寸链，在机器生产中这是不允许的，因为各段尺寸加工不可能绝对准确，总有一定尺寸误差，而各段尺寸误差的和不可能正好等于总体尺寸的误差。为此，在标注尺寸时，应将次要的轴段尺寸空出不注（称为开口环），如图 4.30 (a) 所示。这样，其他各段加工的误差都积累至这个不要求检验的尺寸上，而全长及主要轴段的尺寸则因此得到保证。如需标注开口环的尺寸，可将其注成参考尺寸 (C)，如图 4.30 (b) 所示。

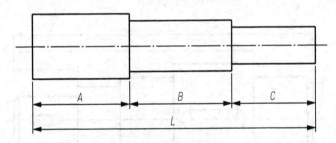

图 4.29 封闭的尺寸链

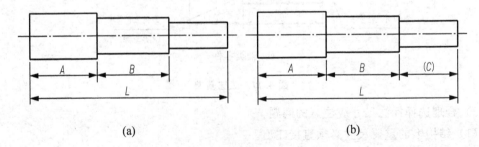

(a)　　　　　　　　　　　　　　(b)

图 4.30 开口环的确定

(3) 考虑零件加工、测量和制造的要求。

① 考虑加工看图方便。不同加工方法所用尺寸分开标注，便于看图加工，如图 4.31 所示，是把车削与铣削所需要的尺寸分开标注。

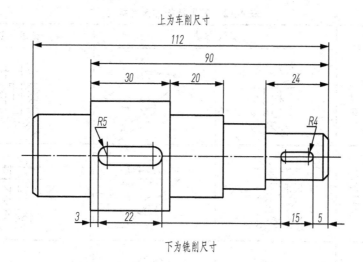

图 4.31 按加工方法标注尺寸

② 考虑测量方便。尺寸标注有多种方案,但要注意所注尺寸是否便于测量,如图 4.32 所示结构,两种不同标注方案中,不便于测量的标注方案是不合理的。

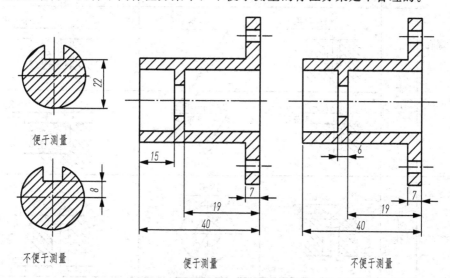

图 4.32 考虑尺寸测量方便

4) 零件上常见结构的尺寸标注

零件上常见结构的尺寸标注见表 4-2。

表4-2 常见结构的尺寸标注

序号	类型		旁注方法		普通标注方法
1	光孔	一般孔	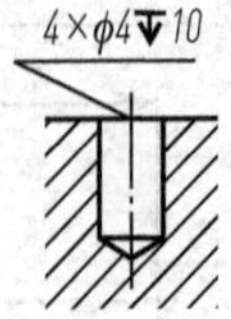 4×φ4▽10	 4×φ4▽10	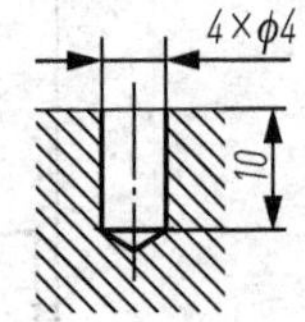 4×φ4, 10
2		精加工孔	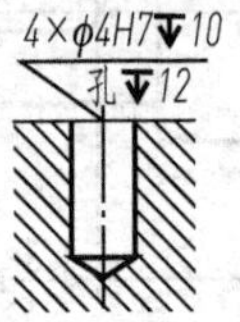 4×φ4H7▽10 孔▽12	 4×φ4H7▽10 孔▽12	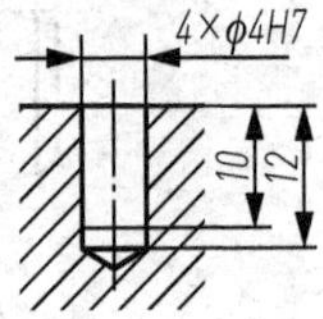 4×φ4H7, 10, 12
3	螺孔	通孔	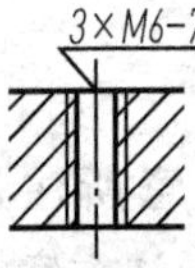 3×M6-7H	 3×M6-7H	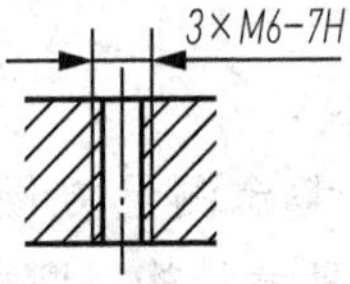 3×M6-7H
4		不通孔	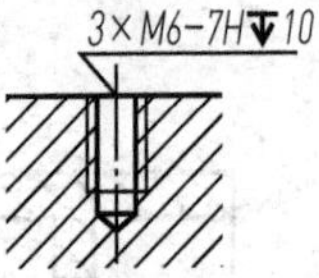 3×M6-7H▽10	 3×M6-7H▽10	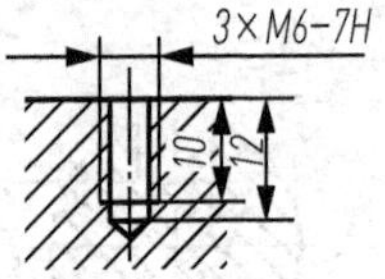 3×M6-7H, 10, 12
5			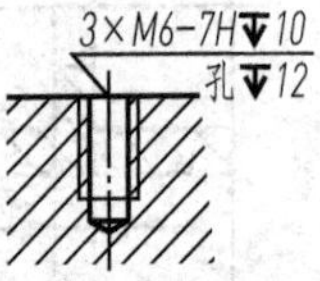 3×M6-7H▽10 孔▽12	 3×M6-7H▽10 孔▽12	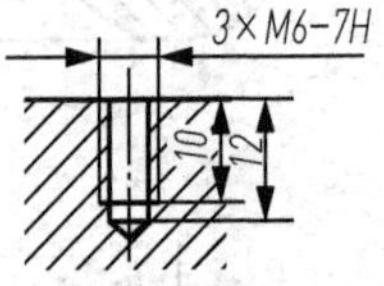 3×M6-7H, 10, 12
6	沉孔	埋头孔	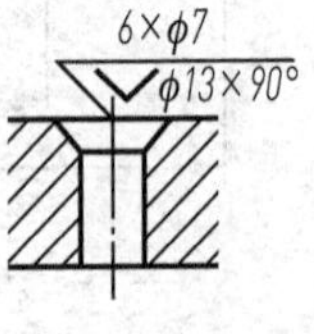 6×φ7 φ13×90°	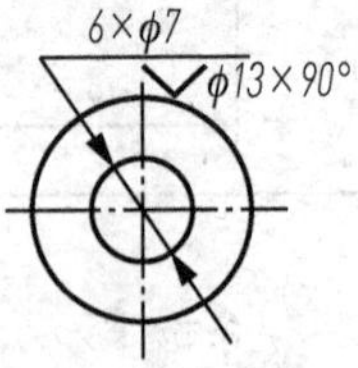 6×φ7 φ13×90°	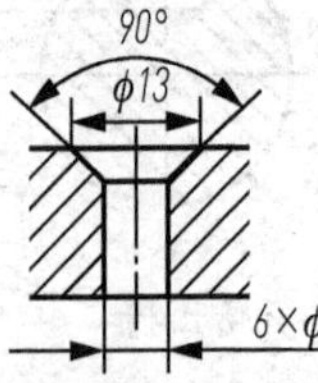 90°, φ13, 6×φ7
7		沉孔	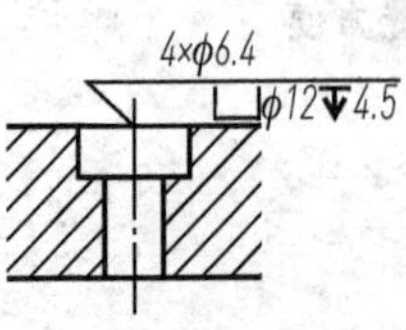 4×φ6.4 ⌴φ12▽4.5	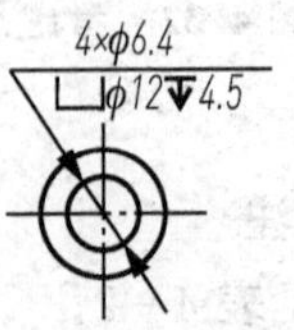 4×φ6.4 ⌴φ12▽4.5	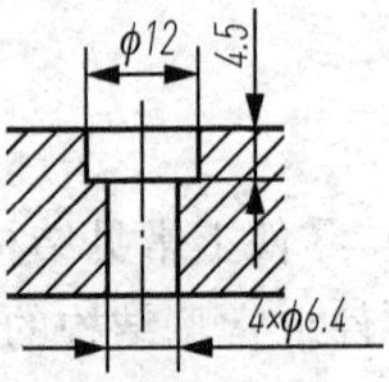 φ12, 4.5, 4×φ6.4
8		锪平孔	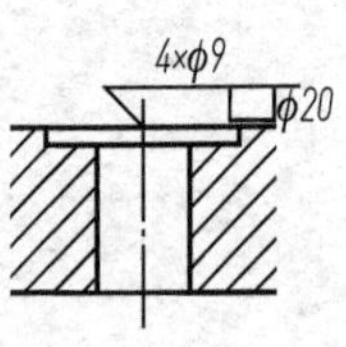 4×φ9 ⌴φ20	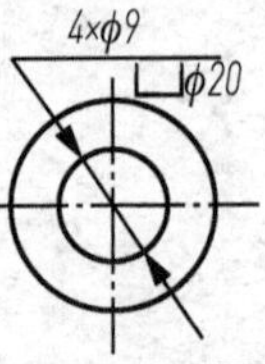 4×φ9 ⌴φ20	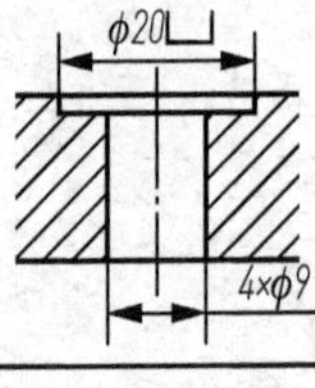 φ20⌴, 4×φ9

8. 铸造零件的工艺结构

1）拔模斜度

用铸造的方法制造零件毛坯时，为了便于在砂型中取出木模，一般沿木模拔模方向做成约 1∶20 的斜度，叫做拔模斜度。铸造零件的拔模斜度较小时，在图中可不画、不注，必要时可在技术要求中说明。斜度较大时，则要画出和标注出斜度，如图 4.33 所示。

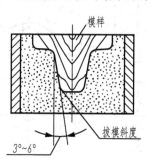

图 4.33 拔模斜度

2）铸造圆角

为了便于铸件造型时拔模，防止铁水冲坏转角处、冷却时产生缩孔和裂缝，将铸件的转角处制成圆角，这种圆角称为铸造圆角，如图 4.34 所示。

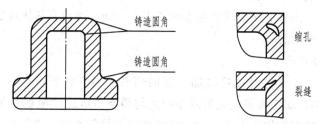

图 4.34 铸造圆角

铸造圆角半径一般取壁厚的 0.2～0.4 倍，尺寸在技术要求中统一注明，在图上一般不标注铸造圆角。

3）铸件壁厚

用铸造方法制造零件的毛坯时，为了避免浇注后零件各部分因冷却速度不同而产生缩孔或裂纹，铸件的壁厚应保持均匀或逐渐过渡，如图 4.35 所示。

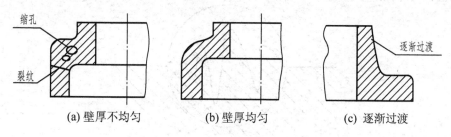

(a) 壁厚不均匀　　(b) 壁厚均匀　　(c) 逐渐过渡

图 4.35 铸件的壁厚

4）过渡线

铸件及锻件两表面相交时，表面交线因圆角而使其模糊不清，为了方便读图，画图时两表面交线仍按原位置画出，但交线的两端空出不与轮廓线的圆角相交，此交线称为过渡线，如图 4.36 所示。

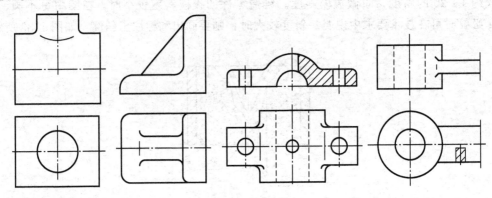

图 4.36 过渡线

9. 表面结构的图样表示法（GB/T 131—2006）

在机械图样上，为保证零件装配后的使用要求，除了对零件各部分结构的尺寸、形状和位置给出公差要求，还要根据功能需要对零件的表面质量——表面结构给出要求。表面结构是表面粗糙度、表面波纹度、表面缺陷、表面纹理和表面几何形状的总称。表面结构的各项要求在图样上的表示法在 GB/T 131—2006 中均有具体规定。本节主要介绍常用的表面粗糙度表示法。

1）基本概念及术语

（1）表面粗糙度。零件经过机械加工后的表面会留有许多高低不平的凸峰和凹谷，如图 4.37 所示。零件加工表面上具有较小间距与峰谷所组成的微观几何形状特性称为表面粗糙度。表面粗糙度与加工方法、刀刃形状和走刀量等各种因素都有密切关系。

表面粗糙度是评定零件表面质量的一项重要的技术指标，对于零件的配合性、耐磨性、抗腐蚀性以及密封性等都有显著影响，是零件图中必不可少的一项技术要求。

零件表面粗糙度的选用应该既满足零件表面的功用要求，又要考虑经济合理。一般情况下，凡是零件上有配合要求或有相对运动的表面，粗糙度参数值要小。参数值越小，表面质量越高，但加工成本也越高。因此，在满足使用要求的前提下，应尽量选用较大的参数值，以降低成本。

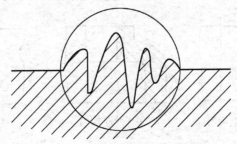

图 4.37 零件表面微观不平的情况

(2) 表面波纹度。在机械加工过程中，由于机床、工件和刀具系统的振动，在工件表面所形成的间距比粗糙度大得多的表面不平度称为波纹度，如图 4.38 所示。零件表面的波纹度是影响零件使用寿命和引起振动的重要因素。

表面粗糙度、表面波纹度以及表面几何形状总是同时生成并存在于同一表面的。

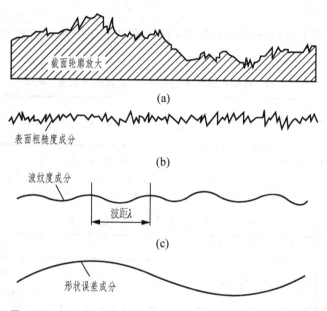

图 4.38 粗糙度、波纹度和形状误差综合影响下的表面轮廓

(3) 评定表面结构的轮廓参数。

对与零件表面结构的状况，可用三大类参数加以评定：轮廓参数（由 GB/T 3505—2009 定义）、图形参数（由 GB/T 18618—2009 定义）、支承率曲线参数（由 GB/T 18778.2—2003 和 GB/T 18778.3—2006 定义）。其中轮廓参数是我国机械图样中目前最常用的评定参数。本节仅介绍评定粗糙度轮廓（R 轮廓）中的两个高度参数 Ra 和 Rz。

① 算术平均偏差 Ra 是指在一个取样长度内纵坐标值 $Z(x)$ 绝对值的算术平均值（图 4.39）。

② 轮廓的最大高度 Rz 是指在同一取样长度内，最大轮廓峰高和最大轮廓谷深之和的高度（图 4.39）。

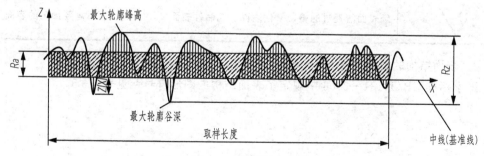

图 4.39 轮廓的算术平均偏差 Ra 和轮廓最大高度 Rz

(4) 表面粗糙度 Ra 参数及选用。表面粗糙度评定参数 Ra（单位：μm）数值的大小反映了零件加工后表面应达到的光滑程度。Ra 值越小，表面质量就越高，加工成本也高。在满足使用要求的情况下，应尽量选用较大的 Ra 值，以降低加工成本。Ra 的取值必须遵守国家有关规定，参见表 4-3。

一般接触表面 Ra 值取 6.3～3.2μm，配合面 Ra 值取 0.8～1.6μm，钻孔表面 Ra 值取 12.5μm。

表 4-4 中列举了常用表面粗糙度 Ra 值获得的加工方法与应用范围，可供选用时参考。

表 4-3 轮廓的算术平均偏差 Ra 的数值（单位：μm）

第一序列	0.012，0.025，0.05，0.1，0.2，0.4，0.8，1.6，3.2，6.3，12.5，25，50，100
补充系列值	0.008，0.016，0.032，0.063，0.125，0.25，0.50，1.00，2.0，4.0，8.0，16.0，32，63 0.010，0.020，0.040，0.080，0.160，0.32，0.63，1.25，2.5，5.0，10.0，20，40，80

表 4-4 表面粗糙度 Ra 值与加工方法

Ra/μm	加工方法	适用范围
50、100	粗车、刨、铣、等	非接触表面，如倒角、钻孔等
25		
12.5	粗铰、粗磨、扩孔、精镗、精车、精铣等	精度要求不高的接触表面
6.3		
3.2		
1.6	铰、研、刮、精车、精磨、抛光等	高精度的重要配合表面
0.8		
0.4		
0.2	研磨、镜面磨、超精磨等	重要的装饰面
0.1		
0.05		
∨	经表面清理过的铸、锻件表面、轧制件表面	不需要加工的表面

2) 表面结构的图形符号

国家标准 GB/T 131—2006 中规定了表面结构的图形符号，见表 4-5。

表 4-5 表面结构的图形符号

符 号	说 明
✓	基本图形符号。仅用于简化代号标注,没有补充说明时不能单独使用
✓ (with bar)	扩展图形符号。在基本符号上面加一横线,表明指定表面是用去除材料的方法获得,如通过车、铣、刨、磨、钻、抛光、腐蚀、电火花等机械加工方法获得的表面
✓ (with circle)	扩展图形符号。在基本符号上面加一个圆圈,表明指定表面是用不去除材料的方法获得,如通过铸、锻、冲压变形、热轧、冷轧、粉末冶金等方法获得的表面
✓ ✓ ✓	完整图形符号。当要求标注表面结构特征的补充信息时,在基本图形符号和扩展图形符号的长边上加一横线
✓ ✓ ✓ (with circles)	当在图样某个视图上构成封闭轮廓的各表面有相同的表面结构要求时,应在完整图形符号上加一圆圈,并且标注在图样中工件的封闭轮廓线上,如下图所示:

3) 表面结构图形符号的画法及有关规定

表面结构图形符号的画法如图 4.40 所示,图形符号及附加标注的尺寸见表 4-6。

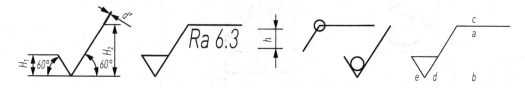

图 4.40 表面结构图形符号的画法

表 4-6 表面结构图形符号及附加标注的尺寸

数字和字母的高度	2.5	3.5	5	7	10	14	20
符号线宽 d'	0.25	0.35	0.5	0.7	1	1.4	2
字母线宽 d	0.25	0.35	0.5	0.7	1	1.4	2
高度 H_1	3.5	5	7	10	14	20	28
高度 H_2(最小值)	7.5	10.5	15	21	30	42	60

4）表面结构的标注

表面结构要求对每一表面一般只标注一次，并尽可能标注在相应的尺寸及其公差的同一视图上。除非另有说明，否则所标注的表面结构要求均是对完工零件表面的要求。

（1）表面结构符号、代号的标注方向。表面结构要求的注写和读取方向应与尺寸的注写和读取方向一致，如图 4.41 所示。

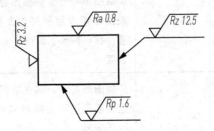

图 4.41　表面结构要求的注写方向

（2）表面结构要求的标注。表面结构要求在图样中的标注位置和方向见表 4-7。

表 4-7　表面结构要求在图样中的标注位置和方向

标注位置	标注图例	说　明
标注在轮廓线或其延长线上	（图示：轴类零件标注 Ra 1.6、Rz 12.5、Rz 6.3、Ra 1.6、Rz 12.5、Rz 6.3；铣 Rz 3.2；车 Rz 3.2，φ20）	其符号应从材料外指向并接触表面或基延长线，或用箭头指向表面或其延长线。必要时可以用黑点或箭头引出标注
标注在特征尺寸的尺寸线上	（图示：φ80H7 Rz 12.5；φ80h6 Rz 6.3）	在不至于引起误解时，表面结构要求可以标注在给定的尺寸线上

续表

标注位置	标注图例	说　明
标注在形位公差框格的上方	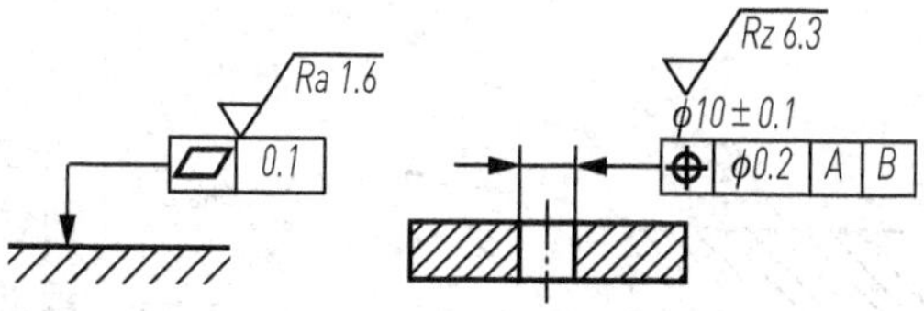	表面结构要求可以标注在形位公差框格的上方
标注在圆柱和棱柱表面上	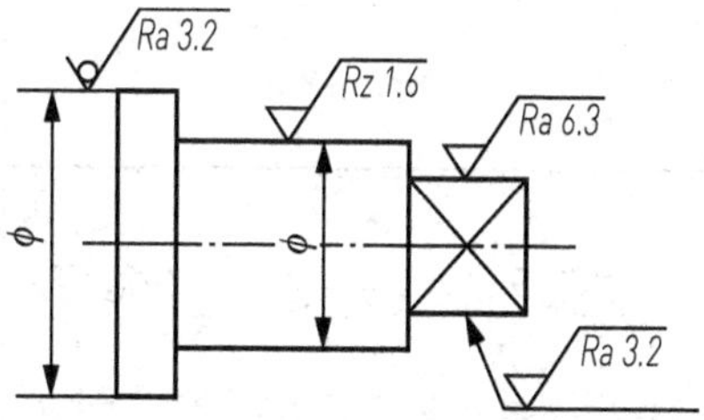	圆柱和棱柱表面的结构要求只标注一次，如果每个表面有不同的表面结构要求，则应分别单独标注

（3）表面结构要求的简化注法。表面结构要求的简化注法见表4-8。

表4-8　表面结构要求的简化注法

项　目	标注图例	说　明
有相同表面结构要求的简化注法	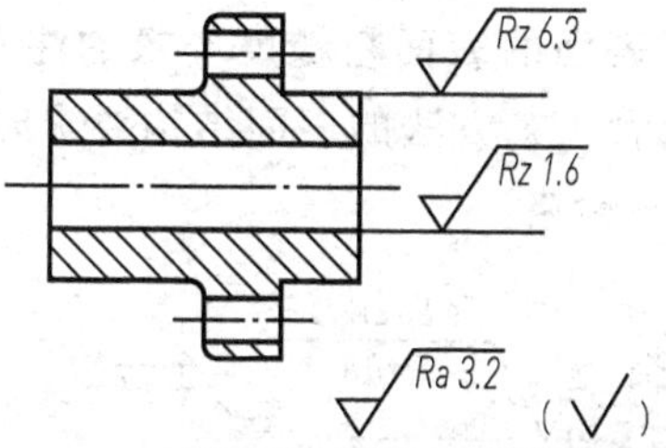 注:在圆括号内给出无任何其他标注的基本符号 注:在圆括号内给出不同的表面结构要求	如果在工件的多数（包括全部）表面有相同的表面结构要求，则其表面结构要求可统一标注在图样的标题栏附近。此时（除全部表面有相同要求的情况外），表面结构符号的后面应有表示无任何其他标注的基本符号或不同的表面结构要求

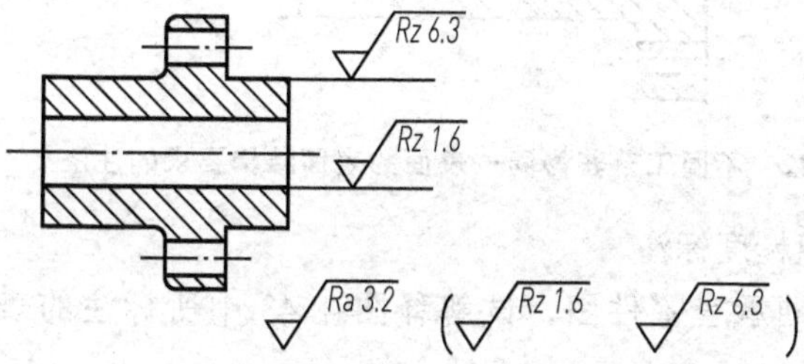

续表

项目		标注图例	说明
多个表面有共同要求的注法	用带字母的完整符号的简化注法		当多个表面具有相同的表面结构要求或图纸空间有限时，可以采用简化注法
	只用表面结构符号的简化注法	注：未指定工艺方法的多个表面结构要求的简化注法　　注：要求去除材料的多个表面结构要求的简化注法 注：不允许去除材料的多个表面结构要求的简化注法	可以用图中所示的表面结构图形符号，以等式的形式给出对多个表面共同的表面结构要求

（4）两种或多种工艺获得同一表面的表面粗糙度要求的注法。由几种不同的工艺方法获得的同一表面，当需要明确每种工艺方法的表面结构要求时，可按图4.42所示的方法标注，Fe/Ep·Cr25b 表示钢件，镀铬。

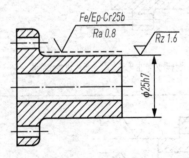

图4.42　不同工艺获得同一表面的表面结构要求的注法

5）识读轴承套表面粗糙度标注

识读图4.43所示的轴承套零件图，试解释图4.43中所标注的表面粗糙度代号的意义。

模块 4　零件图绘制与识读

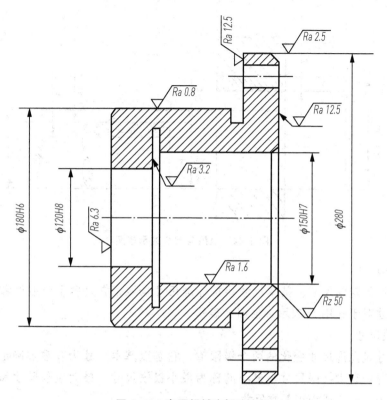

图 4.43　表面粗糙度标注实例

图 4.43 中所标注的表面粗糙度代号的意义如下。

（1）轴承套的左端面表示：用去除材料的方法获得的表面，Ra 的上限值为 $6.3\mu m$。

（2）轴承套的外圆柱面表示：用去除材料的方法获得的表面，Ra 的上限值为 $0.8\mu m$。

（3）轴承套 $\phi 150H7$ 内圆柱面表示：用去除材料的方法获得的表面，Ra 的上限值为 $1.6\mu m$。

（4）轴承套的凸肩左、右端面表示：用去除材料的方法获得的表面，Ra 的上限值为 $12.5\mu m$。

（5）轴承套的凸肩 $\phi 280$ 外圆柱面表示：用去除材料的方法获得的表面，Ra 的上限值为 $25\mu m$。

（6）轴承套的右端内圆柱面倒角处表示：用去除材料的方法获得的表面，Rz 的上限值为 $50\mu m$。

10. 极限的基本概念

在满足设计要求的条件下，允许零件实际尺寸有一个变动量，这个允许尺寸的变动量称为公差。

下面通过图 4.44 中极限与配合的示意图说明公差的有关术语。

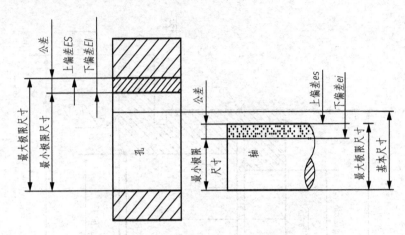

图 4.44 极限与配合的示意图

1) 基本尺寸

它是设计给定的尺寸。基本尺寸要按标准尺寸选取，它是确定公差值和偏差值的依据。基本尺寸对于孔用 D 表示，轴用 d 表示。

2) 极限尺寸

极限尺寸是允许尺寸变化的两个极限值。它是以基本尺寸为基数来确定的，极限尺寸中最大的称为最大极限尺寸，最小的称为最小极限尺寸。最大极限尺寸和最小极限尺寸都可以大于、小于或等于基本尺寸。

最大极限尺寸孔用 D_{max} 表示，轴用 d_{max} 表示。

最小极限尺寸孔用 D_{min} 表示，轴用 d_{min} 表示。

3) 尺寸偏差（简称偏差）

尺寸偏差是某一尺寸减去基本尺寸所得到的代数差。最大极限尺寸减去基本尺寸的差为上偏差；最小极限尺寸减去基本尺寸的差为下偏差。上偏差孔用 ES、轴用 es 表示；下偏差孔用 EI、轴用 ei 表示。尺寸偏差可以大于、小于或等于零。

对于孔的尺寸偏差为：$ES = D_{max} - D$

$$EI = D_{min} - D$$

对于轴的尺寸偏差为：$es = d_{max} - d$

$$ei = d_{min} - d$$

4) 尺寸公差（简称公差）

尺寸公差是允许尺寸的变动量。

公差 = 最大极限尺寸 − 最小极限尺寸 = 上偏差 − 下偏差

孔公差用 Th 表示，轴公差用 Ts 表示。

$$Th = D_{max} - D_{min} = ES - EI$$

$$Ts = d_{max} - d_{min} = es - ei$$

因为最大极限尺寸总是大于最小极限尺寸，所以尺寸公差一定为正值。

5) 公差带、公差带图与零线

由代表上、下偏差或最大极限尺寸和最小极限尺寸的两条直线所限定的区域称为公差带。为了便于分析，一般按一定比例绘制的反映出尺寸、偏差、公差相互关系的图称为公差带图。在公差带图中确定偏差的一条基准直线，即零偏差线。通常以零线表示基本尺寸，零线上方的偏差为正值，下方的偏差为负值，如图 4.45 所示。

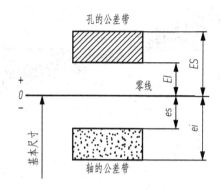

图 4.45　公差带图

6）标准公差与基本偏差

公差带由"公差带大小"和"公差带位置"这两个要素组成。标准公差确定公差带大小，基本偏差确定公差带位置。

标准公差是标准所规定的，用以确定公差带大小的任一公差。标准公差分为 20 个等级，即：IT01、IT0、IT1 至 IT18 。IT 表示公差，数字表示公差等级，从 IT01 至 IT18 依次降低。标准公差的数值可查阅有关技术标准。

基本偏差是标准所规定的，用以确定公差带相对零线位置的上偏差或下偏差，一般指靠近零线的那个偏差。当公差带在零线的上方时，基本偏差为下偏差；反之则为上偏差。

轴与孔的基本偏差代号用拉丁字母表示，大写为孔，小写为轴，各有 28 个，其中 H（h）的基本偏差为零，常作为基准孔或基准轴的偏差代号，如图 4.46 所示。

从基本偏差系列示意图中可以看出，孔的基本偏差从 A～H 为下偏差，从 J～ZC 为上偏差；轴的基本偏差从 a～h 为上偏差，从 j～zc 为下偏差；JS 和 js 没有基本偏差，其上、下偏差对零线对称，分别是＋IT/2、－IT/2。基本偏差系列示意图只表示公差带的位置，不表示公差带的大小，公差带开口的一端由标准公差确定。

当基本偏差和标准公差等级确定后，孔和轴的公差带大小和位置及配合类别随之确定。基本偏差和标准公差的计算式如下。

$$ES=EI-IT 或 EI=ES-IT$$
$$ei=es-IT 或 es=ei-IT$$

7）公差带代号

孔和轴的公差带代号由表示基本偏差代号和表示公差等级的数字组成。如：$\phi 50H8$，H8 为孔的公差带代号，由孔的基本偏差代号 H 和公差等级代号 8 组成；$\phi 50f7$，f7 为轴的公差带代号，由轴的基本偏差代号 f 和公差等级代号 7 组成。

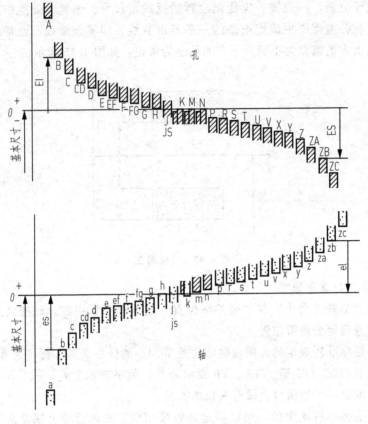

图 4.46 基本偏差系列

11. 公差的标注

1) 零件图中的标注形式

公差在零件图中的标注形式有 3 种：标注基本尺寸及上、下偏差值（常用方法）或既注公差带代号又注上、下偏差或注公差带代号，如图 4.47 所示。

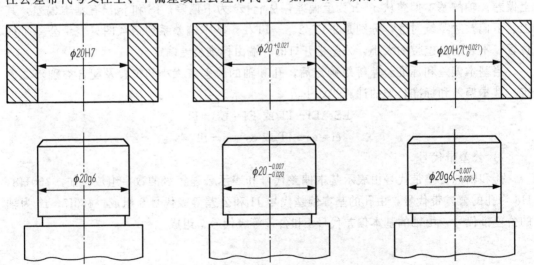

图 4.47 配合代号在零件图标注的 3 种形式

用于大批量生产的零件图，可只注公差带代号。用于中小批量生产的零件图，一般可只注极限偏差，标注时应注意，上下偏差绝对值不同时，偏差数字用比基本尺寸数字小一号的字体书写。下偏差应与基本尺寸注在同一底线上。若某一偏差为零，数字"0"不能省略，必须标出，并与另一偏差的整数个位对齐。若上下偏差绝对值相同符号相反，则偏差数字只写一个，并与基本尺寸数字字号相同。如要求同时标注公差带代号及相应的极限偏差，其极限偏差应加上圆括号。

2) 查表方法示例

例 1 查表确定 $\phi 60H8$、$\phi 60f7$ 中孔和轴的极限偏差值。

(1) $\phi 60H8$ 的极限偏差，可由孔的极限偏差表查出（附表 5-2）。在基本尺寸 >50~65mm 的行与 H8 的列的交汇处找到 +46、0，即孔的上偏差为 +0.046mm，下偏差为 0。所以，$\phi 60H8$ 可写为 $\phi 60^{+0.046}_{0}$。

(2) $\phi 60f7$ 的极限偏差，可由轴的极限偏差表查出（附表 5-3）。在基本尺寸 >50~65mm 的行与 f7 的列的交汇处找到 −30、−60，即轴的上偏差为 −0.030mm，下偏差为 −0.060mm。所以，$\phi 60f7$ 可写为 $\phi 60^{-0.030}_{-0.060}$。

3) 线性尺寸的一般公差

一般公差是指在车间一般加工条件下可保证的公差，是机床设备在正常维护和操作情况下，能达到的经济加工精度。采用一般公差时，在该尺寸后不标注极限偏差或其他代号，所以也称未注公差。一般公差主要用于较低精度的非配合尺寸。

一般公差的线性尺寸是在车间加工精度保证的情况下加工出来的，一般可以不用检验其公差。

4) 识读手轮及丝杠尺寸公差标注

例 2 识读图 4.48 和图 4.49 中的孔与轴尺寸公差标注，完成下列任务。

(1) 确定手轮孔和丝杠轴的基本尺寸。
(2) 确定手轮孔和丝杠轴的极限尺寸。
(3) 确定手轮孔和丝杠轴的极限偏差。
(4) 确定手轮孔和丝杠轴的尺寸公差。
(5) 分别画出手轮孔和丝杠轴的尺寸公差带图。
(6) 确定手轮孔与丝杠轴的基本偏差。
(7) $\phi 16K7$ 孔、$\phi 16h6$ 轴的标准公差数值怎样确定？
(8) $\phi 16K7$ 孔、$\phi 16h6$ 轴的极限偏差怎样确定？

解：(1) 手轮内孔的基本尺寸 $D=16$，丝杠轴径的基本尺寸 $d=16$。

(2) $\phi 16$ 孔，最大极限尺寸 $D_{\max}=16.006$，最小极限尺寸 $D_{\min}=15.988$。
$\phi 16$ 轴，最大极限尺寸 $d_{\max}=16$，最小极限尺寸 $d_{\min}=15.989$。

(3) 手轮孔的极限偏差　$ES=16.006-16=+0.006$，$EI=15.988-16=-0.012$。
丝杠轴的极限偏差　$es=16-16=0$，$ei=15.989-16=-0.011$。

(4) 手轮孔公差 $Th=|16.006-15.988|=|+0.006-(-0.012)|=0.018$。
丝杠轴公差 $Ts=|16-15.989|=|0-(-0.011)|=0.011$。

(5) 手轮孔、丝杠轴公差带图如图 4.50 (a)、(b) 所示。

(6) 图 4.50 (a) 中，φ16 孔径基本偏差为上偏差 $ES=+0.006$，图 4.50 (b) 中，φ16 轴径基本偏差为上偏差 $es=0$。

(7) 图 4.48 中 φ16K7 孔径的公差等级为 7 级，查表 4-9，其标准公差值为 $IT7=18\mu m$；图 4.49 中 φ16h6 轴径的公差等级为 6 级，标准公差值为 $IT6=11\mu m$。

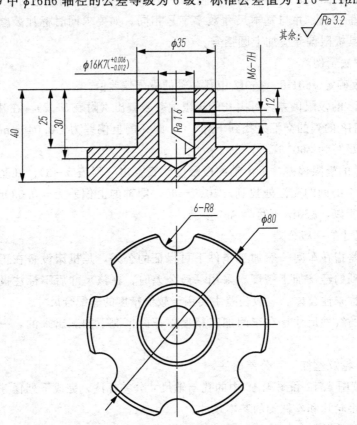

图 4.48 手轮零件图

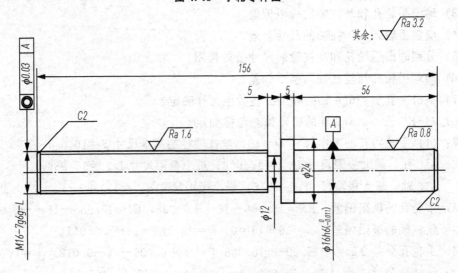

图 4.49 丝杠零件图

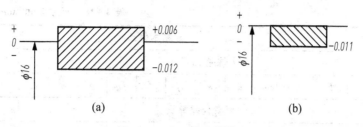

图 4.50 孔、轴公差带图

表 4-9 标准公差数值表（摘自 GB/T 1800.3—1998）

基本尺寸/mm		公差等级																
大于	至	IT1	IT2	IT3	IT4	IT5	IT6	IT7	IT8	IT9	IT10	IT11	IT12	IT13	IT14	IT15	IT16	IT17	IT18
		μm											mm						
—	3	0.8	1.2	2	3	4	6	10	14	25	40	60	0.10	0.14	0.25	0.40	0.60	1.0	1.4
3	6	1	1.5	2.5	4	5	8	12	18	30	48	75	0.12	0.18	0.30	0.48	0.75	1.2	1.8
6	10	1	1.5	2.5	4	6	9	15	22	36	58	90	0.15	0.22	0.36	0.58	0.90	1.5	2.2
10	18	1.2	2	3	5	8	11	18	27	43	70	110	0.18	0.27	0.43	0.70	1.10	1.8	2.7
18	30	1.5	2.5	4	6	9	13	21	33	52	84	130	0.21	0.33	0.52	0.84	1.30	2.1	3.3
30	50	1.5	2.5	4	7	11	16	25	39	62	100	160	0.25	0.39	0.62	1.00	1.60	2.5	3.9
50	80	2	3	5	8	13	19	30	46	74	120	190	0.30	0.46	0.74	1.20	1.90	3.0	4.6
80	120	2.5	4	6	10	15	22	35	54	87	140	220	0.35	0.54	0.87	1.40	2.20	3.5	5.4
120	180	3.5	5	8	12	18	25	40	63	100	160	250	0.40	0.63	1.00	1.60	2.50	4.0	6.3
180	250	4.5	7	10	14	20	29	46	72	115	185	290	0.46	0.72	1.15	1.85	2.90	4.6	7.2
250	315	6	8	12	16	23	32	52	81	130	210	320	0.52	0.81	1.30	2.10	3.20	5.2	8.1
315	400	7	9	13	18	25	36	57	89	140	230	360	0.57	0.89	1.40	2.30	3.60	5.7	8.9
400	500	8	10	15	20	27	40	63	97	155	250	400	0.63	0.97	1.55	2.50	4.00	6.3	9.7

注：基本尺寸小于或等于 1mm 时，无 IT14 至 IT18。

(8) 图 4.48 中，手轮孔 $\phi16K7$ 极限偏差的确定如下。

查表 4-9 得，$IT7=18\mu m$，查表 4-11 得，基本尺寸处于 >14～18 尺寸段，公差等级 ≤IT8 时，基本偏差 $ES=-1+\triangle=-1+7=+6\mu m$，所以 $EI=ES-IT7=+6-18=-12\mu m$。

在图样上可标注为：$\phi16^{+0.006}_{-0.012}$

图 4.49 中，丝杠轴 $\phi16h6$ 极限偏差的确定如下。

查表 4-9 得，$IT6=11\mu m$，查表 4-10 得，基本偏差 $es=0$，所以 $ei=es-IT6=0-11=-11\mu m$。

在图样上可标注为：$\phi16^{\ 0}_{-0.011}$

表 4-10 尺寸≤500mm 的轴的基本偏差

基本尺寸 /mm	基本偏差													
	上偏差 es										下偏差 ei			
	a	b	c	cd	d	e	ef	f	fg	g	h	js	j			k
	所有公差等级												5~6	7	8	4~7
≤3	−270	−140	−60	−34	−20	−14	−10	−6	−4	−2	0		−2	−4	−6	0
>3~6	−270	−140	−70	−46	−30	−20	−14	−10	−6	−4	0		−2	−4	—	+1
>6~10	−280	−150	−80	−56	−40	−25	−18	−13	−8	−5	0		−2	−5	—	+1
>10~14	−290	−150	−95	—	−50	−32	—	−16	—	−6	0		−3	−6	—	+1
>14~18	−290	−150	−95	—	−50	−32	—	−16	—	−6	0		−3	−6	—	+1
>18~24	−300	−160	−110	—	−65	−40	—	−20	—	−7	0		−4	−8	—	+2
>24~30	−300	−160	−110	—	−65	−40	—	−20	—	−7	0		−4	−8	—	+2
>30~40	−310	−170	−120	—	−80	−50	—	−25	—	−9	0		−5	−10	—	+2
>40~50	−320	−180	−130	—	−80	−50	—	−25	—	−9	0		−5	−10	—	+2
>50~65	−340	−190	−140	—	−100	−60	—	−30	—	−10	0	偏差等于 $\pm\dfrac{IT}{2}$	−7	−12	—	+2
>65~80	−360	−200	−150	—	−100	−60	—	−30	—	−10	0		−7	−12	—	+2
>80~100	−380	−220	−170	—	−120	−72	—	−36	—	−12	0		−9	−15	—	+3
>100~120	−410	−240	−180	—	−120	−72	—	−36	—	−12	0		−9	−15	—	+3
>120~140	−460	−260	−200	—	−145	−85	—	−43	—	−14	0		−11	−18	—	+3
>140~160	−520	−280	−210	—	−145	−85	—	−43	—	−14	0		−11	−18	—	+3
>160~180	−580	−310	−230	—	−145	−85	—	−43	—	−14	0		−11	−18	—	+3
>180~200	−660	−340	−240	—	−170	−100	—	−50	—	−15	0		−13	−21	—	+4
>200~225	−740	−380	−260	—	−170	−100	—	−50	—	−15	0		−13	−21	—	+4
>225~250	−820	−420	−280	—	−170	−100	—	−50	—	−15	0		−13	−21	—	+4
>250~280	−920	−480	−300	—	−190	−110	—	−56	—	−17	0		−16	−26	—	+4
>280~315	−1050	−540	−330	—	−190	−110	—	−56	—	−17	0		−16	−26	—	+4
>315~355	−1200	−600	−360	—	−210	−125	—	−62	—	−18	0		−18	−28	—	+4
>355~400	−1350	−680	−400	—	−210	−125	—	−62	—	−18	0		−18	−28	—	+4
>400~450	−1500	−760	−440	—	−230	−135	—	−68	—	−20	0		−20	−32	—	+5
>450~500	−1650	−840	−480	—	−230	−135	—	−68	—	−20	0		−20	−32	—	+5

注：1. 基本尺寸小于或等于 1mm 时，基本偏差 a 和 b 均不采用。

2. 公差 js7~js11，若 IT 的数值（μm）为奇数，则其偏差等于 $\pm\dfrac{IT-1}{2}$。

数值（GB/T 1800.3—1998） （单位：μm）

基本偏差													
下偏差 ei													
k	m	n	p	r	s	t	u	v	x	y	z	za	zb	zc
≤3 >7					所有公差等级									
0	+2	+4	+6	+10	+14	—	+18	—	+20	—	+26	+32	+40	+60
0	+4	+8	+12	+15	+19	—	+23	—	+28	—	+35	+42	+50	+80
0	+6	+10	+15	+19	+23	—	+28	—	+34	—	+42	+52	+67	+97
0	+7	+12	+18	+23	+28	—	+33	—	+40	—	+50	+64	+90	+130
							+39	+45	—	+60	+77	+108	+150
0	+8	+15	+22	+28	+35	—	+41	+47	+54	+63	+73	+98	+136	+188
						+41	+48	+55	+64	+75	+88	+118	+160	+218
0	+9	+17	+26	+34	+43	+48	+60	+68	+80	+94	+112	+148	+200	+274
						+54	+70	+81	+97	+114	+136	+180	+242	+325
0	+11	+20	+32	+41	+53	+66	+87	+102	+122	+144	+172	+226	+300	+405
				+43	+59	+75	+102	+120	+146	+172	+210	+274	+360	+480
0	+13	+23	+37	+51	+71	+91	+124	+146	+178	+214	+258	+335	+445	+585
				+54	+79	+104	+144	+172	+210	+256	+310	+400	+525	+690
0	+15	+27	+43	+63	+92	+122	+170	+202	+248	+300	+365	+470	+620	+800
				+65	+100	+134	+190	+228	+280	+340	+415	+535	+700	+900
				+68	+108	+146	+210	+252	+310	+380	+465	+600	+780	1000
0	+17	+31	+50	+77	+122	+166	+236	+284	+350	+425	+520	+670	+880	+1150
				+80	+130	+180	+258	+310	+385	+470	+575	+740	+960	+1250
				+84	+140	+196	+284	+340	+425	+520	+640	+820	+1050	+1350
0	+20	+34	+56	+94	+158	+218	+315	+385	+475	+580	+710	+920	+1200	+1550
				+98	+170	+240	+350	+425	+525	+650	+790	+1000	+1300	+1700
0	+21	+37	+62	+108	+190	+268	+390	+475	+590	+730	+900	+1150	+1500	+1900
				+114	+208	+294	+435	+530	+660	+820	+1000	+1300	+1650	+2100
0	+23	+40	+68	+126	+232	+330	+490	+595	+740	+920	+1100	+1450	+1850	+2400
				+132	+252	+360	+540	+660	+820	+1000	+1250	+1600	+2100	+2600

表 4-11 尺寸≤500mm 的孔的基本偏差

基本尺寸 /mm	基本偏差															
	下偏差 EI											上偏差 ES				
	A	B	C	CD	D	E	EF	F	FG	G	H	JS	J			K	M
	所有公差等级												6	7	8	≤8	>8	≤8
≤3	+270	+140	+60	+34	+20	+14	+10	+6	+4	+2	0		+2	+4	+6	0	0	−2
>3～6	+270	+140	+70	+46	+30	+20	+14	+10	+6	+4	0		+5	+6	+10	−1+Δ	−	−4+Δ
>6～10	+280	+150	+80	+56	+40	+25	+18	+13	+8	+5	0		+5	+8	+12	−1+Δ	−	−6+Δ
>10～14	+290	+150	+95	−	+50	+32	−	+16	−	+6	0	±IT/2	+6	+10	+15	−1+Δ	−	−7+Δ
>14～18																		
>18～24	+300	+160	+110	−	+65	+40	−	+20	−	+7	0		+8	+12	+20	−2+Δ	−	−8+Δ
>24～30																		
>30～40	+310	+170	+120	−	+80	+50	−	+25	−	+9	0		+10	+14	+24	−2+Δ	−	−9+Δ
>40～50	+320	+180	+130															
>50～65	+340	+190	+140	−	+100	+60	−	+30	−	+10	0		+13	+18	+28	−2+Δ	−	−11+Δ
>65～80	+360	+200	+150															
>80～100	+380	+220	+170	−	+120	+72	−	+36	−	+12	0		+16	+22	+34	−3+Δ	−	−13+Δ
>100～120	+410	+240	+180															
>120～140	+460	+260	+200	−	+145	+85	−	+43	−	+14	0		+18	+26	+41	−3+Δ	−	−15+Δ
>140～160	+520	+280	+210															
>160～180	+580	+310	+230															
>180～200	+660	+340	+240	−	+170	+100	−	+50	−	+15	0		+22	+30	+47	−4+Δ	−	−17+Δ
>200～225	+740	+380	+260															
>225～250	+820	+420	+280															
>250～280	+920	+480	+300	−	+190	+110	−	+56	−	+17	0		+25	+36	+55	−4+Δ	−	−20+Δ
>280～315	+1050	+540	+330															
>315～355	+1200	+600	+360	−	+210	+125	−	+62	−	+18	0		+29	+39	+60	−4+	−	−21+Δ
>355～400	+1350	+680	+400															
>400～450	+1500	+760	+440	−	+230	+135	−	+68	−	+20	0		+33	+43	+66	−5+Δ	−	−23+Δ
>450～500	+1650	+840	+480															

注：1. 1mm 以下各级 A 和 B 均不采用。
2. 标准公差≤IT8 级的 K、M、N 及标准公差≤IT7 级的 P～ZC 时，从表的右侧选取 Δ 值。例如：在 18～30mm 之间的 P7，Δ=8μm，因此 ES=−22+8=−14μm。

模块 4 零件图绘制与识读

数值（GB/T 1800.3—1998） （单位：μm）

基本偏差													Δ 值					
上偏差 ES																		
M	N	P~ZC	P	R	S	T	U	V	X	Y	Z	ZA	ZB	ZC				
>8	≤8	>8	≤7	>7											3	4	5	6	7	8
−2	−4	−4	−6	−10	−14	—	−18	—	−20	—	−26	−32	−40	−60	0	0	0	0	0	0
−4	−8+Δ	0	−12	−15	−19	—	−23	—	−28	—	−35	−42	−50	−80	1	1.5	1	3	4	6
−6	−10+Δ	0	−15	−19	−23	—	−28	—	−34	—	−42	−52	−67	−97	1	1.5	2	3	6	7
−7	−12+Δ	0	−18	−23	−28	—	−33	—	−40	—	−50	−64	−90	−130	1	2	3	3	7	9
								−39	−45	—	−60	−77	−108	−150						
−8	−15+Δ	0	−22	−28	−35	—	−41	−47	−54	−63	−73	−98	−136	−188	1.5	2	3	4	8	12
						−41	−48	−55	−64	−75	−88	−118	−160	−218						
−9	−17+Δ	0	−26	−34	−43	−48	−60	−68	−80	−94	−112	−148	−200	−274	1.5	3	4	5	9	14
						−54	−70	−81	−95	−114	−136	−180	−242	−325						
−11	−20+Δ	0	−32	−41	−53	−66	−87	−102	−122	−144	−172	−226	−300	−400	2	3	5	6	11	16
				−43	−59	−75	−102	−120	−146	−174	−210	−274	−360	−480						
−13	−23+Δ	0	−37	−51	−71	−91	−124	−146	−178	−214	−258	−335	−445	−585	2	4	5	7	13	19
				−54	−79	−104	−144	−172	−210	−254	−310	−400	−525	−690						
−15	−27+Δ	0	−43	−63	−92	−122	−170	−202	−248	−300	−365	−470	−620	−800	3	4	6	7	15	23
				−65	−100	−134	−190	−228	−280	−340	−415	−535	−700	−900						
				−68	−108	−146	−210	−252	−310	−380	−465	−600	−770	−1000						
−17	−31+Δ	0	−50	−77	−122	−166	−236	−284	−350	−425	−520	−670	−880	−1150	3	4	6	9	17	26
				−80	−130	−180	−258	−310	−385	−470	−575	−740	−960	−1250						
				−84	−140	−196	−284	−340	−425	−520	−640	−820	−1050	−1350						
−20	−34+Δ	0	−56	−94	−158	−218	−315	−385	−475	−580	−710	−920	−1200	−1550	4	4	7	9	20	29
				−98	−170	−240	−350	−425	−525	−650	−790	−1000	−1300	−1700						
−21	−37+Δ	0	−62	−108	−190	−268	−390	−475	−590	−730	−900	−1150	−1500	−1900	4	5	7	11	21	32
				−114	−208	−294	−435	−530	−660	−820	−1000	−1300	−1650	−2100						
−23	−40+Δ	0	−68	−126	−232	−330	−490	−595	−740	−920	−1100	−1450	−1850	−2400	5	5	7	13	23	34
				−132	−252	−360	−540	−660	−820	−1000	−1250	−1600	−2100	−2600						

在大于7级的相应数值上增加一个Δ

特别提示

尺寸公差标注识读的要素如图 4.51 所示。

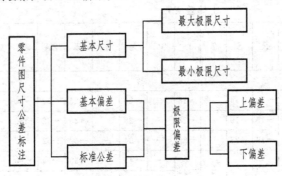

图 4.51　尺寸公差标注误读

12. 绘制端盖零件图

根据图 4.52 及给出的技术要求绘制端盖零件图。

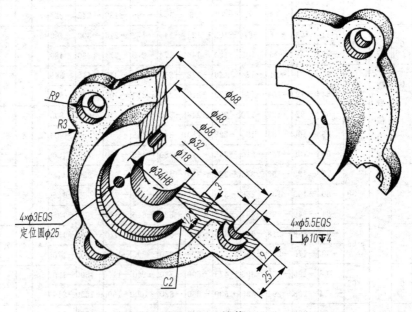

图 4.52　端盖

(1) 端盖左、右端面，$\phi 32$ 内孔，$4\times\phi 3$ 小孔，$4\times\phi 5.5$ 沉孔，倒角表面结构要求为 $Ra=25\mu m$；$\phi 34H8$ 内孔表面结构要求为 $Ra=6.3\mu m$；$\phi 18$ 内孔、$\phi 34H8$ 内孔右端面表面结构要求为 $Ra=12.5\mu m$，其余为不加工表面。

(2) $\phi 34H8$ 孔轴线对 $\phi 68$ 圆柱端面的垂直度公差为 $\phi 0.02mm$。

(3) 材料为 HT150，未注圆角 $R2$，锐角倒钝。

任务分析： 盘盖类零件主要是在车床上加工，所以主视图按加工式位置选择。画图时，将零件的轴线水平放置，便于加工时读图和看尺寸。根据盘盖类零件特点，一般用两个视图表达，主视图为全剖，左视图为表达外形的视图。

模块 4 零件图绘制与识读

> 任务实施：

（1）表达结构。

选取轴线水平放置为主视图，采用全剖视图表达内孔的结构，左视图表达外部形状特征。

（2）标注尺寸。

选取端盖的轴线为径向基准，φ68 圆柱右端面为轴向基准，先在主视图标注孔直径、倒角、深度尺寸，再在左视图标注外圆、圆弧尺寸。

（3）标注技术要求。

φ34H8、φ32 内孔及倒角表面结构要求直接标在轮廓延长线上，端盖右端面 φ18 内孔表面结核要求直接标在轮廓线上，φ48 圆柱左端面表面结核要求直接标在轮廓延长线上，右侧 4×φ3 孔及端面沉孔表面结核要求标在指引线上，其余不加工标在标题栏附近。

φ34H8 孔轴线对 φ68 圆柱右端面的垂直度公差框格指引线与 φ34H8 尺寸线对齐，A 基准标在右端面。

未注圆角 R2、锐边倒钝标在下方。

（4）填写标题栏。

在标题栏中填写比例 1∶1、材料 HT150，完成零件图绘制，如图 4.53 所示。

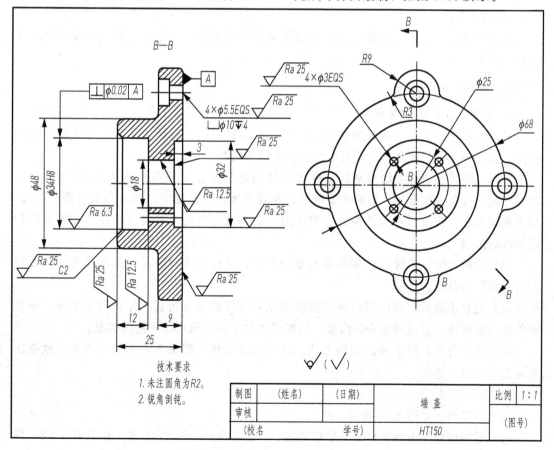

图 4.53 端盖零件图

13. 读轴承盖零件图

轴承盖零件图如图 4.1 所示。

1) 看标题栏

从标题栏中可知零件的名称是轴承盖，其材料为铸铁（HT150），图样的比例为 1∶1，属于盘盖类零件。

2) 分析视图

图中采用两个基本视图。主视图为全剖视图，表达轴承盖内腔、外部结构形状。左视图表达了轴承盖形状和 3 个 $\phi 20$ 光孔及孔的分布情况，一般为装螺丝用。

3) 分析尺寸

轴承盖长度方向的尺寸基准是左端面，从基准出发标注尺寸 20、40。高度方向的尺寸基准是轴承盖孔的轴线，并标注出定位尺寸 $\phi 176$、96，定形尺寸 $\phi 112$、$\phi 140$、$\phi 216$。宽度方向尺寸基准是轴承盖前后对称面的中心线，并标注出 3 个 $\phi 20$ 光孔。

4) 看技术要求

轴承盖 $\phi 140$ 左端面、外表面，$\phi 216$ 左端面是工作面，表面粗糙度 Ra 的最大允许值为 6.3；其他表面粗糙度 Ra 的最大允许值为 25。因为是铸件，轴承盖不得有气孔、砂眼、缩孔等铸造缺陷。

5) 综合分析

总结上述内容并进行综合分析，对轴承盖的结构特点、尺寸标注和技术要求等，有比较全面的了解。

14. 读零件图

1) 读零件图的方法和步骤

(1) 看标题栏。了解零件的名称、材料、画图的比例、重量，从而大体了解零件的功用。对于较复杂的零件，还需要参考有关的技术资料。

(2) 分析视图，想象结构形状。分析各视图之间的投影关系及所采用的表达方法。看视图时，先看主要部分，后看次要部分；先看整体，后看细节；先看容易看懂的部分，后看难懂部分。按投影对应关系分析形体时，要兼顾零件的尺寸及其功用，以便帮助想象零件的形状。

(3) 分析尺寸。了解零件各部分的定形尺寸、定位尺寸和零件的总体尺寸，以及注写尺寸所用的基准。

(4) 看技术要求。零件图的技术要求是制造零件的质量指标。分析技术要求，结合零件表面粗糙度、公差与配合等内容，以便弄清加工表面的尺寸和精度要求。

(5) 综合分析。把读懂的结构形状、尺寸标注和技术要求等内容综合起来，就能比较全面地读懂零件图。

2) 读图举例

法兰盘零件图如图 4.54 所示。

(1) 看标题栏。由标题栏可知零件的名称是法兰盘，材料是 45 钢，比例是 1∶2，属于盘盖类零件。

(2) 分析视图。法兰盘零件采用两个基本视图表达。主视图按加工位置选择,轴线水平放置,并采用两相交平面剖切的全剖视,以表达法兰盘上孔及阶梯孔的内部结构。左视图则表达法兰盘的基本外形和 5 个孔分布以及两侧平面的形状。通过视图可知该零件为有同一轴线的回转体,其整体轴向尺寸大于径向尺寸。

(3) 分析尺寸。该零件的公共回转轴线为径向尺寸的主要基准,由此标出 $2\times\phi7$ 以及 4 个阶梯孔的定位尺寸。轴向尺寸基准为 $\phi130$ 左侧面,$\phi55$ 右侧面为辅助基准。

(4) 看技术要求。盘盖类零件有配合关系的内、外表面及起轴向定位作用的端面,其粗糙度值要小(如 $\phi130$ 左侧面和 $\phi46$ 内孔以及 $\phi55$ 外圆表面粗糙度 $Ra0.8\mu m$)。

有配合关系的孔、轴的尺寸应给出恰当的尺寸公差(如 $\phi55$ 圆柱面上偏差为 0,下偏差为 -0.029)。与其他零件表面相接触的表面,尤其是与运动零件相接触的表面应有平行度或垂直度要求。

未注倒角 $C1.5$。

(5) 综合分析。总结上述内容并进行综合分析,对法兰盘的结构特点、尺寸标注和技术要求等,有比较全面的了解。

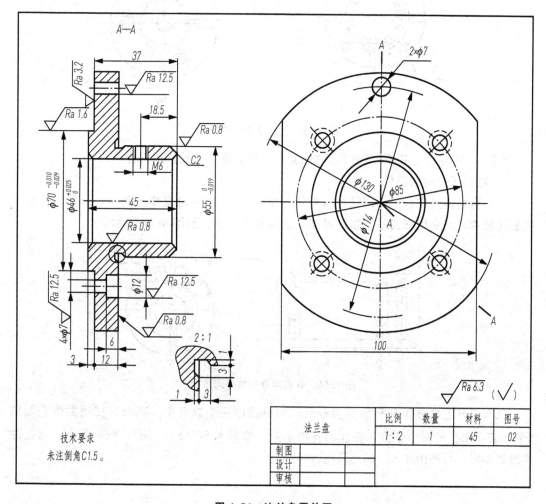

图 4.54 法兰盘零件图

4.1.4 知识拓展

1. 简化画法及其他规定画法

1) 均匀分布的肋、轮辐、孔等结构

当零件回转体结构上均匀分布的肋、轮辐、孔等不在剖切平面上时,可将这些肋、轮辐、孔等绕回转体轴线自动旋转到剖切平面上,按剖到对称画出,且不加任何标注,如图 4.55(a)中的主视图。为画图简便,可将其中任一孔仅画出轴线,如图 4.55(b)中的主视图。由图 4.55 可知,均布的孔在俯视图中仍按真实位置画出。

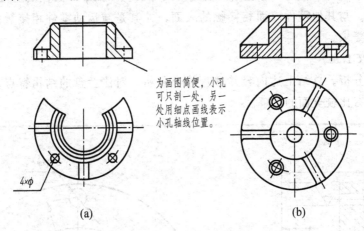

图 4.55 孔、肋自动旋转

当图 4.55 中的主视图不剖时,这些肋、孔等仍应自动旋转按对称画出。

2) 对相同结构的简化

(1) 当机件具有若干相同结构(如齿、槽等),并按一定规律分布时,只需画出几个完整的结构,其余用细实线连接,并注明该结构的总数,如图 4.56 所示。

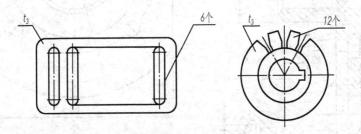

图 4.56 有规律分布的相同结构

(2) 机件上按规律分布的等直径孔,可只画出一个或几个,其余只需用圆中心线或 "✦" 表示出孔的中心位置,并注明孔的总数,如图 4.57(a)、(b)、(c)所示。当孔的数量较多时,可按图 4.57(d)画出。

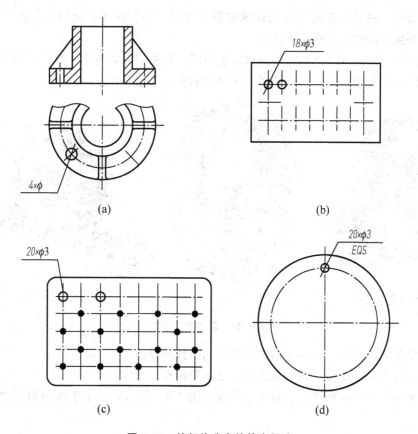

图 4.57 按规律分布的等直径孔

3) 对某些结构投影的简化

圆柱形法兰和类似零件上均匀分布的孔，可按图 4.58 所示的方法表示（由机件外向该法兰端面方向投射）。

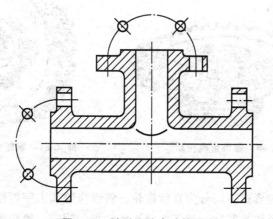

图 4.58 法兰上均布孔的画法

2. 齿轮

齿轮是广泛用于机器或部件中的传动零件。齿轮是常用件，它能将一根轴的动力和运动传递给另一根轴，还可以改变速度和旋转方向。例如汽车、拖拉机变速、前进和倒车等，都是由不同的齿轮传动实现的。

依据两啮合齿轮轴线在空间的相对位置不同，常见的齿轮传动可分为下列3种形式。

(1) 圆柱齿轮传动——用于两平行轴之间的传动（图4.59）。

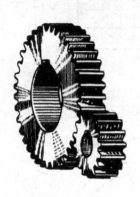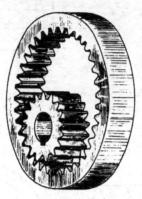

(a) 外啮合传动　　　　　(b) 内啮合传动　　　　　(c) 齿轮齿条传动

图 4.59　圆柱齿轮传动

(2) 圆锥齿轮传动——用于两相交轴之间的传动（图4.60）。

(3) 蜗杆蜗轮传动——用于两交叉轴之间的传动（图4.61）。

齿轮传动的另一种形式为齿轮齿条传动（图4.59（c）），可用于转动和移动之间的运动转换。

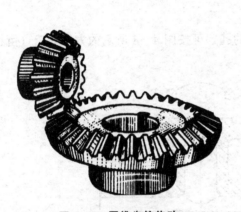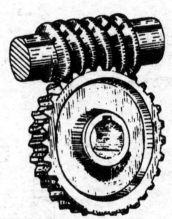

图 4.60　圆锥齿轮传动　　　　　图 4.61　蜗轮蜗杆传动

1) 圆柱齿轮

圆柱齿轮按轮齿的形式不同分为直齿齿轮、斜齿齿轮和人字齿齿轮。

圆柱齿轮的基本形体为圆柱，其基本结构由轮齿、轮辐、轮毂等组成。

(1) 直齿圆柱齿轮各部分名称及有关参数如图4.62所示。

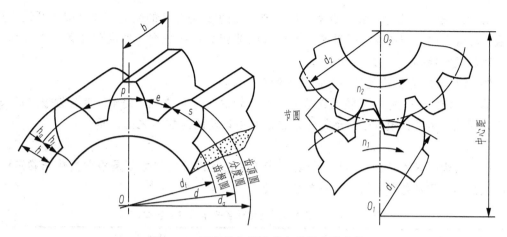

图 4.62 直齿轮各部分的名称及有关参数

① 齿顶圆（直径 d_a）：通过轮齿顶部的圆周直径。

② 齿根圆（直径 d_f）：通过轮齿根部的圆周直径。

③ 分度圆（直径 d）：在齿顶圆和齿根圆之间，使齿厚（s）与齿槽宽（e）的弧长相等的圆的直径。

④ 节圆（直径 d'）：连心线 O_1O_2 上两相切的圆称为节圆。在标准齿轮中 $d'=d$。

⑤ 齿距（p）：分度圆上相邻两齿对应点之间的弧长。

⑥ 齿厚（s）：一个轮齿齿廓间在分度圆上的弧长。

⑦ 齿槽宽（e）：一个齿槽齿廓间在分度圆上的弧长。在标准齿轮中，齿厚与齿槽宽各为齿距的一半，即 $s=e=p/2$，$p=s+e$。

⑧ 齿高（h）：齿顶圆与齿根圆之间的径向距离，$h=h_a+h_f$。

齿顶高（h_a）：齿顶圆与分度圆之间的径向距离。

齿根高（h_f）：齿根圆与分度圆之间的径向距离。

⑨ 齿数（z）：即轮齿的个数，它是齿轮的主要参数之一。

⑩ 模数（m）：设齿轮的齿数为 z，由于分度圆的周长 $=\pi d=pz$，所以 $d=z \cdot p/\pi$，令 $p/\pi=m$，则 $d=mz$。式中的 m 称为齿轮的模数，它等于齿距 p 与圆周率 π 的比值。因为一对啮合齿轮的齿距 p 必须相等，所以它们的模数也必须相等。模数以 mm 为单位。

模数 m 是设计、制造齿轮的重要参数。模数大，齿距 p 也增大，齿厚 s 也随之增大，因而齿轮的承载能力也增大。不同模数的齿轮要用不同模数的刀具来加工制造。为了设计和制造方便，减少齿轮成形刀具的规格，模数已经标准化，我国规定的标准模数见表 4-12。

表 4-12 标准模数（GB/T 1357—2008） （单位：mm）

第一系列	1	1.25	1.5	2	2.5	3	4	5	6	8	10	12	16	20	25	32	40	50
第二系列	1.75	2.25	2.75	(3.25)	3.5	(3.75)	4.5	5.5	(6.5)	7	9	(11)	14	18	22	28	36	45

注：选用时，优先采用第一系列，其次采用第二系列，括号内的模数尽可能不用。本表未摘录小于 1 的模数。

⑪ 压力角、齿形角：相啮合两轮齿在节圆点的接触点 P 的受力方向（即渐开线齿廓曲线的法线方向）与该点的瞬时速度方向（两节圆公切线方向）所夹的锐角，即为压力角。我国规定标准的压力角 $\alpha = 20°$。

⑫ 齿宽（B）：沿齿轮轴线方向量得的轮齿宽度。

⑬ 传动比（i）：指主动轮的转速 n_1 与从动轮的转速 n_2 之比。由于转速与齿数（z）成反比，因此，传动比也等于从动轮的齿数 z_2 与主动轮的齿数 z_1 之比，即

$$i = n_1/n_2 = z_2/z_1$$

（2）直齿圆柱齿轮各基本尺寸计算。齿轮轮齿各部分的尺寸都是根据模数来确定的。标准直齿圆柱齿轮各基本尺寸计算关系见表 4-13。

表 4-13 标准直齿圆柱齿轮各基本尺寸计算公式

名 称	代 号	计算公式
齿顶高	h_a	$h_a = m$
齿根高	h_f	$h_f = 1.25m$
齿高	h	$h = 2.25m$
分度圆直径	d	$d = mz$
齿顶圆直径	d_a	$d_a = m(z+2)$
齿根圆直径	d_f	$d_f = m(s-2.5)$
中心距	a	$a = \frac{1}{2}(d_1 + d_2) = \frac{1}{2}m(z_1 + z_2)$

（3）直齿圆柱齿轮的画法。

① 单个齿轮的画法。齿轮的轮齿部分按 GB/T 4459.2—2003 规定绘制（图 4.63）。

a. 齿顶圆和齿顶线用粗实线绘制。

b. 分度圆和分度线用细点画线绘制（分度线应超出轮齿两端面 2~3mm）。

c. 齿根圆和齿根线用细实线绘制，也可省略不画；在剖视图中，齿根线用粗实线绘制，这时不可省略。

d. 在剖视图中，当剖切平面通过齿轮轴线时，轮齿一律按不剖处理。

齿轮除轮齿部分外，其余轮体结构均应按真实投影绘制。轮体的结构和尺寸由设计要求确定。

② 两齿轮啮合的画法。两齿轮啮合时，除啮合区外，其余部分均按单个齿轮绘制，如图 4.63 所示。啮合区按规定绘制，如图 4.64 所示。

a. 在垂直于齿轮轴线的投影面的视图（反映为圆的视图）中，两节圆应相切，齿顶圆均按粗实线绘制，如图 4.64（a）所示；在啮合区的齿顶圆也可省略不画，如图 4.64（b）所示。齿根圆全部不画。

b. 在平行于齿轮轴线的投影面的视图（非圆视图）中，当采用剖视且剖切平面通过两齿轮的轴线时（图 4.64（a）），在啮合区将一个齿轮的轮齿用粗实线绘制，另一个齿轮的轮齿被遮挡的部分用虚线绘制，虚线也可省略。

c. 在平行于齿轮轴线的投影面的外形视图（非圆视图）中，啮合区的齿顶线不必画出，

节线用粗实线绘制，其他处的节线仍用点画线绘制，如图 4.64（c）所示。当需要表示斜齿与人字齿的齿线形状时，可用 3 条与轮齿方向一致的细实线表示，如图 4.64（d）所示。

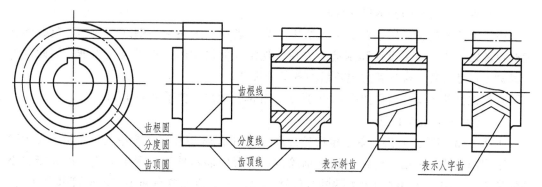

图 4.63　单个齿轮的规定画法

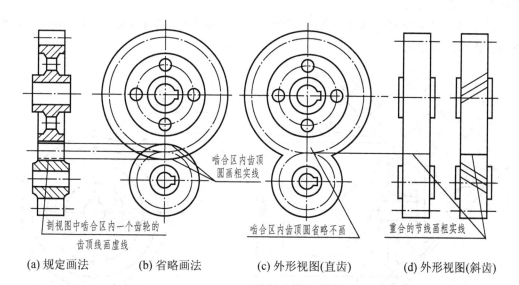

(a) 规定画法　　(b) 省略画法　　(c) 外形视图(直齿)　　(d) 外形视图(斜齿)

图 4.64　齿轮啮合区的规定画法

如图 4.65 所示，在啮合区的剖视图中，由于齿根高与齿顶高相差 0.25mm，因此，一个齿轮的齿顶线与另一个齿轮的齿根线之间应有 0.25mm 的间隙。

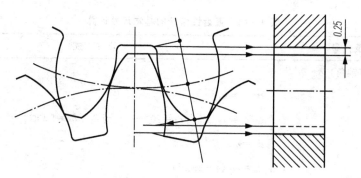

图 4.65　啮合齿轮的间隙

2) 直齿锥齿轮

直齿锥齿轮用于两相交轴之间的传动,以两轴相交成直角的锥齿轮传动应用最广泛。

(1) 直齿锥齿轮的基本尺寸计算。

由于锥齿轮的轮齿位于锥面上,所以轮齿的齿厚从大端到小端逐渐变小,模数和分度圆也随之变化。为了设计和制造的方便,规定几何尺寸的计算以大端为准,因此以大端模数为标准模数,来计算大端轮齿的各部分尺寸。

直齿锥齿轮各部分名称如图4.66所示,各部分的尺寸关系见表4-14。

(2) 直齿锥齿轮的画法。

① 单个锥齿轮的画法。单个锥齿轮的画法如图4.66所示,一般用主、左两个视图表示。主视图画成剖视图,轮齿仍按不剖绘制。左视图表示外形,用粗实线画出大端和小端的齿顶圆,用细点画线画出大端的分度圆。大、小端的齿根圆和小端的分度圆都不画,其他部分按投影画出。

② 直齿锥齿轮的啮合画法。图4.67所示为直齿锥齿轮啮合的画图步骤,啮合区的画法与直齿圆柱齿轮相同。

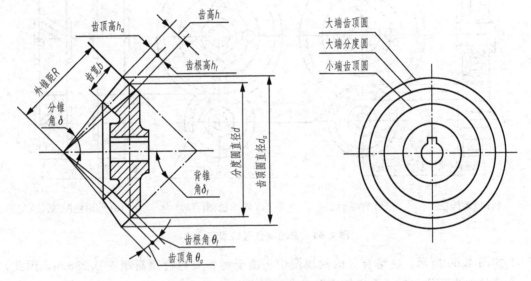

图4.66 锥齿轮各部分的名称及代号

表4-14 直齿锥齿轮的基本尺寸计算

名称及代号	公 式
分度圆锥角(节锥角)δ	
δ_1(小齿轮)	$\tan\delta_1 = z_1/z_2$
δ_2(大齿轮)	$\tan\delta_2 = z_2/z_1$ 或 $\delta_2 = 90° - \delta_1$(当 $\delta_1 + \delta_2 = 90°$ 时)
分度圆直径 d_e	$d_e = mz$
齿顶圆直径 d_a	$d_a = m(z + 2\cos\delta)$
齿根圆直径 d_f	$d_f = m(z - 2.4\cos\delta)$

续表

名称及代号	公　　式
齿顶高 h_a	$h_a = m$
齿根高 h_f	$h_f = 1.2m$
齿高 h	$h = h_a + h_f = 2.2m$
外锥距（节锥长）R	$R = mz/2\sin\delta$
齿顶角 θ_a	$\tan\theta_a = 2\sin\delta/z$
齿根角 θ_f	$\tan\theta_f = 2.4\sin\delta/z$
顶锥角 δ_a	$\delta_a = \delta + \theta_a$
根锥角 δ_f	$\delta_f = \delta - \theta_f$
齿宽 b	$b \leqslant R/3$

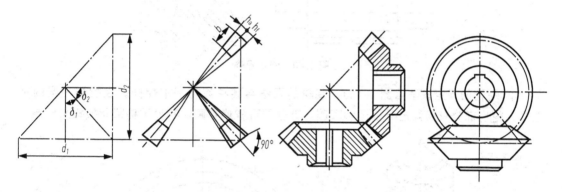

图 4.67　锥齿轮啮合的画图步骤

3) 蜗轮蜗杆

蜗轮和蜗杆通常用于垂直交错的两轴之间的传动。蜗轮和蜗杆的齿向是螺旋形的，蜗轮的轮齿顶面常制成环面。在蜗轮、蜗杆传动中，蜗杆是主动件，蜗轮是从动件。蜗杆轴向剖面类似梯形螺纹的轴向剖面，有单头和多头之分。若蜗杆为单头，则蜗杆转一圈蜗轮只转过一个齿，因此可得到较高的速比。计算速比 i 的公式如下。

$$i = n_1/n_2 = z_2/z_1$$

(1) 蜗轮、蜗杆的主要参数与尺寸计算。

主要参数有：模数 m、蜗杆分度直径 d_1、导程角 γ、中心距 a、蜗杆头数 z_1、蜗轮齿数 z_2 等，根据上述参数可决定蜗杆与蜗轮的基本尺寸，其中 z_1、z_2 由传动的要求选定。

① 模数 m。为设计和加工方便，规定以蜗杆的轴向模数 m_x 和蜗轮的端面模数 m_t 为标准模数。一对啮合的蜗杆、蜗轮，其模数应相等，即标准模数 $m = m_x = m_t$。

② 蜗杆分度圆直径。在制造蜗轮时，最理想的是用尺寸、形状与蜗杆完全相同的蜗轮滚刀来进行切削加工。但由于同一模数的蜗杆，其直径可以各不相同，这就要求每一种模数对应有相当数量直径不同的滚刀。为了减少蜗轮滚刀的数目，在规定标准模数的同时，对蜗杆分度圆直径亦实行了标准化，且与 m 有一定的匹配。蜗杆分度圆直径 d_1 与

轴向模数 m_x 之比为一标准值，称蜗杆的直径系数，即 $q=d_1/m$，于是 $d_1=mq$。

③ 蜗杆导程角 γ。当蜗杆的 q 和 z_1 选定后，在蜗杆圆柱上的导程角即被确定。

$\tan\gamma=$ 导程/分度圆周长 $=$ 蜗杆头数×轴向齿距/分度圆周长 $=z_1 p_x/\pi d_1=z_1\pi m/\pi mq=z_1/q$

相互啮合的蜗轮和蜗杆，其导程角的大小与方向应相同。

④ 中心距 a。蜗轮与蜗杆两轴中心距 a 与模数 m、蜗杆直径系数 q 以及蜗轮齿数 z_2 间的关系如下。$a=(d_1+d_2)/2=m(q+z_2)/2$

（2）蜗轮、蜗杆的画法。

① 蜗杆的规定画法（图4.68）。蜗杆的形状如梯形螺杆，轴向剖面齿形为梯形，顶角为40°，一般用一个视图表达。它的齿顶线、分度线、齿根线画法与圆柱齿轮相同，牙型可用局部剖视或局部放大图画出。

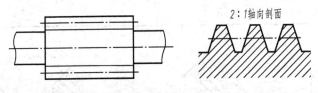

图 4.68 蜗杆画法

② 蜗轮的规定画法（图4.69）。蜗轮的画法与圆柱齿轮基本相同。在投影为圆的视图中，轮齿部分只需画出分度圆和顶圆，其他圆可省略不画，其他结构形状按投影绘制。

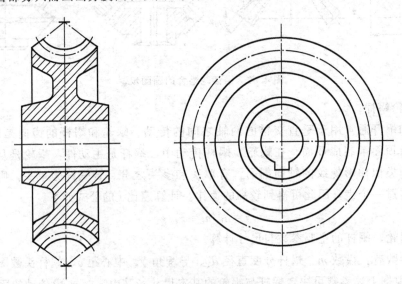

图 4.69 蜗轮画法

③ 蜗杆、蜗轮的啮合画法（图4.70）。在主视图中，蜗轮被蜗杆遮住的部分不必画出。在左视图中蜗轮的分度圆与蜗杆的分度线应相切。

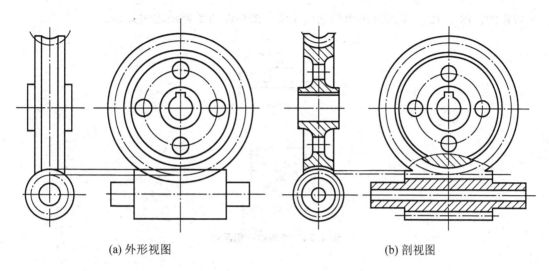

(a) 外形视图　　　　　　　　　　(b) 剖视图

图 4.70　蜗轮和蜗杆的啮合画法

3. 垫圈

垫圈一般放在螺母下面，可避免旋紧螺母时损伤被联接零件的表面。常用的有平垫圈、弹簧垫圈（图 4.71）等，弹簧垫圈可防止螺母松动脱落，其均属于标准件。标准件指结构、尺寸和画法都已全部标准化，一般由标准件厂大量生产，使用单位可按要求根据有关标准选用，一般无需画出它们的零件图。

图 4.71　常用的螺纹紧固件

1）垫圈的规定标记

垫圈一般置于螺母与被连接件之间。常用的有平垫圈和弹簧垫圈。平垫圈有 A 和 C 级标准系列，在 A 级标准系列平垫圈中，分带倒角和不带倒角两种结构。垫圈的规格尺寸为螺栓直径 d，其规定标记为

　　　　名称　标准代号　公称尺寸-性能等级

例如，垫圈　GB/T 97.1—2002　10-140HV

本例垫圈为标准系列，公称尺寸 $d=10$mm，性能等级为 140HV 级，不经表面处理的 A 级平垫圈（参看附表 2-6），与 M10 的螺栓配用。

2）垫圈的比例画法

比例画法是根据螺纹公称直径（d、D），按与其近似的比例关系计算出各部分尺寸，

然后作图。图 4.72 为常用的垫圈的比例画法，图中注明了近似比例关系。

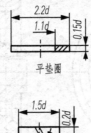

图 4.72　垫圈的比例画法

4.1.5　技能实训

实训 1

1. 实训名称

轴承盖。

2. 实训内容

如图 4.73 所示。

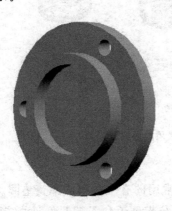

图 4.73　轴承盖轴测图

3. 实训目的

（1）掌握剖视图的概念、剖面符号的含义、画剖视图的方法和步骤及标注。
（2）掌握全剖视图的适用范围、画法及标注方法。
（3）了解零件图的作用和内容。
（4）掌握盘盖类零件图的表达方法。
（5）掌握零件图的尺寸标注。

模块 4 零件图绘制与识读

(6) 掌握零件图的常见工艺结构。

(7) 了解表面粗糙度的基本概念,掌握其在零件图上的标注方法。

(8) 掌握如何阅读零件图。

4. 实训要求

根据轴承盖轴测图在 A4 图纸中绘制轴承盖零件图(尺寸、比例自定,参考图 4.1、图 4.2),并读轴承盖零件图。

5. 实训提示

(1) 参照任务指导读轴承盖零件图,熟悉制图、读图标准流程。

(2) 零件图主要内容齐全。

(3) 合理选择主视图和表达方案。

(4) 零件各部分结构表达正确、完整、清晰。

(5) 各类尺寸标注正确、完整、清晰、合理。

(6) 各项技术要求标注正确。

(7) 图框、线型、字体等应符合规定,图面布局要恰当。

实训 2

1. 实训名称

法兰盘。

2. 实训内容

如图 4.74 所示。

3. 实训目的

(1) 掌握全剖视图的适用范围、画法及标注方法。

(2) 掌握盘盖类零件图的表达方法。

(3) 掌握零件图的尺寸标注。

(4) 掌握零件图的常见工艺结构。

(5) 掌握表面粗糙度在零件图上的标注方法。

(6) 掌握如何阅读零件图。

4. 实训要求

在图纸上按标注尺寸抄画法兰盘零件图,并读零件图。

5. 实训提示

(1) 参照任务指导、读图举例,熟悉制图、读图标准流程。

(2) 注意相交的剖切面。

(3) 标题栏参照读图举例。

(4) 图框、线型、字体等应符合规定,图面布局要恰当。

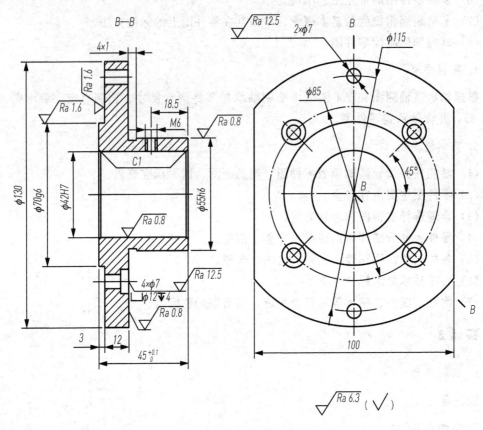

图 4.74 法兰盘零件图

实训 3

1. 实训名称

端盖、圆盖、球阀阀盖、齿轮油泵泵盖。

2. 实训内容

(1) 端盖零件图、轴测图如图 4.75 所示。

(2) 圆盖零件图、轴测图如图 4.76 所示。

(3) 球阀阀盖零件图、轴测图如图 4.77 所示。

(4) 齿轮油泵泵盖零件图、轴测图,齿轮油泵轴测图如图 4.78 所示。

3. 实训目的

(1) 强化训练。

(2) 掌握盘盖类零件图的表达方法。

(3) 掌握零件图的尺寸标注。

(4) 掌握零件图的常见工艺结构。

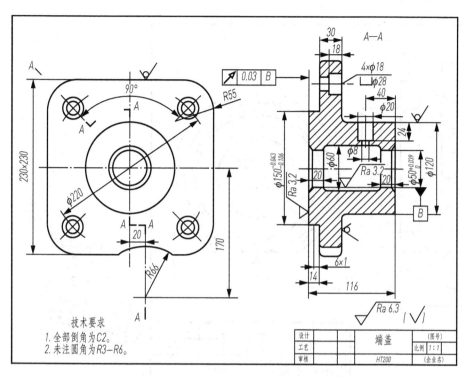

图 4.75 端盖零件图及轴测图

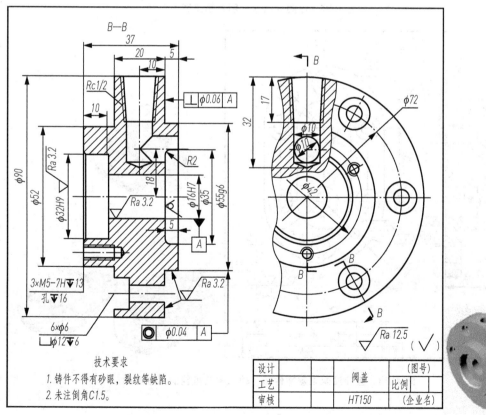

图 4.76 圆盖零件图及轴测图

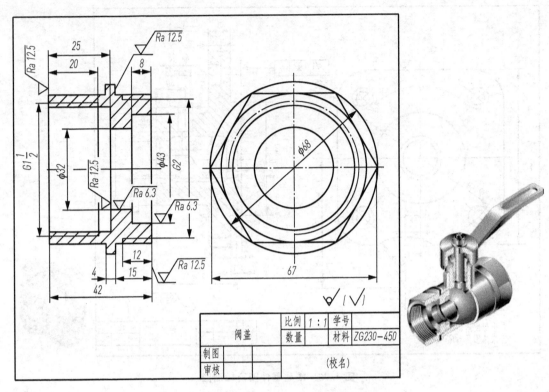

图 4.77 球阀阀盖零件图及轴测图

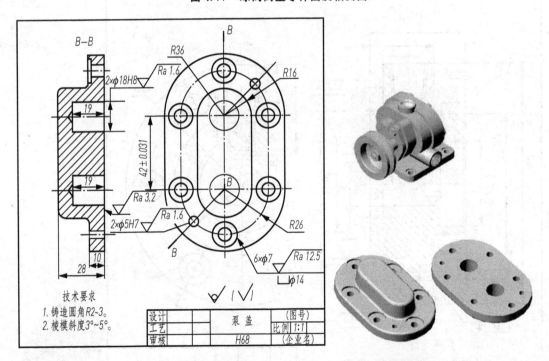

图 4.78 齿轮油泵泵盖零件图、轴测图及齿轮油泵轴测图

(5) 掌握表面粗糙度在零件图上的标注方法。
(6) 掌握如何阅读零件图。

4. 实训要求

在图纸上按标注尺寸抄画端盖、圆盖、阀盖、泵盖零件图，并读零件图。

5. 实训提示

(1) 参照任务指导、读图举例，熟悉制图、读图标准流程。
(2) 读图时可参照轴测图。
(3) 注意区分剖切面的种类。
(4) 图框、线型、字体等应符合规定，图面布局要恰当。
(5) 附：读端盖零件图要领。

① 浏览全图，看标题栏。该零件属盘盖轮类零件中的盘类零件，零件的名称为端盖，材料是 HT200（灰口铸铁）。阅读标题栏还能知道零件的设计者、审核者、制造厂家，以及零件图的比例等内容。

② 分析表达方案。本零件图中主视图为复合全剖视图，左视图用视图表示。剖切面分析：下方是平行剖切面，直角转折；上方是倾斜面，采用了柱面转折。

③ 结构分析。主体结构可分成圆柱筒、方盘两部分。圆柱筒的外形结构，左边直径稍大，轴向短，根部有砂轮越程槽，右边直径较小，轴向长，根部带圆角。圆柱筒的内腔结构，内孔 $\phi50$，中间溜虚直径 $\phi60$ 并带圆角，其作用是减少装配接触面和减轻零件重量。两端孔口倒角，上方有一组台阶孔，用以安装油板。溜虚结构可减少装配接触面，以致减少形状位置误差对装配精度的敏感度，而且可减少加工面，缩短加工时间。常常在长度比较大的内孔上设计溜虚结构，比如铣刀头座体内孔、传动器的座体内孔等。方盘结构相对简单，四角上有台阶孔，在 $\phi220$ 圆周上 $45°$ 方向均布，并带 $R55$ 圆角，方盘下方有弧形缺口，定位清晰。

④ 尺寸分析。主要尺寸基准：径向—整体轴线，方盘的高度、宽度方向、弧形缺口也以此轴线为基准。轴向—零件的最左端面为基准。轴向尺寸链分解：主体结构—116、14、30、开环；砂轮越程槽—14、6、开环；方盘上台阶孔—30、18、开环；内孔—116、20、开环、20；油板孔定位尺寸—40。

⑤ 技术要求分析。表面粗糙度：要求最高的是左端面、内孔 $\phi50$，Ra 值 3.2；其次各加工表面 Ra 值都是 6.3；其他为毛坯面。

尺寸公差：$\phi50$ 上偏差 $+0.039$，下偏差为 0，查表得公差带代号为 H8，即 $\phi50H8$。$\phi150$ 上偏差为 0.043，下偏差为 0.106，查表得公差带代号为 f8，即 $\phi150f8$。

形状和位置公差：位置公差项目——端面圆跳动，基准要素为 $\phi50$ 内孔的轴线，被测要素为方盘左端面。

材质：无特殊要求。

其他：倒角、圆角要求。

⑥ 归纳总结。对以上内容作连贯论述。

实训 4

1. 实训名称

带轮。

2. 实训内容

如图 4.79、图 4.80、图 4.81 所示。

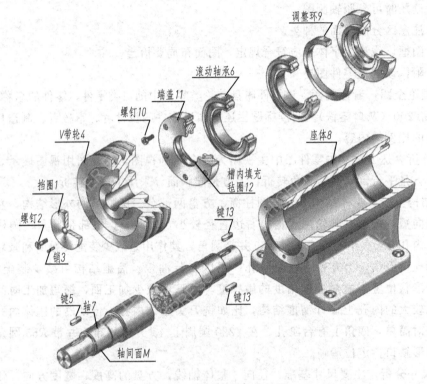

图 4.79 铣刀头轴测分解图

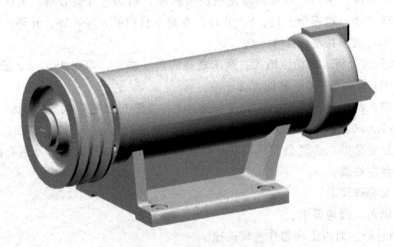

图 4.80 铣刀头装配轴测图

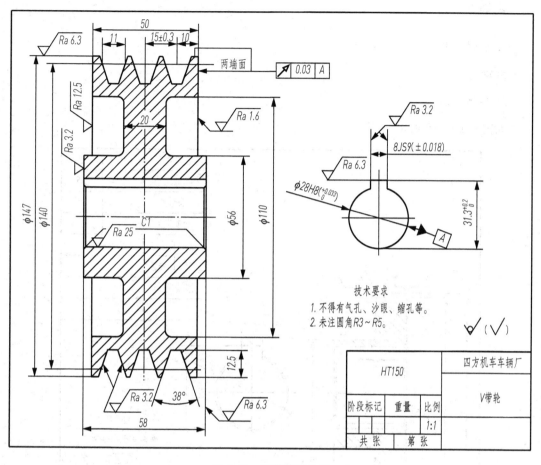

图 4.81 V带轮零件图

3．实训目的

(1) 了解带轮零件图的作用和内容。
(2) 掌握带轮零件图的表达方法。
(3) 掌握带轮零件图的常见工艺结构。
(4) 了解表面粗糙度的基本概念，掌握其在零件图上的标注方法。
(5) 掌握如何阅读零件图。

4．实训要求

在图纸上按标注尺寸抄画铣刀头V带轮零件图，并读零件图。

5．实训提示

(1) 参照任务指导，熟悉制图、读图标准流程。
(2) 参照铣刀头轴测分解图、装配轴测图。
(3) 图框、线型、字体等应符合规定，图面布局要恰当。

实训 5

1. 实训名称

齿轮。

2. 实训内容

如图 4.82、图 4.83 所示。

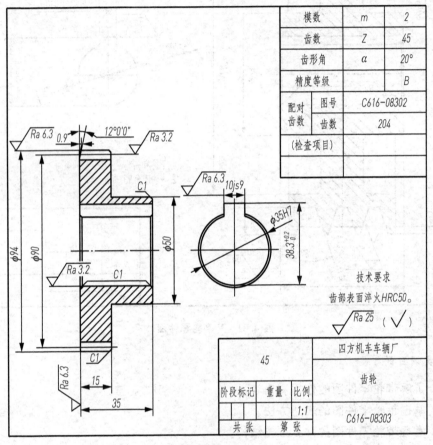

(a)

(b)

图 4.82 齿轮零件图及轴测图（一）

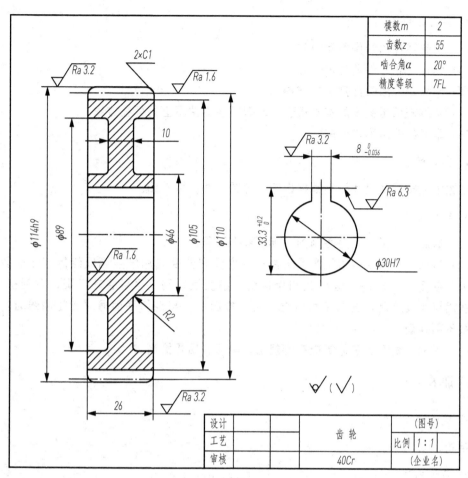

(a)

(b)

图 4.83 齿轮零件图及轴测图（二）

3. 实训目的

(1) 了解零件图的作用和内容。
(2) 掌握齿轮零件图的表达方法。
(3) 掌握零件图的常见工艺结构。
(4) 了解表面粗糙度的基本概念,掌握其在零件图上的标注方法。
(5) 掌握如何阅读零件图。

4. 实训要求

在图纸上按标注尺寸抄画圆柱齿轮零件图,并读零件图。

5. 实训提示

(1) 参照任务指导,熟悉制图、读图标准流程。
(2) 齿顶圆和齿顶线用粗实线绘制;分度圆和分度线用细点画线绘制(分度线应超出轮齿两端面 2~3mm);齿根圆和齿根线用细实线绘制,也可省略不画;在剖视图中,齿根线用粗实线绘制,这时不可省略;在剖视图中,当剖切平面通过齿轮轴线时,轮齿一律按不剖处理。
(3) 图框、线型、字体等应符合规定,图面布局要恰当。

实训 6

1. 实训名称

手轮。

2. 实训内容

如图 4.84 所示。

3. 实训目的

(1) 了解手轮零件图的作用和内容。
(2) 掌握手轮零件图的表达方法。
(3) 掌握手轮零件图的常见工艺结构。
(4) 了解表面粗糙度的基本概念,掌握其在零件图上的标注方法。
(5) 掌握如何阅读零件图。

4. 实训要求

在图纸上按标注尺寸抄画手轮零件图,并读零件图。

5. 实训提示

(1) 参照任务指导,熟悉制图、读图标准流程。
(2) 手轮是一种机器上常见的用手直接操作的零件,比如转动手轮操纵机床某一部件的运动,或者调节某一部件的位置等等。手轮的结构由轮毂、轮辐、轮缘 3 部分构成,轮毂的内孔与轴配合,连接方式一般为键连接,也可用销连接。轮辐为等分放射状排列的杆件，截面常为椭圆形。轮缘为复杂截面绕轮轴旋转形成的环状结构。手轮为铸铁件，轮缘外侧要求很光滑，粗糙度 Ra 值要求高，也常见抛光和镀镍或镀铬处理。

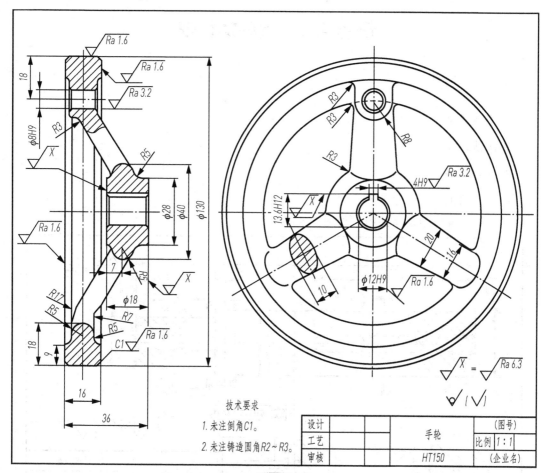

图 4.84 手轮零件图及轴测图

（3）附：手轮表达方案分析。

① 安放。手轮的几何结构为回转类零件，主要工序为车削加工，按加工位置原则将其轴线水平放置，并且将手柄安装孔结构放在上方。

② 视图方案。手轮的一组视图用了两个视图，全剖的主视图表达主体结构，左视图重点表达轮辐的分布，同时也表达了主体结构各形体的形状特征。

a. 主视图的剖切。因为轮辐为均布结构，剖切时处理成上下对称图形，且按不剖处理。

b. 左视图。应用了重合断面图，简捷而又紧凑地表达了轮辐的截面形状。

(4) 图框、线型、字体等应符合规定，图面布局要恰当。

任务 4.2　绘制蜗杆轴

4.2.1　任务书

1. 任务名称

蜗杆轴。

2. 任务准备

(1) 绘图工具、绘图用品。

(2) 蜗杆轴模型及零件图，如图 4.85 所示。

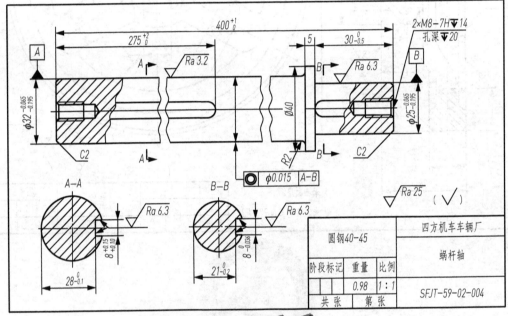

图 4.85　蜗杆轴零件图及轴测图

3. 任务要求

(1) 用 A3 幅面的图纸，比例 1∶1，抄画零件图。

(2) 图框、线型、字体等应符合规定，图面布局要恰当。

4. 任务提交

图纸。

5. 评价标准

任务实施评价项目表

序号	评价项目		配分权重/(%)	实得分
1	能否读懂零件图	能否明确零件图的主要内容	3	
		能否明确各视图的表达方法和重点	10	
		能否准确构想出零件的形体结构	10	
		能否正确辨别零件的工艺结构	5	
		能否正确找出尺寸基准,明确各个尺寸的类型	7	
		能否正确识别各项技术要求标注	5	
		能否对图样各项信息进行准确归纳,得到对零件的全部认识	10	
2	能否正确绘制零件图	零件图主要内容是否齐全	5	
		选择主视图和表达方案是否合理	10	
		零件各部分结构表达是否正确、完整、清晰	10	
		各类尺寸标注是否正确、完整、清晰、合理	10	
		各项技术要求标注是否正确	10	
		图框、线型、字体等是否符合规定,图面布局是否恰当	5	

4.2.2 任务指导

1. 准备工作

(1) 准备绘图工具和用品。
(2) 分析图形的尺寸、线段、表达方法及技术要求。
(3) 根据图形大小,确定比例,选用图幅、固定图纸。
根据蜗杆轴的尺寸,确定比例为1∶1,选用A3图幅,将图纸横放固定在图板上。
(4) 拟订具体的作图顺序。

2. 绘制图形

(1) 绘制A3图纸边框线、图框线,在图框线的右下角绘制标题栏,在图框线中绘制蜗杆轴主视图主要基准线和定位线,如图4.86(a)所示。
(2) 绘制主视图轮廓,如图4.86(b)所示。
(3) 绘制主视图键槽、螺纹孔局部剖视图及绘制剖面符号,如图4.86(c)所示。
(4) 绘制主视图键槽断面图,如图4.86(d)所示。得到底稿,如图4.86(e)所示。
(5) 描深零件图,如图4.86(f)所示。在铅笔描深前,必须全面检查底稿,修正错误,把画错的线条及作图辅助线用软橡皮轻轻擦净。检查图样完整无误后,用B或2B铅笔描深各种图线,一般先加深图形,其次加深图框和标题栏。其中轮廓线使用粗实线,对称轴线使用细点画线。

3. 尺寸标注及技术要求

(1) 标注视图尺寸、尺寸公差、形位公差及表面粗糙度,如图 4.85 所示。

(2) 在图形右下角标注粗糙度,如图 4.86(g)所示。

4. 填写标题栏

用 HB 铅笔填写标题栏。

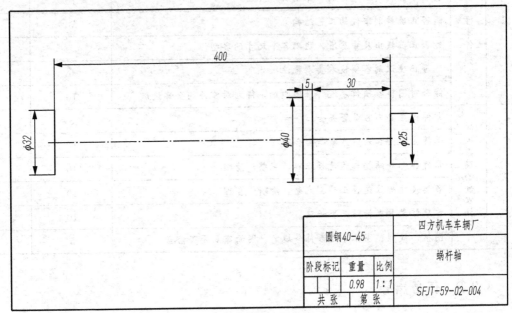

(a) 画基准线和定位线

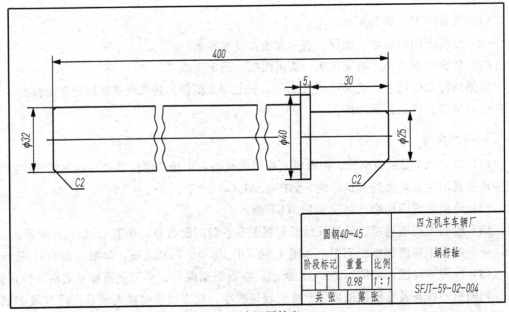

(b) 画主视图轮廓

图 4.86 蜗杆轴零件图的画图步骤

模块 4 零件图绘制与识读

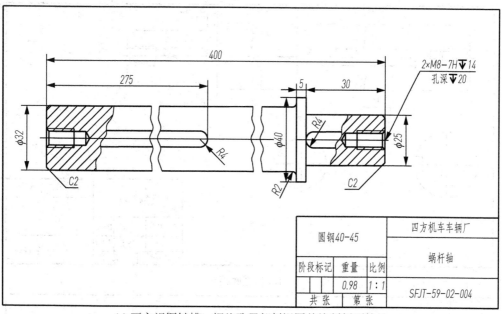

(c) 画主视图键槽、螺纹孔局部剖视图并绘制剖面符号

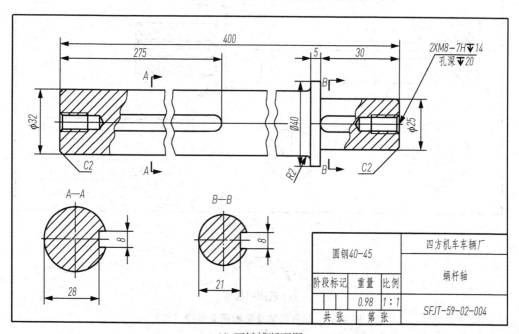

(d) 画键槽断面图

图 4.86 蜗杆轴零件图的画图步骤（续）

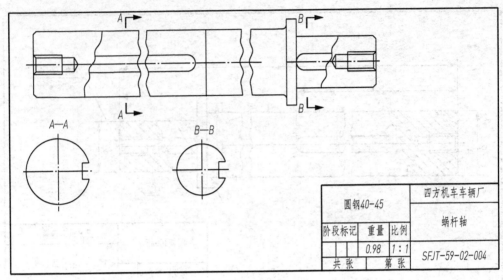

(e) 检查底稿

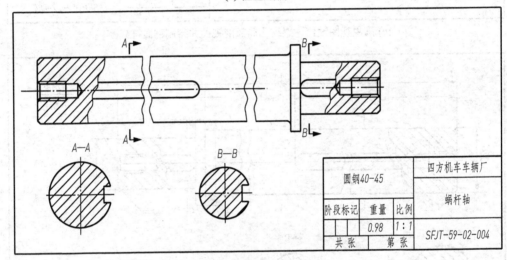

(f) 加深

(g) 表面粗糙度

图 4.86　蜗杆轴零件图的画图步骤（续）

4.2.3　知识包

1. 轴套类零件

1）作用

轴：一般是用来支承传动零件（如带轮、齿轮等）和传动动力的零件。

套：一般是装在轴上或机体孔中，起轴向定位、导向、支承或保护传动零件等作用。

2）结构特点

轴套类零件通常结构比较简单，这类零件的基本形状是同轴回转体，轴向尺寸一般比径向尺寸大。轴有直轴和曲轴、光轴和阶梯轴、实心轴和空心轴之分。阶梯轴上直径不等所形成的台阶称为轴肩，可供安装在轴上的零件轴向定位用。在轴上通常有键槽、销孔、螺纹、退刀槽、砂轮越程槽、中心孔、油槽、倒角、圆角、锥度等结构。这些结构都是由设计要求和加工工艺要求所决定的，多数已标准化。

3）视图选择

（1）主视图选择。

① 轴套类零件主要在车床上加工，一般按加工位置将轴线水平安放来画主视图。这样既符合投射方向的"大信息量（或特征性）原则"，也基本符合其工作位置（或安放位置）原则。通常将轴的大头朝左，小头朝右；轴上键槽、孔可朝前或朝上，表示其形状和位置较为明显。

② 形状简单且较长的零件可采用折断画法，实心轴上个别部分的内部结构形状可用局部剖视兼顾表达。空心套可用剖视图（全剖视、半剖视或局部剖视）表达。轴端中心孔不作剖视，用规定标准代号表示。

（2）其他视图的选择。

轴套类零件的主要结构形状是回转体，一般只画一个主视图。确定了主视图后，由于轴上的各段形体的直径尺寸在其数字前加注符号"ϕ"表示，因此不必画出其左（或右）视图。对于零件上的键槽、孔等结构，一般可采用局部剖视图、移出断面和局部放大图，如图4.87所示。

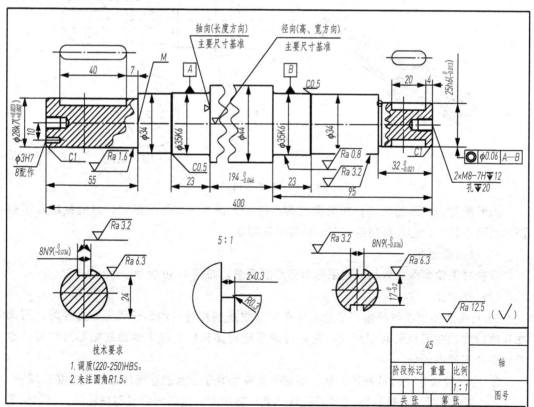

图4.87 铣刀头轴零件图

4）尺寸标注

轴套类零件有径向尺寸和轴向尺寸。径向尺寸的设计基准为轴线，轴向尺寸的设计基准一般选重要的定位面或端面。标注尺寸时，应注意重要尺寸直接标出，如图4.85中的轴向尺寸275、30等。为测量方便，其他尺寸多按加工顺序标注。

零件上的标准结构，如倒角、退刀槽、键槽和中心孔等，其尺寸应根据相应的标准查表，按规定标注。

5）技术要求

零件的表面粗糙度、尺寸公差及形位公差应根据具体工作情况来确定，一般情况下，有配合要求或有相对运动的轴段应控制得严格一些。为了提高强度或韧性，往往需对轴类零件进行调质处理；对轴上或其他零件有相对运动的部分，为增加其耐磨性，有时还需进行表面淬火、渗碳等热处理。

2. 断面图

1）断面图的概念

假想用剖切平面将机件某处切断，仅画出断面的图形，称为断面图（简称断面），如图4.88所示。

断面图主要用于机件上的肋板、轮辐及型材的断面表达。

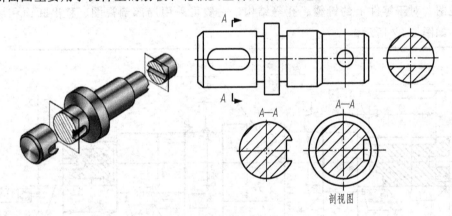

图4.88 断面图的概念

断面图与剖视图的区别：断面图仅画出机件被切断处的断面形状，而剖视图除了要画出断面形状外，还应画出剖切面后的可见轮廓线。

2）移出断面图

画在视图轮廓线之外的断面图称为移出断面图，如图4.89所示。

（1）画法。

① 轮廓线用粗实线绘制，尽量配置在剖切线或剖切符号的延长线上，必要时也可画在其他位置。在不致引起误解时，允许将图形旋转画出。当移出断面的图形对称时，也可画在视图的中断处。

② 为正确表达结构的断面形状，剖切平面要垂直于所需表达机件结构的主要轮廓线。

③ 当剖切平面通过回转面形成的孔或凹坑的轴线时，这些结构按剖视绘制。当剖切平面通过非圆孔或槽，会导致出现完全分离的两个断面时，应按剖视绘制，如图4.89所示。

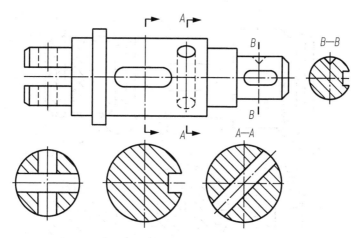

图 4.89 移出断面画法和标注

④ 由两个或多个相交的剖切平面剖切得出的移出断面,中间一般应用波浪线断开,如图 4.90 所示。

图 4.90 断面分离时的画法

(2) 标注。

① 一般应用剖切符号表示剖切位置,用箭头表示投射方向,并注上字母,在断面图上方用同样字母标出相应名称"×—×"。

② 当移出断面配置在剖切符号延长线上时,对称结构可全部省略标注;不对称结构可省略标注字母。

③ 不配置在剖切符号延长线上的对称结构以及按投影关系配置的不对称结构的移出断面,允许省略箭头。

④ 对称结构的移出断面未配置在剖切符号延长线上或不按投影关系配置时,不能省略标注。

3. 局部放大图

1) 概念

将机件的部分结构,用大于原图的比例画出的图形,称为局部放大图。当机件上某些细小结构在原图形中表达不够清楚或不便标注尺寸时,常采用局部放大图,如图 4.91 所示。

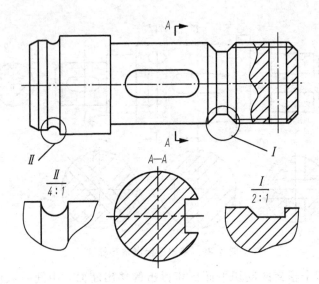

图 4.91 局部放大图的画法

2) 画法及标注

局部放大图可画成视图、剖视图、断面图，它与被放大部分的表达方式无关。局部放大图应尽量配置在被放大部位的附近。在画局部放大图时，应用细实线圈出被放大部位。当同一机件上有几个被放大的部位时，需用罗马数字依次注明，并在局部放大图的上方用分数形式标注出相应的罗马数字和所采用的比例，如图 4.91 中的Ⅰ、Ⅱ 处所示。当机件上被放大的部位只有一处时，在局部放大图的上方只需标注出所采用的比例即可。

同一机件上对某个复杂部位可用几个图形来表达，如图 4.92 中的"A—A"及"B"所示。

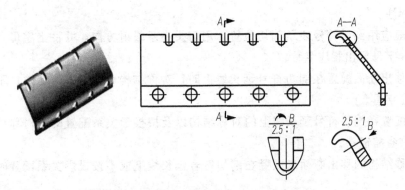

图 4.92 表达同一部位的几个局部放大图

4. 简化画法及其他规定画法

1) 对某些结构投影的简化

(1) 零件上对称结构的局部视图可按图 4.93 绘制。

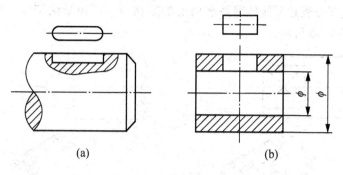

图 4.93 局部视图的画法

(2) 相贯线、过渡线在不会引起误解时,可用圆弧或直线代替非圆曲线,如图 4.94 所示。

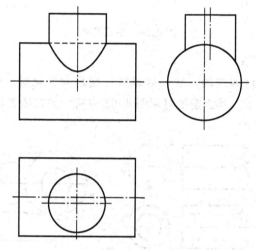

图 4.94 相贯线的简化表示

(3) 当机件上有较小结构及斜度等,已在一个图形中表达清楚时,在其他图形中可简化表示或省略,如图 4.95 所示。

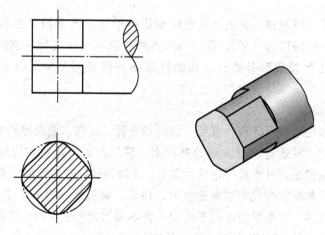

图 4.95 机件上较小结构的简化表示

(4) 当不能充分表达回转体零件表面上的平面时，可用平面符号（相交的两条细实线）表示，如图 4.96 所示。

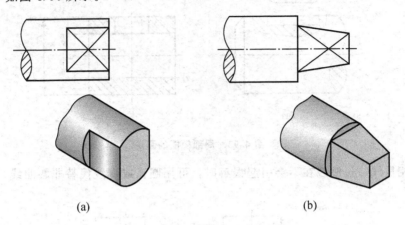

图 4.96　平面符号

2）对较长机件的简化

当较长的机件沿长度方向的形状一致或按一定规律变化时，例如轴、杆、型材、连杆等可以断开后缩短表示。其折断处可用图 4.97 中所示的方法表示。图 4.97 中尺寸要按机件真实长度注出。

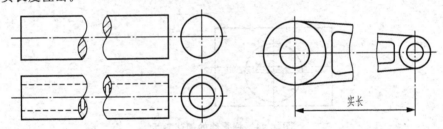

图 4.97　长件折断

5. 螺纹

螺纹是在圆柱（或圆锥）表面上沿着螺旋线所形成的具有相同断面形状的连续凸起和沟槽。凸起部分一般称为"牙"。螺纹分为外螺纹和内螺纹两种，成对使用。在圆柱或圆锥外表面上加工的螺纹称外螺纹，在圆柱或圆锥内表面上加工的螺纹称内螺纹，如图 4.98 所示。

1）螺纹的结构要素

螺纹的结构和尺寸是由牙型、直径、螺距和导程、线数、旋向等要素确定的。

(1) 螺纹牙型。在通过螺纹轴线的断面上，螺纹的轮廓形状称为螺纹牙型。它由牙顶、牙底和两牙侧构成，并形成一定的牙型角，牙顶为螺纹表面凸起的部分，牙底为螺纹表面沟槽的部分。常见的螺纹牙型有三角形、梯形、锯齿形和矩形等多种。图 4.98 所示的螺纹为三角形牙型。三角形螺纹用于连接，梯形和锯齿形螺纹用于传递动力。

(2) 螺纹直径。螺纹的直径有 3 种：外螺纹的大径、小径和中径分别用符号 d、d_1 和 d_2 表示；内螺纹的大径、小径和中径别用符号 D、D_1 和 D_2 表示，如图 4.98 所示。

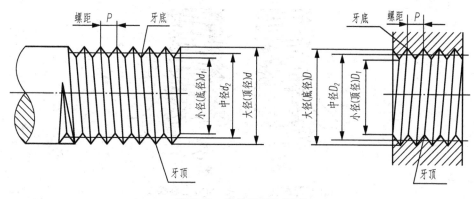

图 4.98 螺纹的结构要素

① 大径:大径一般又称为螺纹的公称直径。它是指与外螺纹牙顶或内螺纹牙底相切的假想圆柱或圆锥的直径。

② 小径:小径是指与外螺纹牙底或内螺纹牙顶相切的假想圆柱或圆锥的直径;

③ 中径:在大径与小径圆柱之间有一假想圆柱,它的直径称为中径。在其母线上牙型的沟槽和凸起宽度相等。

(3) 线数 n。螺纹有单线和多线之分:沿一条螺旋线所形成的螺纹称为单线螺纹;沿两条或两条以上、且在轴向等距分布的螺旋线所形成的螺纹称为多线螺纹,如图 4.99 所示。螺纹的线数用 n 表示。

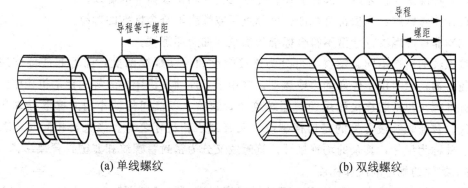

(a) 单线螺纹 (b) 双线螺纹

图 4.99 螺纹的线数、螺距和导程

(4) 螺距 P 与导程 P_h。相邻两牙在中径线上对应两点间的轴向距离称为螺距,用 "P" 表示。同一条螺旋线上的相邻两牙在中径线上对应两点间的轴向距离称为导程,用 "P_h" 表示。单线螺纹的导程等于螺距,即 $P_h = P$;多线螺纹的导程等于线数乘以螺距,即 $P_h = nP$。对于图 4.99(b) 的双线螺纹,则 $P_h = 2P$。

(5) 旋向。内、外螺纹旋合时的旋转方向称为旋向。螺纹旋向分右旋和左旋两种,如图 4.100 所示。顺时针方向旋转时沿轴向旋入的螺纹是右旋螺纹,其可见螺旋线表现为左低右高的特征,如图 4.100(b) 所示;逆时针方向旋转时沿轴向旋入的螺纹称为左旋螺纹,其可见螺旋线具有左高右低的特征,如图 4.100(a) 所示。工程上以右旋螺纹应用为多。

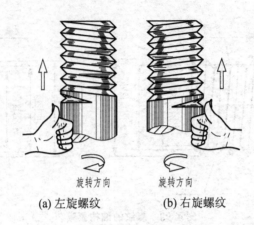

(a) 左旋螺纹　　　　(b) 右旋螺纹

图 4.100　螺纹的旋向

外螺纹和内螺纹成对使用，只有牙型、大径、螺距、线数和旋向等要素都相同时，内外螺纹才能旋合在一起。

在螺纹的诸要素中，牙型、大径和螺距是决定螺纹结构规格的最基本的要素，称为螺纹三要素。

2) 螺纹的分类

国家标准对上述 5 项要素中的牙型、公称直径（大径）和螺距作了规定，按此三要素是否符合标准，螺纹可分为下列 3 类。

(1) 标准螺纹：牙型、公称直径、螺距三要素均符合标准的螺纹。

(2) 特殊螺纹：牙型符合标准，公称直径或螺距不符合标准的螺纹。

(3) 非标准螺纹：牙型不符合标准的螺纹，如矩形螺纹。

按螺纹的用途不同，螺纹又可分为连接螺纹和传动螺纹两类，前者起连接作用，应用比较普遍；后者用于传递动力或运动，常用于千斤顶及机床操纵等的传动机构中。

标准螺纹包括起连接作用的普通螺纹和管螺纹，以及起传动作用的梯形螺纹和锯齿形螺纹。普通螺纹最常见的是连接螺纹，又有细牙和粗牙之分。当大径相同时，螺距最大的一种称为粗牙，其余的均称细牙。管螺纹又分为密封管螺纹和非密封管螺纹。

3) 螺纹的规定画法和标注

螺纹一般不按真实投影作图，而是按国家标准《机械制图》GB/T 4459.1—1995 中规定的螺纹画法绘制。按此画法作图并加以标注，就能清楚地表示螺纹的类型、规格和尺寸。

(1) 螺纹的规定画法。

① 外螺纹的画法（图 4.101）。

a. 外螺纹不论其牙型如何，螺纹的牙顶用粗实线表示；牙底用细实线表示；螺杆的倒角或倒圆部分也应画出。通常小径按大径的 0.85 倍画出。

b. 完整螺纹的终止界线（简称螺纹终止线）在视图中用粗实线表示；在剖视图中则按图 4.101（b）主视图的画法绘制（即终止线只画螺纹牙型高度的一小段），剖面线必须画到表示牙顶的粗实线为止。

c. 在投影为圆的视图中，牙顶画粗实线圆（大径圆）；表示牙底的细实线圆（小径圆）只画约 3/4 圈；此时表示倒角的圆省略不画。

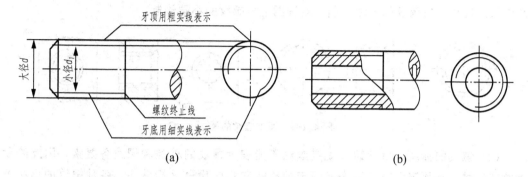

图 4.101　外螺纹的规定画法

② 内螺纹的画法（图 4.102）。

a. 内螺纹不论其牙型如何，在剖视图中，螺纹的牙顶用粗实线表示，牙底用细实线表示。螺纹终止线用粗实线表示。剖面线应画到表示牙顶的粗实线为止。

b. 在投影为圆的视图中，牙顶画粗实线圆（小径圆），表示牙底的细实线圆（大径圆）只画约 3/4 圈，此时表示倒角的圆省略不画。

c. 绘制不穿通的螺孔时，一般应将钻孔深度与螺孔的深度分别画出，钻孔深度比螺孔的深度大 $0.5d$。由于钻头的顶角约等于 120°，因此钻孔底部的圆锥凹坑的锥角应画成 120°。

d. 当螺纹为不可见时，其所有图线按虚线绘制。

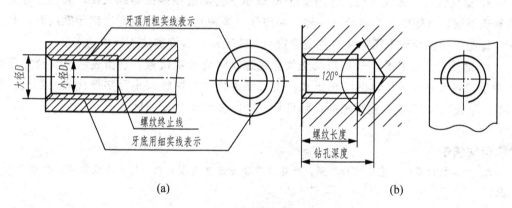

图 4.102　内螺纹的规定画法

③ 在图形中一般不表示螺纹牙型，当需要表示螺纹牙型或表示非标准螺纹（如矩形螺纹）时，可按图 4.103 的形式在剖视图中表示几个牙形（图 4.103（a））；也可用局部放大图表示（图 4.103（b））。

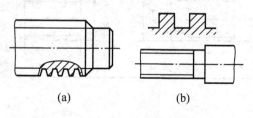

图 4.103　螺纹牙型表示法

④ 圆锥螺纹的画法。圆锥螺纹的画法如图 4.104 所示，在垂直于轴线的投影面的视图中，左视图上按螺纹的大端绘制；右视图上按螺纹的小端绘制。

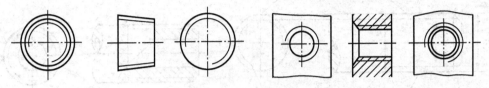

图 4.104　圆锥螺纹的画法

（2）螺纹的标注。由于螺纹规定画法不能表示螺纹的种类和螺纹各要素，因此绘制螺纹图样时，必须按照国家标准所规定的格式和相应代号进行标注。各种螺纹的标注方法和示例见表 4-15，分述如下。

 特别提示

公称直径以 mm 为单位的螺纹（如普通螺纹、梯形和锯齿形螺纹等），其标记直接注在大径的尺寸线上；管螺纹的标记一律注在由大径处引出的水平折线上。

① 普通螺纹的标注。普通螺纹的完整标记由螺纹代号、螺纹公差带代号和螺纹旋合长度代号 3 部分组成。具体的标记格式如下。

特征代号　公称直径×螺距 旋向－公差带代号－旋合长度代号

a. 螺纹代号。螺纹特征代号用字母 M 表示。公称直径是指螺纹大径。同一公称直径的普通螺纹，其螺距分为粗牙（一种）和细牙（多种）。因此，在标注细牙螺纹时，必须标注螺距，而粗牙则不需标注。左旋螺纹用 LH 表示，右旋螺纹不标注旋向。

b. 螺纹公差带代号。普通螺纹必须标注螺纹的公差带代号。它由表示螺纹公差等级的数字和表示公差带位置的字母组成；大写字母代表内螺纹，小写字母代表外螺纹，如"M12-5g6g"；若两组公差带相同，则只写一组，如"M12 X1-6H"。

 特别提示

内、外螺纹的顶径公差带有所不同，外螺纹顶径公差带是指大径，而内螺纹的顶径公差带是指小径。

表 4-15　常用螺纹标注示例

螺纹类别	特征代号	标注示例	标注含义
普通螺纹（粗牙）	M		普通螺纹，大径 10mm，粗牙，螺距 1.5mm，右旋；外螺纹中径公差带和顶径公差带代号都是 6g；内螺纹中径和顶径公差带代号都是 6H；中等旋合长度

续表

螺纹类别	特征代号	标 注 示 例	标注含义
普通螺纹（细牙）	M	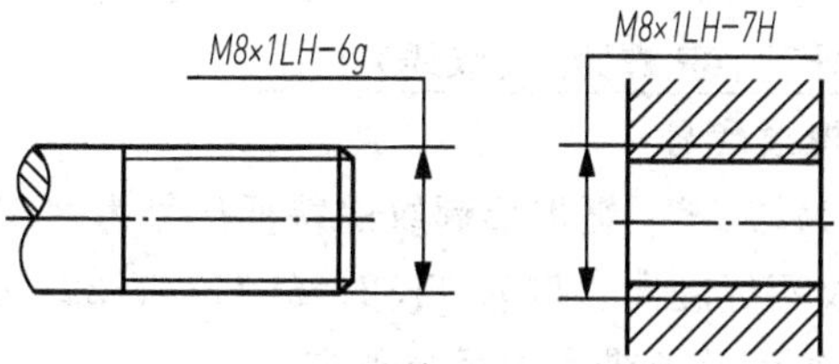 M8×1LH-6g M8×1LH-7H	普通螺纹，大径 8mm，细牙，螺距 1mm，左旋；外螺纹中径和顶径公差带代号同为 6g；内螺纹中径和顶径公差带代号都是 7H；中等旋合长度
梯形螺纹	Tr	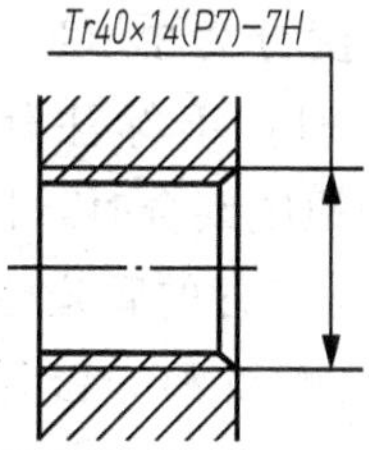 Tr40×14(P7)-7H	梯形内螺纹，公称直径为 40mm，导程 14mm，螺距 7mm，中径公差带代号为 7H，中等旋合长度
锯齿形螺纹	B	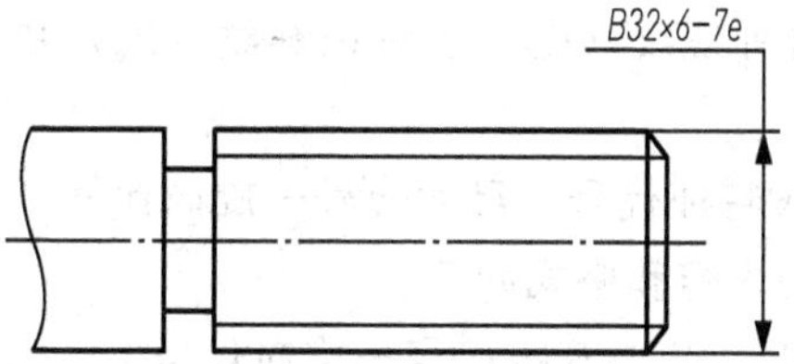 B32×6-7e	锯齿形外螺纹，大径 32mm，单线，螺距 6mm，左旋，中径公差带代号 7e；中等旋合长度
55°非密封管螺纹	G	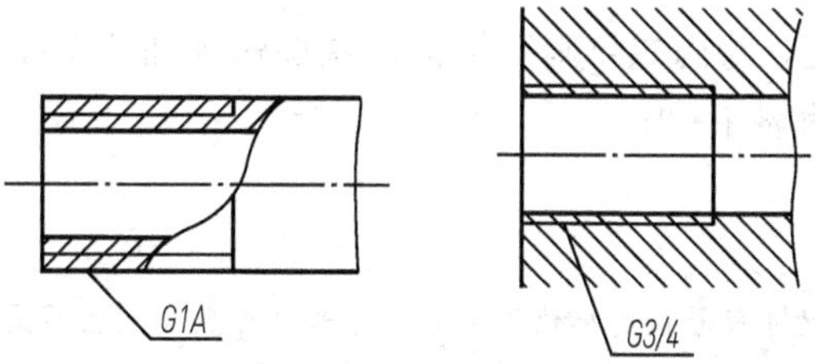 G1A G3/4	55°非密封的管螺纹，外螺纹的尺寸代号为 1，外螺纹公差等级为 A 级；内螺纹的尺寸代号为 3/4
55°密封管螺纹	R_1 R_2 Rc Rp	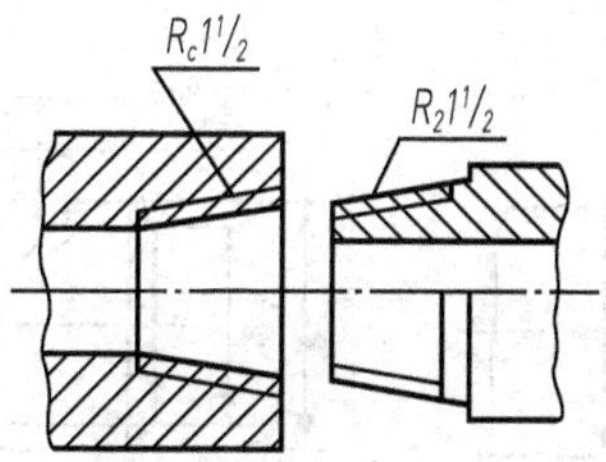 $R_c1\frac{1}{2}$ $R_21\frac{1}{2}$	55°密封管螺纹 R1—与圆柱内螺纹配合的圆锥外螺纹 R2—与圆锥内螺纹配合的圆锥外螺纹 1½—尺寸代号 Rc 表示圆锥内螺纹 Rp 表示圆柱内螺纹

c. 旋合长度代号。旋合长度分短（S）、中（N）、长（L）3 种，一般选用中等旋合长度，且不需注出，其余则应注出。也可直接用数值注出旋合长度值。如"M20-6H-32"，表示旋合长度 32mm。普通螺纹的直径、螺距等标准参数可查附表 1-1。

② 梯形和锯齿形螺纹的标注。梯形螺纹（Tr）和锯齿形螺纹（B）的完整标记由螺

纹代号、公差带代号及旋合长度代号组成。具体的标记格式如下。

螺纹特征代号 公称直径× 螺距（单线）
导程（P螺距）（双线） 或 旋向－中径公差带代号－旋合长度代号

螺纹代号

a. 梯形螺纹的特征代号为"Tr"；锯齿形螺纹的特征代号为"B"。左旋螺纹的旋向代号为 LH，需标注；右旋螺纹不标旋向。例如 Tr32×6LH；Tr32×6。

b. 梯形螺纹和锯齿形螺纹的公差带为中径公差带。

c. 梯形螺纹和锯齿形螺纹的旋合长度分为中（N）和长（L）两组，精度规定为中等、粗糙两种。当旋合长度为中（N）时，不标注代号"N"。例如 Tr32×12（P6）LH-7e-L 为梯形螺纹的完整标记。内、外螺纹旋合时，标记如 Tr40×7-7H/7e。

③ 管螺纹的标注。在水管、油管、煤气管的管道连接中常用管螺纹，它们是英制螺纹。管螺纹按其性能分为用螺纹密封的管螺纹和非密封的管螺纹。螺纹标记的内容和格式如下。

a. 用密封的管螺纹有圆锥外螺纹（R）、圆锥内螺纹（R_c）和圆柱内螺纹（R_p）3 种，其标记的内容和格式如下。

螺纹特征代号 尺寸代号－旋向代号

b. 非密封的管螺纹标记的内容和格式如下。

螺纹特征代号 尺寸代号 公差等级代号－旋向代号

螺纹特征代号用 G 表示。尺寸代号用 1/2，3/4，1，1½……表示。公差等级代号：对外螺纹分 A、B 两级标记，对内螺纹则不标记。左旋螺纹加注 LH，右旋螺纹不标注旋向。部分管螺纹的参数见附表 1-2。

特别提示

需要注意的是，管螺纹的尺寸代号值的单位为英寸，并非公称直径，也不是管螺纹本身任何一个直径的尺寸。至于管螺纹的大径、中径、小径及螺距等具体尺寸，应通过查阅相关的国家标准来确定。

④ 特殊螺纹和非标准螺纹的标注如图 4.105 所示。

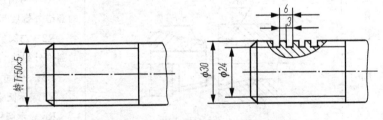

图 4.105　特殊螺纹和非标准螺纹的标注

6. 键连接（GB/T 1095—2003）

键主要用于轴和轴上零件（如齿轮、带轮、链轮等）间的连接，以传递扭矩。如图 4.106 所示，在被连接的轴上和轮毂孔中制出键槽，先将键嵌入轴上的键槽内，再对准轮毂孔中的键槽（该键槽是穿通的），将它们装配在一起，便可达到连接目的。

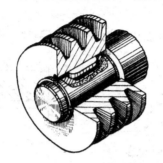

图 4.106 键连接

1) 常用键的型号

键是标准件。常用的键有普通平键、半圆键和钩头楔键等多种，如图 4.107 所示。普通平键又有 A 型（圆头）、B 型（平头）和 C 型（单圆头）3 种，如图 4.107（a）所示。

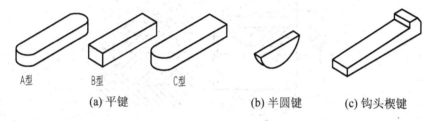

(a) 平键　　　　　　　　(b) 半圆键　　　　(c) 钩头楔键

图 4.107 常用键的型式

2) 键槽的画法和尺寸标注及其标记示例

键槽的型式和尺寸也随键的标准化而有相应的标准（见附表 3-1）。在设计或测绘中，键槽的宽度、深度和键的宽度、高度等尺寸可根据被连接的轴径在标准中查得。轴上的键槽长和键长应根据轮毂宽，在键的长度标准系列中选用（键长不超过轮毂宽）。

键连接的画法和尺寸标注如图 4.108 所示。

普通平键的标记格式和内容为

标准代号　键　型式代号 宽度×高度×长度

其中 A 型可省略型式代号。例如：宽度 $b=18$mm，高度 $h=11$mm，长度 $L=100$mm 的圆头普通平键（A 型），其标记是：GB/T 1096－2003　键 18×11×100。

例 3　图 4.108 中的轴径 $d=60$mm，轮毂宽 100mm。试确定平键连接中键槽的尺寸。

解：查表，从附录中的附表 3-1 查得：键槽宽度 $b=18$mm；深度 $t_1=7$mm，$t_2=4.4$mm。轴上键槽长 L 取为 100mm。

计算，$d-t_1=60-7=53$mm，$d+t_2=60+4.4=64.4$mm。

3) 键连接画法

普通平键和半圆键连接的作用原理相似，半圆键常用于载荷不大的传动轴上。键连接画法如图 4.108 所示，绘制时应注意以下几点。

(1) 连接时，普通平键和半圆键的两侧面是工作面，它与轴、轮毂的键槽两侧面相接触，分别只画一条线。

(2) 键的上、下底面为非工作面，上底面与轮毂槽顶面之间留有一定的间隙，画两条线。

(3) 在反映键长方向的剖视图中，轴采用局部剖视，键按不剖处理。

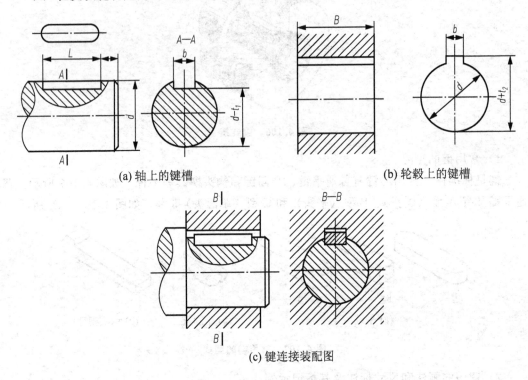

(a) 轴上的键槽　　　　　　　　　(b) 轮毂上的键槽

(c) 键连接装配图

图 4.108　普通平键连接画法

7. 销连接（GB/T 119.1—2000）、（GB/T 117—2000）

常用的销有圆柱销、圆锥销和开口销等。圆柱销和圆锥销用作零件间的连接或定位；开口销用来防止连接螺母松动或固定其他零件。表 4-16 为圆柱销、圆锥销、开口销的型式和标记示例。

销为标准件，其规格、尺寸可从标准中查得。圆柱销和圆锥销的连接画法如图 4.109（a）、（b）所示。图 4.109（c）为带销孔螺杆和槽形螺母用开口销锁紧防松的连接图。

圆柱销或圆锥销的装配要求较高，销孔一般要在被连接零件装配时同时加工。这一要求需在相应的零件图上注明。锥销孔的公称直径指小端直径，标注时应采用旁注法，如图 4.110 所示。锥销孔加工时按公称直径先钻孔，再选用定值铰刀扩铰成锥孔。

表 4-16 销的种类、型式和标记

名称及标准	主要尺寸	标 记
圆柱销 GB/T 119.1—2000		销 GB/T 119.1—2000 d×l
圆锥销 GB/T 117—2000		销 GB/T 117—2000 d×l
开口销 GB/T 91—2000		销 GB/T 91—2000 d×l

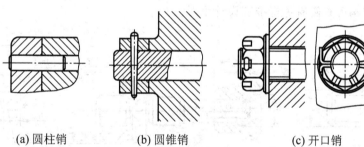

(a) 圆柱销　　　　(b) 圆锥销　　　　(c) 开口销

图 4.109　销连接的画法

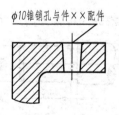

图 4.110　锥销孔的标注

8. 零件机械加工的工艺结构

1）倒角和倒圆

为了去除零件加工表面的毛刺、锐边和便于装配，在轴或孔的端部一般加工与水平方向成 45°、30°、60°倒角。45°倒角注成"C 宽度"形式，其他角度的倒角应分别注出倒角宽度 C 和角度。为了避免阶梯轴轴肩的根部因应力集中而产生的裂纹，在轴肩处加工成圆角过渡，称为倒圆。倒角尺寸系列及孔、轴直径与倒角值的大小关系可查阅 GB/T 6403.4—2008；圆角查阅 GB/T 6403.4—2008，如图 4.111 所示。当倒角、倒圆尺寸很小时，在图样上可不画出，但必须注明尺寸或在"技术要求"中加以说明。

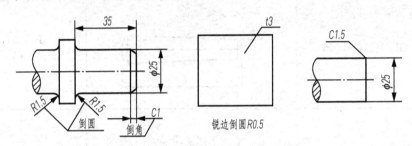

图 4.111　倒角和倒圆

2）退刀槽和砂轮越程槽

零件在车削或磨削时，为保证加工质量，便于车刀的进入或退出，以及砂轮的越程需要，常在轴肩处、孔的台肩处预先车削出退刀槽或砂轮越程槽，如图 4.112 所示。它们的具体尺寸与结构可查阅有关标准和设计手册。

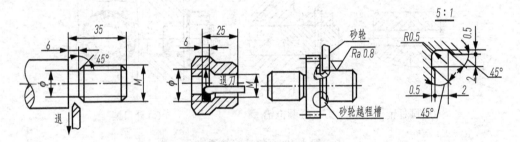

图 4.112　退刀槽和砂轮越程槽

图 4.113 给出了退刀槽和越程槽的 3 种常见的尺寸标注方法。

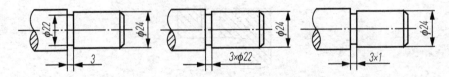

图 4.113　退刀槽和越程槽的尺寸注法

3）钻孔结构

钻孔时，钻头的轴线应与被加工表面垂直，否则会使钻头弯曲，甚至折断。当被加工面倾斜时，可设置凸台或凹坑；钻头钻透时的结构，要考虑到不使钻头单边受力，否则钻头也容易折断，如图 4.114 所示。

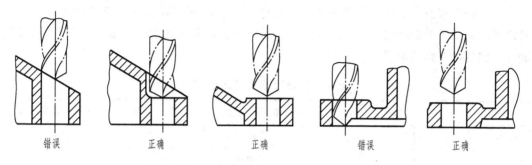

图 4.114　钻孔结构

4) 凸台和凹坑

两零件的接触面一般都要进行机械加工，为减少加工面积，并保证良好接触，常在零件的接触部位设置凸台或凹坑，如图 4.115 所示。

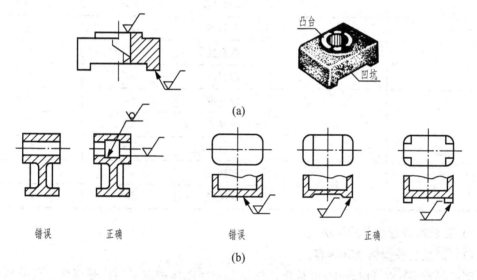

图 4.115　凸台和凹坑

9. 形位公差及其标注

1) 形状和位置公差的概念

加工后的零件不仅存在尺寸误差，而且几何形状和相对位置也存在误差。为了满足零件的使用要求和保证互换性，零件的几何形状和相对位置由形状公差和位置公差来保证。

(1) 形状误差和公差：形状误差是指单一实际要素的形状对其理想要素形状的变动量。单一实际要素的形状所允许的变动全量称为形位公差。

(2) 位置误差和公差：位置误差是指关联实际要素的位置对其理想要素位置的变动量。理想位置由基准确定。关联实际要素的位置对其基准所允许的变动全量称为位置公差。形状公差和位置公差简称形位公差。

(3) 形位公差项目及符号：GB/T 1182—2008 和 GB/T 13319—2003 对形位公差的特征项目、名词、术语、代号、数值、标注方法等都作了明确规定。国家标准规定了 14 个形位公差项目，见表 4-17。

(4) 公差带及其形状：公差带是由公差值确定的限制实际要素（形状和位置）变动的区域。公差带的形状有：两平行直线、两平行平面、两等距曲面、圆、两同心圆、球、圆柱、四棱柱及两同轴圆柱。

表 4-17 形位公差项目及符号

公差		特征项目	符号	有或无基准要求
形状	形状	直线度	—	无
		平面度	⌖	无
		圆度	○	无
		圆柱度	⌭	无
形状或位置	轮廓	线轮廓度	⌒	有或无
		面轮廓度	⌓	有或无
位置	定向	平行度	∥	有
		垂直度	⊥	有
		倾斜度	∠	有
位置	定位	位置度	⌖	有或无
		同轴（同心）度	◎	有
		对称度	≡	有
	跳动	圆跳动	↗	有
		全跳动	⌿	有

2) 形状和位置公差的注法

(1) 形位公差框格及其内容。

国家标准 GB/T 1182—2008 规定，形位公差在图样中应采用代号标注。代号由公差项目符号、框格、指引线、公差数值和其他有关符号组成。

形位公差框格用细实线绘制，可画两格或多格，可水平或垂直放置，框格的高度是图样中尺寸数字高度的 2 倍，框格的长度根据需要而定。框格中的数字、字母和符号与图样中的数字同高，框格内从左到右（或从上到下）填写的内容为：第一格为形位公差项目符号，第二格为形位公差数值及其有关符号，后边的各格为基准代号的字母及有关符号，如图 4.116 所示。

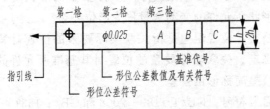

图 4.116 形位公差框格代号

(2) 被测要素的注法。用带箭头的指引线将被测要素与公差框格的一端相连。指引线箭头应指向公差带的宽度方向或直径方向。指引线用细实线绘制，可以不转折或转折一次（通常为垂直转折）。

指引线箭头按下列方法与被测要素相连。

① 当被测要素为线或表面时，指引线箭头应指在该要素的轮廓线或其延长线上，并应明显地与该要素的尺寸线错开，如图 4.117（a）所示。

② 当被测要素为轴线、球心或中心平面时，指引线箭头应与该要素的尺寸线对齐，如图 4.117（b）所示。

③ 当被测要素为整体轴线或公共对称平面时，指引线箭头可直接指在轴线或对称线上，如图 4.117（c）所示。

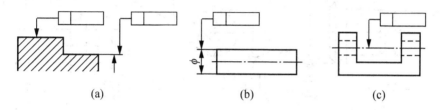

图 4.117　形位公差框格代号

(3) 基准要素的注法。标注位置公差的基准，要用基准符号。基准符号是细实线小圆，内有大写的字母，用细实线与粗短划横线（宽度为粗实线的 2 倍，长度为 5～10mm）相连，小圆直径与框格高度相同，圆内表示基准的字母高度为字体的高度；或基准符号是粗实线方格内有大写的字母，用细实线与一个涂黑或空白的三角形相连，方格内表示基准的字母高度为字体的高度，涂黑和空白的基准三角形含义相同。无论基准符号在图样上的方向如何，圆圈或方格内的字母均应水平填写，如图 4.118 所示。目前国际上用得最多的基准符号如图 4.118（b）所示，本书零件图采用的基准符号如图 4.118（a）所示。表示基准的字母也应注在公差框格内，如图 4.119 所示。

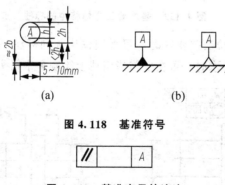

图 4.118　基准符号

图 4.119　基准字母的注法

① 当基准要素为素线或表面时，基准代号应靠近该要素的轮廓线或其引出线标注，并应明显地与尺寸线错开，如图 4.120（a）所示。基准符号还可置于用圆点指向实际表面的参考线上，如图 4.120（b）所示。

② 当基准是轴线或中心平面或由带尺寸的要素确定的点时，基准符号、箭头应与相

应要素尺寸线对齐,如图 4.121（a）所示。

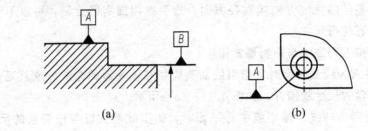

图 4.120　基准要素的注法（一）

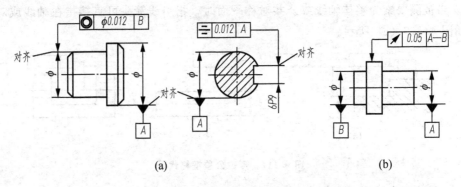

图 4.121　基准要素的注法（二）

③ 图 4.122（a）所示为单一要素为基准时的标注；图 4.122（b）所示为两个要素组成的公共基准时的标注；图 4.122（c）所示为两个或 3 个要素组成的基准时的标注；图 4.121（b）所示为公共轴线为基准的标注实例。表示基准要素的字母要用大写的拉丁字母，为不致引起误解，字母 E、I、J、M、O、P、R、F 不采用。

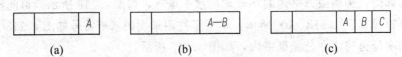

图 4.122　基准要素在框格中的标注

④ 同一要素有多项形位公差要求时，可采用框格并列标注，如图 4.123（a）所示。多处要素有相同的形位公差要求时，可在框格指引线上绘制多个箭头，如图 4.123（b）所示。

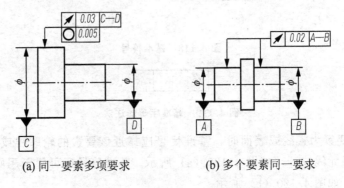

(a) 同一要素多项要求　　　　(b) 多个要素同一要求

图 4.123　一项多处、一处多项的标注

⑤ 任选基准时的标注方法如图4.124所示。

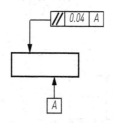

图 4.124 任选基准的标注方法

⑥ 当被测范围仅为被测要素的一部分时，应按图4.125所示标注。

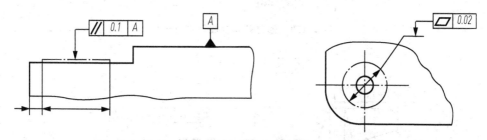

图 4.125 被测范围仅为被测要素一部分的标注方法

⑦ 当给定的公差带为圆、圆柱或圆球时，应在公差数值前加注 ϕ 或 $S\phi$，如图4.126所示。

图 4.126 任选基准的标注方法

3）形位公差在图样上的标注示例

（1）图4.127中所注形位公差的含义如下。

① 以 ϕ45P7 圆孔的轴线为基准，ϕ100h6 外圆对 ϕ45P7 孔的轴线的圆跳动公差为 0.025mm。

② ϕ100h6 外圆的圆度公差为 0.004mm。

③ 以零件的左端面为基准，右端面对左端面的平行度公差为 0.01mm。

（2）图4.128中所注形位公差的含义如下。

① 以 ϕ16f7 圆柱的轴线为基准，M8×1 轴线对 ϕ16f7 轴线的同轴度公差为 ϕ0.1mm。

② 以 ϕ16f7 圆柱体的圆柱度公差为 0.005mm。

③ 以 ϕ16f7 圆柱的轴线为基准，SR750 球面对 ϕ16f7 轴线的径向圆跳动公差为 0.03mm。

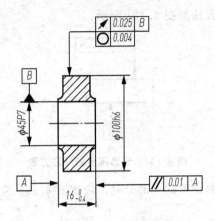

图 4.127　形位公差标注示例（一）

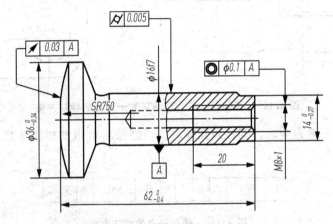

图 4.128　形位公差标注示例（二）

4）识读零件图形位公差举例

例 4　识读如图 4.129 所示的形位公差的含义。

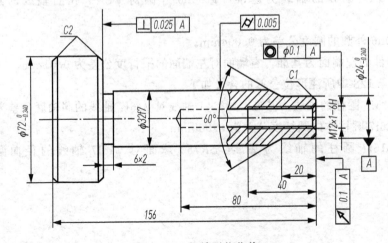

图 4.129　识读形位公差

⌀ 0.005 表示 φ32f7 圆柱面的圆柱度误差为 0.005mm。

◎ φ0.1 A 表示 M12×1 的轴线对基准 A 的同轴度误差为 φ0.1mm。

↗ 0.1 A 表示 φ24 的端面对基准 A 的端面圆跳动公差为 0.1mm。

⊥ 0.025 A 表示 φ72 的右端面对基准 A 的垂直度公差为 0.025mm。

例 5 识读如图 4.130 所示的套筒零件形位公差标注的含义。

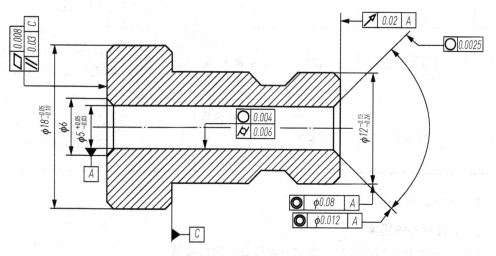

图 4.130 轴套形位公差标注实例

表 4-18 为图 4.130 所示的套筒零件形位公差标注的含义。

表 4-18 轴套零件图上标注形位公差的含义

序号	形位公差	公差特征名称	被测要素	基准要素	公差意义
1	▱ 0.008	平面度	零件的左端面	无	左端面的平面度公差为 0.008mm
2	∥ 0.03 C	平行度	零件的左端面	凸肩的右端面C面	凸肩的左端面对凸肩右端面的平行度公差为 0.03mm
3	↗ 0.02 A	圆跳动	零件的右端面	φ5mm 的圆柱孔的轴心线	零件的右端为 φ5mm 圆柱孔轴心线的圆跳动公差为 0.02mm
4	○ 0.0025	圆度	零件右端 90°30″密封锥面	无	零件右端 90°30″密封锥面的圆度公差为 0.0025mm
5	◎ φ0.08 A	同轴度	φ12mm 外圆柱面的轴心线	φ5mm 圆柱孔的轴心线	φ12mm 外圆柱面的轴心线对 φ5mm 内圆柱面轴心线的同轴度公差为 0.08mm

续表

序号	形位公差	公差特征名称	被测要素	基准要素	公差意义
6	◎ φ0.012 A	同轴度	零件右端90°30″的密封锥面的轴心线	φ5mm圆柱孔的轴心线	零件右端90°30″密封锥面的轴心线对φ5mm内圆柱面轴心线的同轴度公差为0.012mm
7	○ 0.004	圆度	φ5mm圆柱孔的内圆柱面	无	φ5mm圆柱孔的内圆柱面的圆度公差为0.004mm
8	⌭ 0.006	圆柱度	φ5mm圆柱孔的内圆柱面	无	φ5mm圆柱孔的内圆柱面的圆柱度公差为0.006mm

10. 其他技术要求

1) 零件材料的要求

(1) 对材料热处理的要求，如"材料需进行时效处理"。

(2) 对材料质量的要求，如"铸件不得有气孔、夹砂、缩松、裂纹等铸造缺陷"。

2) 毛坯尺寸的统一要求

(1) 对拔模斜度的要求，如"铸件的拔模斜度为1：20"。

(2) 对铸造圆角的要求，如"未注铸造圆角为R2～R3"。

3) 对加工尺寸的统一要求

对加工尺寸的统一要求如"全部倒角C1"、"未注倒角C2"、"未注倒圆角为R3"、"各轴肩过渡圆角为R3。"

4) 未注尺寸公差及形位公差要求

未注尺寸公差及形位公差要求如"未注尺寸公差按IT14级"、"未注形位公差的公差等级按D级"。

5) 热处理要求

热处理要求如"热处理HRC42～48"、"调质处理HB220～250"、"淬火硬度40～45HRC"、"φ30h5处S0.5-C59"。

6) 零件表面质量要求

零件表面质量要求如"去除毛刺锐边"、"棱边（锐边）倒钝。"

7) 表面处理要求

表面处理要求如"表面发蓝"、"表面发黑"、"表面抛光"、"不加工面涂深灰色皱纹漆"。

8) 对零件成品的要求

对零件成品的要求如"机体不准漏油"。

11. 轴类零件图中的技术要求举例

1) 零件图中标注表面结构要求

根据要求在图 4.131 所示零件图上标注表面结构要求。

(1) 左端 φ16mm 及倒角、12mm 平面、M10 及倒角用去除材料的方法得到的表面结构要求为 $Ra=6.3\mu m$。

(2) 两端 φ20mm、两个键槽、左端 φ5mm 小孔用去除材料的方法得到的表面结构要求为 $Ra=1.6\mu m$。

(3) φ28mm、右端 φ16mm 用去除材料的方法得到的表面结构要求为 $Ra=3.2\mu m$。

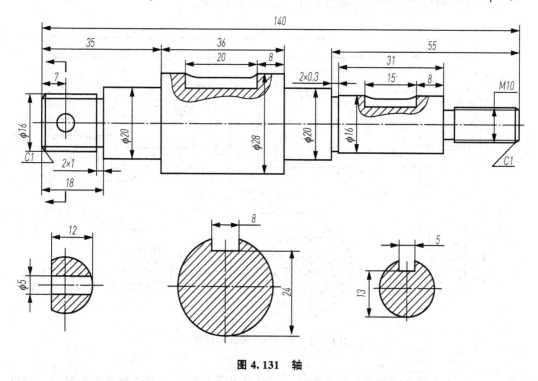

图 4.131　轴

:任务分析:　图 4.131 所示轴各部分有不同的表面结构要求，需要一一标注正确，不能遗漏，也不能重复标注。

:任务实施:

① 左端 φ16mm 及倒角、12mm 平面表面结构要求注写在尺寸延长线上；M10 表面结构要求注写在轮廓线上，符号尖端从材料外指向材料表面。

② 左端 φ20mm 表面结构要求注写在轮廓线上；两个键槽两侧面、左端 φ5mm 小孔表面结构要求标注在其尺寸线上。

③ φ28mm、右端 φ16mm、右端 φ20mm 标注在指引线上。

其余各表面结构要示 Ra 值为 $12.5\mu m$，需要标注的表面比较多，不在图上标注，而是标注在图形的右下角（标题栏附近），如图 4.132 所示。

2）在图样上标注尺寸公差

根据要求在图 4.132 所示轴上标注尺寸公差。

(1) 尺寸 φ20mm 基本偏差代号 k，公差等级为 7 级。

(2) 尺寸 φ28mm 基本偏差代号 f，公差等级为 8 级。

(3) 右端尺寸 φ16mm 基本偏差代号 f，公差等级为 8 级。

(4) 两处键槽宽度基本偏差代号 P，公差等级为 9 级。

(5) 两处键槽深度尺寸上偏差为 0，下偏差为 −0.1。

(6) 螺纹 M10 中径公差等级为 6 级，基本偏差代号为 g。

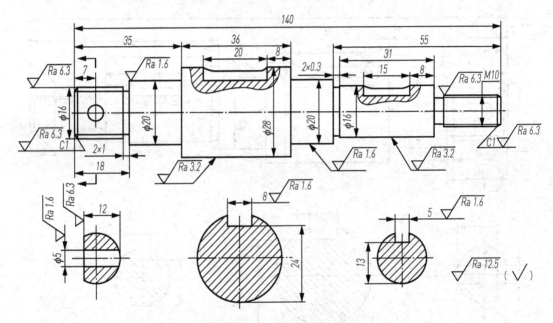

图 4.132 轴（标注表面粗糙度）

任务分析： 为保证零件之间的互换性，应对其尺寸规定一个允许变动的范围——允许尺寸变动的量，称为公差。零件加工后测量出的尺寸（即实际尺寸），只要在尺寸允许变动的范围内，该尺寸就是合格的。

任务实施： 尺寸公差标注如图 4.133 所示。

3）形位公差在图样上的标注与识读

根据要求在图 4.133 上标注几何公差。

(1) 5P9 和 8P9 键槽对称中心面分别对 φ16f8 圆柱轴线和 φ28f8 圆柱轴线的对称度公差为 0.02mm。

(2) φ28f8 和 φ16f8 圆柱轴线对两处 φ20k7 圆柱轴线的同轴度公差为 0.04mm。

(3) φ28f8 圆柱右端面对该段轴线的圆跳动公差为 0.02mm。

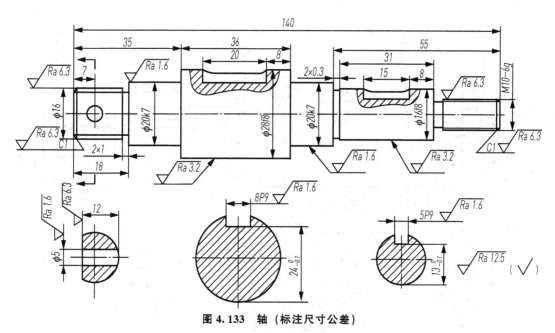

图 4.133 轴（标注尺寸公差）

任务分析： 由于零件的表面形状和相对位置的误差过大会影响机器的性能，因此对精度要求高的零件，除了尺寸精度外，还应控制其形状和位置的误差。对形状和位置误差的控制是通过形状和位置公差来实现的。在零件图样上正确标识形位公差十分重要。

任务实施：

① 5P9 和 8P9 键槽对称度其指引线和尺寸线对齐。
② $\phi 28f8$ 和 $\phi 16f8$ 圆柱同轴度其指引线与尺寸线对齐。
③ $\phi 28f8$ 圆柱端面对该段轴线的圆跳动指向端面轮廓线的延长线。
④ 各处基准符号都是指轴线，所以与尺寸线对齐。

标注如图 4.134 所示。

12. 读蜗杆轴零件图

蜗杆轴零件图如图 4.85 所示。

1) 看标题栏

从标题栏中可知零件的名称是蜗杆轴，其材料为碳素钢（45），属于轴套类零件，图样的比例为 1∶1。

2) 分析视图

图中采用一个主视图、两个移出断面图。轴的两端用局部剖视图表示螺孔。截面相同的较长轴采用折断画法。用两个移出断面图分别表示键槽的宽度和深度。

3) 分析尺寸

蜗杆轴长度方向的尺寸基准是右端面，从基准出发标注尺寸 30、400，左端面是辅助基准，尺寸 400 是长度方向主要基准与辅助基准之间的关联尺寸。以水平轴线为径向（高

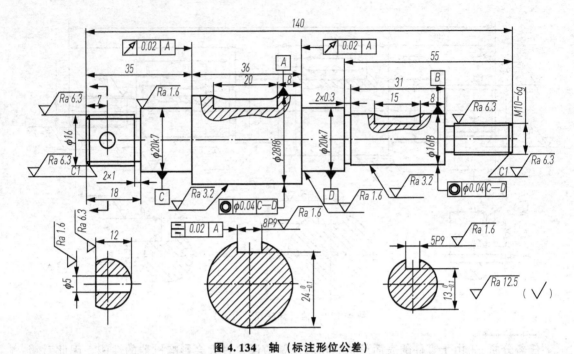

图 4.134 轴（标注形位公差）

度和宽度方向）主要尺寸基准，标注出定形尺寸 $\phi32$、$\phi40$、$\phi25$ 等。

4）看技术要求

凡注有公差带尺寸的轴段，均与其他零件有配合要求。如注有 $\phi32$、$\phi25$ 的轴段，表面粗糙度 Ra 的最大允许值为 $3.2\mu m$ 或 $6.3\mu m$，其他表面粗糙度 Ra 的最大允许值为 $25\mu m$。$\phi32$ 所指的形位公差代号，其含义为 $\phi32$ 的轴线对公共基准轴线 $A\text{-}B$ 的同轴度误差不大于 $0.015mm$。

5）综合分析

总结上述内容并进行综合分析，对蜗杆轴的结构特点、尺寸标注和技术要求等，有比较全面的了解。

13. 读轴类零件图

识读图 4.135 所示轴的零件图。

1）看标题栏

从标题栏中可知零件的名称是轴，它能通过传动件传递动力。材料是 45 钢，比例是 1:2.5，属于轴套类零件。

2）分析视图

该零件采用一个主视图，两个局部放大图和两个移出断面图以及一个局部视图表达。主视图按其加工位置选择，一般将轴线水平放置，用一个主视图，结合尺寸标注（直径），就能清楚地反映出阶梯轴的各段形状、相对位置以及轴上各种局部结构的轴向位置。Ⅰ局部放大图表达了左端 $\phi3H7\left(^{+0.010}_{0}\right)$ 小孔的结构和位置，Ⅱ局部放大图表达了砂轮越程槽的结构，两个移出断面图分别表达了 $\phi28k7$ 和 $\phi25k7$ 两段轴颈上键槽的形状结构，局部视图表达了 $\phi28k7$ 轴颈上键槽的形状，此外轴上还有圆角、倒角等结构。

3) 分析尺寸

根据设计要求，轴线为径向尺寸的主要基准。$\phi 40k6$ 处轴肩为轴向尺寸的基准。

4) 看技术要求

从图中可知，有配合要求或有相对运动的轴段，其表面粗糙度、尺寸公差和形位公差比其他轴段要求严格（如两段 $\phi 40k6$ 表面粗糙度 $Ra = 1.6\mu m$、$\phi 25k7$ 轴线相对两段 $\phi 40k6$ 轴线同轴度公差为 $\phi 0.008mm$ 等）。为了提高强度和韧性，往往需对轴类零件进行调质处理；对轴上和其他零件有相对运动的表面，为增加其耐磨性，有时还需要进行表面淬火、渗碳、渗氮等热处理。对热处理方法和要求应在技术要求中注写清楚。如本例中的"调质 220～250HBW"。

5) 综合分析

总结上述内容并进行综合分析，对轴的结构特点、尺寸标注和技术要求等，有比较全面的了解。

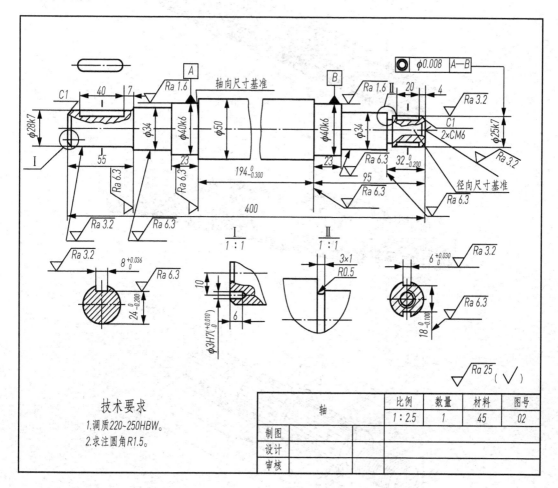

图 4.135 轴零件图

4.2.4 技能实训

实训 1

1. 实训名称

轴。

2. 实训内容

如图 4.136 所示。

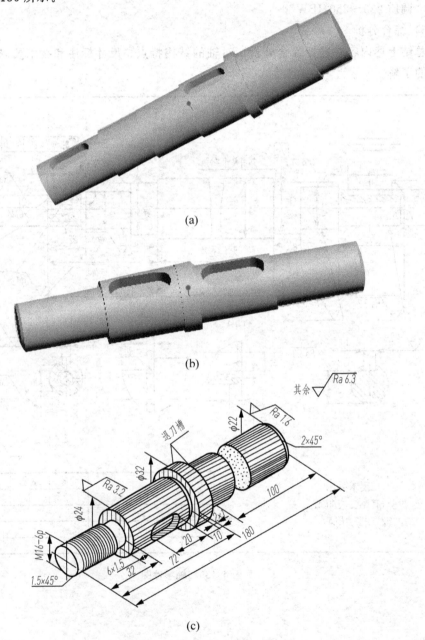

图 4.136 轴的轴测图

3. 实训目的

(1) 掌握局部剖视图、移出断面图、局部放大图的概念。

(2) 掌握局部剖视图、移出断面图、局部放大图的适用范围、画法及标注方法。

(3) 了解轴类零件图的作用和内容。

(4) 掌握轴类零件图的表达方法。

(5) 掌握零件图的尺寸标注。

(6) 掌握轴类零件图的常见工艺结构。

(7) 了解表面粗糙度的基本概念,掌握其在零件图上的标注方法。

(8) 了解形状和位置公差的基本概念,掌握其在零件图上的标注方法。

(9) 掌握如何阅读零件图。

4. 实训要求

(1) 如图 4.136(a)、(b) 所示,根据轴的轴测图在图纸中绘制轴类零件图(尺寸、比例自定,参考图 4.85、图 4.86),并读轴零件图。

(2) 如图 4.142(c) 所示,根据轴的轴测图在图纸中绘制轴类零件图,键槽宽度及深度尺寸由查表确定轴段 $\phi 24$ 圆柱轴线对轴段 $\phi 22$ 圆柱轴线的同轴度公差为 $\phi 0.05\mathrm{mm}$,轴材料为 45 钢,并读轴零件图。

5. 实训提示

(1) 参照任务指导,轴类零件图中的技术要求举例,读蜗杆轴零件图、读轴类零件图的步骤,熟悉制图、读图标准流程。

(2) 零件图主要内容齐全。

(3) 选择主视图和表达方案合理。

(4) 零件各部分结构表达正确、完整、清晰。

(5) 各类尺寸标注正确、完整、清晰、合理。

(6) 各项技术要求标注正确。

(7) 图框、线型、字体等符合规定,图面布局恰当。

实训 2

1. 实训名称

减速器从动轴、铣刀头轴、机用虎钳螺杆、圆钻模轴、套圈。

2. 实训内容

如图 4.137、图 4.138、图 4.139、图 4.140、图 4.141 所示。

(1) 减速器从动轴零件图、轴测图如图 4.137 所示。

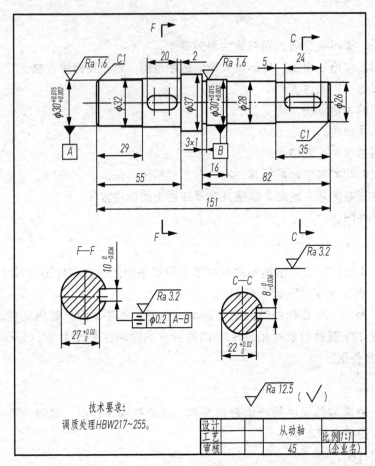

图 4.137 减速器从动轴零件图及轴测图

模块 4 零件图绘制与识读

(2) 铣刀头轴轴测图、轴测分解图、零件图,如图 4.138 所示。

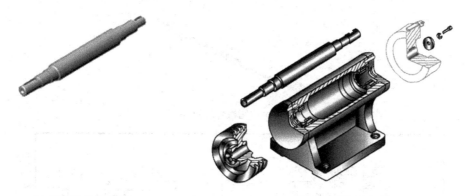

(a) 铣刀头轴轴测图　　　　　　　　(b) 铣刀头轴测分解图

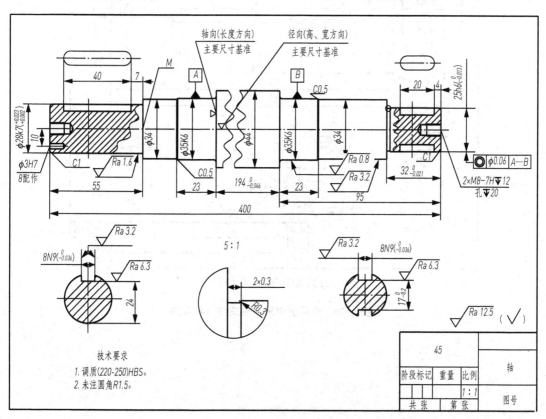

(c) 铣刀头轴零件图

图 4.138　铣刀头轴轴测图、轴测分解图及零件图

(3) 机用虎钳螺杆零件图、轴测图，如图4.139所示。

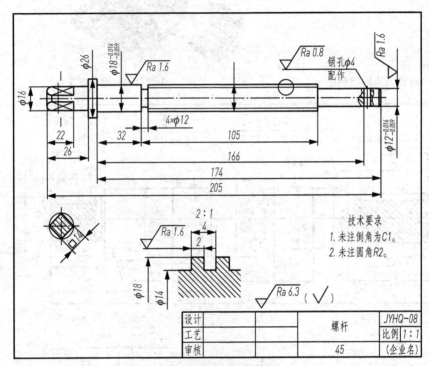

(a) 机用虎钳螺杆轴测图

(b) 机用虎钳螺杆零件图

图4.139 机用虎钳螺杆轴测图及零件图

（4）圆钻模轴零件图、轴测图，如图 4.140 所示。

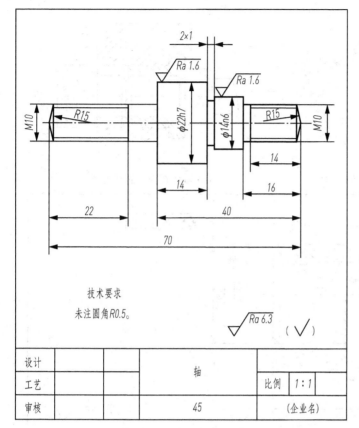

图 4.140　圆钻模轴零件图及轴测图

(5) 套圈轴测图、零件图，如图 4.141 所示。

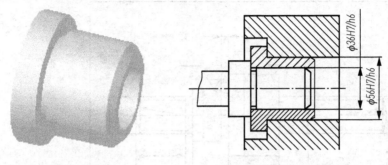

(a) 套圈的轴测图　　　　(b) 与套圈相关的装配图

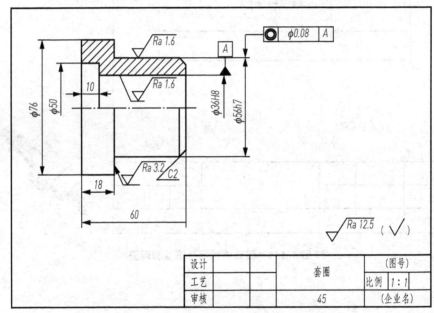

(c) 套圈的零件图

图 4.141　套圈的轴测图及零件图

3. 实训目的

(1) 掌握局部剖视图、移出断面图、局部放大图的概念。

(2) 掌握局部剖视图、移出断面图、局部放大图的适用范围、画法及标注方法。

(3) 了解轴套类零件图的作用和内容。

(4) 掌握轴套类零件图的表达方法。

(5) 掌握轴套类零件图的常见工艺结构。

(6) 了解表面粗糙度的基本概念，掌握其在零件图上的标注方法。

(7) 了解形状和位置公差的基本概念，掌握其在零件图上的标注方法。

(8) 掌握如何阅读零件图。

模块4 零件图绘制与识读

4. 实训要求

在图纸上按标注尺寸抄画轴套类零件图,并读零件图。

5. 实训提示

(1) 参照任务指导、读轴类零件图的步骤,熟悉制图、读图标准流程。

(2) 附:读铣刀头轴零件图要领。

① 视图分析。

a. 零件安放。本案例中轴的安放符合加工位置原则,即轴向水平放置,因为该轴的主要工序为车削加工。轴线水平放置,大端在左小端在右,这样便于操作者看图,少出或不出废品。

本案例零件结构分析:在轴的最左端往右依次看其结构:最左有倒角和带螺纹结构的 C 型中心孔以及销孔,再右是 $\phi34$ 圆柱,再往右是 $\phi35$ 轴承安装段,接着是圆柱直径 $\phi44$ 长 194 的圆柱,再往右又是 $\phi35$ 轴承安装段,再往右是 $\phi34$ 圆柱,最右的圆柱有上下两个键槽,并带有 C 型中心孔和倒角。

b. 主视图投影方向选择。考虑右边对称键槽的结构特殊性,取目前的投影方向,清晰表达了键槽为对称结构。

c. 其他视图。其他视图是对主视图的补充,本例中用了两个断面图分别表达左右两端键槽的宽度和深度,键槽的形状类型用了局部视图;局部放大图表达了左端销孔结构及尺寸,和右边的砂轮越程槽结构。

② 尺寸分析。

基准选择:径向以整体轴线为基准,轴向以 $\phi44$ 外圆的右端面为基准,因为该右端面在装配体里起轴向定位作用。

③ 技术要求分析。

轴类零件上常见的技术要求有:表面粗糙度、尺寸公差、形状与位置公差、材质处理要求等。

(3) 图框、线型、字体等应符合规定,图面布局要恰当。

实训 3

1. 实训名称

齿轮油泵主动齿轮轴、齿轮泵齿轮轴。

2. 实训内容

如图 4.142、图 4.143 所示。

(1) 齿轮油泵主动齿轮轴零件图、轴测图如图 4.142 所示。

(2) 齿轮泵轴测装配图、齿轮轴零件图,如图 4.143 所示。

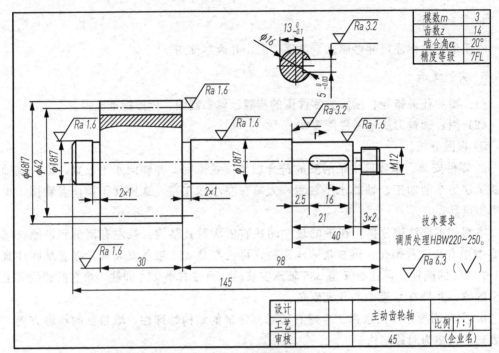

图 4.142 齿轮油泵主动齿轮轴零件图及轴测图

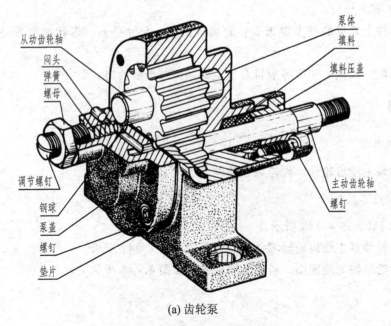

(a) 齿轮泵

图 4.143 齿轮泵轴测图及齿轮轴零件图

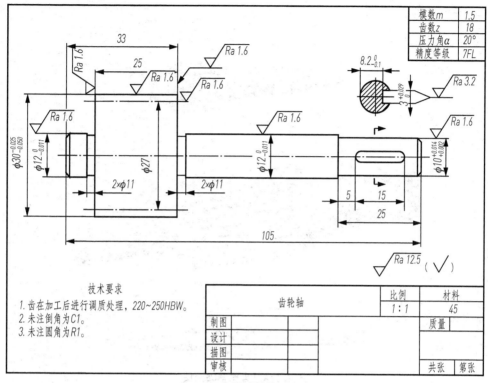

(b) 齿轮轴零件图

图 4.143　齿轮泵轴测图及齿轮轴零件图（续）

3. 实训目的

（1）了解齿轮轴的作用。

（2）掌握齿轮轴零件图的表达方法。

（3）掌握齿轮轴零件图的常见工艺结构。

（4）掌握如何阅读齿轮轴零件图。

4. 实训要求

在图纸上按标注尺寸抄画齿轮轴零件图，并读零件图。

5. 实训提示

（1）参照任务指导、读轴类零件图的步骤，熟悉制图、读图标准流程。

（2）图框、线型、字体等应符合规定，图面布局要恰当。

实训 4

1. 实训名称

齿轮轴。

2. 实训内容

如图 4.144 所示。

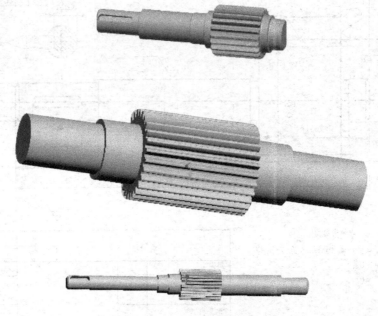

图 4.144 齿轮轴轴测图

3. 实训目的

(1) 掌握局部剖视图、移出断面图的概念。
(2) 掌握局部剖视图、移出断面图的适用范围、画法及标注方法。
(3) 根据所定的有关参数，能正确计算齿轮各部分尺寸。
(4) 掌握圆柱齿轮的规定画法。
(5) 掌握齿轮轴零件图的作用和内容。
(6) 掌握齿轮轴零件图的表达方法。
(7) 掌握齿轮轴零件图的尺寸标注。
(8) 掌握齿轮轴类零件图的常见工艺结构。
(9) 掌握表面粗糙度在零件图上的标注方法。
(10) 掌握形状和位置公差在零件图上的标注方法。
(11) 掌握如何阅读齿轮轴零件图。

4. 实训要求

根据齿轮轴类的轴测图在图纸中绘制零件图（齿数、模数、尺寸、比例自定），并读零件图。

5. 实训提示

(1) 参照任务指导、读轴类零件图的步骤、实训 3，熟悉制图、读图标准流程。
(2) 零件图主要内容齐全。

(3) 选择主视图和表达方案合理。
(4) 零件各部分结构表达正确、完整、清晰。
(5) 各类尺寸标注正确、完整、清晰、合理。
(6) 各项技术要求标注正确。
(7) 图框、线型、字体等符合规定,图面布局恰当。

实训 5

1. 实训名称

轴套类零件。

2. 实训内容

如图 4.145、图 4.146、图 4.147 所示。

(1) 输出轴零件图如图 4.145 所示。

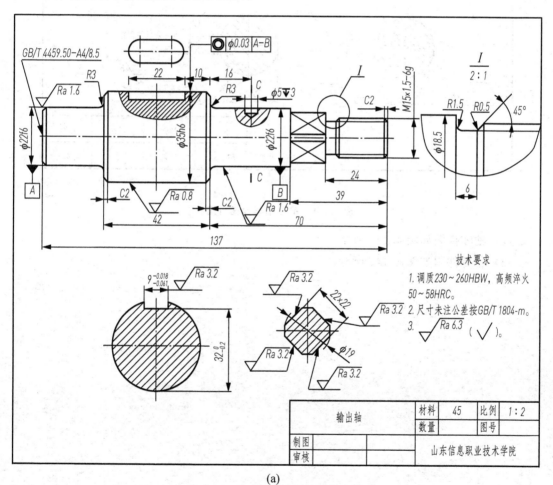

(a)

图 4.145 输出轴零件图

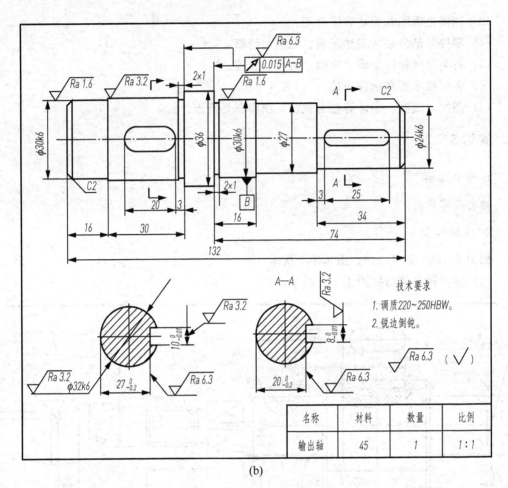

(b)

图 4.145 输出轴零件图（续）

(2) 轴零件图如图 4.146 所示。

(3) 套零件图如图 4.147 所示。

模块 4　零件图绘制与识读

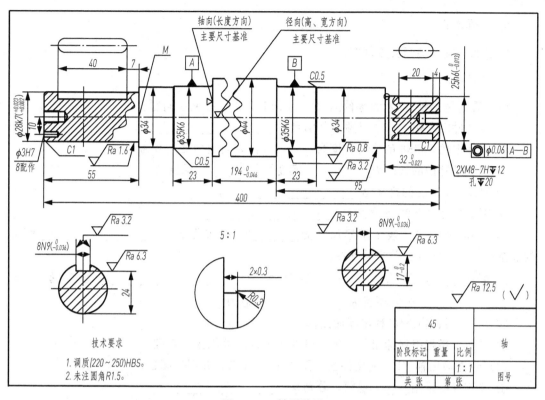

图 4.146　轴零件图

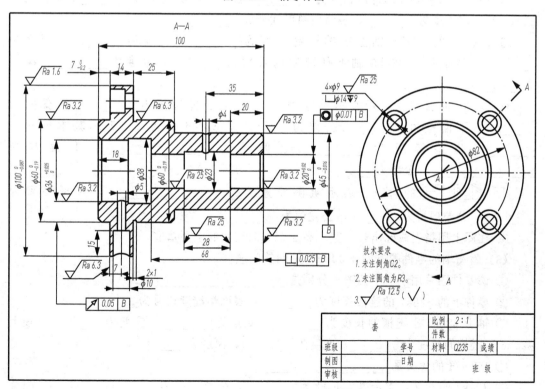

图 4.147　套零件图

3. 实训目的

掌握如何阅读轴套类零件图。

4. 实训要求

(1) 看懂输出轴 (a) 的零件图 (图 4.145 (a)),并回答问题。

① 该零件图采用____个视图,分别是_____。

② 零件上的 φ35n6 的这段长度为_____,表面粗糙度代号为_____。

③ 轴上平键槽的长度为_____,宽度为_____,深度为_____。

④ M15×1.5-6g 的含义是_____。

⑤ 图上尺寸 22×22 的含义是_____。

⑥ φ35n6 的含义:表示基本尺寸为_____,公差等级为_____,_____配合的非基准轴的尺寸及公差带的标注。

⑦ ⌀ φ0.03 A—B 的含义:表示被测要素为_____,基准要素为_____,公差项目为_____,公差值为_____。

⑧ 在图上画出 C—C 移出断面图。

⑨ 在图上用指引线标出长、宽、高 3 个方向尺寸的主要基准。

(2) 看懂输出轴 (b) 的零件图 (图 4.145 (b)),并回答问题。

① 该零件图采用____个视图,分别是_____。

② 零件上的 φ32k6 的这段长度为_____,表面粗糙度代号为_____。零件上的 φ24k6 的这段长度为_____,表面粗糙度代号为_____。

③ 零件上的 φ32k6 轴上平键槽的长度为_____,宽度为_____,深度为_____。零件上的 φ24k6 轴上平键槽的长度为_____,宽度为_____,深度为_____。

④ φ32k6 的含义:表示基本尺寸为_____,公差等级为_____,上偏差为_____,下偏差为_____,公差为_____。φ24k6 的含义:表示基本尺寸为_____,公差等级为_____,上偏差为_____,下偏差为_____,公差为_____。

⑤ ⌀ 0.015 A—B 的含义:表示被测要素为_____,基准要素为_____,公差项目为_____,公差值为_____。

⑥ 在图上用指引线标出长、宽、高 3 个方向尺寸的主要基准。

(3) 看懂轴的零件图 (图 4.146),并回答问题。

① 该零件图采用____个视图,分别是_____。

② 零件上的 φ28k7 的这段长度为_____,表面粗糙度代号为_____。

③ 轴上 φ28k7 平键槽的长度为_____,宽度为_____,深度为_____;轴上 φ25h6 平键槽的长度为_____,宽度为_____,深度为_____。

④ M8-7H 的含义是_____。

⑤ φ28k7 的含义:表示基本尺寸为_____,公差等级为_____,_____配合的非基准轴的尺寸及公差带的标注。

⑥ ⊙|⌀0.06|A-B| 的含义：表示被测要素为＿＿＿＿＿＿＿＿＿＿，基准要素为＿＿＿＿＿＿＿＿＿＿，公差项目为＿＿＿＿＿＿，公差值为＿＿＿＿＿＿。

⑦ 在图上用指引线标出长、宽、高 3 个方向尺寸的主要基准。

(4) 看懂套的零件图（图 4.147），并回答问题。

① 零件图中表面最粗糙的粗糙度代号为＿＿＿＿＿＿，表面最光洁的表面粗糙度代号为＿＿＿＿＿＿。

② 尺寸 $\phi 100_{-0.087}^{0}$，其基本尺寸为＿＿＿＿＿＿，上偏差为＿＿＿＿＿＿，下偏差为＿＿＿＿＿＿，公差为＿＿＿＿＿＿。

③ 说明 ⊙|⌀0.01|B| 的含义：＿＿＿＿＿＿＿＿＿＿＿＿＿＿。

④ 在图中表出长、宽、高 3 个方向的主要尺寸基准。

5) 实训提示

参照任务指导、读轴类零件图的步骤。

任务 4.3 绘制踏脚座

4.3.1 任务书

1. 任务名称

踏脚座。

2. 任务准备

(1) 绘图工具、绘图用品。

(2) 踏脚座模型及零件图，如图 4.148 所示。

3. 任务要求

(1) 用 A3 幅面的图纸，比例 1∶1，抄画零件图。

(2) 图框、线型、字体等应符合规定，图面布局要恰当。

4. 任务提交

图纸。

5. 评价标准

任务实施评价项目表

序号	评价项目		配分权重/(%)	实得分
1	能否读懂零件图	能否明确零件图的主要内容	3	
		能否明确各视图的表达方法和重点	10	
		能否准确构想出零件的形体结构	10	
		能否正确辨别零件的工艺结构	5	
		能否正确找出尺寸基准，明确各个尺寸的类型	7	
		能否正确识别各项技术要求标注	5	
		能否对图样各项信息进行准确归纳，得到对零件的全部认识	10	
2	能否正确绘制零件图	零件图主要内容是否齐全	5	
		选择主视图和表达方案是否合理	10	
		零件各部分结构表达是否正确、完整、清晰	10	
		各类尺寸标注是否正确、完整、清晰、合理	10	
		各项技术要求标注是否正确	10	
		图框、线型、字体等是否符合规定，图面布局是否恰当	5	

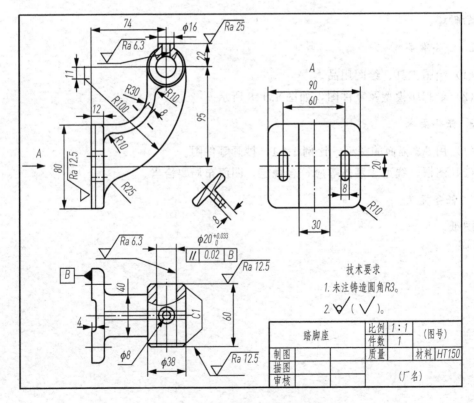

图 4.148 踏脚座零件图及轴测图

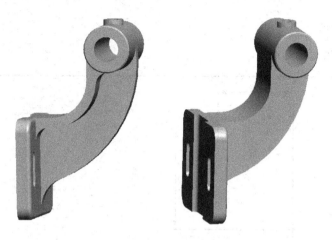

图 4.148　踏脚座零件图及轴测图（续）

4.3.2　任务指导

1. 准备工作

（1）准备绘图工具和用品。

（2）分析图形的尺寸、线段、表达方法及技术要求。

（3）根据图形大小，确定比例，选用图幅、固定图纸。

根据踏脚座的尺寸，确定比例为 1∶1，选用 A3 图幅，将图纸横放固定在图板上。

（4）拟订具体的作图顺序。

2. 绘制图形

（1）绘制 A3 图纸边框线、图框线，在图框线的右下角绘制标题栏，在图框线中绘制踏脚座主要基准线和定位线，如图 4.149（a）所示。

（2）绘制底座、圆柱套筒主、俯视图轮廓，如图 4.149（b）所示。

（3）绘制连接板，如图 4.149（c）所示。

（4）绘制圆柱套筒局部剖视图，如图 4.149（d）所示。

（5）绘制筋板的断面图、底座的局部视图，如图 4.149（e）所示。得到底稿，如图 4.149（f）所示。

（6）描深零件图，如图 4.149（g）所示。在铅笔描深前，必须全面检查底稿，修正错误，把画错的线条及作图辅助线用软橡皮轻轻擦净。检查图样完整无误后，用 B 或 2B 铅笔描深各种图线，一般先加深图形，其次加深图框和标题栏。其中轮廓线使用粗实线，对称轴线使用细点画线。

3. 尺寸标注及技术要求

（1）标注视图尺寸、尺寸公差、形位公差及表面粗糙度，如图 4.148 所示。

（2）在图形右下角标注粗糙度，如图 4.149（g）所示。

4. 填写标题栏

用 HB 铅笔填写标题栏。

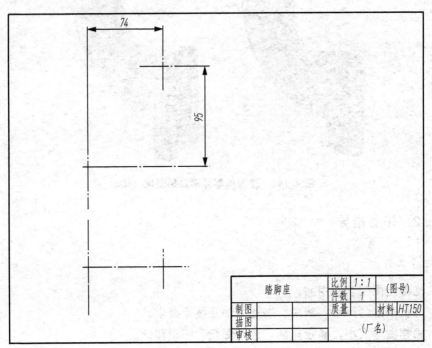

(a) 画基准线和定位线

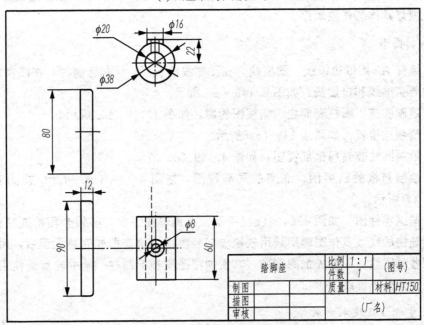

(b) 画底座、圆柱套筒主、俯视图轮廓

图 4.149　踏脚座零件图的画图步骤

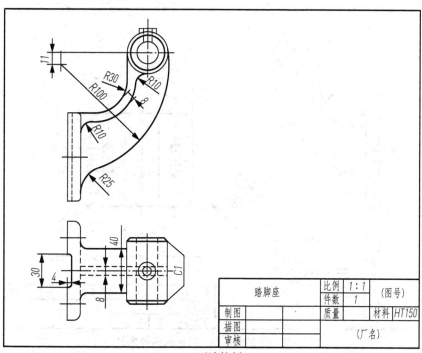

(c) 画连接板

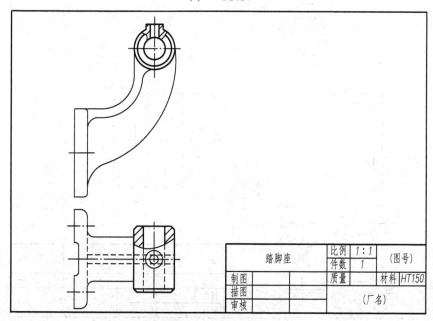

(d) 画圆柱套筒局部剖视图

图 4.149　踏脚座零件图的画图步骤（续）

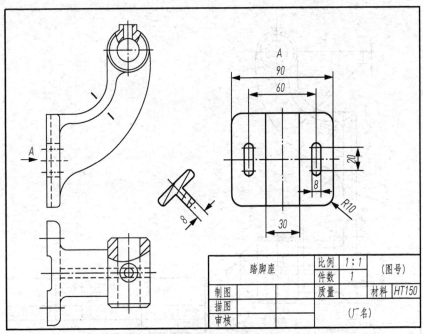

(e) 画筋板的断面图、底座的局部视图

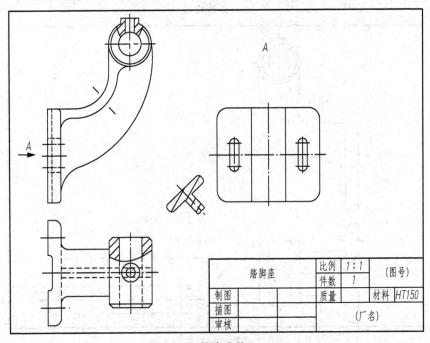

(f) 检查底稿

图 4.149　踏脚座零件图的画图步骤（续）

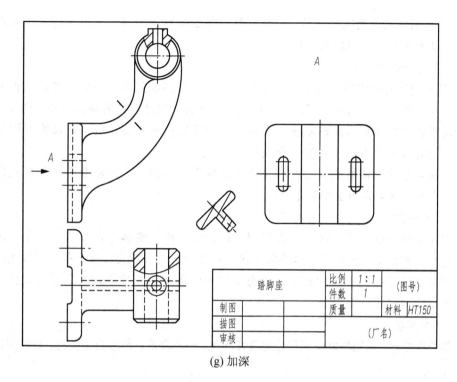

(g) 加深

图 4.149　踏脚座零件图的画图步骤（续）

4.3.3　知识包

1. 叉架类零件

1) 作用

叉架类零件包括各种用途的叉杆和支架零件。叉杆零件多为运动件，通常起传动、连接、调节或制动等作用。支架零件通常起支承、连接等作用。其毛坯多为铸件或锻件，因而具有铸造圆角、凸台、凹坑等常见结构，图 4.154 所示踏脚座属于叉架类零件。

2) 结构特点

此类零件有的形状不规则，外形比较复杂。叉杆零件常有倾斜或弯曲的结构，其上常有肋板、轴孔、耳板、底板等结构，局部结构常有油槽、油孔、螺孔、沉孔等。这类零件一般用于操纵系统中，就其结构而言，可按作用分为 3 个组成部分：一个是支承部分，用以与相邻零件的连接，支承整个叉架零件；二是工作部分，多为圆筒形轴套，它是用来连接运动轴、齿轮等零件；三是连接部分，多为筋板结构，由它把叉架零件中的支承部分和工作部分连接起来。

3) 视图选择

（1）主视图选择。

① 叉架类零件结构形状比较复杂，加工位置多变，有的零件工作位置也不固定，所以这类零件的主视图一般按工作位置原则和形状特征原则确定，如图 4.148 所示的踏脚座零件图。

② 主视图常采用剖视图（形状不规则时用局部剖视图为多）表达主体外形和局部内形。其上肋的剖切应采用规定画法。

(2) 其他视图的选择。

① 叉架类零件常常需要两个或两个以上的基本视图表达其主体，再视具体情况选用向视图、局部剖视图、局部视图、断面图等表达方法来表达零件的局部结构。图 4.148 所示踏脚座零件图选择表达方案精练、清晰，对于表达轴承和肋的宽度来说右视图是没有必要的，而对 T 字形肋，采用移出断面比较合适。

② 叉架类零件的倾斜或弯曲的结构常用向视图、斜视图、旋转视图、局部视图、斜剖视图、断面图等表达方法来表示。

4) 尺寸标注

叉架类零件常以主要轴线、对称平面、较大的端面、安装平面作为长、宽、高方向的尺寸基准，如图 4.148 所示。这类零件定位尺寸较多，一般要标注出孔的轴线之间。孔的轴线到平面或平面到平面的距离。这类零件图的圆弧连接较多，应注意已知弧、中间弧要标注出定位尺寸。

5) 技术要求

叉架类零件对表面粗糙度、形位公差没有特别严格的要求，尺寸公差应视具体情况而定。

2. 视图

根据国家标准 GB/T 17451—1998 和 GB/T 4458.1—2002 的规定，视图主要用来表达机件的外部结构形状，一般只画机件的可见部分，必要时才用虚线画出其不可见部分，视图分为基本视图、向视图、局部视图和斜视图。

1) 基本视图

为了清晰地表达出机件的上、下、左、右、前、后方向的不同形状，在原有 3 个投影面的基础上，再增加 3 个投影面，使 6 个投影面构成一个正六面体，该六面体的 6 个表面为基本投影面。将机件放在 6 个基本投影面体系内，分别向基本投影面投射所得到的视图，称为基本视图，如图 4.150 所示。

主视图——从前向后投射得到的视图。

俯视图——从上向下投射得到的视图。

左视图——从左向右投射得到的视图。

右视图——从右向左投射得到的视图。

仰视图——从下向上投射得到的视图。

后视图——从后向前投射得到的视图。

6 个投影面按规定的方向旋转展开后，以主视图为基准，其他视图的配置关系如下。俯视图配置在主视图的下方；左视图配置在主视图的右方；右视图配置在主视图的左方；仰视图配置在主视图的上方；后视图配置在主视图（左视图）的右方。

各视图的位置若按图 4.151 配置，可不标注视图的名称。

6 个基本视图间仍遵循"长对正、高平齐、宽相等"的规律，即：主、俯、仰视图，长对正；主、左、右、后视图，高平齐；俯、左、仰、右视图，宽相等。

模块 4　零件图绘制与识读

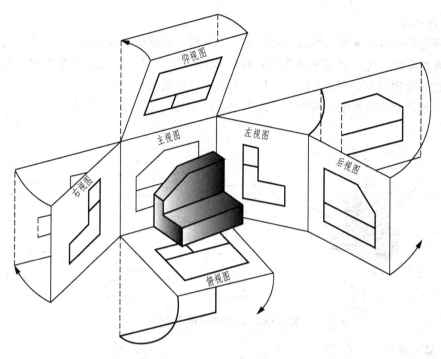

图 4.150　6 个基本投影面的展开

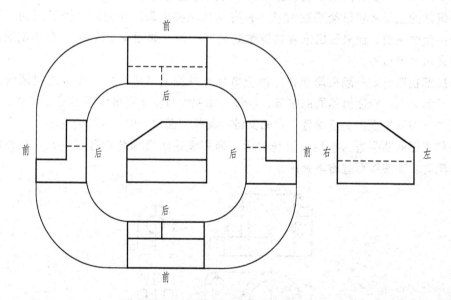

图 4.151　6 个基本视图的配置关系

特别提示

画基本视图时，应注意以下问题。

（1）6 个基本视图中，一般优先选用主、俯、左 3 个视图。

（2）除后视图外，俯、仰、左、右视图远离主视图的一侧是机件的前面，靠近主视图的一侧是机件的后面。

（3）实际绘图时，应根据机件的结构特点和复杂程度选用一定数量的基本视图，并合理地省略虚线。

287

2) 向视图

向视图是可自由配置的视图，是移位（不旋转）配置的基本视图。主、俯、左 3 个视图不能自由配置。为合理地利用图幅，部分视图不按规定的位置关系配置时，必须加以标注：在向视图的上方用大写拉丁字母标出该向视图的名称（如"A"、"B"等），并在相应的视图附近用箭头指明投射方向，注上相同的字母，如图 4.152 所示。

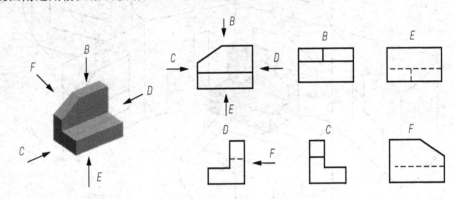

图 4.152 向视图的配置与标注

3) 局部视图

将机件的某一部分向基本投影面投射所得到的视图，称为局部视图。

当机件的主要形状已经表达清楚，只有局部结构未表达清楚时，为了简便，不必再画一个完整的视图，而只画出未表达清楚的局部结构，如图 4.153 中 A 局部视图，并用波浪线表示断裂边界。

画局部视图时，一般在局部视图的上方标注视图的名称，并在相应的视图附近用箭头指明投射方向，标注出相同的字母，字母一律用大写拉丁字母水平书写，如 A、B。

当局部视图按投影关系配置，中间又没有其他视图隔开时，可省略标注。

局部视图的断裂边界线用波浪线表示。当所表达的局部结构是完整的，且外轮廓线又成封闭时，波浪线可省略不画。

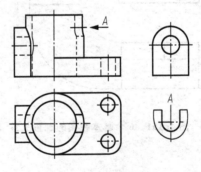

图 4.153 局部视图

4) 斜视图

当机件上某部分的倾斜结构不平行于任何基本投影面时，在基本视图中不能反映该部分的实形。这时，可增设一个新的辅助投影面，使其与机件的倾斜部分平行，且垂直于某一个基本投影面,如图 4.154 中的平面 P。然后将机件上的倾斜部分向新的辅助投影面投射,再将新投影面按箭头所指方向旋转到与其垂直的基本投影面重合的位置,即可得到反映该部分实形的视图。这种将机件向不平行于任何基本投影面的平面投射所得到的视图称为斜视图,如图 4.154 所示。

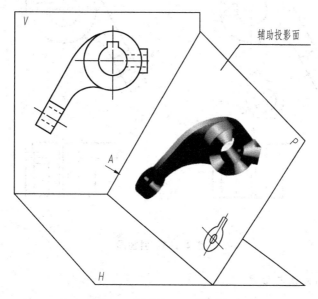

图 4.154　斜视图的直观图

斜视图的配置与标注规定如下。

（1）斜视图通常按向视图的配置形式配置并标注,即必须用带字母的箭头指明表达部位的投影方向,并在斜视图上方用相同的字母标注"×"（"×"为大写拉丁字母）,如图 4.155（a）所示"A"。

（2）斜视图一般配置在箭头所指方向的一侧,且按投影关系配置,如图 4.155（a）中的斜视图"A"。有时为了合理地用图纸幅面,也可将斜视图按向视图配置在其他适当的位置,或在不至于引起误解时,将倾斜的图形旋转到水平位置配置,以便于作图。此时,应标注旋转符号,如图 4.155（b）所示。表示该视图名称的大写字母应靠近旋转符号的箭头端。若斜视图是按顺时针方向转正,则标注为"⌒A",如图 4.155（b）所示。若斜视图是按逆时针方向转正,则应标注为"A⌒"。也允许将旋转角度标注在字母之后,如"⌒$A60°$"或"$A60°$⌒"。

旋转符号用半圆形细实线画出,其半径等于字体的高度,线宽为字体高度的 1/10 或 1/14,箭头按尺寸线的终端形式画出。

（3）斜视图一般只表达倾斜部分的局部形状,其余部分不必全部画出,可用波浪线断开,如图 4.155 所示的局部斜视图"A"。如果所表示的倾斜结构是完整的、且外形轮廓线又封闭,波浪线可省略不画,如图 4.155 中"C"。

在同一张图纸上,按投影关系配置的斜视图和按向视图且旋转放正配置的斜视图,画图时只能画出其中之一,如图 4.155 所示。

图 4.155（b）机件的表达,用一个主视图和局部俯视图来表达机件的整体形状,机

件的局部用"⌒A"斜视图和"C"局部视图,既完整、简洁,又便于绘图和标注尺寸。

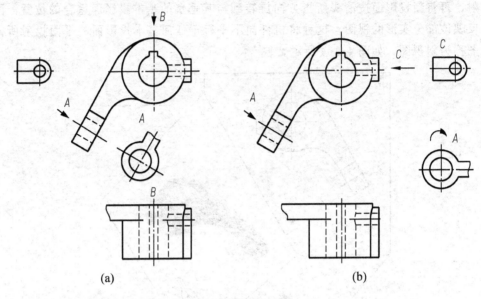

图 4.155 斜视图

3. 重合断面图画法与标注

画在视图轮廓线之内的断面图如图 4.156 所示。

1) 重合断面图的画法

重合断面的轮廓线用细实线绘制。当重合断面轮廓线与视图中的轮廓线重合时,视图中的轮廓线仍应连续画出,不可间断。

2) 重合断面图的标注

重合断面对称时,不必标注。不对称时,标注剖切符号及箭头,在不致引起误解的情况下,可省略标注。

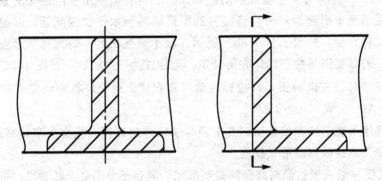

图 4.156 重合断面的画法

4. 轴承座零件图的视图选择及零件图尺寸标注举例

1）轴承座零件图的视图选择

图 4.157 所示为轴承座轴测图，选择合适的表达方式。

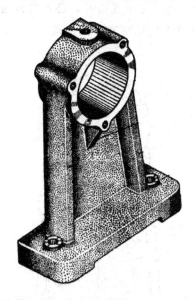

图 4.157　轴承座轴测图

任务分析： 轴承座的功用是支撑轴及轴上零件，如图 4.158 所示。从形体上看它是由轴承孔、底板、支撑板、肋板等组成。这 4 部分主要形体的相对位置关系是支撑板外侧及肋板左右两面与轴承孔外表面相交等。

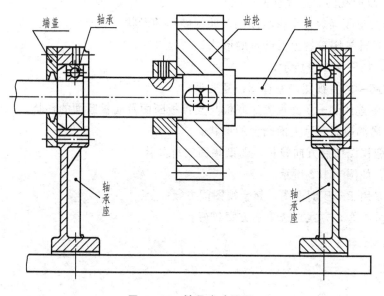

图 4.158　轴承座功用图

> 任务实施：

(1) 主视图的选择：按其工作位置选择，主视图表达了零件的主要部分：轴承孔的形状特征，各组成部分的相对位置，3个螺钉孔，凸台也得到了表达，如图4.159所示。

(2) 其他视图选择。其他视图的选择有3种方案。

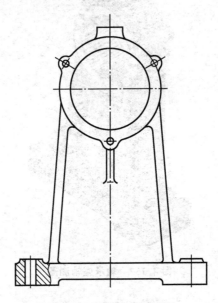

图 4.159　轴承座主视图

方案一，如图4.160所示。

① 选全剖的左视图，表达轴承孔的内部结构及肋板形状。

② 选择 D 向视图表达底板的形状。

③ 选择移出断面表达支撑板断面及肋板断面的形状。

④ C 向局部视图表达上面凸台的形状。

方案二，如图4.161所示。

① 将方案一的主视图和左视图位置对调。

② 俯视图选用 B—B 剖视表达底板与支撑板断面及肋板断面的形状。

③ C 向局部视图表达上面凸台的形状。

缺点：俯视图前后方向较长，图纸幅面安排欠佳。

方案三，如图4.162所示。

俯视图采用 B—B 剖视图，其余视图同方案一。

比较、分析3个方案，选第三方案较好。

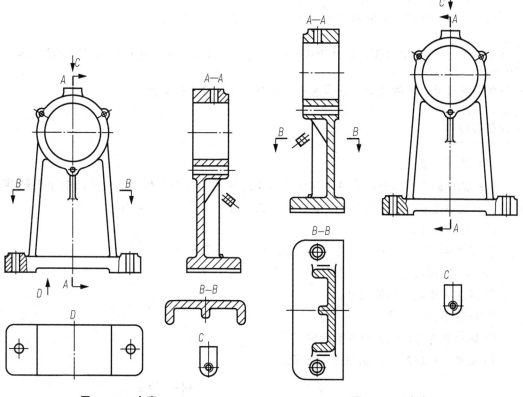

图 4.160　方案一　　　　　　　图 4.161　方案二

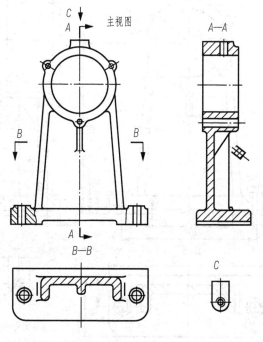

图 4.162　方案三

2）轴承座零件图尺寸标注

标注图 4.163 轴承座的所有尺寸。

任务分析： 标注轴承座的尺寸应该包括：组成轴承座 5 部分各自的尺寸及相互之间的位置关系的尺寸，不能遗漏，还要考虑加工制造以及检验的方便。

任务实施：

（1）选择基准。

根据轴承的工作状态，高度方向应选择底面为基准，轴承孔为高度方向的辅助基准，长度方向选择左右对称面为基准，宽度方向选择轴承孔后端面为基准。

（2）标注尺寸。

① 标注轴承座孔及外圆尺寸，深度尺寸，3 个小孔尺寸。

② 标注底板尺寸。

③ 标注支承板及肋板尺寸。

④ 标注上凸台尺寸。

⑤ 标注各部分之间相对位置尺寸。

⑥ 调整、整理尺寸，如图 4.163 所示。

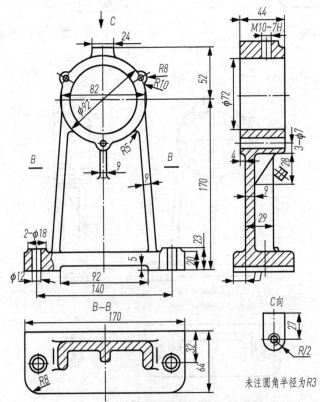

图 4.163　标注轴承座尺寸

5. 读踏脚座零件图

踏脚座零件如图 4.148 所示。

1) 看标题栏

从标题栏中可知零件的名称是踏脚座，其材料为铸铁（HT150），图样的比例为 1∶1，属于叉架类零件。

2) 分析视图

图 4.148 所示的踏脚座（别名叫托架、支架）由空心圆柱、支承板、连接板和肋等组成，采用主、俯视图和一个局部视图、一个断面图来表达。主视图表达了各组成部分的形体特征和上下、左右的相对位置关系。俯视图侧重反映了踏脚座各部分的前后对称关系。这两个视图以表达外形为主，并分别采用局部剖视图表达其圆孔的内部形状。局部视图主要是表达长圆孔的形状。断面图则清楚地反映出弯曲的板和肋的连接关系。

3) 分析尺寸

踏脚座长度方向的尺寸基准为左端面，从基准出发标注出到 $\phi16$ 凸台中心线的定位尺寸 74。宽度方向的尺寸基准为零件的前后方向的对称面，从基准出发标注出定形尺寸 40、60、30、8、90，两长圆孔定位尺寸 60。高度方向的尺寸基准为圆柱套筒的轴线，从基准出发标注出到连接板上下对称面的定位尺寸 95。

4) 看技术要求

踏脚座的左端面是工作面，表面粗糙度 Ra 的最大允许值为 6.3，最小允许值为 25，其他表面粗糙度为不加工。因为是铸件，踏脚座不得有气孔、砂眼、缩孔等铸造缺陷。

5) 综合分析

总结上述内容并进行综合分析，对踏脚座的结构特点、尺寸标注和技术要求等，有比较全面的了解。

6. 读杠杆零件图

杠杆零件图如图 4.164 所示。

1) 看标题栏

从标题栏中可知零件的名称是杠杆，其材料为铸铁（HT150），图样的比例为 1∶1，属于叉架类零件。

2) 分析视图

杠杆零件用两个基本视图、一个斜剖视图、一个移出断面图共 4 个图形表达。主视图按照安装平放的位置进行投影，以突出杠杆的形体结构特征。主视图上有一处还做了局部剖视，以表达 $\phi3$ 小孔的结构。俯视图采用两处局部剖视，以表达 $\phi9H9$ 和 $\phi6H9$ 两孔的内部结构。A—A 斜剖视图则表达了 $\phi9H9$ 和上部 $\phi6H9$ 的内部结构以及连接板和加强筋连接，移出断面表达了连接板的断面结构。

3) 尺寸分析

叉架类零件的长、宽、高 3 个方向的尺寸基准一般为支承部分的孔的轴线、对称面和较大的加工平面，如图 4.164 所示。

4) 看技术要求

根据杠杆的功用可知，φ9H9 孔和两个 φ6H9 孔都将与轴相配合，其表面粗糙度 $Ra1.6\mu m$。接合平面的表面粗糙度为 $Ra6.3\mu m$ 和 $Ra12.5\mu m$，图中未注明的表面结构要求均为原毛坯表面状态。

杠杆零件有 3 处形位公差要求，一是两个 φ6H9 孔轴线相对于 φ9H9 孔轴线的平行度公差为 φ0.05mm，另外就是 φ9H9 孔轴线相对于孔端面的垂直度公差为 φ0.05mm。

文字技术要求里注明未注铸造圆角半径均为 R3～R5。

5) 综合分析

总结上述内容并进行综合分析，对杠杆的结构特点、尺寸标注和技术要求等，有比较全面的了解。

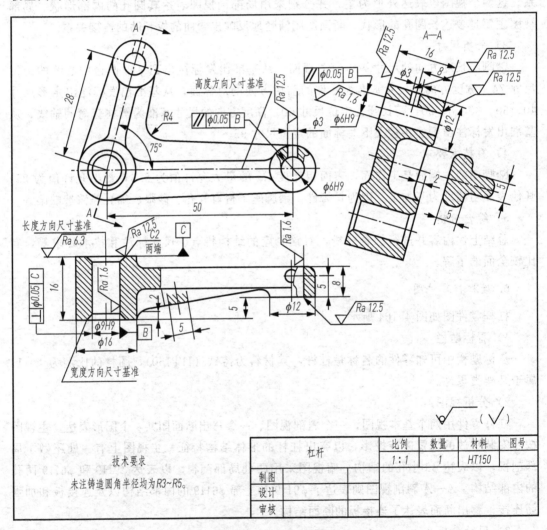

图 4.164　杠杆零件图

4.3.4 知识拓展

第三角画法简介

GB/T 17451—1998 中规定:"技术图样应采用正投影法绘制,并优先采用第一角画法。必要时才允许使用第三角画法。"但国际上有些国家(如美国、日本等)仍优先采用第三角画法,为了进行国际间的技术交流和协作,应对第三角画法有所了解。

1. 第一角画法与第三角画法的区别

如图 4.165 所示,空间两个互相垂直的投影面把空间分成了 Ⅰ、Ⅱ、Ⅲ、Ⅳ 4 个分角。

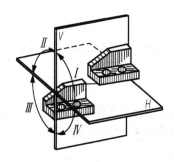

图 4.165　4 个分角的形成

将机件置于第一分角内,并使其处于观察者与投影面之间而得到的多面正投影,称为第一角画法(简称 E 法)。而将机件置于第三分角内,并使投影面处于观察者与机件之间而得到的多面正投影,则称为第三角画法(简称 A 法)。

特别提示

第一角画法,从投射方向看是人→物→图的关系。而第三角画法,从投射方向看是人→图→物的关系,这就是第三角画法与第一角画法的区别。

2. 第三角画法视图的形成与配置

如图 4.166(a)所示,采用第三角画法时,从前面观察物体在 V 面上得到的视图,称为主视图;从上面观察物体在 H 面上得到的视图,称为俯视图;从右面观察物体在 W 面上得到的视图,称为右视图。

投影面展开方法:V 面不动,将 H 面向上旋转 90°、W 面向右旋转 90°,与 V 面共面,机件放置在六面体中得到的各视图的配置关系如图 4.166(b)所示。

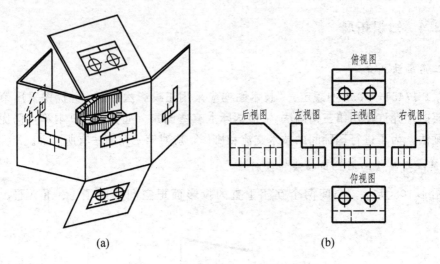

图 4.166　第三角画法 6 个视图的形成

> **特别提示**
>
> 注意，第三角投影中主视图、俯视图、右视图靠近主视图的一侧表示机件的前面，远离主视图的一侧为机件的后面，这与第一角投影恰好相反。

3. 第三角画法的标识

为了区别第一角画法和第三角画法这两种画法，规定在标题栏中专设的格内用规定的识别符号表示。GB/T 16948—1997 中规定的识别符号如图 4.167 所示。

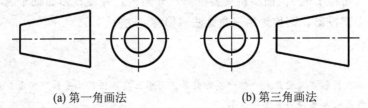

(a) 第一角画法　　　　　　(b) 第三角画法

图 4.167　两种画法的标识符号

4.3.5　技能实训

实训 1

1. 实训名称

踏脚座。

2. 实训内容

如图 4.148 所示。

3. 实训目的

(1) 掌握视图的概念、适用范围、画法及标注方法。

(2) 掌握重合断面图的概念、适用范围、画法及标注方法。

(3) 掌握剖视图、断面图的适用范围、画法及标注方法。

(4) 了解叉架类零件图的作用和内容。

(5) 掌握叉架类零件图的表达方法。

(6) 掌握叉架类零件图的尺寸标注。

(7) 掌握叉架类零件图的常见工艺结构。

(8) 了解表面粗糙度的基本概念,掌握其在零件图上的标注方法。

(9) 了解形状和位置公差的基本概念,掌握其在零件图上的标注方法。

(10) 掌握如何阅读零件图。

4. 实训要求

根据踏脚座的轴测图在图纸中绘制叉架零件图(尺寸、比例自定),并读轴零件图。

5. 实训提示

(1) 参照任务指导、读叉架类零件图的步骤,熟悉制图、读图标准流程。

(2) 零件图主要内容齐全。

(3) 选择主视图和表达方案合理。

(4) 零件各部分结构表达正确、完整、清晰。

(5) 各类尺寸标注正确、完整、清晰、合理。

(6) 各项技术要求标注正确。

(7) 图框、线型、字体等符合规定,图面布局恰当。

实训 2

1. 实训名称

支架、拨叉 1、拨叉 2、托架、轴承架。

2. 实训内容

(1) 支架零件图、轴测图如图 4.168 所示。

(2) 拨叉 1 零件图、轴测图如图 4.169 所示。

(3) 拨叉 2 零件图、轴测图如图 4.170 所示。

(4) 托架零件图、轴测图如图 4.171 所示。

(5) 轴承架零件图、轴测图如图 4.172 所示。

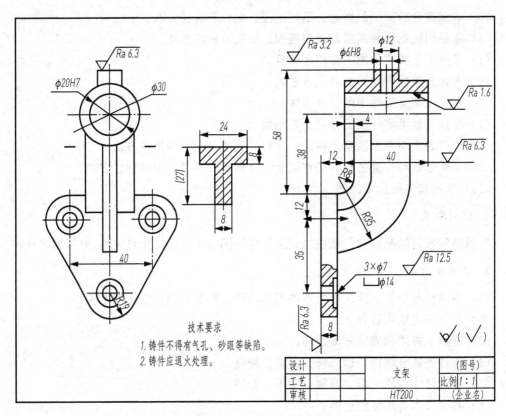

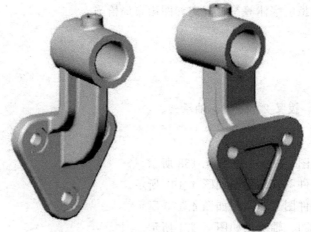

图 4.168 支架零件图及轴测图

模块 4 零件图绘制与识读

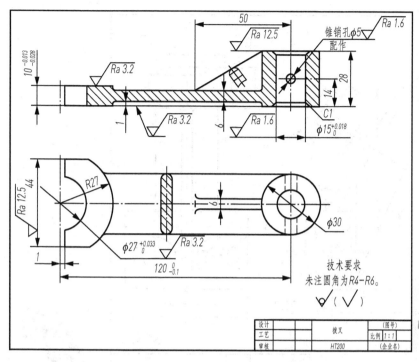

图 4.169 拨叉 1 零件图及轴测图

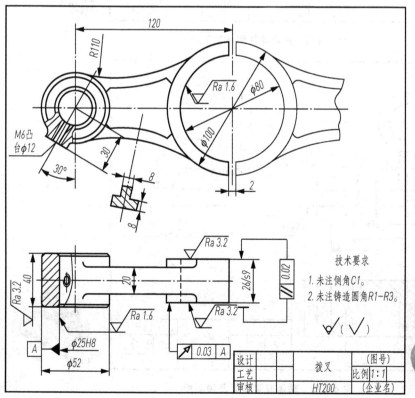

图 4.170 拨叉 2 零件图及轴测图

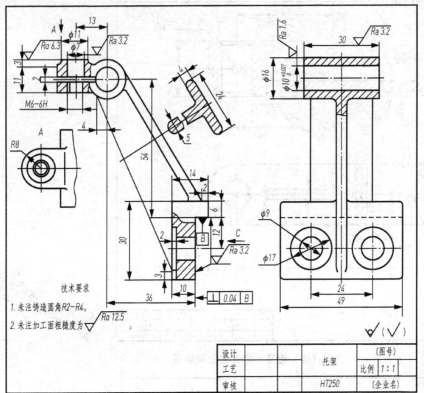

图 4.171 托架零件图及轴测图

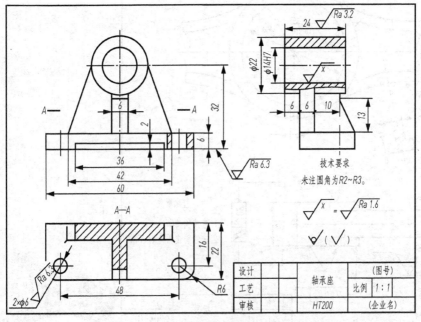

图 4.172 轴承架零件图及轴测图

3. 实训目的

(1) 掌握视图的概念、适用范围、画法及标注方法。
(2) 掌握重合断面图的概念、适用范围、画法及标注方法。
(3) 掌握剖视图、移出断面图的适用范围、画法及标注方法。
(4) 了解叉架类零件图的作用和内容。
(5) 掌握叉架类零件图的表达方法。
(6) 掌握叉架类零件图的尺寸标注。
(7) 掌握叉架类零件图的常见工艺结构。
(8) 了解表面粗糙度的基本概念,掌握其在零件图上的标注方法。
(9) 了解形状和位置公差的基本概念,掌握其在零件图上的标注方法。
(10) 掌握如何阅读零件图。

4. 实训要求

根据叉架类的轴测图在图纸中按标注尺寸抄画叉架类零件图,并读零件图。

5. 实训提示

(1) 参照任务指导、读叉架类零件图的步骤,熟悉制图、读图标准流程。
(2) 图框、线型、字体等是否符合规定,图面布局是否恰当。
(3) 附:阅读拨叉1零件图的要领。

读懂该零件图能了解叉类零件的结构特征,视图表达的思路,以及尺寸基准的选择,技术要求项目等知识。

① 浏览全图,看标题栏。
② 分析表达方案。

a. 拨叉的放置。本例中叉口底面与右边圆柱筒底面正好平齐,所以可自然安放,这里就是取其自然安放位置,并且使宽度方向的对称面平行于正立投影面。

b. 视图方案:主视图为全剖视图,俯视图为基本视图,在主视图和俯视图上各有一处重合断面图。由表达方案细读各部分结构:先看主体部分,后看细节。

根据叉架类零件的特点,主体结构可分成3部分,工作部分——叉口(图中的左端部分)、支承(或安装)部分(图中的右端部分)、连接及加强部分(图中的中间部分)。左端的工作部分是由近半个圆柱筒并在其前后两侧各切去一小部分所构成的形体。右端的工作部分为一圆柱筒,圆柱筒上有一个 $\phi 5$ 锥销通孔。中间连接部分有两块,一块是水平放置的板状结构,左端与工作部分相连,右端与圆筒相切;另一块是三角形的立板,下部与水平板相接,右端与圆柱筒相连。由以上分析可想象出拨叉的形体构成。

c. 尺寸分析。

主要尺寸基准如下。

长度方向——右端圆柱轴线,因为右边圆柱筒与轴装配而使拨叉在部件中定位,所以以此轴线作基准。

宽度方向——零件的前后对称面。

高度方向——零件的底面。

d. 技术要求分析。

表面粗糙度：要求最高的是右端圆柱筒内孔与锥销孔的表面，Ra 值为 $1.6\mu m$；其次各加工表面 Ra 值为 $3.2\mu m$ 以及 $12.5\mu m$；其他为毛坯面。

尺寸公差：$\phi15$ 上偏差 $+0.018mm$，下偏差为 0，查表得公差带代号为 H7。$\phi27$ 上偏差 $+0.033mm$，下偏差 0，查表得公差带代号为 H8，10 的上偏差 $-0.013mm$，下偏差为 $-0.028mm$，公差带代号为 f7。

形状和位置公差：无特殊要求。

材质：无特殊要求。

其他：圆角要求。

e. 归纳总结。

(4) 附：阅读拨叉 2 零件图的要领。

有相当多的拨叉极不规则，图 4.170 所示也是一拨叉，此零件就无法自然安放，对于这类零件，可将其重要几何要素水平或垂直放置，即把重要几何要素"放稳"。

① 零件放置。该拨叉采用了主要对称面平行于投影面的放置方法，高度方向对称面平行于水平投影面，宽度方向对称面平行于正立投影面。

② 视图方案。本案例中共用 3 个视图表达零件，其中主视图局部剖，表达了零件整体特征；俯视图局部剖，表达了各形体宽度方向的特征。

注意：主视图右边的假想画法部分表示该拨叉在制造时是两个一起制作，同时铸造，同时机加工，最后才将其切开，这是制作工艺上的需要。

③ 尺寸标注、技术要求（略）。

实训 3

1. 实训名称

轴承座。

2. 实训内容

如图 3.70、图 3.108 所示。

3. 实训目的

(1) 掌握视图的概念、适用范围、画法及标注方法。

(2) 掌握剖视图、断面图的适用范围、画法及标注方法。

(3) 了解表面粗糙度的基本概念，掌握其在零件图上的标注方法。

(4) 了解形状和位置公差的基本概念，掌握其在零件图上的标注方法。

(5) 掌握如何阅读零件图。

4. 实训要求

根据轴承座的三视图、轴测图，在图纸中改为零件图（技术要求自定），并读零件图。

5. 实训提示

（1）参照任务指导、读叉架类零件图的步骤，熟悉读图标准流程。

（2）零件图主要内容齐全。

（3）选择主视图和表达方案合理。

（4）零件各部分结构表达正确、完整、清晰。

（5）各类尺寸标注正确、完整、清晰、合理。

（6）各项技术要求标注正确。

（7）图框、线型、字体等符合规定，图面布局恰当。

实训 4

1. 实训名称

支架零件图（第三角投影法的运用）。

2. 实训内容

如图 4.173 所示。

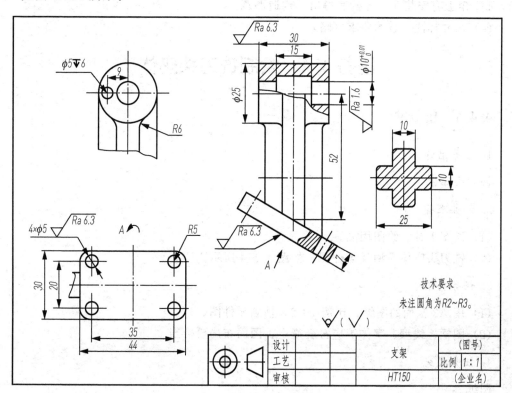

图 4.173 支架零件图

3. 实训目的

（1）了解第一角画法与第三角画法的区别。

(2) 了解第三角画法视图的形成与配置。

(3) 了解第三角画法的标识。

4. 实训要求

读懂零件图。

5. 实训提示

附：读零件图要领。

(1) 零件放置。该零件为形体不规则，无法自然安放，考虑把上方圆柱筒的轴线水平放置，并且使宽度方向的对称面平行于正立投影面。

(2) 视图方案。本案例采用了第三角投影法，主视图为局部剖视图，用以表达主体结构；局部左视图表达圆柱筒结构特征以及十字连接板与圆柱筒的连接关系；A 向斜视图表达底板的形状特征；移出断面图表达连接部分的截面结构。

(3) 由表达方案细读各部分结构。主体结构可分成 3 部分，支撑部分——上方圆柱筒（支撑轴）；连接及加强部分——十字柱结构；安装底板。十字柱的一块板平行于侧立投影面，相切于圆柱，另一块板平行于正立投影面，比圆柱筒短；底板与十字柱呈 60°夹角，4 个角上有安装孔。分析后得出其构造形态。

(4) 尺寸标注、技术要求（略）。

任务 4.4　绘制铣刀头座体

4.4.1　任务书

1. 任务名称

铣刀头座体。

2. 任务准备

(1) 绘图工具、绘图用品。

(2) 铣刀头座体模型及零件图，如图 4.174 所示。

3. 任务要求

(1) 用 A3 幅面的图纸，比例 1∶2，抄画零件图。

(2) 图框、线型、字体等应符合规定，图面布局要恰当。

4. 任务提交

图纸。

模块 4 零件图绘制与识读

5. 评价标准

任务实施评价项目表

序号		评价项目	配分权重/（%）	实得分
1	能否读懂零件图	能否明确零件图的主要内容	3	
		能否明确各视图的表达方法和重点	10	
		能否准确构想出零件的形体结构	10	
		能否正确辨别零件的工艺结构	5	
		能否正确找出尺寸基准，明确各个尺寸的类型	7	
		能否正确识别各项技术要求标注	5	
		能否对图样各项信息进行准确归纳，得到对零件的全部认识	10	
2	能否正确绘制零件图	零件图主要内容是否齐全	5	
		选择主视图和表达方案是否合理	10	
		零件各部分结构表达是否正确、完整、清晰	10	
		各类尺寸标注是否正确、完整、清晰、合理	10	
		各项技术要求标注是否正确	10	
		图框、线型、字体等是否符合规定，图面布局是否恰当	5	

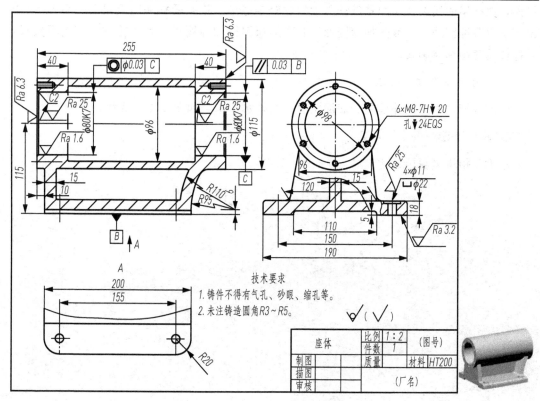

图 4.174　铣刀头座体零件图及轴测图

4.4.2 任务指导

1. 准备工作

(1) 准备绘图工具和用品。
(2) 分析图形的尺寸、线段、表达方法及技术要求。
(3) 根据图形大小,确定比例,选用图幅、固定图纸。

根据铣刀头座体的尺寸,确定比例为 1∶2,选用 A3 图幅,将图纸横放固定在图板上。

(4) 拟订具体的作图顺序。

2. 绘制图形

(1) 绘制 A3 图纸边框线、图框线,在图框线的右下角绘制标题栏,在图框线中绘制轴承盖主要基准线和定位线,如图 4.175 (a) 所示。
(2) 绘制主视图、左视图轮廓,如图 4.175 (b) 所示。
(3) 绘制主视图全剖视图、左视图局部剖视图及 A 向局部视图、螺纹孔,如图 4.175 (c) 所示。
(4) 检查底稿,如图 4.175 (d) 所示。
(5) 描深零件图,如图 4.175 (e) 所示。在铅笔描深前,必须全面检查底稿,修正错误,把画错的线条及作图辅助用线用软橡皮轻轻擦净。检查图样完整无误后,用 B 或 2B 铅笔描深各种图线,一般先加深图形,其次加深图框和标题栏。其中轮廓线使用粗实线,对称轴线使用细点画线。

3. 尺寸标注及技术要求

标注视图尺寸、尺寸公差、表面粗糙度及技术要求,如图 4.174 所示。

4. 填写标题栏

用 HB 铅笔填写标题栏。

模块 4　零件图绘制与识读

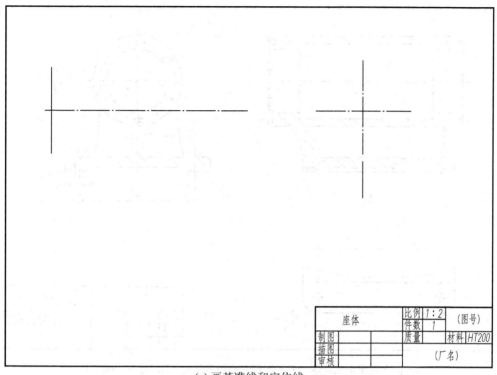

(a) 画基准线和定位线

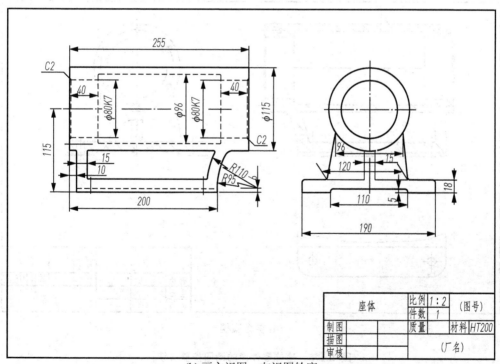

(b) 画主视图、左视图轮廓

图 4.175　座体零件图的画图步骤

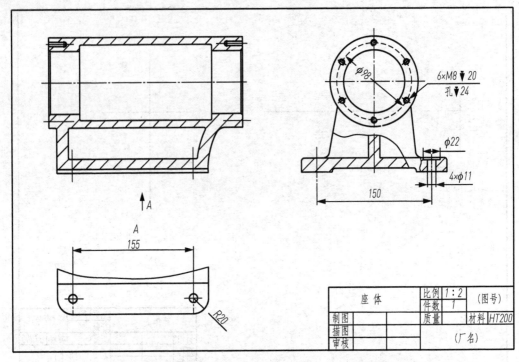

(c) 画主视图全剖视图、左视图局部剖视图及A向局部视图、螺纹孔

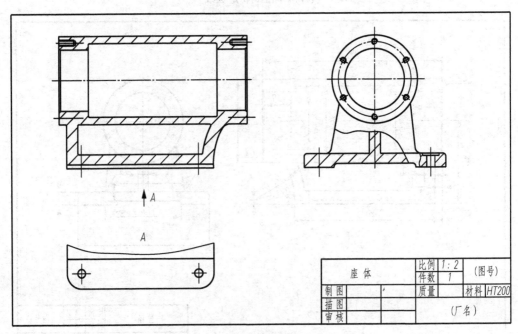

(d) 检查底稿

图 4.175 座体零件图的画图步骤（续）

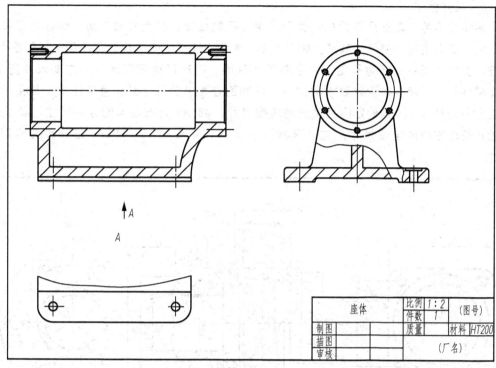

(e) 描深底稿

图 4.175 座体零件图的画图步骤（续）

4.4.3 知识包

1. 箱体类零件

1）作用

箱体类零件一般是机器的主体结构，主要有阀体、泵体、减速器箱体等零件，其作用是支持或包容其他零件，如图 4.176 所示，其毛坯多为铸件。

2）结构特点

箱体类零件通常具有复杂的内腔和外形结构，并带有轴承孔、凸台、肋板，此外还有安装孔、螺孔等结构，如图 4.176 所示。

3）视图选择

（1）主视图选择。由于箱体类零件加工工序较多，加工位置多变，所以在选择主视图时，主要根据工作位置原则和形状特征原则来考虑，并采用剖视，以重点反映其内部结构，如图 4.176 中的主视图所示。

（2）其他视图的选择。为了表达箱体类零件的内外结构，一般要用 3 个或 3 个以上的基本视图，并根据结构特点在基本视图上取剖视，还可采用局部视图、斜视图、断面图及规定画法等表达外形。在图中，由于主视图上无对称面，采用了大范围的局部剖视来表达内外形状，并选用了 $A—A$ 剖视，$C—C$ 局部剖和密封槽处的局部放大图。

4）尺寸标注

箱体类零件一般选用零件的对称面、主要孔的轴线、较大的加工面、结合面等作为长、宽、高方向的主要尺寸基准。如图4.174所示，选择座体底面积为高度方向主要尺寸基准，圆柱的任一端面为长度方向主要尺寸基准，前后对称面宽度方向主要尺寸基准。这类零件的尺寸较多，设计要求的结构尺寸和配合要求的尺寸必须直接注出。如主视图高度方向的尺寸115是确定圆柱轴线的定位尺寸，$\phi 80K7$是与轴承配合的尺寸，40是两端轴孔长度方向的定位尺寸；左视图和A向局部视图中的150和155是安装孔的定位尺寸。

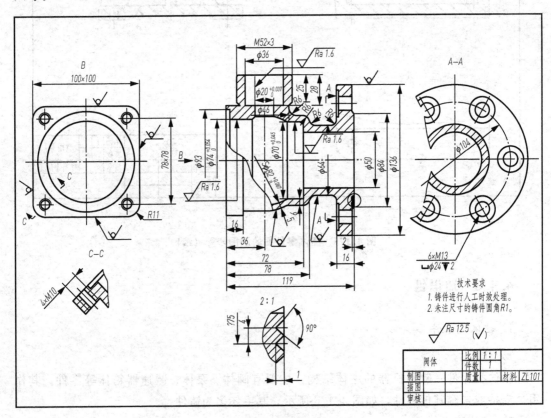

图4.176 阀体零件图

5）技术要求

箱体类零件应根据具体使用要求确定各加工面粗糙度和尺寸精度。重要的孔及表面的表面粗糙度参数值较小，如轴承孔的Ra值为$1.6\mu m$。重要的中心距、重要的箱体孔和重要的表面，应该有尺寸公差和形位公差的要求，如两轴承孔提出了同轴度要求等。

2. 读铣刀头座体零件图

铣刀头座体零件图如图4.174所示。

1）看标题栏

从标题栏中可知零件的名称是座体，其材料为铸铁（HT200），图样的比例为1：2，属于箱体类零件。

2) 分析视图

座体的结构形状可分为两部分：上部为圆筒状，两端的轴孔支承轴承，其轴孔直径与轴承外径一致，两侧外端面制有与端盖连接的螺纹孔。中间部分孔的直径大于两端孔的直径（直接铸造不加工）；下部是带圆角的方形底板，有 4 个安装孔，将铣刀头安装在铣床上，为了接触平稳和减少加工面，底板下面的中间部分做成通槽。座体的上、下两部分用支承板和肋板连接。

座体采用主、左视图和一个 A 向局部视图来表达。主视图按工作位置放置，采用全剖视图，表达座体的形体特征和空腔内部结构。左视图采用局部剖视图表示底板和肋板的厚度，以及底板上沉孔和通槽的形状。在圆柱孔端面上表示了螺纹孔的位置。由于座体前后对称，俯视图可画出其对称的一半或局部，本例采用 A 向局部视图，表示底板的圆角和安装孔的位置。

3) 分析尺寸

(1) 选择座体底面为高度方向主要尺寸基准，圆筒的任一端面为长度方向主要尺寸基准，前后对称面为宽度方向主要尺寸基准。

(2) 直接注出按设计要求的结构尺寸和有配合要求的尺寸。如主视图中的 115 是确定圆筒轴线的定位尺寸，$\phi 80k7$ 是与轴承配合的尺寸，40 是两端轴孔长度方向的定位尺寸。左视图和 A 向局部视图中的 150 和 155 是 4 个安装孔的定位尺寸。

(3) 考虑工艺要求，注出工艺结构尺寸，如倒角、圆角等。左视图上螺纹孔和沉孔尺寸的标注形式参见表 4-2。

(4) 其余尺寸以及有关技术要求请读者自行分析。

4) 看技术要求

分析技术要求可知，凡注有公差带尺寸的轴孔，均与其他零件有配合要求，只有座体两端的轴孔标注出了公差带代号 $\phi 80k7$，与其他零件轴承有配合要求，表面粗糙度要求较严，两轴孔表面粗糙度 Ra 的数值为 1.6。左端的轴孔 $\phi 80k7$ 尺寸线的延长线上所指的形位公差代号，其含义为左端的 $\phi 80k7$ 轴孔的轴线对右端的 $\phi 80k7$ 轴孔轴线 C 的同轴度误差不大于 0.03mm。右端的轴孔 $\phi 80k7$ 尺寸线的延长线上所指的形位公差代号，其含义为右端的 $\phi 80k7$ 轴孔的轴线对座体底面 B 的平行度误差不大于 0.03mm。

5) 综合分析

总结上述内容并进行综合分析，对座体的结构特点、尺寸标注和技术要求等，有比较全面的了解。

3. 读泵体零件图

泵体零件图如图 4.177 所示。

1) 看标题栏

从标题栏中可知零件名称为泵体，材料为 HT200，比例是 1∶1，属于箱体类零件。

2) 视图分析

泵体零件图共用 4 个视图，即主视图和左视图，C 局部视图及 $B-B$ 局部剖视图来表达，主视图采用全剖，表达了内部结构。左视图上有两处局部剖，表达了孔的结构。C 局部视图表达了连接面的形状及连接螺纹孔的布局。B—B 局部剖视图则表达了底板的形状结构和连接板的断面结构。

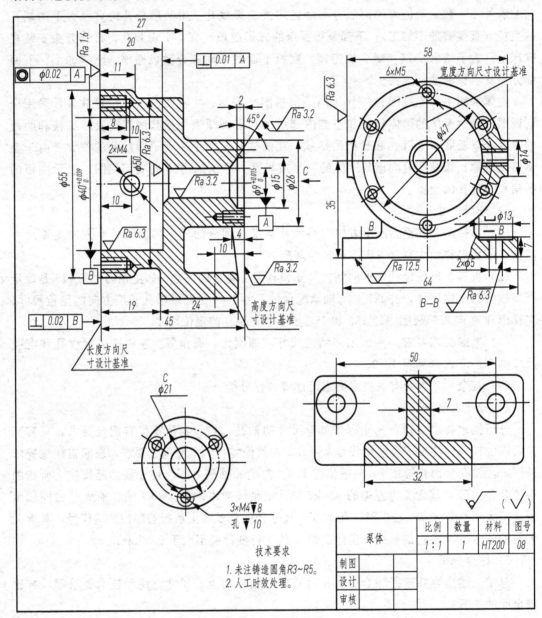

图 4.177 泵体零件图

3）尺寸分析

由于箱体结构比较复杂，尺寸数量繁多，因此通常运用形体分析的方法逐个分析尺寸。一般将箱体的对称面、重要孔的轴线、较大的加工平面或安装基面作为尺寸的主要基准。

该泵体以底面为安装基面，因此泵体底面为高度方向尺寸的设计基准。此外，泵体在机械加工时首先加工底面，然后以底面为基准加工各轴孔，因此底面又是工艺基准。

宽度方向以泵体的前后对称平面为基准，长度方向尺寸以箱泵的左端面为基准。

箱体类零件的尺寸标注应特别注意各轴孔的位置尺寸以及轴孔之间的位置尺寸，因为这些尺寸的正确与否将直接影响传动轴的位置和传动的准确性，如本例中的尺寸 35。

4）看技术要求

重要的箱体孔和重要的表面，其粗糙度的值要低。如孔 $\phi9^{+0.015}_{0}$ 的表面粗糙度 Ra 为 $3.2\mu m$，左端面的表面粗糙度 Ra 的值为 $1.6\mu m$，右端面的表面粗糙度 Ra 的值为 $3.2\mu m$。箱体上重要的轴孔应根据要求注出尺寸公差，如箱体零件图中的尺寸 $\phi9^{+0.015}_{0}$、$\phi40^{+0.039}_{0}$。

对箱体上某些重要的表面和重要的轴孔中心线应给出形位公差要求。如本例中箱体上孔 $\phi40^{+0.039}_{0}$ 轴线相对于 $\phi9^{+0.015}_{0}$ 轴线的同轴度为 $\phi0.02mm$；$\phi40^{+0.039}_{0}$ 孔的右端面相对于 $\phi9^{+0.015}_{0}$ 轴线的垂直度为 $0.01mm$；箱体的左端相对于 $\phi40^{+0.039}_{0}$ 轴线的垂直度为 $0.02mm$。

5）综合分析

总结上述内容并进行综合分析，对泵体的结构特点、尺寸标注和技术要求等，有比较全面的了解。

4.4.4 技能实训

实训1

1. 实训名称

铣刀头座体。

2. 实训内容

如图 4.178 所示。

3. 实训目的

（1）强化训练。

（2）掌握如何阅读箱体零件图。

4. 实训要求

用 A3 幅面的图纸，比例 1∶2，抄画零件图，并读零件图。

5. 实训提示

（1）参照任务指导、读铣刀头座体类零件图的步骤，熟悉制图、读图标准流程。

（2）图框、线型、字体等应符合规定，图面布局要恰当。

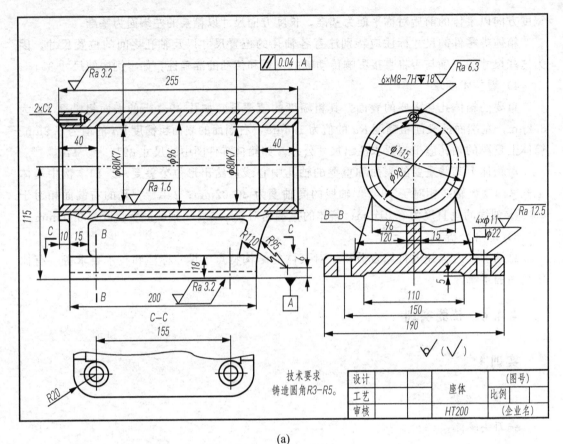

图 4.178 铣刀头座体零件图及轴测图

实训 2

1. 实训名称

齿轮油泵泵体、固定钳身、减速器箱盖、减速器箱体、蜗轮蜗杆减速器箱体、圆钻模底座、滑动轴承底座、底座。

2. 实训内容

(1) 齿轮油泵泵体零件图、轴测图如图 4.179 所示。
(2) 固定钳身零件图、轴测图如图 4.180 所示。
(3) 减速器箱盖零件图、轴测图如图 4.181 所示。
(4) 减速器箱体零件图、轴测图如图 4.182 所示。

模块 4　零件图绘制与识读

(5) 蜗轮蜗杆减速器箱体零件图、轴测图如图 4.183 所示。
(6) 圆钻模底座零件图、轴测图如图 4.184 所示。
(7) 滑动轴承底座零件图、轴测图如图 4.185 所示。
(8) 底座零件图、轴测图如图 4.186 所示。

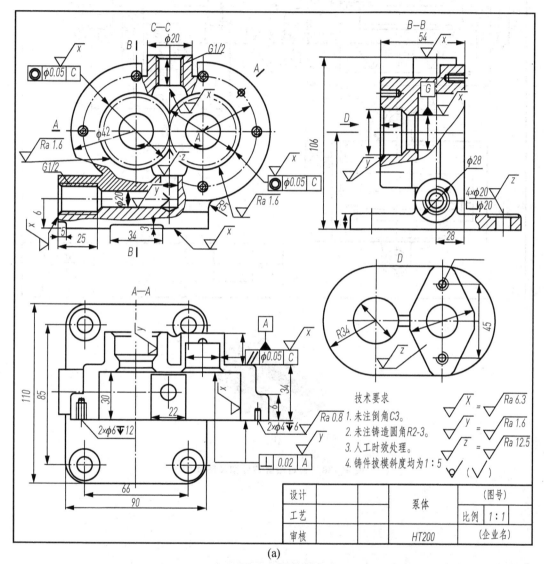

(a)

(b)

图 4.179　齿轮油泵泵体零件图及轴测图

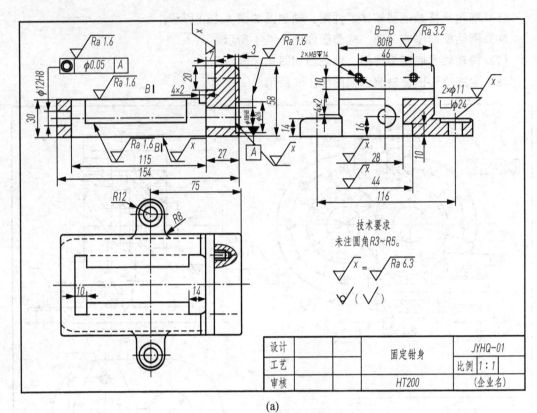

(a)

(b)

图 4.180 固定钳身零件图及轴测图

模块 4 零件图绘制与识读

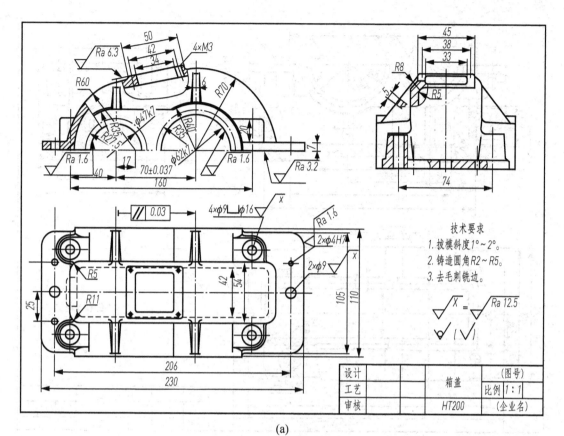

(a)

(b)

图 4.181 减速器箱盖零件图及轴测图

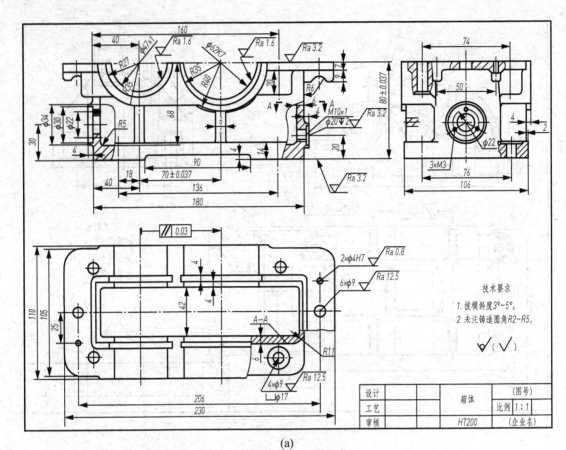

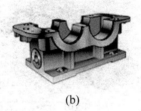

图 4.182　减速器箱体零件图及轴测图

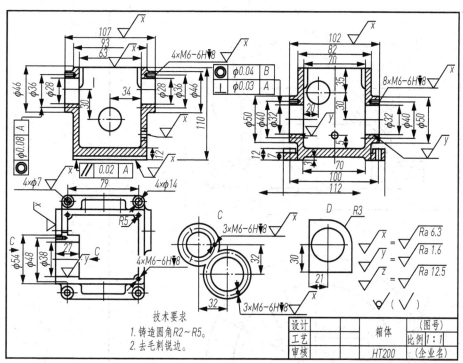

(a)

(b)

图 4.183 蜗轮蜗杆减速器箱体零件图及轴测图

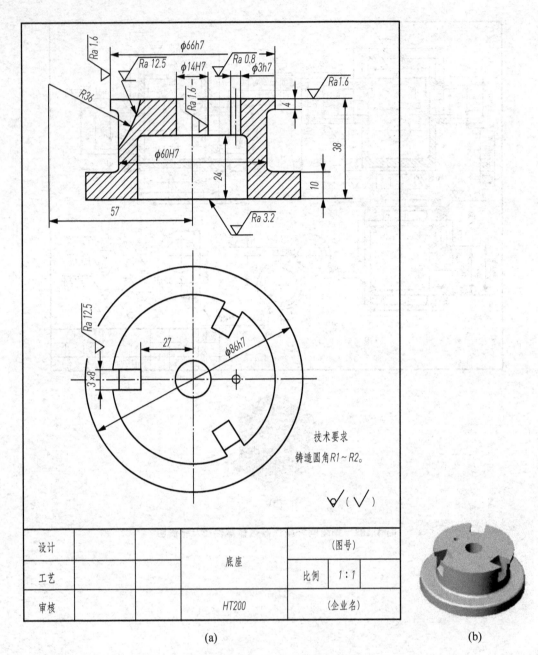

图 4.184 圆钻模底座零件图及轴测图

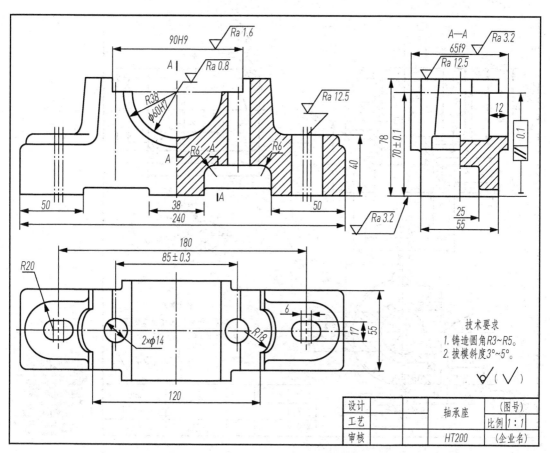

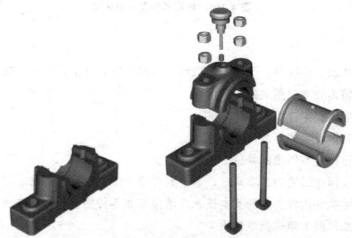

图 4.185 滑动轴承零件图、轴测图及轴测分解图

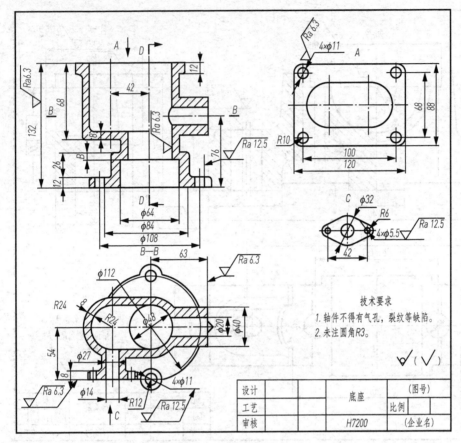

图 4.186 底座零件图及轴测图

3. 实训目的

(1) 掌握视图、剖视图、断面图的概念、适用范围、画法及标注方法。
(2) 了解箱体类零件图的作用和内容。
(3) 掌握箱体类零件图的表达方法。
(4) 掌握箱体类零件图的尺寸标注。
(5) 掌握箱体类零件图的常见工艺结构。
(6) 了解表面粗糙度的基本概念,掌握其在零件图上的标注方法。
(7) 了解形状和位置公差的基本概念,掌握其在零件图上的标注方法。
(8) 掌握如何阅读箱体类零件图。

4. 实训要求

在图纸上按标注尺寸抄画箱体类零件图,并读零件图。

5. 实训提示

(1) 参照任务指导、读铣刀头座体零件图的步骤,熟悉制图、读图标准流程。
(2) 图框、线型、字体等应符合规定,图面布局要恰当。

实训 3

1. 实训名称

齿轮油泵泵体。

2. 实训内容

如图 4.187 所示。

图 4.187　齿轮油泵泵体立体图及剖切线路

3. 实训目的

（1）强化训练。

（2）掌握如何绘制泵体零件图。

4. 实训要求

图 4.187 所示为卧式齿轮油泵泵体的实体图，综合运用所学知识，用 A3 图纸，按比例 1∶1 绘制零件工作图。

5. 实训提示

（1）参照齿轮油泵泵体零件图，读泵体零件图，熟悉制图、读图标准流程。

（2）表达方案合理。

（3）投影正确。

（4）尺寸基准选择合理。

（5）技术要求标注规范。

（6）图框、线型、字体等符合制图国家标准要求，图面布局恰当。

（7）附：读零件图要领。

分析形体，可把泵体分解为底板、腰形箱、下管、上管、后凸台 5 部分结构。底板上有安装孔、底部槽；腰形箱上有法兰边、销孔、螺纹孔、轴孔等结构；下管内有管螺纹孔等直径相贯孔结构；上管内有管螺纹孔；后凸台由圆柱、圆角菱形组成，圆柱和菱形间由肋板连接，圆柱凸台内有轴孔，菱形凸台内有轴孔，上下有螺纹孔。

(8) 任务指导。

① 在选择表达方案时，建议选择工作位置放置（即自然安放），主视图考虑整体形象作投影方向。箱壳类零件主视图可采用全剖、半剖或局部剖。其他视图：箱壳类零件结构都比较复杂，一般需用几个基本视图表达主体结构，再对局部结构进一步详细表达，如局部视图（或剖切）、向视图、局部放大图、各种简化方法等。可提出几个表达法案，比较选优，然后选出最佳方案。

② 选择长、宽、高三方向尺寸基准，建议选择三方向的重要平面、对称面、轴线等。

③ 技术要求标注采用类比法，参考教材有关图例并在指导老师指导下进行。

④ 量具：游标卡尺、千分尺、钢直尺。测量数值圆整处理。

(9) 附：泵体尺寸及技术要求参考。

① 主要尺寸基准的选择。

长度方向以包含左轴孔的垂直面为基准；宽度方向以腰形箱的前端面为基准；高度方向以底面为基准。

② 尺寸公差及表面粗糙度。

左、右轴孔 $\phi 18H8$，$Ra1.6$；齿轮腔孔 $\phi 48H8$，$Ra1.6$；销孔 $\phi 5H7$ 配作，$Ra0.8$；左右轴孔中心距 ± 0.031；中心高 ± 0.06，底面 $Ra6.3$；腰形箱前端面 $Ra6.3$；安装孔、其他加工面 $Ra12.5$；其余毛坯面"不加工"。

③ 形状和位置公差。

平行度要求，基准要素：左轴孔、左齿轮腔整体轴线，被测要素：右轴孔、右齿轮腔整体轴线，公差值 $\phi 0.015$。

④ 其他技术要求。

a. 未注铸造圆角 $R3 \sim R5$。

b. 铸件不得有气孔、夹砂、裂纹等缺陷。

c. 铸件须经人工时效处理。

实训 4

1. 实训名称

箱体。

2. 实训内容

如图 4.188 所示。

3. 实训目的

(1) 强化训练。

(2) 掌握如何阅读箱体零件图。

4. 实训要求

阅读箱体零件图，画出箱体零件的仰视图（仅画出可见部分）。

5. 实训提示

（1）参照任务指导、读铣刀头座体类零件图的步骤，熟悉制图、读图标准流程。

（2）图框、线型、字体等应符合规定，图面布局要恰当。

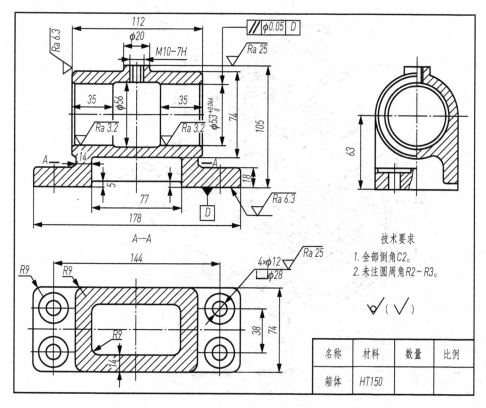

图 4.188 箱体零件图

实训 5

1. 实训名称

三通。

2. 实训内容

如图 4.189 所示。

3. 实训目的

（1）强化训练。

（2）掌握如何阅读三通零件图。

4. 实训要求

根据三通零件的立体图，绘制其零件图，材料为 HT150。

5. 实训提示

（1）参照任务指导、读铣刀头座体类零件图的步骤，熟悉制图、读图标准流程。

（2）图框、线型、字体等应符合规定，图面布局要恰当。

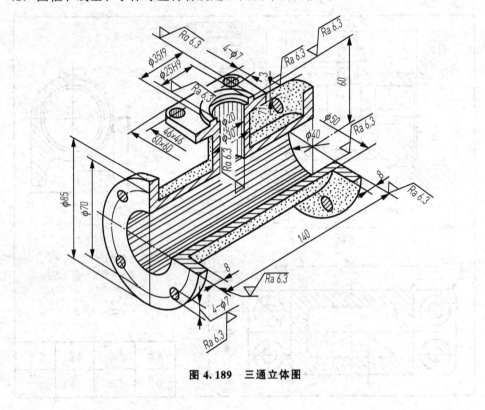

图 4.189 三通立体图

模块 5

装配图识读、绘制与拆画零件图

 模块描述

通过分析滑动轴承、球阀、齿轮油泵装配图（图 5.2、图 5.24、图 5.38）的工作过程，达到如下目标。
- 了解装配图的作用和内容。
- 掌握装配图的表达方法。
- 掌握装配图的尺寸标注。
- 掌握装配图的技术要求。
- 掌握装配图中的零、部件序号和明细栏。
- 了解装配结构的合理性。
- 掌握如何识读、绘制装配图及由装配图拆画零件图。

任务 5.1　识读滑动轴承装配图

5.1.1　任务书

1. 任务名称

滑动轴承。

2. 任务准备

(1) 滑动轴承。

(2) 滑动轴承装配立体图、装配图，如图 5.1、图 5.2 所示。

(3) 拆装工具。

3. 任务要求

能读懂滑动轴承装配图。

4. 任务提交

识读报告。

5. 评价标准

任务实施评价项目表

序号	评价项目	配分权重/（%）	实得分
1	能否明确装配图的主要内容，能否概括了解装配体的名称、用途和零件的组成等	15	
2	能否明确装配图运用的画法规则	20	
3	能否明确各视图的表达方法和重点，能否明确工作原理和装配结构	30	
4	能否正确辨别各种装配工艺结构	15	
5	能否正确识别各项尺寸和技术要求标注	20	

5.1.2　任务指导

1. 准备工作

(1) 滑动轴承实物与装配图各一份，如图 5.1、图 5.2 所示。

(2) 拆装工具一套。

模块 5 装配图识读、绘制与拆画零件图

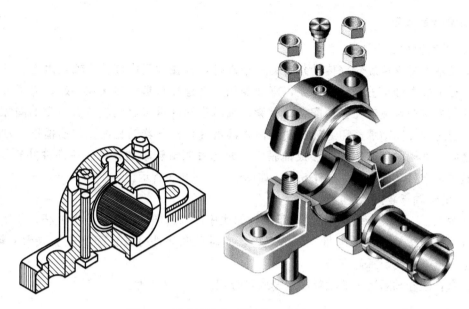

图 5.1 滑动轴承装配轴测图及轴测分解图

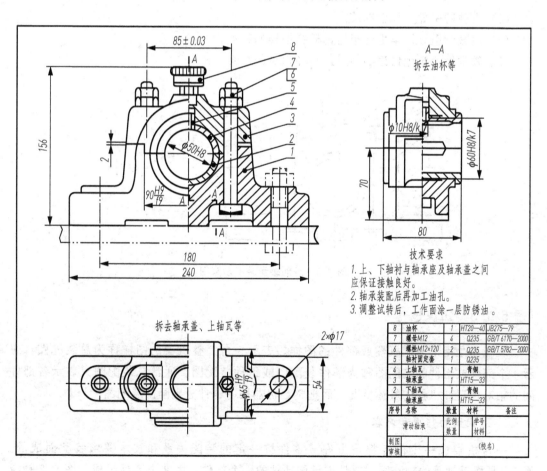

图 5.2 滑动轴承装配图

2. 分析装配图

1) 滑动轴承工作原理

滑动轴承是支撑旋转（传动）轴的一个部件，轴在轴瓦内旋转。轴瓦由上、下两块组成，分别嵌在轴承盖和轴承座上，座和盖用一对螺栓和螺母连接在一起。为了可以用加垫片的方法来调整轴瓦和轴配合的松紧，轴承座和轴承盖之间应留有一定的间隙。工作时，通过油杯向轴承盖和上轴瓦油孔注入润滑油，并顺着轴瓦内壁的油槽进入轴颈和轴瓦之间，随轴的高速旋转而形成油膜，不断起着润滑转轴的作用。该部件共有零件 8 种，其中标准件 3 种，非标准件 5 种，如图 5.2、图 5.3 所示。

2) 滑动轴承装拆顺序

如图 5.2、图 5.3 所示，滑动轴承的拆卸次序可以这样进行：①拧下油杯；②用扳手分别拧下两组螺栓连接的螺母，取出螺栓，此时盖和座即分开；③从盖上取出上轴瓦，从座上取出下轴瓦。拆卸完毕。

注意：装在轴承盖中的轴衬固定套属过盈配合，应该不拆。

3. 活动安排

(1) 由教师引导，学生拆装。

(2) 由教师引导，学生分组讨论概括图样的特点。

(3) 教师结合学生讨论的结果进行知识点的总结。

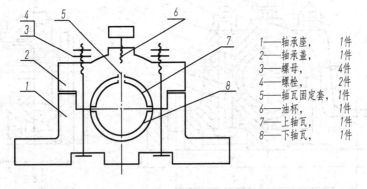

图 5.3　滑动轴承装配示意图

5.1.3　知识包

装配图是用来表达机器或部件的图样。表示一台完整机器的图样称为总装配图；表示一个部件或组件的装配图称为部件装配图或组件装配图。通常总装配图只表示各部件间的相对位置和机器的整体情况，而把整台机器按各部件分别画出装配图。

1. 装配图的作用和内容

一台机器或一个部件都是由许多零件按一定的装配关系和技术要求装配而成的。图 5.1 是滑动轴承的轴测图，它是支承传动轴的一个部件，由 8 个零件组成。图 5.2 是滑动轴承的装配图，它表达了滑动轴承的工作原理和装配关系。

1) 装配图的作用

在机器或部件的设计过程中，一般先根据设计要求画出装配图以表达机器或部件的工作原理、传动路线、零件之间的装配关系以及零件的主要结构形状，然后按照装配图设计零件并绘制零件图。在生产过程中，装配图又是制定机器或部件装配工艺规程、装配、检验、安装和维修的依据。因此，装配图是生产和技术交流中重要的技术文件。

2) 装配图的内容

由图 5.2 可见，一张完整的装配图应具备以下几方面内容。

(1) 一组视图。这组视图用来表达机器或部件的工作原理、零件间的装配关系、零件的连接方式以及零件的主要结构形状等。图 5.2 所示的装配图中，采用了 3 个基本视图，由于结构基本对称，所以 3 个视图均采用了半剖视图，比较清楚地表达了轴承盖、轴承座和上、下轴瓦的装配关系。

(2) 必要的尺寸。装配图中必须标注反映机器或部件的规格、性能以及装配、检验和安装时所必要的一些尺寸。图 5.2 所示装配图中，轴孔直径 $\phi50H8$ 为规格尺寸，180mm、70mm、$2\times\phi17$mm 等为安装尺寸，$\phi60H8/k7$、$\phi90H9/f9$ 等为装配尺寸，240mm、80mm、156mm 为总体尺寸。

(3) 技术要求。在装配图中用文字或符号说明机器或部件的性能、装配、检验和使用等方面的要求，称为技术要求，如图 5.2 中的技术要求。

(4) 零件序号、明细栏和标题栏。根据生产组织和管理工作的需要，应对装配图中的组成零件编写序号，并填写明细栏和标题栏，说明机器或部件的名称、图号、图样比例以及零件的名称、材料、数量等一般概况。

2. 装配图的表达方法

前面介绍的图样的基本表示法均适用于装配图。由于装配图表达的侧重点与零件图有所不同，因此，国家标准《机械制图》对绘制装配图又制定了一些规定画法和特殊表达方法。

1) 规定画法

在装配图中，为了易于区分不同的零件，并便于清晰地表达出各零件之间的装配关系，在画法上有以下规定。

(1) 接触面和配合面的画法。两相邻零件的接触面和配合面只画一条线，而基本尺寸不同的非配合面和非接触面，即使间隙很小，也必须画成两条线。在图 5.2 中，轴承座 1 与轴承盖 3 的接触面之间，俯视图上、下轴瓦（2、4）与轴承座 1 的配合面之间，均画一条线；而主视图上螺栓 6 与轴承座 1、轴承盖 3 的螺栓孔之间为非接触面，应画两条线。如图 5.4（a）中轴和孔的配合面、图 5.4（b）中两个被联接件的接触面均画一条线；图 5.4（b）中螺杆和孔之间是非接触面，应画两条线。

(2) 剖面线的画法。在剖视图和断面图中，同一个零件的剖面线倾斜方向和间隔应保持一致；相邻两零件的剖面线方向应相反，或者方向一致、间隔不同。图 5.2 中，轴承座在主视图和左视图中的剖面线画成同方向、同间隔；而轴承盖与轴承座的剖面线方向相反；图 5.4（c）中的填料压盖与阀体的剖面线方向虽然一致，但间隔不同，也能以此来区分不同的零件。当装配图中零件的剖面厚度小于 2mm 时,允许将剖面涂黑代替剖面线。

(3) 实心零件和螺纹紧固件的画法。在剖视图中,当剖切平面通过实心零件(如轴、连杆等)和螺纹紧固件(如螺栓、螺母、垫圈等)的基本轴线时,这些零件按不剖绘制。如图 5.2 中螺栓、螺母,图 5.4(b)中螺栓、螺母及垫圈和图 5.4(c)中轴的投影均不画剖面线。若其上的孔、槽等结构需要表达时,可采用局部剖视。当剖切平面垂直其轴线剖切时,则应画出剖面线,如图 5.2 俯视图中螺栓的投影。

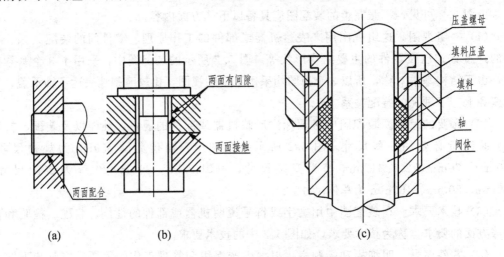

图 5.4 接触面和配合面的规定画法

2) 特殊表达方法

(1) 拆卸画法。当一个或几个零件在装配图的某一视图中遮住了要表达的大部分装配关系或其他零件时,可假想拆去一个或几个零件后再绘制该视图,这种画法称为拆卸画法,如图 5.2 中拆去轴承盖、上轴衬等的俯视图和拆去油杯等零件的左视图。需要说明时,可在图上加注"拆去零件××等",但应注意,拆卸画法是一种假想的表达方法,所以在其他视图上,仍需完整地画出它们的投影。

(2) 沿零件的结合面剖切画法。在装配图中,为了表示机器或部件的内部结构,可假想沿着某些零件的结合面进行剖切。这时,零件的结合面不画剖面线,其他被剖切的零件则要画剖面线,如图 5.2 俯视图中右半部是沿轴承盖和轴承座的结合面剖切,结合面上不画剖面线,螺栓则要画出剖面线。

(3) 假想画法。在装配图中,当需要表达该部件与其他相邻零、部件的装配关系时,可用双点画线画出相邻零、部件的轮廓,如图 5.2 中滑动轴承主视图下方的机体安装板;图 5.38 中齿轮油泵主视图中的传动齿轮、左视图下方的机体安装板等。

当需要表明某些零件的运动范围和极限位置时,可以在一个极限位置上画出该零件,而在另一个极限位置用双点画线画出其轮廓,如图 5.5 中手柄的极限位置画法。

(4) 夸大画法。在装配图中,对于一些薄片零件、细丝弹簧、小的间隙和锥度等,可不按其实际尺寸作图,而适当地夸大画出以使图形清晰,如图 5.6 中垫片的画法。

(5) 简化画法。

① 在装配图中,螺栓头部和螺母允许采用简化画法。对若干相同的零件组如螺栓、

螺钉连接等，在不影响理解的前提下，允许详细地画出一处或几处，其余只需用点画线表示其中心位置，如图5.6所示。

② 滚动轴承只需表达其主要结构时，可采用简化画法，如图5.6所示。

③ 在装配图中，零件的一些工艺结构，如小圆角、倒角、退刀槽和砂轮越程槽等允许不画。

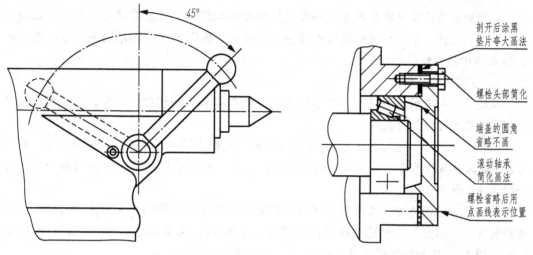

图 5.5 运动零件的极限位置的画法　　　图 5.6 夸大画法和简化画法

（6）展开画法。为了表达某些重叠的装配关系，可假想将空间轴系按其传动顺序展开在一个平面上，然后沿轴线剖切画出剖视图，这种画法称为展开画法，如图5.7所示。

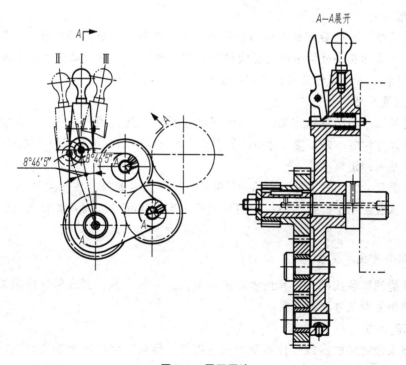

图 5.7 展开画法

3. 装配图的尺寸标注

装配图的作用与零件图不同，因此装配图中不必注出零件的全部尺寸。为了进一步说明机器或部件的性能、工作原理、装配关系和安装要求，需要标注必要的尺寸，一般分为以下几类尺寸。

1) 性能和规格尺寸

性能和规格尺寸是表示机器或部件工作性能和规格的尺寸。它是在设计时就确定的尺寸，也是设计、了解和选用该机器或部件的依据，如图 5.2 中的轴孔直径 $\phi50H8$、图 5.39 泵体中的管螺纹 G3/8 等。

2) 装配尺寸

装配尺寸是表示机器或部件中零件之间装配关系和工作精度的尺寸。它由配合尺寸和相对位置尺寸两部分组成。

(1) 配合尺寸。在机器或部件装配时，零件间有配合要求的尺寸称为配合尺寸。如图 5.2 中轴承盖与轴承座的配合尺寸 90H9/f9；轴承盖和轴承座与上、下轴衬的配合尺寸 $\phi60H8/k7$ 等。

(2) 相对位置尺寸。在机器或部件装配时，需要保证零件间相对位置的尺寸称为相对位置尺寸。如图 5.2 中轴承孔轴线到基面的距离 70，两连接螺栓的中心距尺寸 85 ± 0.03；图 5.38 中油泵两齿轮轴心距离 27 ± 0.03 等。

3) 安装尺寸

安装尺寸是表示机器或部件安装时所需要的尺寸，如图 5.2 中滑动轴承的安装孔尺寸 $2\times\phi17$ 及其定位尺寸 180；图 5.39 中的两连接螺栓的中心距尺寸 70 等。

4) 外形尺寸

外形尺寸是表示机器或部件外形的总体尺寸，即总长、总宽和总高。它为机器或部件在包装、运输和安装过程中所占空间提供数据，如图 5.2 中滑动轴承的总体尺寸 240、80 和 156；图 5.38 中齿轮油泵的总体尺寸 118、85 和 95 等。

5) 其他重要尺寸

它是在设计中经计算确定的尺寸，而又不包括在上述几类尺寸中，如运动零件的极限尺寸，主体零件的一些重要尺寸等，如图 5.2 中轴承盖和轴承座之间的间隙尺寸 2 和轴承孔轴线到基面的距离 70。

上述几类尺寸之间并不是互相孤立无关的，实际上有的尺寸往往同时具有多种作用。此外，在一张装配图中，也并不一定需要全部注出上述尺寸，而是要根据具体情况和要求来确定。

4. 装配图的技术要求

不同性能的机器或部件，其技术要求也不同。一般可从机器或部件的装配要求、检验要求和使用要求几方面来考虑。

1) 装配要求

装配要求包括对机器或部件装配方法的指导，需要在装配时的加工说明，装配后的性能要求等。

2）检验要求

检验要求包括机器或部件基本性能的检验方法和条件，装配后保证达到的精度，检验与实验的环境温度、气压，振动实验的方法等。

3）使用要求

使用要求包括对机器或部件的基本性能的要求，维护和保养的要求及使用操作时的注意事项等。

装配图的技术要求一般用文字写在明细栏上方或图纸下方的空白处。若技术要求过多，可另编技术文件，在装配图上只注出技术文件的文件号。

5．装配图中的零、部件序号和明细栏

为了便于看图，便于图样管理和组织生产，必须对装配图中的所有零、部件进行编号，列出零件的明细栏，并按编号在明细栏中填写该零、部件的名称、数量和材料等。

1）零、部件序号

（1）装配图中所有的零、部件都必须编写序号。相同的多个零、部件应采用一个序号，一个序号在图中只标注一次，图中零、部件的序号应与明细栏中零、部件的序号一致，如图 5.2 中的螺栓和螺母等。

（2）序号应注写在指引线一端用细实线绘制的水平线上方、圆内或在指引线端部附近，序号字高要比图中尺寸数字大一号或两号，如图 5.8（a）所示。序号编写时应按水平或垂直方向排列整齐，并按顺时针或逆时针方向顺序编号，如图 5.2 所示。

（3）指引线用细实线绘制，应自所指零件的可见轮廓内引出，并在其末端画一圆点，如图 5.8（a）所示，若所指的部分不宜画圆点，如很薄的零件或涂黑的剖面等，可在指引线的末端画出箭头，并指向该部分的轮廓，如图 5.8（b）所示。

如果是一组紧固件，或者装配关系清楚的零件组，可以采用公共指引线，如图 5.8（c）所示。

指引线应尽可能分布均匀且不要彼此相交，也不要过长。指引线通过有剖面线的区域时，要尽量不与剖面线平行，必要时可画成折线，但只允许折一次，如图 5.8（d）所示。

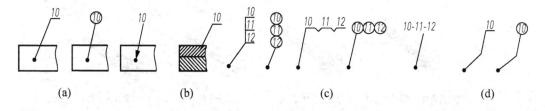

图 5.8　序号的编写形式

2）明细栏

明细栏是机器或部件中全部零件的详细目录，应画在标题栏上方，当位置不够用时，可续接在标题栏左方。明细栏外框竖线为粗实线，其余各线为细实线，其下边线与标题栏上边线重合，长度相等，如图 5.9 所示。

明细栏中，零、部件序号应按自下而上的顺序填写，以便在增加零件时可继续向上画格。GB/T 10609.1—2008 和 GB/T 10609.2—2009 分别规定了标题栏和明细栏的统一格式。学校制图作业明细栏可采用图 5.9 所示的格式。明细栏"名称"一栏中,除填写零、部件名称外,对于标准件还应填写其规格,有些零件还要填写一些特殊项目,如齿轮应填写"$m=$"、"$z=$"。

标准件的国标号应填写在"备注"中。

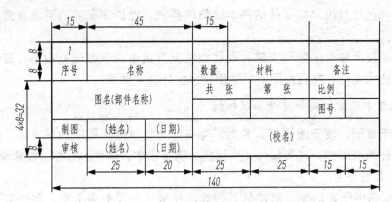

图 5.9 推荐学校使用的标题栏、明细栏

6. 螺纹紧固件及其联接

螺纹紧固件是标准件中的重要部分,它的类型和结构形式很多,常用的螺纹紧固件有螺栓、双头螺柱、螺钉、螺母和垫圈等,如图 5.10 所示。在绘图时,对这些已标准化的结构和形状不必按其真实投影画出,而是根据相应的国家标准所规定的画法、代号和标记进行绘图和标注,可根据需要在有关标准中查出其尺寸,一般无需画出它们的零件图。

图 5.10 常用的螺纹紧固件

1) 常用螺纹紧固件的种类及其标记

标准的螺纹紧固件都有规定的标记，标记的内容有：名称、标准编号、螺纹规格×公称长度。螺纹联接件的标准详见相关的国家标准手册。现举例如下，见表 5-1。

表 5-1 常用螺纹紧固件的种类及其标记

常用螺纹紧固件的规定标记	常用螺纹紧固件的图例
螺栓 GB/T 5782—2000 M12×80 表示： 螺纹规格 d＝M12、公称长度 l＝80mm、性能等级为 8.8 级、A 级的六角头螺栓	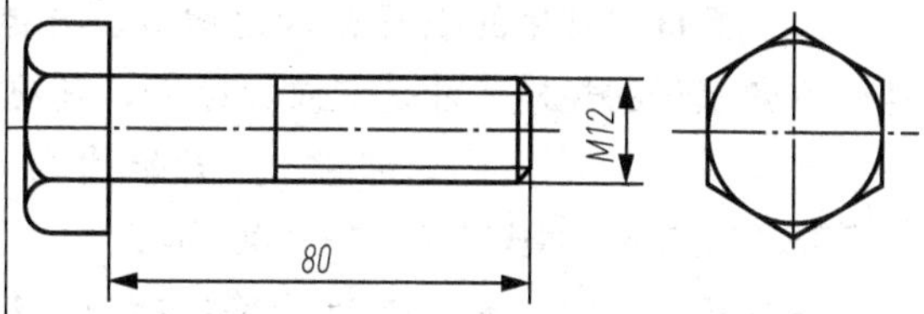
螺柱 GB/T 897—1988 AM10×50 表示： 两端均为粗牙普通螺纹、螺纹规格 d＝M10、公称长度 l＝50mm、性能等级为 4.8 级、A 型、b_m＝d 的双头螺柱	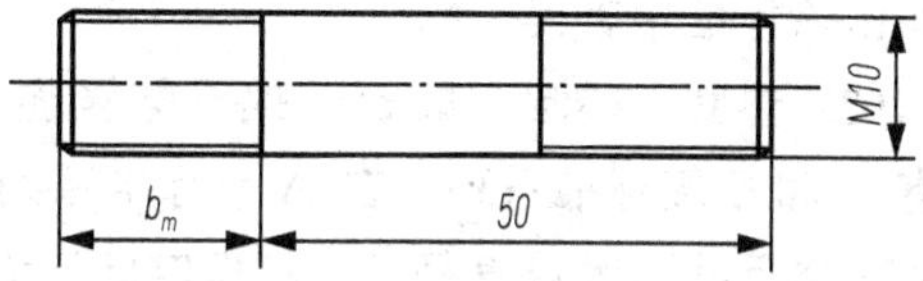
螺钉 GB/T 65—2000 M5×20 表示： 螺纹规格为 d＝M5、公称长度 l＝20mm、性能等级为 4.8 级的开槽圆柱头螺钉	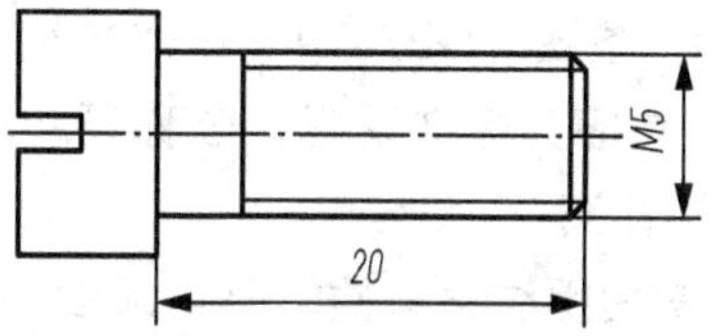
螺钉 GB/T 68—2000 M8×25 表示： 螺纹规格为 d＝M5、公称长度 l＝25mm、性能等级为 4.8 级的开槽沉头螺钉	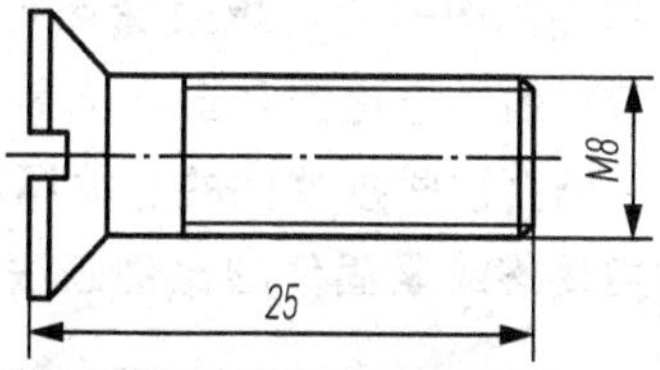
螺母 GB/T 6170—2000 M12 表示： 螺纹规格 D＝M12、性能等级 10 级、不经表面处理、A 级的 1 型六角螺母	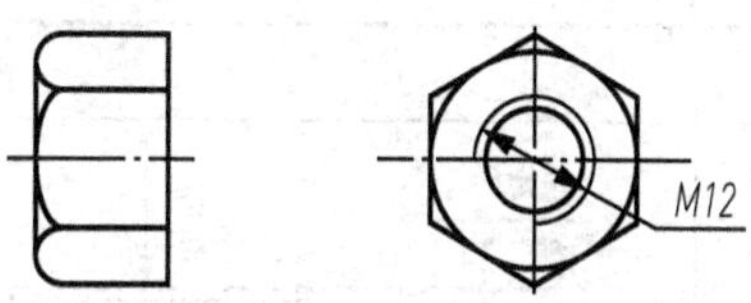
垫圈 GB/T 97.1—2002 12-140HV 表示： 公称尺寸 d＝12mm、性能等级为 140HV、不经表面处理的平垫圈	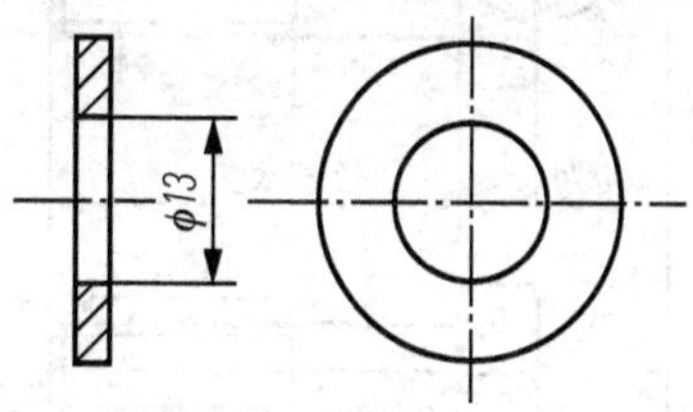

最常用螺纹紧固件有以下几种。

（1）螺栓。螺栓由头部和杆身组成。常用的为六角头螺栓如图 5.10 所示。螺栓的规

格尺寸是螺纹大径 d 和公称长度 l，其规定标记为

　　　　　名称　　　标准代号　　　螺纹特征代号×公称长度

例1　螺栓 GB/T 5782—2000　M24×100

根据标记可知：螺栓是粗牙普通螺纹。螺纹规格 $d=24$ mm、公称长度 $l=100$ mm。经查阅 GB/T 5782—2000 得知：此螺栓系性能等级为 8.8 级、表面氧化、A 级的六角头螺栓。其他尺寸均由该标准中查得。

（2）螺母。常用的螺母有六角螺母、方螺母和圆螺母等。其中六角螺母应用最为广泛。六角螺母的规格尺寸是螺纹大径 D，其规定标记为

　　　　　名称　　　标准代号　　　螺纹特征代号

例2　螺母　GB/T 6170—2000 M20

根据标记可知：螺母是粗牙普通螺纹，螺纹规格 $D=20$ mm。经查阅 GB/T 6170—2000 得知：此螺母系性能等级为 10 级、不经表面处理、A 级、Ⅰ型六角头螺母。其他尺寸均由该标准中查得。

（3）垫圈。垫圈一般置于螺母与被连接件之间。常用的有平垫圈和弹簧垫圈。平垫圈有 A 和 C 级标准系列，在 A 级标准系列平垫圈中，分带倒角和不带倒角两种结构。垫圈的规格尺寸为螺栓直径 d，其规定标记为

　　　　　名称　　　标准代号　　　公称尺寸—性能等级

例3　垫圈　GB/T 97.1—2002　10—140HV

本例垫圈为标准系列，公称尺寸 $d=10$ mm，性能等级为 140HV 级，不经表面处理的 A 级平垫圈。

2）常用螺纹紧固件的简化画法

为了提高画图速度，螺纹紧固件各部分的尺寸（除公称长度外）都可用螺纹公称直径 d（或 D）的一定比例画出，称为比例画法（也称简化画法）。画图时，螺纹紧固件的公称长度 l 仍由被联接零件的有关厚度决定。

各种常用螺纹紧固件的比例画法见表 5-2。

表 5-2　常用螺纹紧固件的比例画法

续表

名称	常用螺纹紧固件的比例画法
双头螺柱、内六角圆柱头螺钉	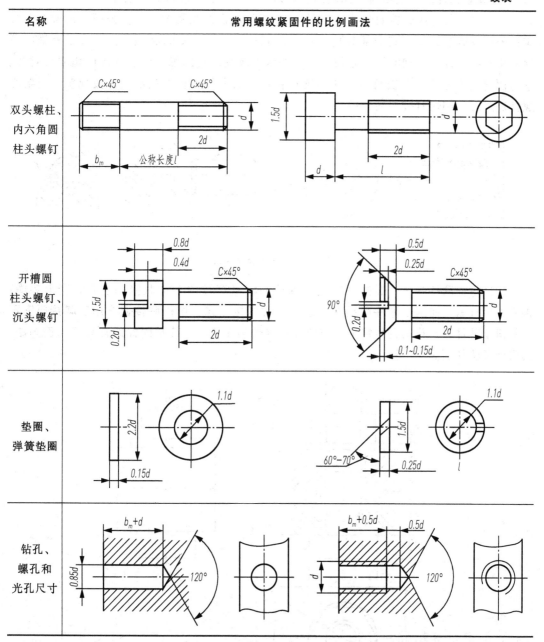
开槽圆柱头螺钉、沉头螺钉	
垫圈、弹簧垫圈	
钻孔、螺孔和光孔尺寸	

3) 螺纹紧固件的联接画法

螺纹紧固件联接属于可拆卸联接，是工程上应用最多的联接方式。常见的联接方式有螺栓联接、螺柱联接和螺钉联接。

在螺纹联接的装配图中，当剖切平面通过联接件的轴线时，螺栓、螺柱、螺钉、螺母及垫圈等均按未剖切绘制，接触面只画一条粗实线，不得将轮廓线加粗，相邻两零件剖面线方向相反，而同一个零件在各剖视图中，剖面线的倾斜角度、方向和间隔都应相同。凡不接触的表面，不论间隙多小，在图中都应画出间隙（如螺栓与孔之间应画出间隙)。螺纹紧固件的工艺结构，如倒角、退刀槽、缩颈、凸肩等均可省略不画。

(1) 内、外螺纹联接的画法。如图 5.11 所示，在剖视图中，内、外螺纹的旋合部分应按外螺纹画法绘制，其余部分仍按各自的画法表示。画图时必须注意，表示外螺纹牙顶的粗实线、牙底的细实线，必须分别与表示内螺纹牙底的细实线、牙顶的粗实线对齐。这与倒角大小无关，它表明内、外螺纹具有相同的大径和相同的小径。按规定，当实心螺杆通过轴线剖切时按不剖处理。

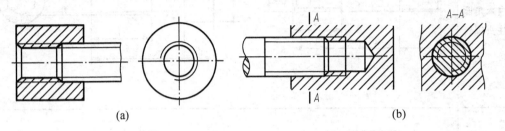

图 5.11 螺纹联接画法

(2) 螺栓联接画法。螺栓联接是将螺栓的杆身穿过两个被联接的通孔，套上垫圈，再用螺母拧紧，使两个零件联接在一起的一种联接方式。螺栓联接通常用于联接厚度不大的两个零件，其孔的直径略大于螺纹大径（约为 $1.1d$），其紧固件通常采用比例画法。其联接画法如图 5.12 所示。

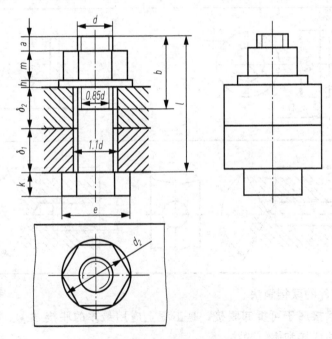

图 5.12 螺栓联接画法

螺栓联接的查表画法介绍如下。

① 根据紧固件螺栓、螺母、垫圈的标记，在有关标准中查出相关的尺寸。

② 确定螺栓的公称长度 l，可按下式计算。

$$l = \delta_1 + \delta_2 + h + m + a$$

式中：δ_1、δ_2——被联接零件的厚度；

h——垫圈厚度；

m——螺母的厚度；

a——螺栓末端伸出螺母外的长度，一般取 $0.2d \sim 0.4d$。

根据上式算出螺栓长度，再从相应的螺栓标准所规定的长度系列中选取一个与之相等或略大于的标准长度。

例如已知螺栓紧固件的标记如下。

螺栓：GB/T 5782—2000 M20×l。

螺母：GB/T 6170—2000 M20。

垫圈：GB/T 97.1—2002 20。

由附表 2-5 和附表 2-6 查得 $m=18$，$h=3$，

取 $a=0.3\times 20=6$，被联接零件 $\delta_1=25$、$\delta_2=25$，计算 $l=\delta_1+\delta_2+h+m+a=25+25+3+18+6=77$。

根据附表 2-1（GB/T 5782—2000）查得与 77 最近的标准长度为 80，即为螺栓的有效长度，同时螺栓的螺纹长度 b 为 46。

特别提示

画螺栓联接装配图时应注意以下两点。

① 被联接零件的孔的直径必须大于螺纹大径（约为 $1.1d$），否则在组装时螺栓装不进通孔。

② 螺栓的螺纹终止线必须画到垫圈之下（应在被联接两零件接触面的上方，否则螺母拧不紧）。

（3）双头螺柱联接画法。双头螺柱多用于被联接件之一比较厚，不便使用螺栓联接，因拆卸频繁不宜使用螺钉联接的地方。螺母下边为弹簧垫圈，依靠其弹性所产生的摩擦力以防止螺母的松动。螺柱两端均加工有螺纹，一端与被联接零件（一般是机体）旋合（旋入端）。另一端穿过被联接零件的通孔然后套上垫圈与螺母旋合（紧固端）。其联接画法如图 5.13 所示。

图 5.13 所示螺柱的有效长度 l 的计算与螺栓的有效长度的计算类似，l 初算后的数值在螺柱标准的 l 所规定的长度系列中选取一个与之相等或略大于的标准长度。旋入端螺纹长度 b_m 有被联接零件的材料决定，有以下 4 种不同长度。

$b_m=1d$：用于旋入钢或青铜（GB/T 897—1988）。

$b_m=1.25d$：用于旋入铸铁（GB/T 898—1988）。

$b_m=1.5d$：用于旋入铸铁或铝合金（GB/T 899—1988）。

$b_m=2d$：用于旋入铝合金（GB/T 900—1988）。

被联接的零件的有关尺寸如图 5.13 所示。

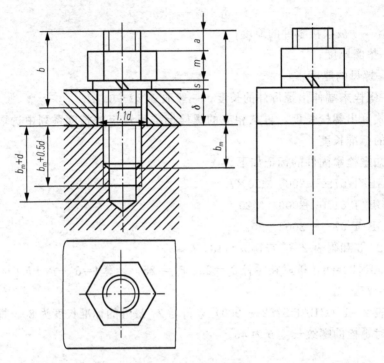

图 5.13 螺柱联接画法

> **特别提示**
>
> 画螺柱联接装配图时应注意以下几点。
>
> ① 为了保证联接牢固,应使旋入端完全旋入螺纹孔中,即在图上旋入端的终止线应与螺纹孔口的端面平齐。
>
> ② 被联接零件上的螺孔深度应大于螺柱的旋入深度 b_m,一般可取 $b_m+0.5d$,钻孔深度应稍大于螺孔深度,一般可取螺纹长度加 $0.5d$。
>
> ③ 螺柱的旋入部分必须按内、外螺纹联接画法画出,紧固端的画法与螺栓联接相应部分的画法相同。

(4) 螺钉联接画法。螺钉联接多用于受力不大和不常拆卸的零件之间的联接,有紧定螺钉和联接螺钉两种。螺钉联接一般是在较厚的主体零件上加工出螺孔,而在另一个被联接零件上加工成通孔,然后把螺钉穿过通孔旋进螺孔从而达到联接的目的。

螺钉联接画法,其旋入端与螺柱相同,被联接板孔口与螺栓相同,如图 5.14 所示。

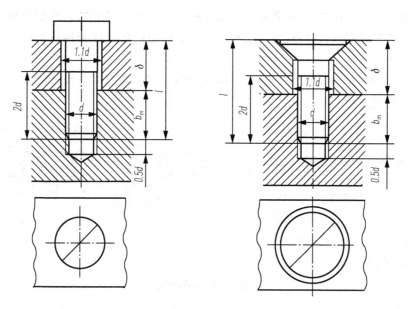

图 5.14 螺钉联接画法

> **特别提示**
>
> 画螺钉联接装配图时应注意以下几点。
> ① 螺钉的旋入长度 b_m 与被联接件的材料有关，其取值与双头螺柱相同。
> ② 为了保证联接牢固，螺钉的有效长度与螺孔的螺纹长度都应大于旋入深度，即螺钉装入后，螺钉上的螺纹终止线必须高出旋入端零件的上端面。
> ③ 具有沟槽的螺钉头部，在主视图中应放正，在俯视图中规定画成 45°倾斜。

7. 配合的基本概念

1) 零件的互换性

同一批零件，不经挑选和辅助加工，任取一个就可顺利地装到机器上去，并满足机器的性能要求，零件的这种性能称为互换性。零件具有互换性，不仅能组织大批量生产，而且可提高产品的质量、降低成本和便于维修。

保证零件具有互换性的措施：由设计者确定合理的配合要求和尺寸公差大小。

在满足设计要求的条件下，允许零件实际尺寸有一个变动量，这个允许尺寸的变动量称为公差。

2) 基本术语（见 4.1.3，10. 极限的基本概念）

3) 配合

基本尺寸相同的、相互结合的孔和轴公差带之间的关系称为配合。根据使用的要求不同，孔和轴之间的配合有松有紧，国家标准规定配合分 3 类：间隙配合、过盈配合和过渡配合。

(1) 间隙配合。如图 5.15 所示，孔与轴配合时，具有间隙（包括最小间隙等于零）的配合称为间隙配合，孔的尺寸减去相配合轴的尺寸，其代数差为正值或为零。此时孔的公差带在轴的公差带之上。

(2) 过盈配合。如图 5.16 所示，孔和轴配合时，孔的尺寸减去相配合轴的尺寸，其代数差为负值为过盈（包括最小过盈为零）。具有过盈的配合称为过盈配合。此时孔的公差带在轴的公差带之下。

(3) 过渡配合。如图 5.17 所示，可能具有间隙或过盈的配合为过渡配合。此时孔的公差带与轴的公差带相互交叠。

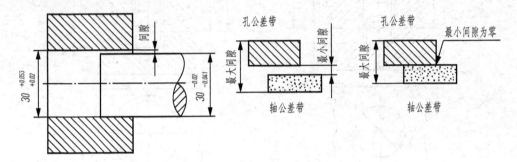

图 5.15 间隙配合

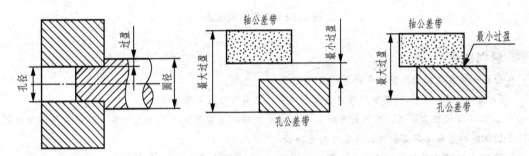

图 5.16 过盈配合

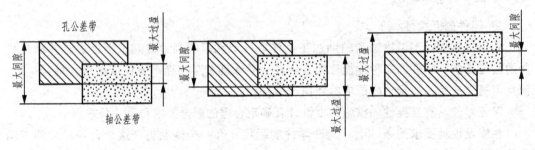

图 5.17 过渡配合

4) 配合制度

当基本尺寸确定后，为了得到孔与轴之间各种不同性质的配合，又便于设计和制造，国家标准规定了两种不同的基准制，即基孔制和基轴制，在一般情况下优先选用基孔制。

(1) 基孔制。基孔制是基本偏差为一定的孔的公差带，与不同基本偏差的轴的公差带形成各种配合的一种制度，如图 5.18（a）所示。

基孔制配合中的孔为基准孔，用基本偏差代号 H 表示，基准孔的下偏差为零。

在基孔制中，基准孔 H 与轴配合，a～h（共 11 种）用于间隙配合；j～n（共 5 种）

主要用于过渡配合（n、p、r 可能为过渡配合或过盈配合）；p～zc（共 12 种）主要用于过盈配合。

（2）基轴制。基轴制是基本偏差为一定的轴的公差带，与不同基本偏差的孔的公差带形成各种配合的一种制度，如图 5.18（b）所示。

基轴制配合中的轴为基准轴，用基本偏差代号 h 表示，基准轴的上偏差为零。

在基轴制中，基准轴 h 与孔配合，A～H（共 11 种）用于间隙配合；J～N（共 5 种）主要用于过渡配合（N、P、R 可能为过渡配合或过盈配合）；P～ZC（共 12 种）主要用于过盈配合。

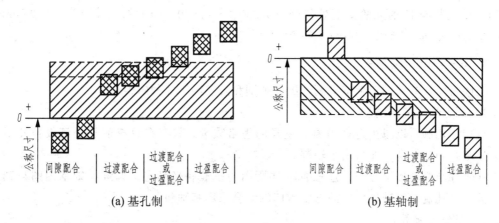

图 5.18　配合制图解

8. 公差与配合的标注

1）公差在零件图中的标注形式（见 4.1.3，11.）

2）配合尺寸在装配图中的标注

配合的代号由两个相互配合的孔和轴的公差带的代号组成，用分数形式表示，分子为孔的公差带代号，分母为轴的公差带代号，标注的通用形式如图 5.19 所示。

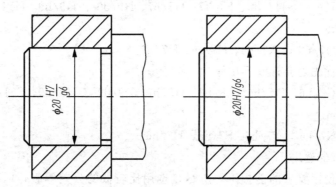

图 5.19　配合代号在装配图标注的两种形式

如图 5.19 所示，该配合代号表示基本尺寸为 20，基孔制，7 级基准孔与公差等级为 6 级，基本偏差代号为 g 的轴的间隙配合。

3) 查表方法示例

例 4 查表确定配合代号 $\phi 60H8/f7$ 中孔和轴的极限偏差值。

解：根据配合代号可知，孔和轴采用基孔制的优先配合，其中 H8 孔为基准孔的公差带代号；f7 为配合轴的公差带代号。

(1) $\phi 60H8$ 基准孔的极限偏差，可由孔的极限偏差表查出（附表 5-3）。在基本尺寸 >50～80 的行与 H8 的列的交汇处找到 46、0，即孔的上偏差为 +0.046mm，下偏差为 0。所以，$\phi 60H8$ 可写为 $\phi 60^{+0.046}_{0}$。

(2) $\phi 60f7$ 配合轴的极限偏差，可由轴的极限偏差表查出（附表 5-2）。在基本尺寸 >50～65 的行与 f7 的列的交汇处找到 -0.030、-0.060，即轴的上偏差为 -0.030mm，下偏差为 -0.060。所以，$\phi 60f7$ 可写为 $\phi 60^{-0.030}_{-0.060}$。

9. 极限与配合的选用

极限与配合的选用包括基准制、配合类别和公差等级 3 种内容。

1) 优先选用基孔制

选用基孔制可以减少定值刀具、量具的规格数量。只有在具有明显经济效益和不适宜采用基孔制的场合，才采用基轴制。

在零件与标准件配合时，应按标准件所用的基准制来确定。如滚动轴承内圈与轴的配合采用基孔制，滚动轴承外圈与轴承座的配合采用基轴制。

2) 配合的选用

国家标准中规定了优先选用、常用和一般用途的孔、公差带，应根据配合特性和使用功能，尽量选用优先和常用配合。当零件之间具有相对转动或移动时，必须选择间隙配合；当零件之间无键、销等紧固件，只依靠结合面之间的过盈配合实现传动时，必须选择过盈配合；当零件之间不要求有相对运动，同轴度要求较高，且不是依靠该配合传递动力时，通常选用过渡配合。

(1) 基孔制优先配合有以下几种。

间隙配合：H7/g6、H7/h6、H8/f7、H8/h7、H9/d9、H9/h9、H11/c11、H11/h11。

过渡配合：H7/k6。

过盈配合：H7/n6、H7/p6、H7/s6、H7/u6。

(2) 基轴制优先配合有以下几种

间隙配合：G7/h6、H7/h6、F8/h7、H8/h7、D9/h9、H9/h9、C11/h11、H11/h11。

过渡配合：K7/h6。

过盈配合：N7/h6、P7/h6、S7/h6、U7/h6。

3) 公差等级的选用

在保证零件使用要求的前提下，应尽量选用比较低的公差等级，以减少零件的制造成本。由于加工孔比加工轴困难，当公差等级高于 IT8 时，在基本尺寸至 500mm 的配合中，应选择孔的标准公差等级比轴低一级（如孔为 8 级，轴为 7 级）来加工孔。因为公差等级越高，加工越困难。标准公差等级低时，轴和孔可选择相同的公差等级。

4) 识读手轮与丝杠装配图上配合标注

例 5 识读图 5.20 所示涨紧滑座装配图，完成以下任务。

(1) $\phi16K7/h6$ 属于哪类配合？画出公差带图，并计算配合的极限间隙或极限过盈。

(2) $\phi16K7/h6$ 配合的基准制？

(3) $\phi16K7/h6$ 属于国家标准中规定的哪种配合？

解：(1) 分析手轮孔 $\phi16K7$ 与丝杠轴 $\phi16h6$ 的配合。

公差带图如图 5.21 所示。

孔、轴公差带相互交叠，故其配合属于过渡配合。

$X_{max} = D_{max} - d_{min} = ES - ei = +0.006 - (-0.011) = +0.017 \text{mm}$

$Y_{max} = D_{min} - d_{max} = EI - es = -0.012 - 0 = -0.012 \text{mm}$

$Tf = |X_{max} - Y_{max}| = |+0.017 - (-0.012)| = 0.029 \text{mm}$

(2) 手轮孔与丝杠轴的配合 $\phi16K7/h6$ 采用的是基轴制。

(3) 由配合的选用可知，$\phi16K7/h6$ 属于基轴制的优先过渡配合。

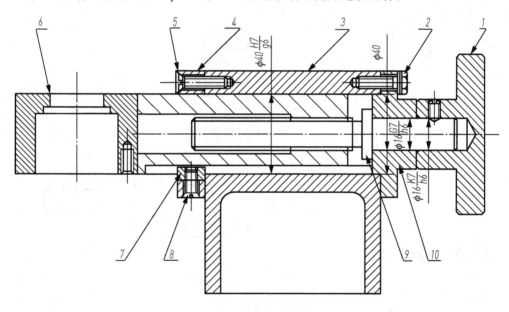

图 5.20 涨紧滑座装配图

1—手轮；2—螺栓；3—滑座；4—前压盖；5—沉头螺栓；6—滑套；7—键；
8—沉头螺栓；9—丝杠；10—后压盖

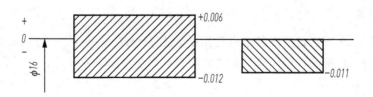

图 5.21 公差带图

特别提示

尺寸公差及配合标注识读见表 5-3。

表 5-3 尺寸公差及配合标注识读

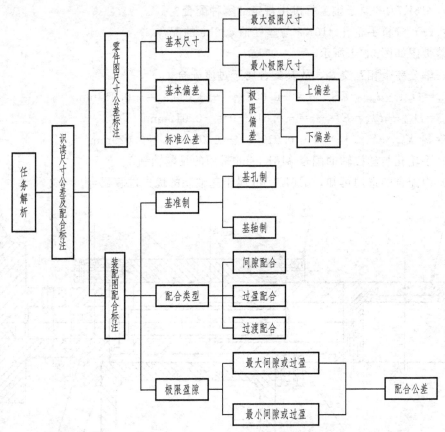

5.1.4 技能实训

实训 1

1. 实训名称

识读后压盖尺寸公差标注及后压盖与丝杠配合标注。

2. 实训内容

(1) 如图 5.22 所示,后压盖中内孔孔径标注 $\phi16G7$。

(2) 如图 5.20 所示,后压盖与丝杠的配合代号为 $\phi16G7/h6$。

3. 实训目的

(1) 掌握基本尺寸、偏差、公差和配合的有关术语。

(2) 掌握极限尺寸、极限偏差、公差的计算,明确它们之间的关系。

(3) 掌握极限间隙或极限过盈、配合公差的计算,明确它们之间的关系。

(4) 掌握绘制孔、轴公差带图和配合公差带图的基本方法。

(5) 进一步熟悉尺寸公差与配合标准的应用。

4. 实训要求

根据内容，完成以下训练。

(1) 指出 ϕ16G7 的基本尺寸、公差等级、基本偏差的名称及基本偏差的数值。

(2) 计算另一个极限偏差的数值。

(3) 指出实际孔径尺寸合格的范围。

(4) 计算装配图上配合代号 ϕ16G7/h6 的极限间隙或极限过盈、配合公差，并指出配合类型。

(5) 绘制 ϕ16G7/h6 的公差带图。

(6) 在图 5.22 和图 5.20 上，以不同的形式标注有关的尺寸公差和配合代号。

(7) 查有关表格，指出 ϕ16G7/h6 是否优先选用的配合，组成配合的公差带是否优先选用的公差带。

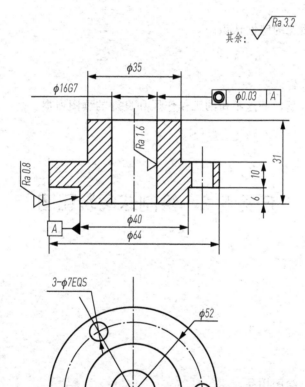

图 5.22 后压盖

5. 实训提示

参照 4.1.3，11. 和 5.1.3，9.。

实训 2

1. 实训名称

球阀。

2. 实训内容

如图 5.23、图 5.24 所示。

3. 实训目的

(1) 了解装配图的作用和内容。
(2) 了解球阀装配图表达方法，尺寸标注，技术要求，零、部件序号和明细栏，常见的装配工艺结构。
(3) 增加对实践课的感性认识。

4. 实训要求

(1) 写出识读报告。
(2) 树立严肃认真，一丝不苟的工作作风和良好的读图习惯。

5. 实训提示

参照任务 5.2。

任务 5.2　绘制球阀装配图

5.2.1　任务书

1. 任务名称

球阀。

2. 任务准备

(1) 绘图工具、绘图用品。
(2) 球阀。
(3) 球阀轴测图、装配图、零件图，如图 5.23、图 5.24、图 5.25 所示。
(4) 拆装工具一套。

3. 任务要求

(1) 用 A3 幅面的图纸，比例 1∶1，绘制装配图。
(2) 了解工作原理和用途。

(3) 了解各零件之间的装配关系、连接方式、装拆顺序和零件结构形状。
(4) 装配图主要内容齐全。
(5) 选择主视图和表达方案合理。
(6) 尺寸标注正确、完整、清晰、合理。
(7) 技术要求符合规范。

4. 任务提交

图纸。

5. 评价标准

任务实施评价项目表

序号	评价项目		配分权重/（%）	实得分
1	能否读懂中等复杂程度装配图	能否明确装配图的主要内容，能否概括了解装配体的名称、用途和零件的组成等	5	
		能否明确装配图运用的画法规则	10	
		能否明确各视图的表达方法和重点，能否明确工作原理和装配结构	15	
		能否正确辨别各种装配工艺结构	5	
		能否正确识别各项尺寸和技术要求标注	5	
		能否正确拆画出主要零件	10	
2	能否正确绘制装配图	装配图主要内容是否齐全	5	
		选择视图和确定表达方案是否正确、合理	10	
		装配关系是否表达清楚	10	
		各种装配结构绘制是否正确	5	
		各项尺寸和技术要求标注标注是否正确、完整、清晰、合理	10	
		图框、线型、字体、序号等是否符合规定，图面布局是否恰当	10	

5.2.2 任务指导

1. 准备工作

(1) 准备绘图工具和用品。
(2) 球阀实物、装配图、零件图各一份，如图5.23、图5.24、图5.25所示。

(3) 拆装工具一套。
(4) 全面了解和分析装配图、零件图。
(3) 根据图形大小,确定比例,选用图幅、固定图纸。

根据球阀的尺寸,确定比例为 1:1,选用 A3 图幅,将图纸横放固定在图板上。

(4) 拟订具体的作图顺序。

图 5.23 球阀轴测图

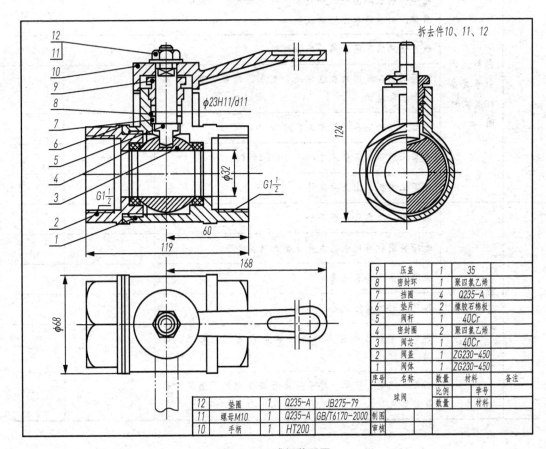

图 5.24 球阀装配图

模块 5　装配图识读、绘制与拆画零件图

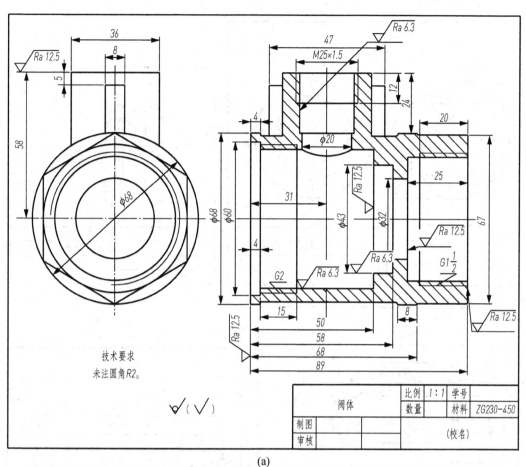

(a)

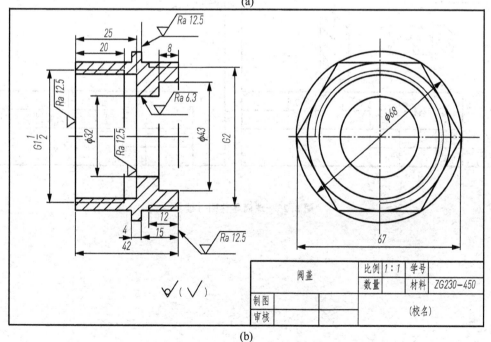

(b)

图 5.25　球阀零件图

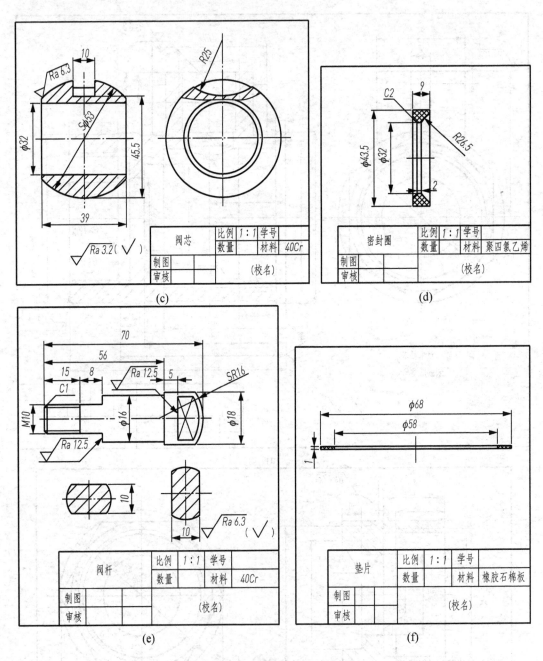

图 5.25 球阀零件图（续）

模块 5　装配图识读、绘制与拆画零件图

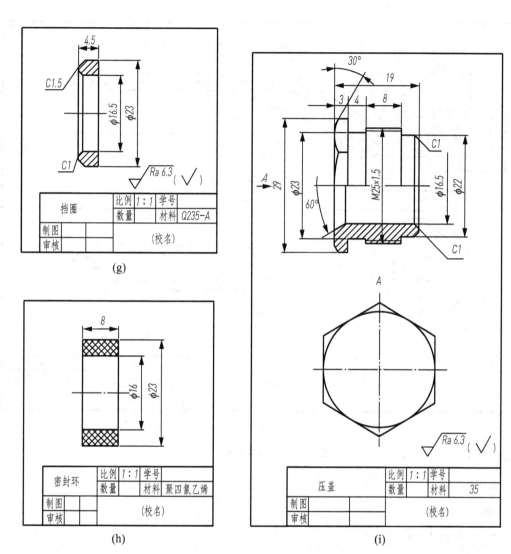

图 5.25　球阀零件图（续）

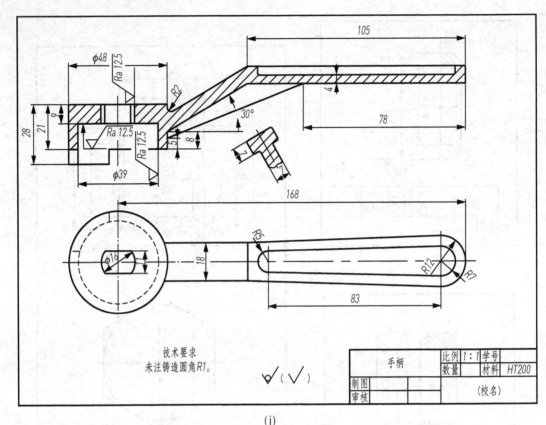

(j)

图 5.25 球阀零件图（续）

2．绘制图形

如图 5.27 所示。

3．尺寸标注及技术要求

标注尺寸，注明技术要求，如图 5.24 所示。

4．填写明细栏和标题栏

编写零件序号，填写明细栏和标题栏。

5.2.3 知识包

1．全面了解和分析所画的机器或部件

绘制装配图之前，应对所画的对象有全面的认识，即了解机器或部件的功用、性能、结构特点和各零件间的装配关系等。

现以球阀为例介绍绘制装配图的方法和步骤。

图 5.23 所示球阀是管路中用来启闭及调节流体流量的部件，它由阀体等零件和一些标准件所组成。

球阀的工作原理是：阀体内装有阀芯，阀芯内的凹槽与阀杆的扁头相接，当用扳手旋转阀杆并带动阀芯转动一定角度时,即可改变阀体通孔与阀芯通孔的相对位置,从而起到启闭及调节管路内流体流量的作用。

球阀有两条装配干线,一条是竖直方向,由阀芯、阀杆和扳手等零件组成。另一条是水平方向,由阀体、阀芯和阀盖等零件组成。

球阀零件图如图 5.25 所示。

2. 画装配示意图

装配示意图一般是用简图或符号画出机器或部件中各零件的大致轮廓,以表示其装配位置、装配关系和工作原理等,如图 5.26 所示。《机械制图》国家标准中《机构运动简图符号》(GB/T 4460—1984) 规定了一些基本符号和可用符号,一般情况下采用基本符号,必要时允许使用可用符号,画图时可以参考使用。

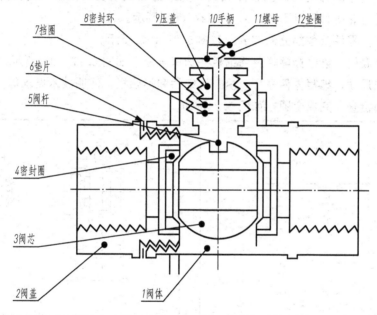

图 5.26 球阀装配示意图

3. 确定装配图的表达方案

在对所画机器或部件全面了解和分析的基础上,运用装配图的表达方法,选择一组恰当的视图,清楚地表达机器或部件的工作原理、零件间的装配关系和主要零件的结构形状。在确定表达方案时,首先要合理选择主视图,再选择其他视图。

1) 选择主视图

主视图的选择应符合它的工作位置,尽可能反映机器或部件的结构特点、工作原理和装配关系,主视图通常采用剖视图以表达零件的主要装配干线。

图 5.26 球阀的放置位置和投影方向采用全剖视图表达球阀的两条装配干线。

2) 选择其他视图

分析主视图尚未表达清楚的机器或部件的工作原理、装配关系和其他主要零件的结构形状，再选择其他视图来补充主视图尚未表达清楚的结构。

俯视图采用假想画法表达扳手零件的极限位置，左视图采用半剖视图表达阀体和阀盖的外形及阀杆和阀芯的连接关系。

4. 画装配图的步骤

根据所确定的装配图表达方案，选取适当的绘图比例，并考虑标注尺寸、编注零件序号、书写技术要求、画标题栏和明细栏的位置，选定图幅，然后按下列步骤绘图。

（1）画出图框、画出各视图的主要中心线、轴线、对称线及基准线等，如图 5.27（a）所示。

（2）画出主体零件的主要结构。通常先从主视图开始，先画基本视图，后画其他视图。画图同时应注意各视图间的投影关系。如果是画剖视图，则应从内向外画。这样被遮住的零件的轮廓线就可以不画，如图 5.27（b）所示。

（3）画其他零件及各部分的细节，如图 5.27（c）所示。

（4）检查底稿，绘制标题栏及明细栏并加深全图，如图 5.27（d）所示。

（5）标注尺寸，编写零件序号，填写明细栏和标题栏，注明技术要求等。

（6）仔细检查，完成全图，如图 5.24 所示。

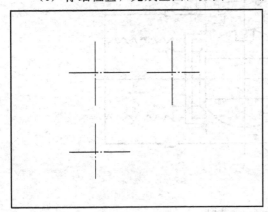

(a)

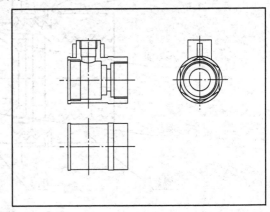

(b)

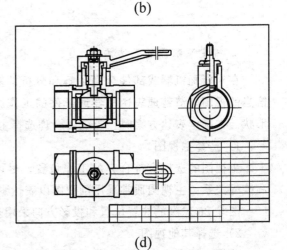

(c)　　　　　　　　　　　　　　(d)

图 5.27　画球阀装配图的步骤

5. 常见的装配工艺结构

在机器或部件的设计中，应该考虑装配结构的合理性，以保证机器或部件的工作性能可靠；安装和维修方便。下面介绍几种常见的装配工艺结构。

1) 接触面与配合面结构

两零件在同一方向上一般只宜有一个接触面，既保证了零件接触良好又降低了加工要求，否则就会给加工和装配带来困难，如图 5.28 所示。

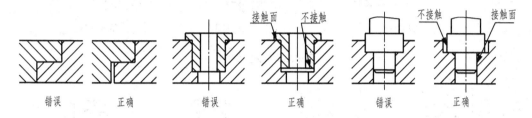

图 5.28　同一方向上一般只有一个接触面

2) 接触面转角处的结构

两配合零件在转角处不应设计成相同的尖角或圆角，否则既影响接触面之间的良好接触，又不易加工，如图 5.29 所示。

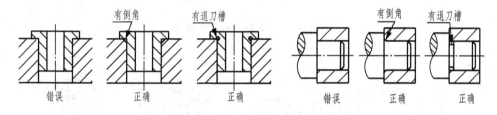

图 5.29　接触面转角处的结构

3) 密封结构

在一些机器或部件中，一般对外露的旋转轴和管路接口等，常需要采用密封装置，以防止机器内部的液体或气体外流，也防止灰尘等进入机器。

图 5.30（a）所示为泵和阀上的常见密封结构。填料密封通常用浸油的石棉绳或橡胶作填料，拧紧压盖螺母，通过填料压盖可将填料压紧，起到密封作用。

图 5.30（b）所示为管道中管接口的常见密封结构，采用 O 型密封圈密封。

图 5.30（c）所示为滚动轴承的常见密封结构，采用毡圈密封。

各种密封方法所用的零件有些已经标准化，其尺寸要从有关手册中查取，如毡圈密封中的毡圈。

4) 安装与拆卸结构

（1）在滚动轴承的装配结构中，与轴承内圈结合的轴肩直径及与轴承外圈结合的孔径尺寸应设计合理，以便于轴承的拆卸，如图 5.31 所示。

（2）螺栓和螺钉连接时，孔的位置与箱壁之间应留有足够空间，以保证安装的可能和方便，如图 5.32 所示。

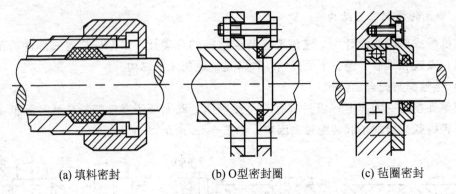

(a) 填料密封　　　　(b) O型密封圈　　　　(c) 毡圈密封

图 5.30　密封结构

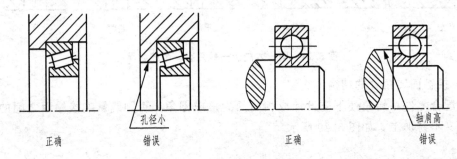

图 5.31　滚动轴承的装配结构

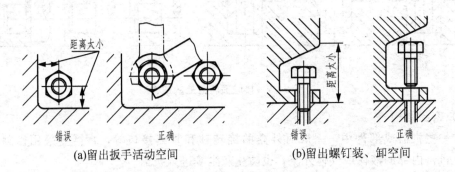

(a) 留出扳手活动空间　　　　(b) 留出螺钉装、卸空间

图 5.32　螺栓、螺钉连接的装配结构

（3）销定位时，在可能的情况下应将销孔做成通孔，以便于拆卸，如图 5.33 所示。

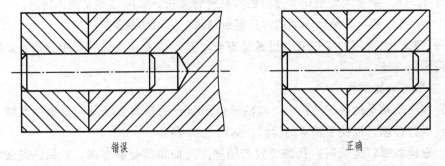

图 5.33　定位销的装配结构

5.2.4 技能实训

实训 1

1. 实训名称

机用虎钳。

2. 实训内容

根据机用虎钳的全部零件图和装配图抄画装配图。

(1) 机用虎钳轴测图、轴测分解图、装配图,如图 5.41、图 5.42、图 5.44 所示。
(2) 有关零件图及轴测图,如图 5.45、图 5.46 所示。

3. 实训目的

(1) 熟悉装配图的内容和画法,如规定画法和特殊画法。
(2) 学习装配图的画图方法和步骤。

4. 实训要求

(1) 用 A3 幅面的图纸,比例 1∶1,抄注尺寸。
(2) 认真读懂机用虎钳的每个零件图。
(3) 对照装配图,了解每个零件的位置和装配关系。
(4) 注意投影关系正确,布图匀称,图面整洁,图线符合要求。

5. 实训提示

(1) 参照任务 5.2、任务 5.3。
(2) 抄画时,一定要 3 个视图配合着画,才能减少错误。
(3) 应留出标题栏、明细表的位置后,再进行布图。

实训 2

1. 实训名称

铣刀头。

2. 实训内容

根据铣刀头的部分零件图和装配图抄画装配图。

(1) 铣刀头轴测图、轴测分解图、装配图,如图 5.47、图 5.48、图 5.49 所示。
(2) 有关零件图及轴测图,如图 5.51、图 5.52、图 5.53、图 5.48 所示。

3. 实训目的

(1) 熟悉装配图的内容和画法,如规定画法和特殊画法。
(2) 学习装配图的画图方法和步骤。

4. 实训要求

(1) 用 A2 幅面的图纸，比例 1∶1，抄注尺寸。
(2) 认真读懂铣刀头的每个零件图。
(3) 对照装配图，了解每个零件的位置和装配关系。
(4) 注意投影关系正确，布图匀称，图面整洁，图线符合要求。

5. 实训提示

(1) 参照任务 5.2、任务 5.3。
(2) 抄画时，一定要 3 个视图配合着画，才能减少错误。
(3) 应留出标题栏、明细表的位置后，再进行布图。
(4) 工作过程。
① 确定比例、图幅、布图。
② 画底稿。
③ 检查、加深图线、绘制剖面线。
④ 标注尺寸、技术要求，编制序号、填写标题栏和明细表。
(5) 附：参考资料。
① 表达方案。铣刀头视图中，主视图是通过轴的轴线全剖视图把零件间的相互位置、主要装配关系和工作原理表达清楚的。为进一步表达座体的形状及其与其他零件的安装情况，用左视图加以补充。
② 参考尺寸及配合。
a. 性能尺寸：中心高 115，它表示铣刀最大回转半径。
b. 配合尺寸：配合尺寸由零件的装配关系和零件图分析出来，如带轮与轴左端的配合 $\phi 28H8/k7$，端盖小端外圆与座体孔的配合 $\phi 80K7/f7$，轴承外圆与座体孔的配合 $\phi 80K7$，轴承内孔与轴的配合 $\phi 35k7$，依此类推。
c. 安装尺寸：看安装结构，座体底板上 4 个安装孔相关尺寸，地脚螺栓安装孔 $4\times \phi 11$，锪平 $\phi 22$；长度方向中心距 155；宽度方向中心距 150。
d. 总体尺寸：铣刀头在装配最小位置时的外形尺寸，长度方向 416；宽度方向 190；高度方向 115。因为铣刀头的实际外形高度与选用的铣刀盘半径大小有关，是一不确定值，所以可直接用中心高表示。
e. 其他重要尺寸：除以上 4 种尺寸外，其他比较重要的尺寸需要说明的也可标注，如座体上方圆柱筒结构的程度 225，常用铣刀盘的铣削直径 $\phi 120$ 等。
③ 参考技术要求。
a. 安装调试要求：安装调试时应满足的要求，可以是位置公差要求，也可是转动灵活、平稳等要求。铣刀头装配后有平行度要求，轴相对于座体底面的平行度在 100mm 测量长度上应小于 0.04mm。
b. 润滑方式等：使用轴承用专用润滑脂润滑。

实训 3

1. 实训名称

钢架连接。

2. 实训内容

图 5.34 所示为钢架连接的装配案例,这里用到了两组螺栓连接(具体包括螺栓、螺母和垫片)来连接钢架和方板,用一个螺钉来紧固轴和钢架。

根据钢架的装配结构(图 5.34)、连接分解图(图 5.35)、轴承架零件图(图 5.36),绘制装配图。

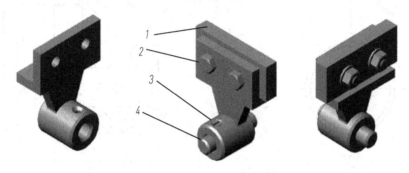

图 5.34 钢架的装配结构

1—钢架;2—螺栓连接;3—紧定螺钉;4—轴

图 5.35 钢架连接分解图

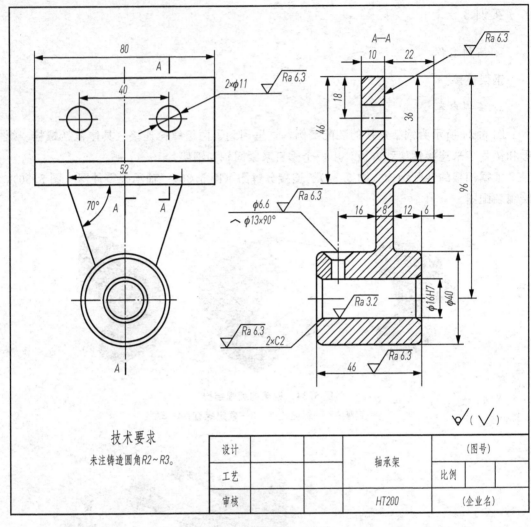

图 5.36 轴承架零件图

3. 实训目的

(1) 培养由零件图拼画装配图的能力。

(2) 熟悉零件的装配关系和装拆顺序。

(3) 进一步学习画装配图的方法。

4. 实训要求

(1) 完成钢架连接的一组装配图。

(2) 用 A3 幅面的图纸，比例 1∶1，标注必要的尺寸。

(3) 确定部件的表达方案，能清楚地表达部件的工作原理，传动路线，装配关系和零件的主要结构、形状。

(4) 正确标注和填写装配图上的尺寸、技术要求、标题栏和明细表。

5. 实训提示

（1）读懂轴承架零件图，对照钢架的装配结构、连接分解图，明确钢架的工作原理和每个零件的作用。

（2）选定表达方案，可按装配线逐一拼画各零件（先画主要零件，再画次要零件），注意正确运用装配图的规定画法、特殊画法和简化画法。

（3）正确表达装配工艺结构，注意关联零件间的尺寸应协调。

（4）在标注尺寸和填写技术要求时可查阅相关手册和参照类似的装配图。

（5）方板、紧固轴的尺寸自定。

（6）螺栓、螺母、垫片和螺钉为标准件，其规格可查阅相关手册。在绘图时，对这些已标准化的结构和形状不必按其真实投影画出，而是根据相应的国家标准所规定的画法、代号和标记进行绘图和标注。

任务 5.3　看齿轮油泵装配图及由齿轮油泵装配图拆画泵体零件图

5.3.1　任务书

1. 任务名称

齿轮油泵。

2. 任务准备

（1）绘图工具、绘图用品。

（2）齿轮油泵。

（3）齿轮油泵轴测图、装配图，如图 5.37、图 5.38 所示。

3. 任务要求

（1）掌握看装配图的方法和步骤。

（2）用 A4 幅面的图纸，比例 1∶1，拆画泵体零件图。

（3）零件图主要内容齐全。

（4）选择主视图和表达方案合理。

（5）尺寸标注正确、完整、清晰、合理。

4. 任务提交

读图报告、图纸。

5. 评价标准

任务实施评价项目表

序号	评 价 项 目	配分权重/(%)	实得分
1	能否明确装配图的主要内容,能否概括了解装配体的名称、用途和零件的组成等	10	
2	能否明确装配图运用的画法规则	20	
3	能否明确各视图的表达方法和重点,能否明确工作原理和装配结构	30	
4	能否正确辨别各种装配工艺结构	10	
5	能否正确识别各项尺寸和技术要求标注	10	
6	能否正确拆画出主要零件	20	

5.3.2 任务指导

1. 准备工作

(1) 准备绘图工具和用品。

(2) 齿轮油泵实物、装配图、泵体零件图各一份,如图 5.37、图 5.38、图 5.39 所示。

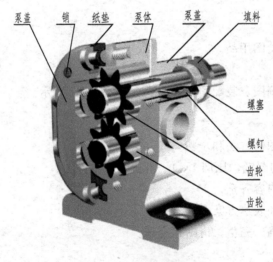

图 5.37 齿轮油泵轴测图

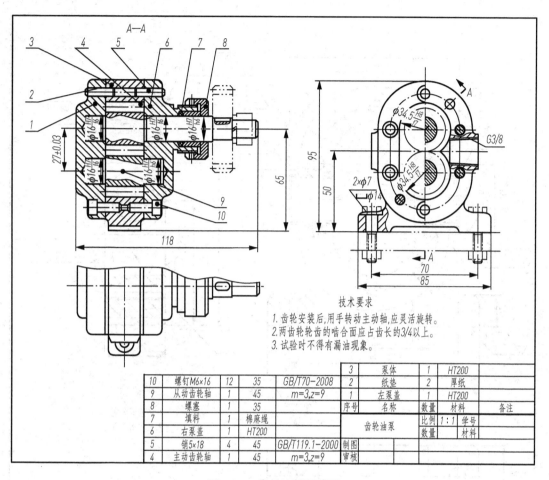

图 5.38 齿轮油泵装配图

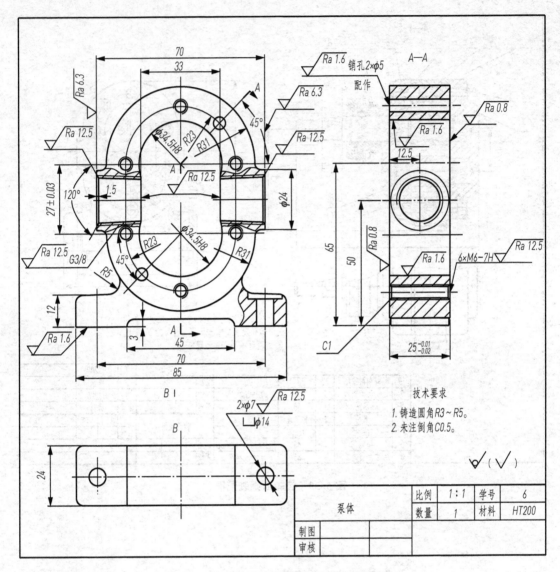

图 5.39 由齿轮油泵装配图拆画的泵体零件图

(3) 拆装工具一套。
(4) 全面了解和分析装配图。
(5) 根据齿轮油泵装配图中泵体零件图形大小，确定比例，选用图幅、固定图纸。
根据齿轮油泵的尺寸，确定比例为 1∶1，选用 A4 图幅，将图纸竖放固定在图板上。
(6) 拟订具体的作图顺序。

2. 绘制泵体零件图

如图 5.39 所示。

3. 尺寸标注及技术要求

标注尺寸，注明技术要求，如图 5.39 所示。

4. 填写标题栏

5.3.3 知识包

1. 看装配图及由装配图拆画零件图

在机器或部件的设计、制造、使用、维修和技术交流等实际工作中，经常要看装配图。通过看装配图可以了解机器或部件的工作原理、各零件间的装配关系和零件的主要结构形状及作用等。

1) 看装配图的方法和步骤

现以图 5.38 所示的齿轮油泵装配图为例来说明看装配图的方法和步骤。

(1) 概括了解装配图的内容。

① 从标题栏中了解机器或部件的名称、用途及比例等。

② 从零件序号及明细栏中了解零件的名称、数量、材料及在机器或部件的中的位置。

③ 分析视图，了解各视图的作用及表达意图。

齿轮油泵是用于机器润滑系统中的部件。它由泵体、泵盖、运动零件（传动齿轮、齿轮轴等）、密封零件以及标准件等组成，对照零件序号和明细栏可以看出齿轮油泵共由 10 种零件装配而成，装配图的比例为 1∶1。

在装配图中，主视图采用全剖视图，表达了齿轮油泵各零件间的装配关系；左视图采用沿左泵盖与泵体结合面剖切的半剖视图，表达了齿轮油泵的外形、齿轮的啮合情况以及油泵吸、压油的工作原理；再采用一个局部剖视反映进出油口的情况；俯视图反映了齿轮油泵的外形，因其前后对称，为使整个图面布局合理，故只画了略大于一半的图形。齿轮油泵的外形尺寸是 118、85、95。

(2) 分析工作原理及传动关系。分析机器或部件的工作原理，一般应从分析传动关系入手。

例如齿轮油泵，当外部动力经传动齿轮（细双点画线所画零件）传至主动齿轮轴 4 时，即产生旋转运动。主动齿轮轴按逆时针方向旋转时，从动齿轮轴则按顺时针方向旋转。

当泵体中的一对齿轮啮合传动时，吸油腔一侧的轮齿逐步分离，齿间容积逐渐扩大形成局部真空，油压降低，因而油池中的油在外界大气压力的作用下，沿吸油口进入吸油腔，吸入到齿槽中的油随着齿轮的继续旋转被带到左侧压油腔，由于左侧的轮齿又重新啮合而使齿间容积逐渐缩小，使齿槽中不断挤出的油成为高压油，并由压油口压出，然后经管道被输送到需要供油的部位，图 5.40 是齿轮油泵的工作原理图。

(3) 分析装配关系。齿轮油泵的装配干线主要有两条线：一条是主动齿轮轴系统。它是由主动齿轮轴 4 装在泵体 3、左泵盖 1 及右泵盖 6 的轴孔内，在主动齿轮轴右边伸出端，装有填料 7 及螺塞 8 等。另一条是从动齿轮轴系统。从动齿轮轴 9 也装在泵体 3 和左泵盖 1 及右泵盖 6 的轴孔内，与主动齿轮啮合在一起。

为了防止泵体与泵盖的结合面和主动齿轮轴的外露处漏油，分别用垫片、填料、螺塞等组成密封装置。

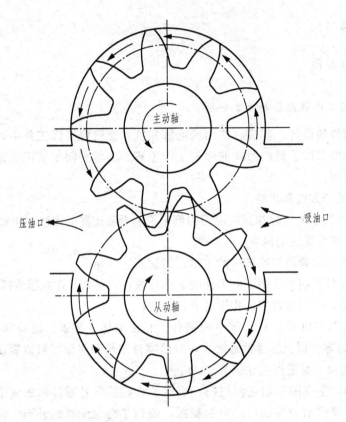

图 5.40 齿轮油泵工作原理

零件的配合关系是：两齿轮轴与两泵盖轴孔的配合为间隙配合 $\phi16H7/f6$；两齿轮与两齿轮腔的配合为间隙配合 $\phi34.5\ H8/f7$。

在齿轮油泵中，泵体和泵盖由圆柱销 5 定位，并用螺钉 10 紧固。填料 7 由螺塞 8 将其拧压在右泵盖的相应的孔槽内。两齿轮轴向定位是靠两泵盖端面及泵体两侧面分别与齿轮两端面接触实现的。

(4) 分析零件的结构及其作用。为深入了解机器或部件的结构特点，需要分析组成零件的结构形状和作用。对于装配图中的标准件，如螺纹紧固件、键、销等和一些常用的简单零件，其作用和结构形状比较明确，无需细读，而对主要零件的结构形状必须仔细分析。

分析时一般从主要零件开始，再看次要零件。首先对照明细栏，在编写零件序号的视图上确定该零件的位置和投影轮廓，按视图的投影关系并根据同一零件在各视图中剖面线方向和间隔应一致的原则来确定该零件在各视图中的投影。然后分离其投影轮廓，先推想出因其他零件的遮挡或因表达方法的规定而未表达清楚的结构，再按形体分析和结构分析的方法，弄清零件的结构形状。

(5) 总结归纳。在对工作原理、装配关系和主要零件结构分析的基础上，还需对技术要求和全部尺寸进行研究。最后，综合分析想象出机器或部件的整体形状，为拆画零件图作准备，其整体结构如图 5.37 所示。

2) 由装配图拆画零件图

在设计过程中，首先要绘制装配图，然后再根据装配图拆画零件图，简称拆图。

拆图应在全面读懂装配图的基础上进行。为了保证各零件的结构形状合理，并使尺寸、配合性质和技术要求等协调一致，一般情况下，应先拆画主要零件，然后逐一画出其他零件。对于一些标准零件，只需要确定其规定标记，可以不必拆画零件图。

在拆画零件图的过程中，要注意处理好以下几个问题。

(1) 视图的处理。装配图的视图选择方案主要是从表达机器或部件的装配关系和工作原理出发的；而零件图的视图选择，则主要是表达零件的结构形状。由于表达的出发点和要求不同，所以在选择视图方案时，不强求与装配图一致，即零件图不能简单地照抄装配图上对于该零件的视图数量和表达方法，而应该根据具体零件的结构特点，重新确定零件图的视图选择和表达方案。

(2) 零件结构形状的处理。装配图中对零件的某些局部结构可能表达不完全，而且对一些工艺标准结构还允许省略（如圆角、倒角、退刀槽、砂轮越程槽等）。拆画零件图时，确定装配图中被分离零件的投影后，补充被其他零件遮住部分的投影，同时考虑设计和工艺的要求，增补被简化掉的结构，合理设计未表达清楚的结构。

(3) 零件图上的尺寸处理。

装配图中的尺寸不是很多，拆画零件时应按零件图的要求注全尺寸。

① 装配图已注的尺寸，在有关的零件图上应直接抄注出。对于配合尺寸，某些相对位置尺寸一般应注出偏差数值。

② 与标准件相连接或配合的有关结构尺寸，如螺孔、销孔等的直径，要从相应的标准中查取后注在图中。

③ 对于零件的一些工艺结构，如圆角、倒角、退刀槽、砂轮越程槽、螺栓通孔等，应尽量选用标准结构，查有关标准后标注尺寸。

④ 有些零件的某些尺寸需要根据装配图所给的数据进行计算才能得到（如齿轮分度圆、齿顶圆直径等），应将计算后的结果标注在图中。

⑤ 某些零件在明细栏中给定了尺寸，如弹簧、垫片等，要按给定尺寸注出。

一般尺寸均按装配图的图形大小和图样比例直接量取注出。

(4) 对于零件图中技术要求等的处理。技术要求在零件图中占有重要地位，它直接影响零件的加工质量。根据零件在机器或部件中的作用以及与其他零件的装配关系等要求，标注出该零件的表面粗糙度、尺寸公差等方面的技术要求。

图 5.39 是根据图 5.38 齿轮油泵装配图拆画的泵体零件图。

2. 读机用虎钳成套图样

在生产中，将零件装配成部件，或改进、维修旧设备，经常要阅读和分析包括装配图和全部零件图的成套图样。将装配图与零件图反复对照分析，搞清楚各个零件的结构形状和作用，可以更深入地理解装配图所表达的内容。

图 5.41 为机用虎钳轴测图，图 5.42 为机用虎钳轴测分解图，图 5.43 为机用虎钳装配示意图，图 5.44 为机用虎钳装配图，图 5.45 为机用虎钳零件图，图 5.46 为机用虎钳各零件轴测图，供识读时对照参考。

图 5.41 机用虎钳轴测图

图 5.42 机用虎钳轴测分解图

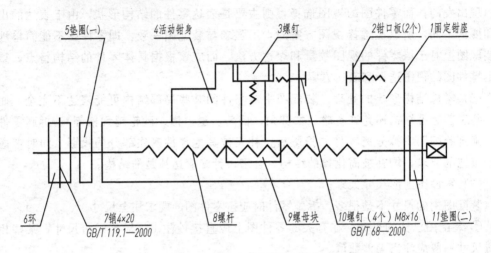
图 5.43 机用虎钳装配示意图

1) 概括了解

机用虎钳是安装在机床工作台上,用于夹紧工件,以便进行切削加工的一种通用工具。虎钳由 11 种零件组成,其中螺钉 10、圆柱销 7 是标准件。

机用虎钳装配图用 3 个基本视图和一个表示单个零件的视图表达。主视图采用全剖视,反映虎钳的工作原理和零件间的装配关系。俯视图显示虎钳的外形,并通过局部剖视表达钳口板 2 与固定钳座 1 连接的局部结构。左视图采用 A—A 半剖视,表达固定钳座 1、活动钳身 4 和螺母块 9 这 3 个零件的装配关系。件 2B 向视图表示钳口板 2 的形状。

2) 工作原理和装配关系

主视图基本上反映了机用虎钳的工作原理:旋转螺杆 8 使螺母块 9 带动活动钳身 4 作水平方向左右移动,夹紧工件进行切削加工。最大夹持厚度为 70mm,图中的双点画线表示活动钳身的极限位置。

主视图反映了虎钳主要零件的装配关系:螺母块从固定钳座的下方空腔装入工字形槽内,再装入螺杆,用垫圈 11、垫圈 5 及环 6 和销 7 将螺杆轴向固定;通过螺钉 3 将活动钳身与螺母块连接,最后用螺钉 10 将两块钳口板分别与固定钳座、活动钳身连接。

3) 分析零件

固定钳座、活动钳身、螺杆、螺母块是机用虎钳的主要零件,它们在结构和尺寸上都有非常密切的关系,要读懂装配图,必须仔细分析有关零件图。在分析零件的结构形状时,应根据装配图上所反映的零件的作用和装配关系等进行。

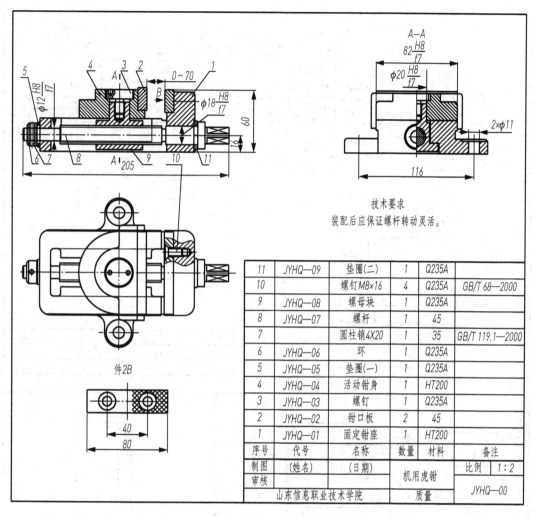

图 5.44 机用虎钳装配图

(1) 如图 5.45 (a) 所示，固定钳座下部空腔的工字形槽是为了装入螺母块，并使螺母块带动活动钳身随着螺杆的顺（逆）时针旋转作水平方向的左右移动。所以固定钳座工字形槽的上、下导面均有较高的表面粗糙度要求，Ra 值为 $1.6\mu m$。同样，图 5.45 (b) 中的活动钳身底面的表面粗糙度 Ra 值也是 $1.6\mu m$。

(2) 螺母块在机用虎钳工作中起重要作用，它与螺杆旋合随着螺杆的转动带动活动钳身在钳座上左右移动。如图 5.45 (c) 所示，螺母块中的螺纹有较高的表面粗糙度要求，同时为了使螺母块在钳座上移动自如（对照装配图中的左视图），它的下部凸台也有较高的表面粗糙度要求，Ra 值均为 $1.6\mu m$。螺母块的整体结构是上圆下方，上部圆柱与活动钳身相配合，注出尺寸公差 $\phi 20_{-0.021}^{0}$，是基孔制间隙配合。螺母块通过螺钉 3 调节松紧度，可使螺杆转动灵活，活动钳身移动自如。

(3) 为了使螺杆在钳座左、右两圆柱孔内转动灵活，对照图 5.45 (d) 螺杆零件图与虎钳装配图，螺杆两端轴颈与固定钳座两端的圆孔采用基孔制间隙配合（$\phi 18H8/f7$，$\phi 12H8/f7$）。

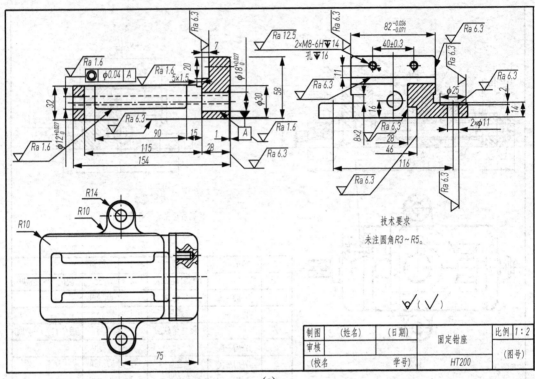

(a)

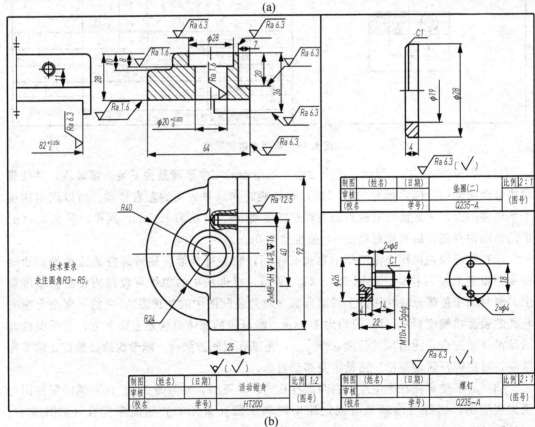

(b)

图 5.45 机用虎钳零件图

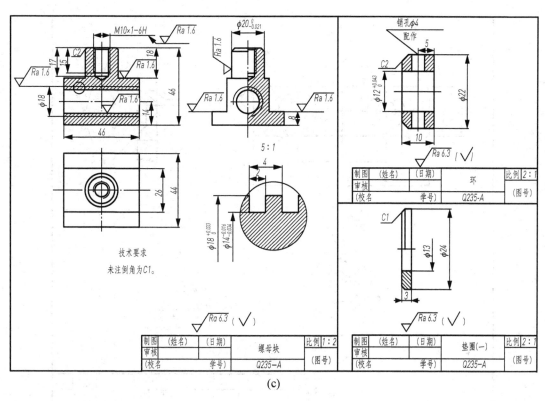

(c)

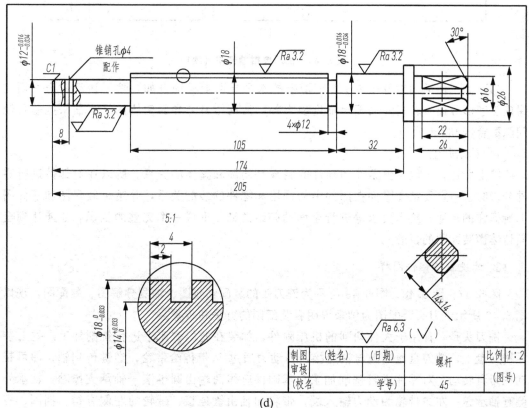

(d)

图 5.45 机用虎钳零件图（续）

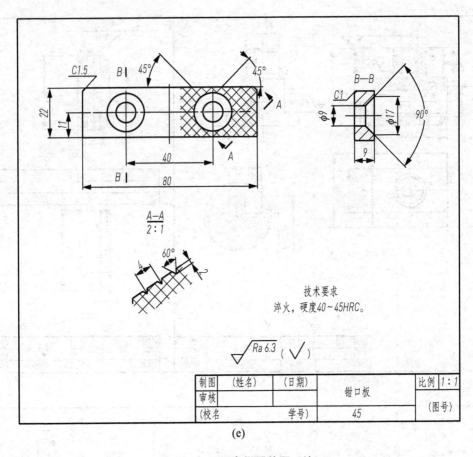

(e)

图 5.45 机用虎钳零件图（续）

（4）为了使活动钳身在钳座工字形槽的水平导面上移动自如，除了活动钳身底面与钳座工字形导面有较高的表面粗糙度要求外，活动钳身与导面两侧的结合面采用基孔制间隙配合（$\phi 82 H7/f7$）。

4）总结归纳

综上所述，可以看出零件和部件的关系是局部和整体的关系。所以在对部件进行零件分析时，一定要结合零件在部件中的作用和零件的装配关系，并结合装配图和零件图上所标注的尺寸、技术要求等进行全面的归纳总结，形成一个完整的认识，才能达到全面地读懂装配图的目的。

3. 读铣刀头部件图样

图 5.47、图 5.48、图 5.49 所示为铣刀头的装配轴测图、轴测分解图、装配图。现以图 5.49 所示铣刀头装配图为例来说明看装配图的方法和步骤。

铣刀头是一种用于大件切削的机床附件，如装在龙门铣床上进行铣削加工。铣刀装在铣刀盘上，铣刀盘通过键与轴连接，当动力通过 V 带传给带轮，经键传到轴，即可带动铣刀盘转动，对零件进行铣削加工。基础件座体两端由圆锥滚子轴承支撑轴，轴承外侧有轴承盖；左边带轮为动力输入端，带轮和轴由键连接，带轮的左侧有销、挡圈、螺钉实现定位和紧固；轴的右边动力输出给铣刀盘，刀盘带动铣刀切削，轴与刀盘由键连接，挡圈、垫圈、螺钉把刀盘与轴紧固住。

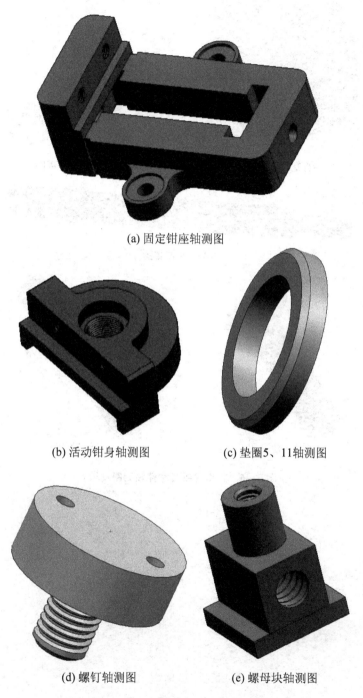

(a) 固定钳座轴测图

(b) 活动钳身轴测图　　(c) 垫圈5、11轴测图

(d) 螺钉轴测图　　(e) 螺母块轴测图

图 5.46　机用虎钳各零件轴测图

(f) 环轴测图　　(g) 钳口板轴测图

(h) 螺杆轴测图

(i) 螺钉轴测图　　(j) 销轴测图

图 5.46　机用虎钳各零件轴测图（续）

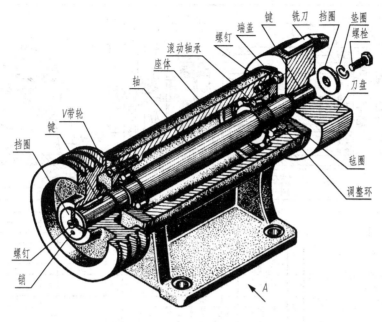

图 5.47　铣刀头装配轴测图

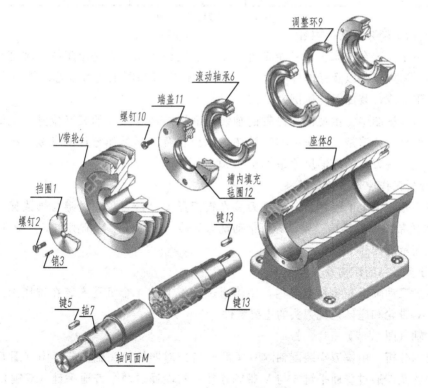

图 5.48　铣刀头轴测分解图

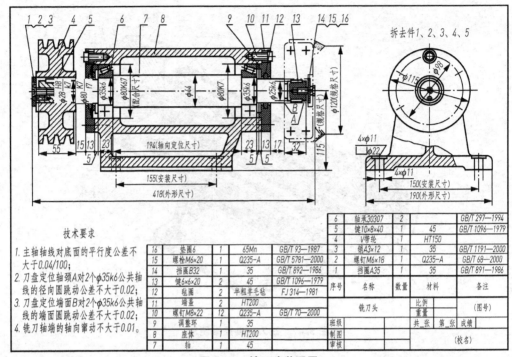

图 5.49 铣刀头装配图

1) 概括了解装配图的内容

铣刀头是安装在铣床上的一个部件，用来安装铣刀盘。它是由座体（轴套）、带轮、轴、端盖、密封零件以及标准件等组成，对照零件序号和明细栏可以看出铣刀头共由 16 种零件装配而成，装配图的比例为 1∶1。

在铣刀头视图中，主视图通过轴的轴线全剖视图把零件间的相互位置、主要装配关系和工作原理表达清楚。为进一步表达座体的形状及其与其他零件的安装情况，用左视图加以补充。铣刀头的外形尺寸是 418、190、172.5。

2) 分析工作原理及传动关系

铣刀头是铣床上的专用部件，铣刀装在铣刀盘上，铣刀盘通过键与轴连接，动力通过 V 带传给带轮，经键传到轴，即可带动铣刀盘转，对零件进行铣削加工，图 5.50 是铣刀头的装配示意图。

3) 分析零件的结构及其作用

轴通过滚动轴承安装在座体内，座体通过底板上的 4 个沉孔安装在铣床上。由此可知，轴、V 带轮和座体是铣刀头的主要零件。

(1) 轴（图 5.51）。

①结构分析。由铣刀头装配轴测图（图 5.47）对照铣刀头轴测分解图（图 5.48）可看出，轴的左端通过普通平键 5 与 V 带轮连接，右端通过两个普通平键（双键）13 与铣刀盘连接，用挡圈和螺钉固定在轴上。轴上有两个安装端盖的轴段和两个安装滚动轴承的轴段，通过轴承把轴串安装在座体上，再通过螺钉、端盖实现轴串的轴向固定。安装轴承的轴段，其直径要与轴承的内径一致，轴段长度与轴承的宽度一致。安装 V 带轮的轴段长度要根据 V 带轮的轮毂宽度来确定。

模块 5 装配图识读、绘制与拆画零件图

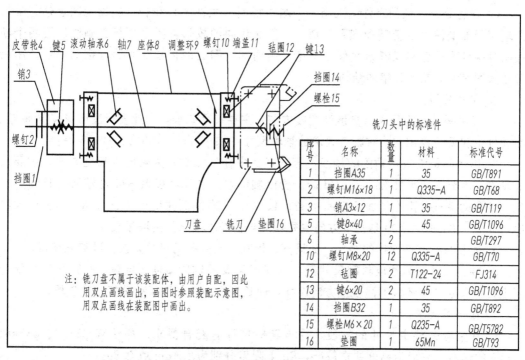

图 5.50 铣刀头装配示意图

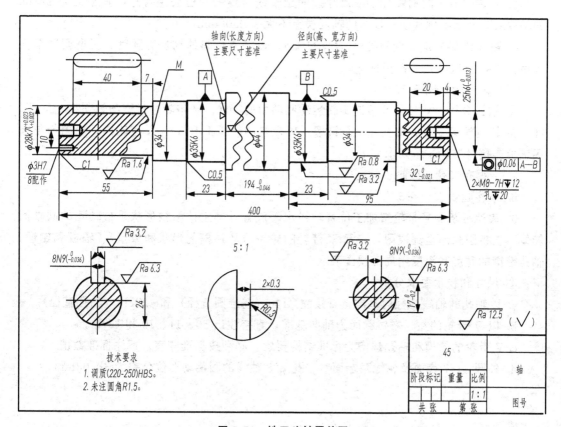

图 5.51 铣刀头轴零件图

② 表达分析。轴的零件图采用一个基本视图（主视图）和若干辅助视图表达。轴的两端用局部剖视表示键槽和螺孔、销孔。截面相同的较长轴段采用折断画法。用两个断面图分别表示单键和双键的宽度和深度。用局部视图的简化画法表达键槽的形状。用局部放大图表示砂轮越程槽的结构。

③ 尺寸分析。

a. 以水平轴线为径向（高度和宽度方向）主要尺寸基准，由此直接注出安装V带轮、滚动轴承和铣刀盘用的、有配合要求的轴段尺寸，如 $\phi 28k7$、$\phi 35k6$、$\phi 25h6$ 等。

b. 以中间最大直径轴段的端面（可选择其中任一端面）为轴向（长度方向）主要尺寸基准，由此注出尺寸 23、194 和 95。再以轴的左、右端面以及 $\phi 34$ 左端面为长度方向尺寸的辅助基准，由右端面注出尺寸 32、4、20；由左端面注出尺寸 55；由 $\phi 34$ 左端面注出尺寸 7、40；尺寸 400 是长度方向主要基准与辅助基准之间的联系尺寸。

c. 轴上与标准件连接的结构，如键槽、销孔、螺纹孔的尺寸，按标准查表获得。

d. 轴向尺寸不能注成封闭尺寸链，选择不重要的轴段 $\phi 34$（与端盖的轴孔没有配合要求）为尺寸开口环，不注长度方向尺寸，使长度方向的加工误差都集中在这段。

④ 懂技术要求。

a. 凡注有公差带尺寸的轴段，均与其他零件有配合要求。如注有 $\phi 28k7$、$\phi 35k8$、$\phi 25h6$ 的轴段，表面粗糙度要求较严，Ra 上限值分别为 $1.6\mu m$ 或 $0.8\mu m$。

b. 安装铣刀头的轴段 $\phi 25h6$ 尺寸线的延长线所指的形位公差代号，其含义为 $\phi 25h6$ 的轴线对公共基准轴线 $A—B$ 的同轴度误差不大于 $0.06mm$。

c. 轴（45钢）应经调质处理（230HBS），以提高材料的韧性和强度。所谓调质是淬火后在 $450 \sim 650 ℃$ 进行高温回火。

(2) V带轮（图5.52）。

① 结构分析。V带轮是传递旋转运动和动力的零件。V带轮通过键与轴连接，因此，在V带轮的轮毂上必有轴孔和轴孔键槽。V带轮的轮缘上有3个A型轮槽，轮壳与轮缘用辐板连接。带轮技术要求如下。

a. 不得有气孔、砂眼、缩孔等。

b. 未注圆角 $R3 \sim R5$。

② 表达分析。V带轮按加工位置轴线水平放置，其主体结构形状是带轴孔的同轴回转体。主视图采用全剖视图，表示V带轮的轮缘（V形槽的形状和数量）、辐板和轮毂，轴孔键槽的宽度和深度用局部视图表示。

③ 尺寸和技术要求分析。

a. 以轴孔的轴线为径向基准，直接注 $\phi 140$（基准圆直径）和 $\phi 28H8$（轴孔直径）。

b. 以V带轮的左、右对称面为轴向基准，直接注出 50、11、10 和 15 等。

c. V带轮的轮槽和轴孔键槽为标准结构要素，必须按标准查表，标注标准数值。

d. 外圆 $\phi 147$ 表面及轮缘两端面对于孔 $\phi 28$ 轴线的圆跳动形位公差为 $\phi 0.03mm$。

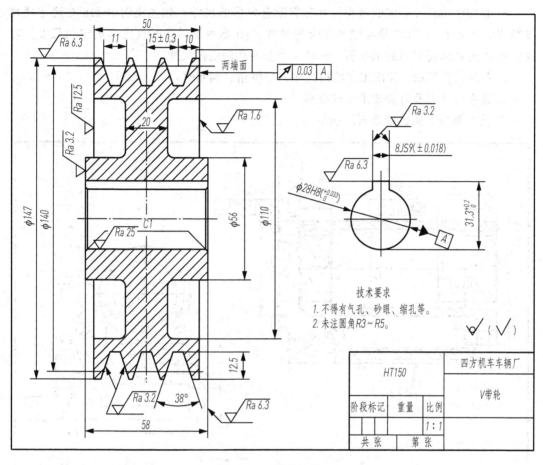

图 5.52　V 带轮零件图

(3) 座体（图 5.53）。

① 结构分析。座体在铣刀头部件中起支承轴、V 带轮和铣刀盘以及包容轴串的功用。座体的结构形状可分为两部分：上部为圆筒状，两端的轴孔支承轴承，其轴孔直径与轴承外径一致，两侧外端面制有与端盖连接的螺纹孔。中间部分孔的直径大于两端孔的直径（直接铸造不加工）；下部是带圆角的方形底板，有 4 个安装孔，将铣刀头安装在铣床上，为了接触平稳和减少加工面，底板下面的中间部分做成通槽。座体的上、下两部分用支承板和肋板连接。

② 表达分析。座体的主视图按工作位置放置，采用全剖视图，表达座体的形体特征和空腔的内部结构。左视图采用局部剖视图，表示底板和肋板的厚度，底板上沉孔和通槽的形状。在圆柱孔端面上表示了螺纹孔的位置。由于座体前后对称，俯视图可画出其对称的一半或局部，本例采用 A 向局部视图，表示底板的圆角和安装孔的位置。

③ 尺寸分析。

a. 选择座体底面为高度方向主要尺寸基准，圆筒的任一端面为长度方向主要尺寸基准，前后对称面为宽度方向主要尺寸基准。

b. 直接注出设计要求的结构尺寸和有配合要求的尺寸。如主视图中 115 是确定圆筒轴线的定位尺寸，φ80k7 是与轴承配合的尺寸，40 是两端轴孔长度方向的定位尺寸。左视图和 A 向局部视图中的 150 和 155 是 4 个安装孔的定位尺寸。

c. 考虑工艺要求，注出工艺结构尺寸，如倒角、圆角等。

d. 其余尺寸以及有关技术要求分析。

④ 技术要求。铸造圆角 $R3\sim R5$。

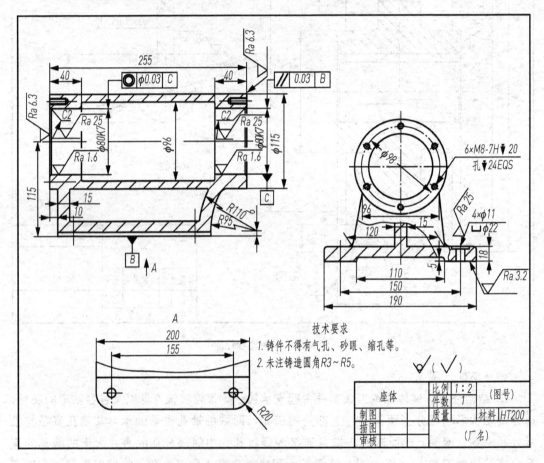

图 5.53 座体零件图

4）总结归纳

在对工作原理、装配关系和主要零件结构分析的基础上，还需对技术要求和全部尺寸进行研究。最后，综合分析想象出机器或部件的整体形状，为拆画零件图作准备，其整体结构如图 5.47 所示。

5.3.4 知识拓展

1. 弹簧

弹簧是机械中常用的零件，具有功、能转换特性，可用于减震、测力、压紧与复位、调节等多种场合。

弹簧种类很多，常见的有圆柱螺旋弹簧、板弹簧、平面涡卷弹簧等。其中圆柱螺旋弹簧更为常见，如图5.54所示，按所受载荷特性不同，这种弹簧又可分为压缩弹簧（Y型）、拉伸弹簧（L型）和扭转弹簧（N型）3种。本节主要介绍普通圆柱螺旋压缩弹簧的有关名称和规定画法。

1）圆柱螺旋压缩弹簧各部分名称及尺寸计算

圆柱螺旋压缩弹簧各部分的名称及尺寸计算如下（图5.55）。

（1）材料直径d：制造弹簧用的金属丝直径。

（2）弹簧直径：弹簧直径包括外径、内径和中径。

图5.54　螺旋压缩弹簧

① 弹簧外径D：弹簧的最大直径。

② 弹簧内径D_1：弹簧的最小直径，$D_1=D-2d$。

③ 弹簧中径D_2：弹簧的内径和外径的平均值，$D_2=(D+D_1)/2=D_1+d=D-d$。

（3）节距p：除支撑圈外，相邻两圈的轴向距离。

（4）有效圈数n、支承圈数n_2和总圈数n_1。为了使螺旋压缩弹簧工作时受力均匀，保证轴线垂直于支撑端面，两端常并紧且磨平。这部分圈数仅起支撑作用，所以叫支撑圈。支撑圈数（n_2）有1.5圈、2圈和2.5圈3种。2.5圈用得较多，即两端各并紧1/2圈、磨平3/4圈。压缩弹簧除支撑圈外，具有相同节距的圈数称有效圈数，有效圈数n与支撑圈数n_2之和称为总圈数，即$n_1=n+n_2$。

（5）自由高度（或长度）H_0：弹簧在不受外力作用时的高度（或长度），$H_0=np+(n_2-0.5)d$。

（6）展开长度L：制造时弹簧丝的长度。由螺旋线的展开可知：$L\approx\pi D_2 n_1$。

（7）旋向：圆柱螺旋压缩弹簧有左旋或右旋两种旋向。

2）圆柱螺旋压缩弹簧的画法

（1）圆柱螺旋压缩弹簧的规定画法。弹簧的真实投影较复杂，因此，国家标准（GB/T 4459.4—2003）规定了弹簧的画法，现只说明圆柱螺旋压缩弹簧的画法，它可画成视图、剖视图或示意图，如图5.55所示。

① 在平行于螺旋弹簧轴线的投影面的视图中，其各圈的轮廓应画成直线，如图5.55（b）所示。常采用通过轴线的全剖视，如图5.55（a）所示。

② 有效圈数在4圈以上的螺旋弹簧，可在每一端只画2圈（支承圈除外），中间各圈可省略不画，中间只需用通过簧丝剖面中心的细点画线连起来，当中间部分省略后，可适当缩短图形长度。

③ 螺旋弹簧均可画成右旋，但左旋螺旋弹簧不论画成左旋或右旋，一律要注出旋向"左"字。

④ 螺旋压缩弹簧如要求两端并紧且磨平，不论支承圈数多少和末端贴紧情况如何，均按支承圈为2.5圈（有效圈是整数）的形式绘制。必要时，也可按支承圈的实际结构绘制。

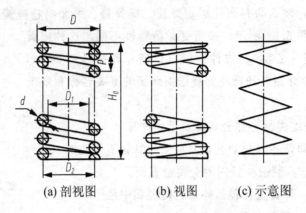

(a) 剖视图　　　(b) 视图　　　(c) 示意图

图 5.55　螺旋压缩弹簧的画法

（2）装配图中弹簧的简化画法。

① 在装配图中，弹簧被看作实心物体，因而被弹簧挡住的结构一般不画出，可见部分应从弹簧的外轮廓线或从簧丝剖面的中心线画起。

② 在装配图中，被剖切后的簧丝直径或厚度在图形上等于或小于 2mm 时，可用涂黑表示，各圈的轮廓线不画，也允许用示意图绘制，如图 5.55（c）所示。

3）圆柱螺旋压缩弹簧的标记

GB/T 2089—2009 规定的标记格式如下。

名称　　端部型式　$d×D_2×H_0$　—精度　旋向　标准号·材料牌号—表面处理

例如，压簧　YI3×20×80　　GB/T 2089—2009，本例所示为普通圆柱螺旋（冷卷）压缩弹簧，两端并紧并磨平，$d=3mm$，$D_2=20mm$，$H_0=80mm$，按 3 级精度制造，材料为碳素弹簧钢丝 B 级且表面氧化处理的右旋弹簧。

4）圆柱螺旋压缩弹簧的作图步骤

例 1　已知普通圆柱螺旋压缩弹簧，中径 $D_2=38mm$，材料直径 $d=6mm$，节距 $p=11.8mm$，有效圈数 $n=7.5$ 圈，支承圈数 $=2.5$ 圈，右旋，试绘制该弹簧。

解：弹簧外径　　$D=D_2+d=38+6=44mm$

自由高度　$H_0=np+(n_2-0.5)d=7.5×11.8+(2.5-0.5)×6=100.5mm$

作图步骤　如图 5.56 所示。

此例中支承圈数为 2.5 圈。标准规定不论支承圈数多少，均可按此绘制。因为制造弹簧时是按图上所注圈数加工的。

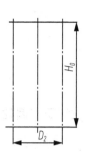 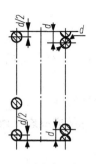 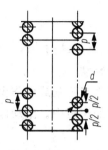 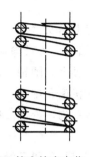 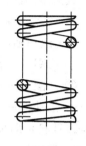

(a) 根据D_2，作出中径(两平行中心线)，定出自由高度H_0

(b) 画出支承圈部分，画出直径与弹簧簧丝直径相等的圆

(c) 画出有效圈数部分，其直径与弹簧簧丝直径相等

(d) 按右旋方向作相应圆的公切线，再画上剖面符号，完成作图

(e) 若不画成剖视图，可按右旋方向作相应圆的公切线，完成弹簧外形图

图 5.56　螺旋压缩弹簧的作图步骤

5）圆柱螺旋压缩弹簧的图样格式

图 5.57 为圆柱螺旋压缩弹簧图样格式示例。弹簧的尺寸参数应直接标注在图形上，其他参数可在技术要求中说明。在主视图上方，应绘出表示弹簧机械性能的负荷—变形图。机械性能曲线画成斜直线，用粗实线绘出。

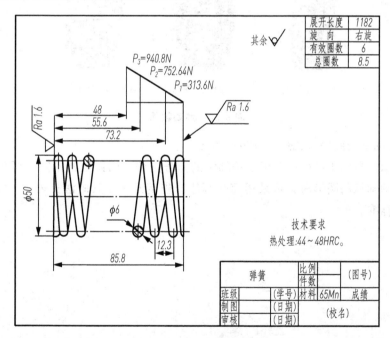

图 5.57　螺旋压缩弹簧零件图

2. 滚动轴承

滚动轴承是支撑轴的一种标准组件，具有结构紧凑、摩擦力小等优点，在生产中使用比较广泛。滚动轴承的规格、型式很多，但都已标准化，由专门的工厂生产，需要时可根据要求，查阅有关标准选购。

本书以深沟球轴承、推力球轴承、圆锥滚子轴承为例，简要介绍滚动轴承的结构、代号及规定画法。

1）滚动轴承的结构和分类

（1）滚动轴承的结构。各类滚动轴承的结构一般由以下4部分组成。

① 内圈——套在轴上，随轴一起转动。

② 外圈——装在机座孔中，一般固定不动或偶作少许转动。

③ 滚动体——装在内、外圈之间的滚道中。滚动体可做成滚珠（球）或滚子（圆柱、圆锥或针状）形状。

④ 保持架——用以均匀隔开滚动体，故又称隔离圈。

（2）滚动轴承的分类。按可承受载荷的方向，滚动轴承分为以下3类。

① 向心轴承——主要承受径向载荷，如深沟球轴承（图5.58（a））。

② 推力轴承——只承受轴向载荷，如推力球轴承（图5.58（b））。

③ 向心推力轴承——可同时承受径向和轴向载荷，如圆锥滚子轴承（图5.58（c））。

(a) 向心轴承　　(b) 推力轴承　　(c) 向心推力轴承

图 5.58　滚动轴承

2）滚动轴承的画法（GB/T 4459—1998）

滚动轴承由专门工厂生产，可根据轴承的型号选购，因此通常不需要画出其部件图。当需要画滚动轴承的图形时，可采用简化画法或规定画法，其画法见表5-4。其各部尺寸参看国家标准。

表 5-4 常用滚动轴承的画法（GB/T 4459—1998）

轴承类型	通用画法	特征画法	规定画法	承载特性
深沟球轴承（GB/T 276—1994）6000 型		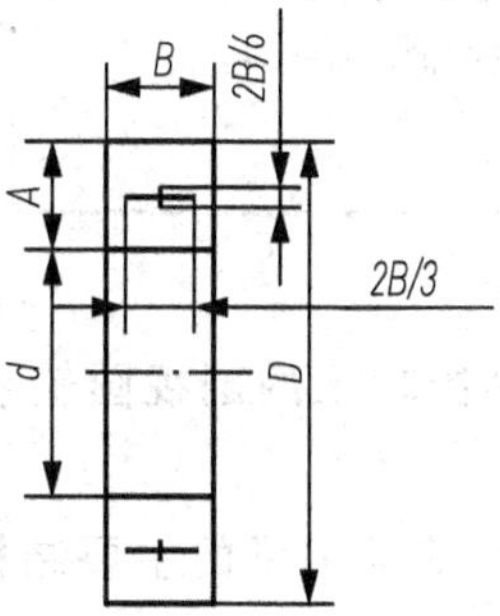	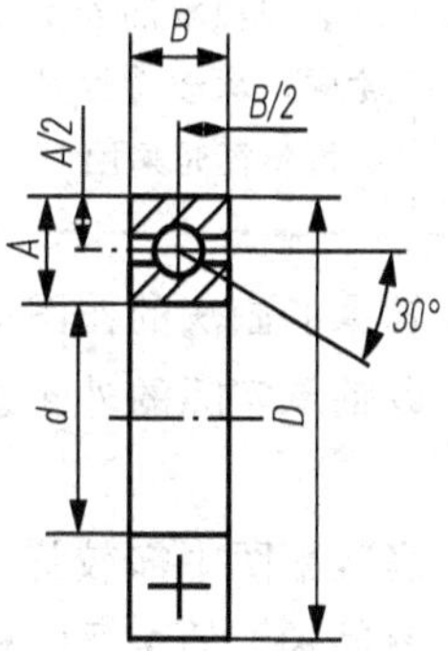	主要承受径向载荷
圆锥滚子轴承（GB/T 297—1994）30000 型	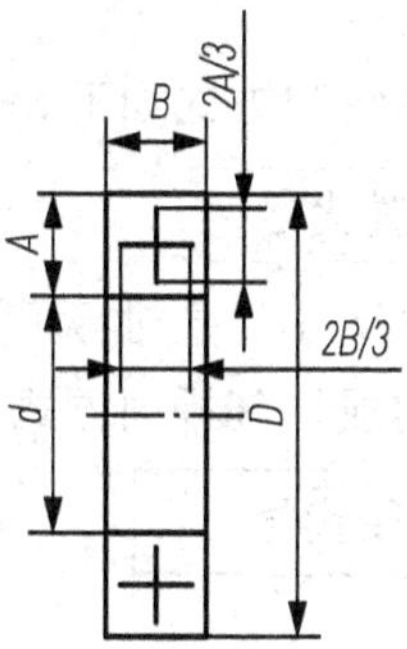	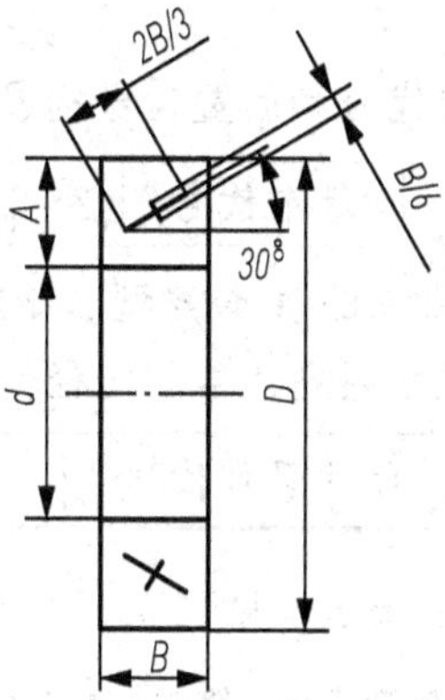	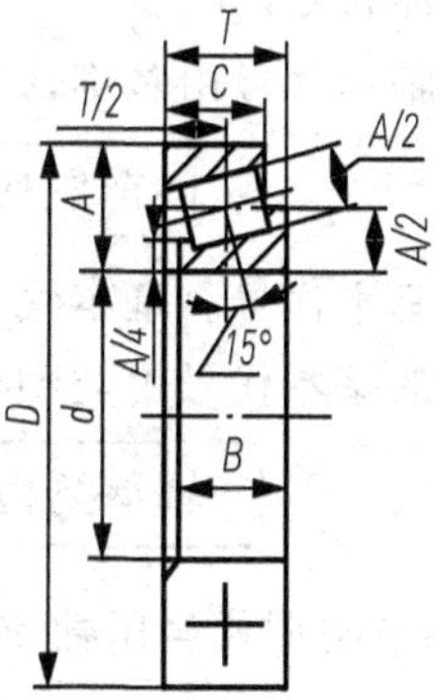	可同时承受径向和轴向载荷
推力球轴承（GB/T 301—1995）51000 型		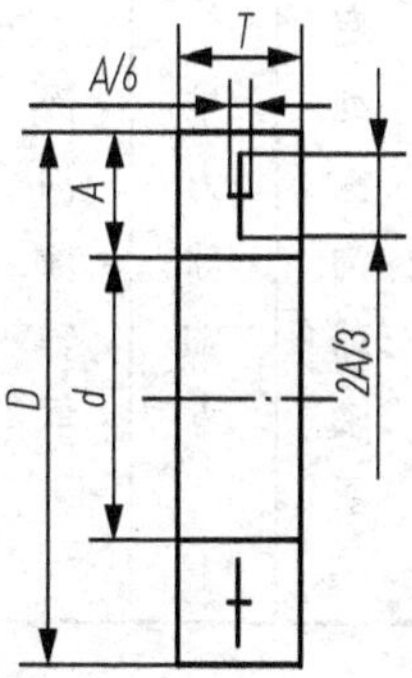	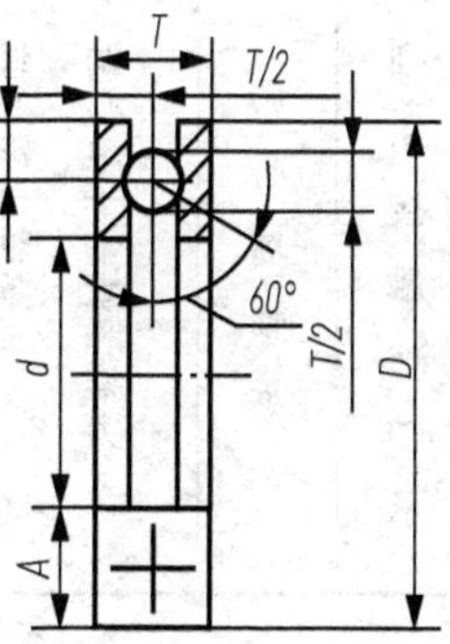	承受单方向的轴向载荷

续表

3种画法的选用	通用画法	特征画法	规定画法
	当不需要确切地表示滚动轴承的外形轮廓、承载特性和结构特征时采用	当需要较形象地表示滚动轴承的结构特征时采用	滚动轴承的产品图样、产品样本、产品标准和产品使用说明书中采用

滚动轴承的画法的作图原则如下。

(1) 以轴承实际的外轮廓尺寸绘制轴承的剖视图轮廓，而轮廓内可用简化画法或示意画法。

(2) 当装配图中需较详细地表达滚动轴承的主要结构时，可采用简化画法；只需简单地表达滚动轴承的主要结构时，可采用示意画法。

(3) 同一图样中应采用同一种画法。

3) 滚动轴承的代号（GB/T 272—1993）

滚动轴承代号是用字母加数字表示滚动轴承的结构、尺寸、公差等级、技术性能等特征的产品符号。

滚动轴承代号由基本代号、前置代号和后置代号构成，其排列方式如下。

| 前置代号 | 基本代号 | 后置代号 |

(1) 基本代号。基本代号表示轴承的基本类型、结构和尺寸，是轴承代号的基础。滚动轴承的基本代号由类型代号、尺寸系列代号、内径代号构成，其排列方式如下。

| 轴承类型代号 | 尺寸系列代号 | 内径代号 |

① 轴承类型代号用数字或字母来表示，见表5-5。

表5-5 轴承类型代号（摘自 GB/T 272—1993）

代号	0	1	2	3	4	5	6	7	8	N	U	QJ
轴承类型	双列角接触球轴承	调心球轴承	调心滚子轴承和推力调心滚子轴承	圆锥滚子轴承	双列深沟球轴承	推力球轴承	深沟球轴承	角接触球轴承	推力圆柱滚子轴承	圆柱滚子轴承	外球面球轴承	四点接触球轴承

② 尺寸系列代号由轴承的宽（高）度系列代号和直径系列代号组合而成，用两位阿拉伯数字来表示。它的主要作用是区别内径相同而宽度和外径不同的轴承。具体代号需查阅有关标准。

③ 内径代号表示轴承的公称内径，一般用两位阿拉伯数字来表示。代号数字为00，01，02，03时，分别表示轴承内径 $d=10$，12，15，17mm；代号数字为04～96时，代号数字乘5，即为轴承内径；轴承的公称内径为1～9mm时，用公称内径毫米数直接表示；轴承的公称内径为22，28，32，500mm或大于500mm时，用公称内径毫米数直接表示，但应与尺寸系列代号之间用"/"隔开。

轴承基本代号举例如下。

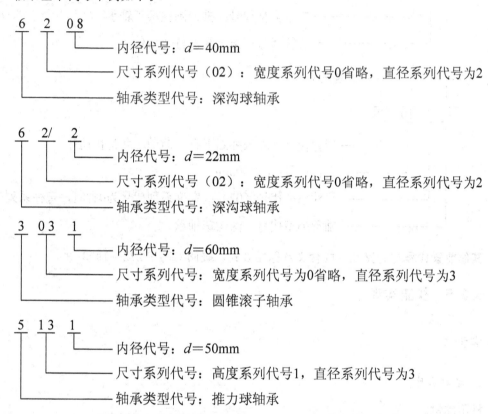

（2）前置、后置代号。前置、后置代号是轴承在结构形状、尺寸、公差、技术要求等有改变时，在其基本代号前、后添加的补充代号。

① 前置代号。前置代号用字母表示。

L——表示可分离轴承的可分离内圈或外圈，例如LNU207。

WS——表示推力圆柱滚子轴承轴圈，例如WS81107。

（2）后置代号。后置代号用字母（或加数字）表示。

前置代号与后置代号应用举例如下。

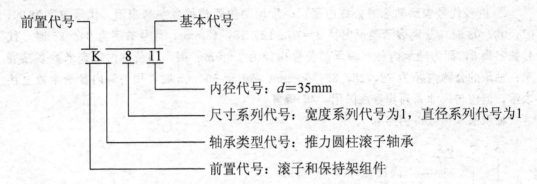

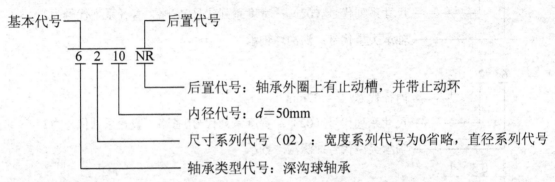

其他前置代号与后置代号的含义及标注方式，查阅 GB/T 272—1993

5.3.5 技能实训

实训 1

1. 实训名称

机用虎钳。

2. 实训内容

根据给定的装配示意图（或实物）和成套的零件图，拼画成部件装配图。

（1）装配示意图，如图 5.43 所示。
（2）有关零件图，如图 5.45 所示。

3. 实训目的

（1）培养由零件图拼画装配图的能力。
（2）熟悉零件的装配干系和装拆顺序。
（3）进一步学习画装配图的方法。

4. 实训要求

（1）零件图 9 张，固定钳座 1、螺杆 8 分别用 A3 号图纸绘出，其余零件图用 A4 号图纸绘出。

模块 5　装配图识读、绘制与拆画零件图

(2) 手工绘制装配图一张（A3 图纸）。

(3) 读图报告一份。

(4) 熟悉机用虎钳的用途、性能、规格、工作原理。

(5) 了解各零件之间的装配关系、连接方式、装拆顺序和零件的作用及结构形状。

(6) 了解部件的尺寸和技术要求。

(7) 严格按照《机械制图》国家标准的规定，绘制零件图和装配图，独立按时完成绘图任务。

5. 实训提示

(1) 读懂每张零件图，对照装配示意图，明确机用虎钳的工作原理和每个零件的作用。

(2) 选定表达方案，可按装配线逐一拼画各零件（先画主要零件，再画次要零件）。注意正确运用装配图的规定画法，特殊画法和简化画法。

(3) 正确表达装配工艺结构，注意关联零件间的尺寸应协调。

(4) 在标注尺寸和填写技术要求时可查阅相关手册和参照类似的装配图。

(5) 绘制机用虎钳装配图简易步骤（由零件图拼画装配图）如下。

① 在固定钳身零件图上，按照装配示意图，在主视图和俯视图上依次插入螺杆 8 轴线上的各个零件，如图 5.59 所示。

② 按照装配示意图，在主视图和俯视图上依次插入螺钉 3 轴线上的各个零件，如图 5.60 所示。

③ 插入钳口板 2 和螺钉 10，如图 5.61 所示。

④ 标注尺寸。在装配图中只需注出与机器或部件性能、装配、安装等有关的尺寸，如图 5.44 所示。

⑤ 给零件编号。采用顺序编号法，具体编号请参考本书的有关内容。

⑥ 填写标题栏、明细表和技术要求。最后结果如图 5.44 所示。

实训 2

1. 实训名称

拆画零件图（球阀）。

2. 实训内容

根据球阀轴测图、装配示意图、装配图，拆画阀盖 2 零件图，如图 5.23、图 5.24、图 5.26 所示。

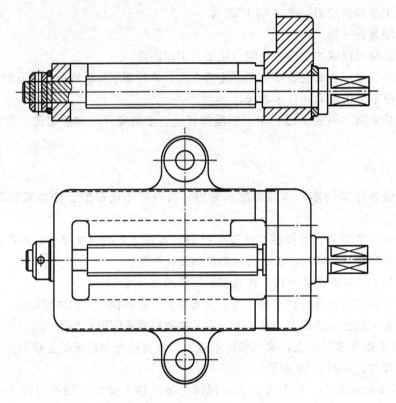

图 5.59　拼装螺杆 8 上零件

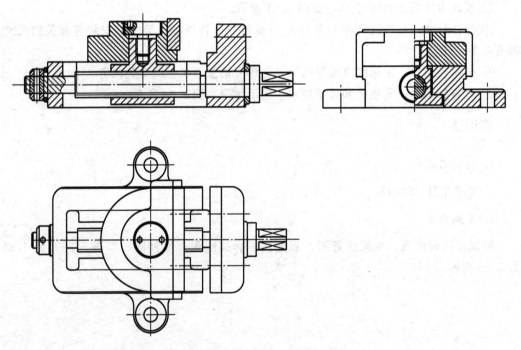

图 5.60　拼装螺钉 3 上的零件

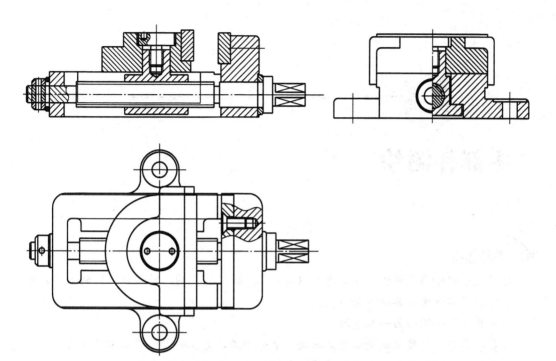

图 5.61 插入钳口板 2 和螺钉 10

3. 实训目的

(1) 进一步提高读装配图的能力。
(2) 掌握由装配图拆画零件图的基本方法和步骤。

4. 实训要求

(1) 用合适的图纸,比例 1∶1,拆画零件图。
(2) 读懂装配图,弄清所要拆画零件的形状结构,重新确定该零件的表达方案,正确、完整、清晰地表达零件。
(3) 注全该零件图上的全部尺寸,使所注尺寸正确、完整、清晰,并力求合理。
(4) 注全零件的表面粗糙度、尺寸公差、形位公差等技术要求。

5. 实训提示

(1) 根据工作原理和传动路线,弄清各零件间的装配关系和零件的主要形状和结构。
(2) 将拆画零件从装配图中分离出来,想象出其形状结构后重新确定表达方案。
(3) 注意装配图中省略的工艺结构画零件图时一定要补充完整。

6. 参考答案

球阀阀盖 2 零件图如图 5.25(b)所示。

模块 6

零部件测绘

模块描述

通过测绘齿轮油泵泵体、机用虎钳（图6.1、图5.41）的工作过程，达到如下目标。
- 掌握常用测量工具的测量方法。
- 掌握零部件测绘的一般步骤。
- 能够熟练运用常用测量工具正确进行零件测绘，并能进行简单的部件测绘。
- 具备测绘零部件与绘制零件草图和部件装配示意图的实际技能。

任务 6.1　齿轮油泵泵体的测绘

6.1.1　任务书

1. 任务名称

齿轮油泵泵体。

2. 任务准备

(1) 绘图工具、绘图用品。

(2) 齿轮油泵。

(3) 齿轮油泵轴测图、装配图,如图 6.1、图 6.2 所示。

(4) 齿轮油泵泵体零件图,如图 6.3 所示。

(5) 拆装工具。

3. 任务要求

(1) 零件图主要内容齐全。

(2) 选择主视图和表达方案合理。

(3) 尺寸标注正确、完整、清晰、合理。

(4) 技术要求符合规范。

4. 任务提交

图纸。

5. 评价标准

任务实施评价项目表

序号	评价项目		配分权重/(%)	实得分
1	能否正确熟练使用测量工具,测量方法是否正确		10	
2	能否正确进行零件测绘	是否明确零件测绘的一般步骤	10	
		尺寸测量是否正确	20	
		视图表达方案是否合理	20	
		零件草图绘制是否正确	30	
		零件工作图绘制是否符合要求	10	

6.1.2 任务指导

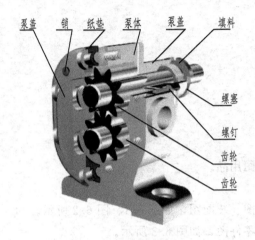

图 6.1 齿轮油泵轴测图

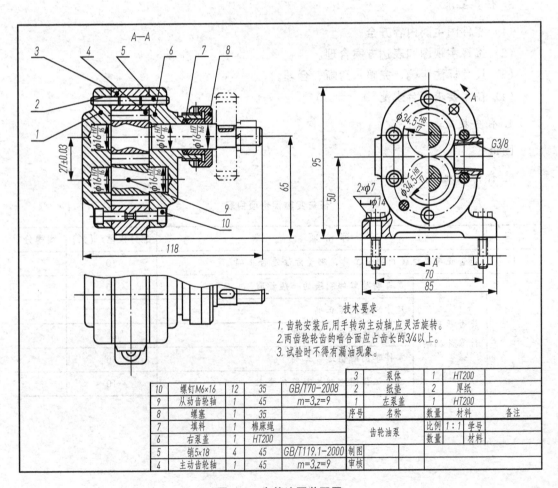

技术要求
1. 齿轮安装后,用手转动主动轴,应灵活旋转。
2. 两齿轮齿的啮合面应占齿长的3/4以上。
3. 试验时不得有漏油现象。

图 6.2 齿轮油泵装配图

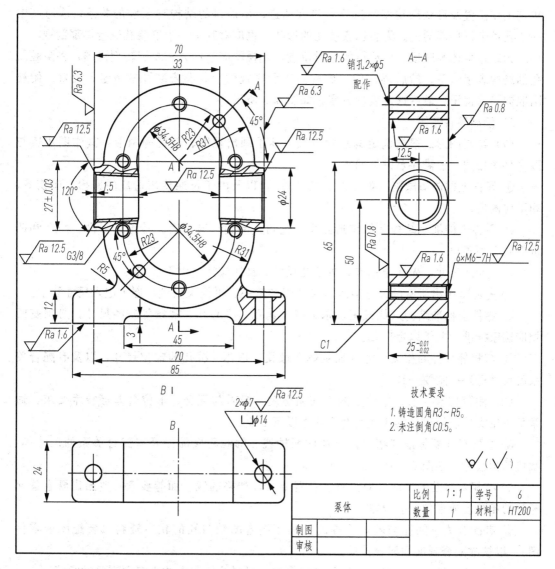

图 6.3 泵体零件图

6.1.3 知识包

零件测绘就是通过对实际零件的分析,选定表达方案,经过测量画出其图形并标注尺寸,加上相应的技术要求,完成零件图绘制的过程。

1. 零件测绘的步骤

1) 了解和分析测绘对象

首先应了解零件的名称、材料以及它在机器或部件中的位置、作用及与相邻零件的关系,然后对零件的内外结构形状进行分析。以泵体零件为例,如图 6.3 所示。

2) 确定表达方案

由于泵体的内外结构都比较复杂,应选用主、左、仰 3 个基本视图。泵体的主视图应按其工作位置及形状结构特征选定，为表达进、出油口的结构与泵腔的关系，应对其中一个孔道进行局部剖视。为表达安装孔的形状，也应对其中一个安装孔进行局部剖视。

为表达泵体与底板、出油口的相对位置，左视图应选用 A—A 旋转剖视图，将泵腔及孔的结构表示清楚。然后再选用一俯视图表示底板的形状及安装孔的数量、位置。俯视图取向局部视图。最后选定表达方案，如图 6.3 所示。

3）绘制零件草图

(1) 绘制图形。根据选定的表达方案，徒手画出视图、剖视等图形，其作图步骤与画零件图相同。但需注意以下两点。

① 零件上的制造缺陷（如砂眼、气孔等），以及由于长期使用造成的磨损、碰伤等，均不应画出。

② 零件上的细小结构（如铸造圆角、倒角、倒圆、退刀槽、砂轮越程槽、凸台和凹坑等）必须画出。

(2) 标注尺寸。先选定基准，再标注尺寸。具体应注意以下 3 点。

① 先集中画出所有的尺寸界线、尺寸线和箭头，再依次测量、逐个记入尺寸数字。

② 零件上标准结构（如键槽、退刀槽、销孔、中心孔、螺纹等）的尺寸，必须查阅相应国家标准，并予以标准化。

③ 与相邻零件的相关尺寸（如泵体上螺孔、销孔、沉孔的定位尺寸，以及有配合关系的尺寸等）一定要一致。

(3) 注写技术要求。零件上的表面粗糙度、极限与配合、形位公差等技术要求，通常可采用类比法给出。具体注写时需注意以下 3 点。

① 主要尺寸要保证其精度。泵体的两轴线、轴线距底面以及有配合关系的尺寸等，都应给出公差，如图 6.3 所示。

② 有相对运动的表面及对形状、位置要求较严格的线、面等要素，要给出既合理又经济的粗糙度或形位公差要求。

③ 有配合关系的孔与轴，要查阅与其相结合的轴与孔的相应资料（装配图或零件图），以核准配合制度和配合性质。

(4) 填写标题栏。一般可填写零件的名称、材料及绘图者的姓名和完成时间等。

4）根据零件草图画零件图

受工作地点、条件等限制，画完草图后应对其进行审核和整理。整理的内容包括以下方面。

(1) 表达方案是否完善，应正确、完整、清晰地表达零件的形状结构。

(2) 尺寸标注及布局是否合理，如不合理应及时修改。

(3) 尺寸公差、形位公差和表面粗糙度是否符合产品要求，标注应尽量标准化和规范化。

最后，将整理好的零件草图画成正规的零件工作图，完成全部测绘工作。泵体零件图如图 6.3 所示。

2. 零件尺寸的测量

1）测量工具

测量尺寸是零件测绘过程中一个很重要的环节，尺寸测量得准确与否，将直接影响机器的装配和工作性能，因此，测量尺寸要谨慎。测量时，应根据对尺寸精度要求的不同选用不同的测量工具。常用的量具有钢直尺，内、外卡钳，游标卡尺，千分尺等；此外，还有专用量具，如螺纹规、圆角规等。

2）测量方法

零件尺寸的测量方法如图 6.4～图 6.7 所示。

测量时应注意以下问题。

（1）重要的尺寸，如中心距、齿轮模数、零件表面的斜度和锥度等，必要时可通过计算确定。

（2）孔、轴的配合尺寸一般只测量轴的直径；相互旋合的内、外螺纹尺寸，一般只测量外螺纹尺寸。

（3）非重要尺寸，如果测量值为小数则应取整数。

（4）对有缺陷或损坏部位的尺寸，应按设计要求予以更正。

（5）对标准结构的尺寸，例如齿轮模数、倒角、轴类零件上的退刀槽、键槽、中心孔等，应查阅有关手册确定。与滚动轴承配合的孔、轴的尺寸亦应查表确定。

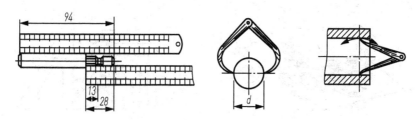

(a) 用钢尺测一般轮廓　　(b) 用外卡钳测外圆　　(c) 用内卡钳测内径

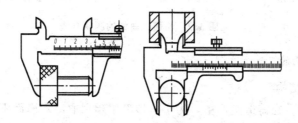

(d) 用游标卡尺测精确尺寸

图 6.4　线性尺寸及内、外径尺寸的测量方法

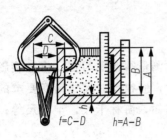 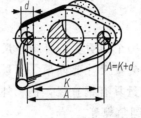 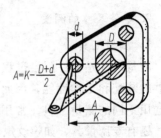

(a) 测量壁厚　　　　(b) 测量孔间距　　　　(c) 测量孔间距

图 6.5　壁厚、孔间距的测量方法

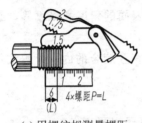 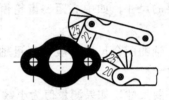

(a) 用螺纹规测量螺距　　　　(b) 用圆角规测量圆弧半径

图 6.6　螺距、圆弧半径的测量方法

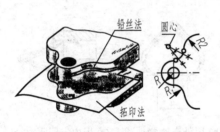 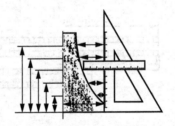

(a) 用铅丝法和拓印法测量曲面　　　　(b) 用坐标法测量曲线

图 6.7　曲面、曲线的测量方法

3. 零件上常见的工艺结构

1) 铸造工艺结构

(1) 起模斜度。在铸造生产中，为了从砂型中顺利取出木模而不破坏砂型，常沿模型的起模方向做成3°～6°的斜度，这个斜度称为起模斜度。起模斜度在图样上可以不必画出，不加标注，由木模直接做出，如图6.8（a）所示。

(2) 铸造圆角。为了便于脱模和避免砂型尖角在浇注时落砂，避免铸件尖角处产生裂纹和缩孔，在铸件表面转角处做成圆角，称为铸造圆角。一般铸造圆角半径为R3～R5，如图6.8（b）所示。

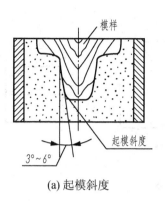
(a) 起模斜度

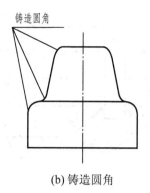
(b) 铸造圆角

图 6.8　起模斜度、铸造圆角

（3）铸件壁厚。铸件壁厚设计得是否合理，对铸件质量有很大的影响。铸件的壁越厚，冷却越慢，就越容易产生缩孔；壁厚变化不均匀，在突变处易产生裂隙，如图 6.9 所示，图（a）、(c) 结构合理，图（b）、(d) 结构不合理，即铸件壁厚要均匀，避免突然变厚和局部肥大。

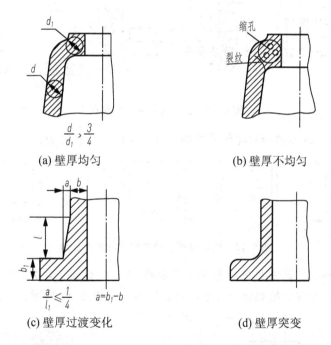

图 6.9　铸件壁厚

2）机械加工工艺结构

（1）倒角和倒圆。为了去除零件在机械加工后的锐边和毛刺，便于装配，常在轴孔的端部加工成 45°或 30°、60°倒角；为避免应力集中而产生裂纹，在轴肩处常采用圆角过渡，称为倒圆，如图 6.10 所示。当倒角、倒圆尺寸很小时，在图样上可不画出，但必须注明尺寸或在"技术要求"中加以说明。

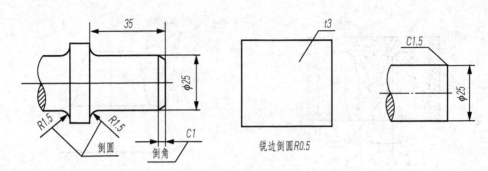

图 6.10　倒角和倒圆

(2) 退刀槽和砂轮越程槽。零件在车削或磨削时，为保证加工质量，便于车刀的进入或退出，以及砂轮的越程需要，常在轴肩处、孔的台肩处预先车削出退刀槽或砂轮越程槽，如图 6.11 所示。退刀槽与砂轮越程槽具体尺寸与结构可查阅有关标准和设计手册。

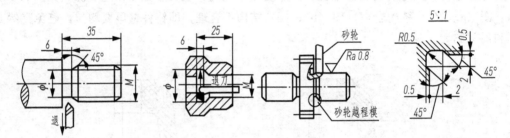

图 6.11　退刀槽和砂轮越程槽

图 6.12 给出了退刀槽和砂轮越程槽的 3 种常见的尺寸标注方法。

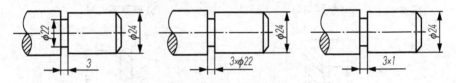

图 6.12　退刀槽和砂轮越程槽的尺寸注法

(3) 凸台和凹坑。两零件的接触面一般都要进行机械加工，为减少加工面积，并保证良好接触，常在零件的接触部位设置凸台或凹坑，如图 6.13 所示。

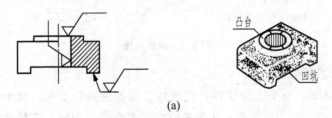

(a)

图 6.13　凸台和凹坑

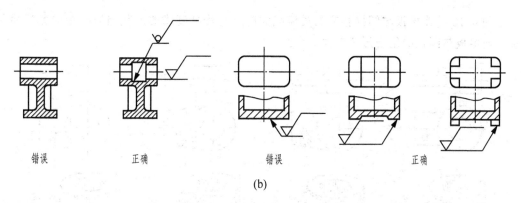

错误　　　正确　　　错误　　　正确

(b)

图 6.13　凸台和凹坑（续）

（4）钻孔结构。钻孔时，钻头的轴线应与被加工表面垂直，否则会使钻头弯曲，甚至折断。当被加工面倾斜时，可设置凸台或凹坑；钻头钻透时的结构，要考虑到不使钻头单边受力，否则钻头也容易折断，如图 6.14 所示。

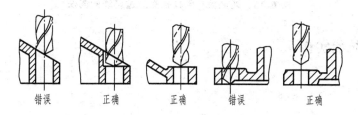

错误　　正确　　正确　　错误　　正确

图 6.14　钻孔结构

3）过渡线

在铸造零件上，两表面相交处一般都有小圆角光滑过渡，因而两表面之间的交线就不像加工面之间的交线那么明显。为了在看图时能分清不同表面的界限，在投影图中仍应画出这种交线，即过渡线。

过渡线的画法和相贯线相同，但为了区别于相贯线，过渡线用细实线绘制，在过渡线的两端与圆角的轮廓线之间应留有间隙，如图 6.15 所示。

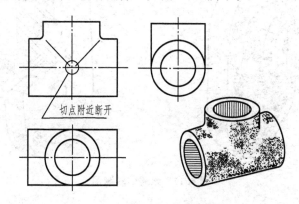

图 6.15　两表面相切时过渡线画法

当两曲面的轮廓线相切时，过渡线在切点附近应断开，如图 6.15 所示。

图 6.16 是连接板与圆柱相交的过渡线的情况,其过渡线的形状与连接板的截断面形状、连接板与圆柱的组合形式有关。

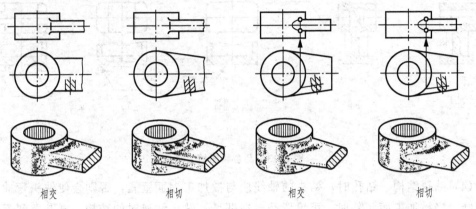

(a) 截断面为长方形 (b) 截断面为长圆形

图 6.16　连接板与圆柱相交时过渡线的画法

6.1.4　技能实训

实训 1

1. 实训名称

测绘泵盖。

2. 实训内容

根据图 6.17 泵盖的轴测图,测绘泵盖的零件图。

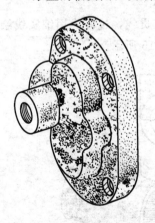 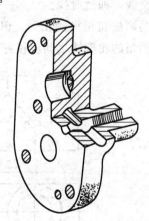

图 6.17　泵盖的轴测图

3. 实训目的

(1) 掌握常用测量工具的测量方法。

(2) 掌握零件测绘的一般步骤。

(3) 能够熟练运用常用测量工具正确进行零件测绘。

(4) 具备测绘零件与绘制零件草图的的实际技能。

4. 实训要求

(1) 用 A4 图纸，比例 1∶1，绘制零件图。

(2) 弄清所要画零件的形状结构，重新确定该零件的表达方案，正确、完整、清晰地表达零件。

(3) 注全该零件图上的全部尺寸，使所注尺寸正确、完整、清晰，并力求合理。

(4) 注全零件的表面粗糙度、尺寸公差、形位公差等技术要求。

5. 实训提示

(1) 任务分析。测绘之前，首先要了解零件的结构及主要功用，然后测量并标注零件的尺寸，最后绘制其零件图。

(2) 任务实施。

① 了解和分析被测绘零件。首先应了解被测绘零件的名称、材料，它在机器（或部件）中的位置、作用及与相邻零件的关系，然后对零件的内、外结构形状进行分析。

② 确定零件的表达方案并画草图。选择主视图：泵盖主视图按工作位置安放，考虑形状特征，其投影方向选为与轴线垂直方向，这样可使主视图反映的外形和各部分相对位置比较清楚，再采用全剖，表达内部结构。然后选择右视图，表达外部形状特征和各孔布局，用 B—B 剖切表达各孔的连接情况，用 C 向局部视图表达凸缘形状。根据零件的总体尺寸和大致比例确定图幅，画边框线和标题栏，布置图形并定出各视图的位置，画主要轴线、中心线，以目测比例徒手画出图形，如图 6.18 所示。

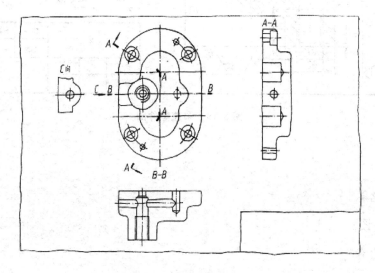

图 6.18 泵盖零件草图

③ 测量并标注尺寸。使用合适的工具测量各部分尺寸，以轴孔为径向尺寸基准，以泵盖注有表面结构要求 $Ra3.2\mu m$ 的左端面作为长度（轴向）基准。测量尺寸并标注在草

图上,同时根据零件的作用,提出各表面的表面结构要求、尺寸公差等,并标注在图中。

④ 根据草图画零件图。泵盖是铸件,须进行人工时效处理,消除内应力。未注铸造圆角也在技术要求中说明。最后填写标题栏,完成零件图,如图 6.19 所示

6. 参考答案

泵盖零件图如图 6.19 所示。

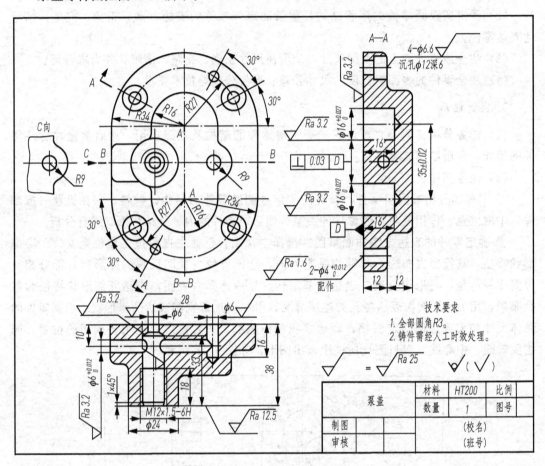

图 6.19 泵盖零件图

实训 2

1. 实训名称

测绘零件图。

2. 实训内容

根据 5.3.5 技能实训拆画零件图中各零件的轴测图,测绘零件。

3. 实训目的

(1) 掌握常用测量工具的测量方法。

(2) 掌握零件测绘的一般步骤。

(3) 能够熟练运用常用测量工具正确进行零件测绘。

(4) 具备测绘零件与绘制零件草图的的实际技能。

4. 实训要求

(1) 选用合适的图纸，比例1∶1，绘制零件图。

(2) 弄清所要画零件的形状结构，重新确定该零件的表达方案，正确、完整、清晰地表达零件。

(3) 注全该零件图上的全部尺寸，使所注尺寸正确、完整、清晰，并力求合理。

(4) 注全零件的表面粗糙度、尺寸公差、形位公差等技术要求。

5. 实训提示

参考5.3.5技能实训。

6. 参考答案

参考5.3.5技能实训。

任务6.2 机用虎钳的测绘

6.2.1 任务书

1. 任务名称

机用虎钳。

2. 任务准备

(1) 绘图工具、绘图用品。

(2) 机用虎钳。

(3) 图5.41为机用虎钳轴测图，图5.42为机用虎钳轴测分解图，图5.43为机用虎钳装配示意图，图5.44为机用虎钳装配图，图5.45为机用虎钳零件图，图5.46为机用虎钳各零件立体图，供识读时对照参考。

(4) 拆装工具。

(5) 相关资料。

3. 任务要求

(1) 装配图主要内容齐全。

(2) 选择主视图和表达方案合理。

(3) 尺寸标注正确、完整、清晰、合理。

(4) 技术要求符合规范。

4. 任务提交

图纸。

5. 评价标准

任务实施评价项目表

序号	评价项目		配分权重/(%)	实得分
1	能否正确熟练使用测量工具，测量方法是否正确		10	
2	能否正确进行零件测绘	是否明确零件测绘的一般步骤	5	
		尺寸测量是否正确	10	
		视图表达方案是否合理	10	
		零件草图绘制是否正确	20	
		零件工作图绘制是否符合要求	15	
3	能否正确进行部件测绘	是否明确部件测绘的一般步骤	5	
		能否正确进行拆装	10	
		装配示意图绘制是否正确	15	

6.2.2 任务指导

见 5.3.3 "2. 读机用虎钳成套图样"、1.1.2 任务指导。

6.2.3 知识包

测绘一般分零件测绘和部件测绘两种。

零件测绘，就是通过对实际零件的分析，选定表达方案，经过测量画出其图形并标注尺寸，加上相应的技术要求，完成零件图绘制的过程。

部件测绘，就是根据部件实物先画出零件图，经过测量，最后整理出装配图和零件图的过程。

对机器或部件上的零件，先进行拆卸，再画出零件草图，通过尺寸测量和技术资料的整理，然后按正确的比例绘制出完整的零件工作图和部件装配图，这种过程称为部件测绘，又称装配体测绘。

在仿制机器或进行技术交流过程中，都需要进行装配体测绘。测绘是工程技术人员必须熟练掌握的基本技能。

装配体测绘的一般步骤如下。

1. 了解和分析测绘对象

通过观察和研究被测对象以及参阅有关资料和图样，了解该机器或零部件的用途、性能、工作原理、结构特点、零件间的装配关系以及拆装方法。

2. 拆卸装配体零件

在熟悉装配体的结构、拆卸方法和拆卸次序的基础上，按次序拆卸装配体的各零件。拆卸零件时应注意以下几点。

(1) 拆卸零件时要测量部件的几何精度和性能并记录,供部件复原时参考。

(2) 拆卸时要选用合适的拆卸工具,对于不可拆的连接(如焊接、铆接、过盈配合连接)一般不应拆开;对于较紧的配合,如果不拆也可测绘,则尽量不拆,以免破坏零件之间的配合精度。

(3) 对拆下的零件,要及时按顺序编号,加上号签,妥善保管,防止螺钉、垫片、键、销等小零件的丢失;对重要的或精度较高的零件要防止碰伤、变形和生锈,以便再装时仍能保证部件的性能和精度要求。

(4) 对于结构复杂的部件,为了便于拆散后装拆复原,最好在拆卸时绘制出部件装配示意图。

3. 绘制装配示意图

装配示意图是在机器或部件拆卸过程中所画的记录图样,是绘制装配图和重新进行装配的依据。它应表达出所有零件及它们之间的相对位置、装配与连接关系、传动路线等。

装配示意图的画法没有严格的规定,通常用简单的线条画出零件的大致轮廓,有些零件可参考机构运动简图符号画出(机构运动简图符号请查阅《机械制图》国家标准)。绘制装配示意图时,把装配体看成透明体,既要画出外部轮廓,又要画出内部结构。对零件的表达一般不受前后、上下等层次的限制,可以先从主要零件着手,依次按装配顺序把其他零件画出。

装配示意图一般只画一、两个视图,而且接触面之间应留有间隙,以便区分不同的零件。

装配示意图上应按顺序编写零件编号,并在图样的适当位置上按序号注写出零件的名称及数量,也可以直接将零件名称注写在指引水平线上。序号、名称应与标签上一致。

图 5.41 为机床用平口虎钳轴测图,图 5.43 为机床用平口虎钳装配示意图。示意图中,螺杆、螺钉销等都是按照规定符号画出的,固定钳身、活动钳身等零件没有规定的符号,则只画出大致轮廓,而且各零件不受其他零件遮挡的限制,是看作透明体来表达的。

4. 绘制零件草图

零件草图是画装配图和零件图的依据。画零件草图的一般步骤和注意事项在前面已经介绍,在此不再重复叙述。

5. 绘制装配图

根据装配示意图和零件草图绘制装配图。装配图要表达出装配体的工作原理和装配关系以及主要零件的结构形状。

在绘制装配图过程中,要检查零件草图上的尺寸是否合理,若发现零件草图上的形状和尺寸有错,应及时更正后才可以画图。

装配图画好后必须注明该机器或部件的规格、性能以及装配、检验、安装时的尺寸,还必须用文字说明或用符号形式指明机器或部件在装配调试、安装使用时必要的技术要求。

最后应按规定要求填写零件序号和明细栏、标题栏的各项内容。

6. 绘制零件图

由零件草图和装配图绘制零件工作图，并应完整、正确、清晰、合理地标注尺寸，注写技术要求，按规定填写标题栏。

完成以上测绘任务后，对图样进行全面检查、整理，装订成册。

6.2.4 技能实训

1. 实训名称

圆钻模的测绘。

2. 实训内容

根据圆钻模轴测图进行测绘，如图 6.20、图 6.21、图 6.22 所示。

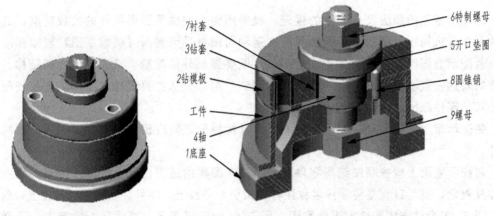

图 6.20 圆钻模轴测图　　　　图 6.21 圆钻模轴测示意图

3. 实训目的

（1）掌握常用测量工具的测量方法。
（2）掌握零部件测绘的一般步骤。
（3）能够熟练运用常用测量工具正确进行零件测绘，并能进行简单的部件测绘。
（4）具备测绘零部件与绘制零件草图和部件装配示意图的的实际技能。

4. 实训要求

用 A3 图纸，1∶1 比例，测绘装配体"圆钻模"，绘制圆钻模的装配图。

5. 实训提示

1）了解和分析装配体

要正确地表达一个装配体，必须首先了解和分析它的用途、工作原理、结构特点以及装拆顺序等情况。对于这些情况的了解，除了观察实物、阅读有关技术资料和类似产品图样外，还可以向有关人员学习和了解。

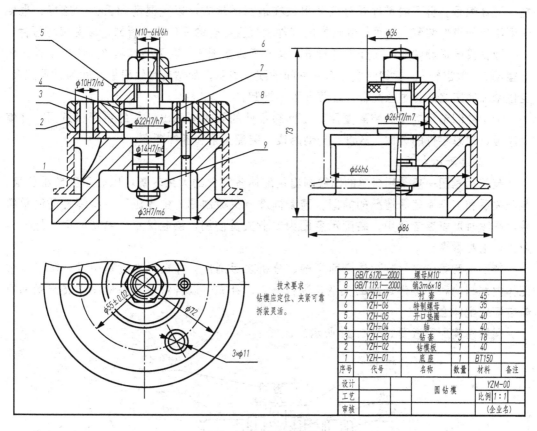

图 6.22 圆钻模装配图

如图 6.21 所示,圆钻模是一种钻加工专用夹具,加工时把工件放在底座 1 上,装上钻模板 2,钻模板上装有 3 个等分的钻套 3 和衬套 7,钻模板通过圆锥销 8 定位后,再装上开口垫圈 5,最后用特制螺母 6 与螺母 9 同时旋紧,装夹完毕。然后在钻床工作台上手工移动钻模调整钻套与钻头的相对位置就能钻削了。

工件加工前后的形状如图 6.23 所示。

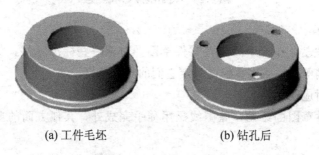

(a) 工件毛坯　　　　(b) 钻孔后

图 6.23 工件加工前后形状

2) 拆卸装配体

在拆卸前,应准备好有关的拆卸工具,以及放置零件的用具和场地,然后根据装配的特点,按照一定的拆卸次序,正确地依次拆卸。拆卸过程中,对每一个零件应贴上标签，记好编号。拆下的零件要分区分组放在适当的地方，以免混乱和丢失。这样，也便于测绘后的重新装配。不可拆卸连接的零件和过盈配合的零件应不拆卸，以免损坏零件。

圆钻模的拆卸顺序：先旋下螺母6，拿下开口垫圈5，取下钻模板2，拿出工件；旋下螺母9，取出轴4。拆卸时应注意零件间的配合关系，如钻套和钻模板之间为过盈配合，定位销和底座之间为过盈配合，这两处可不拆卸。

为了使圆钻模拆卸后装配复原，在拆卸零件的同时应画出部件的装配示意图，并编上序号，记录零件的名称、数量、传动路线、装配关系和拆卸顺序。

3）画装配示意图

装配示意图一般是用简单的图线画出装配体各零件的大致轮廓，以表示其装配位置、装配关系和工作原理等情况的简图。国家标准《机械制图》中规定了一些零件的简单符号，画图时可以参考使用。装配示意图为专业人员使用，绘制简单，喻意明显，但非专业人员很难看懂。

装配示意图应在对装配体全面了解、分析之后画出，并在拆卸过程中进一步了解装配体内部结构和各零件之间的关系，进行修正、补充，以备将来正确地画出装配图和重新装配装配体之用。

圆钻模装配示意图如图6.24所示。

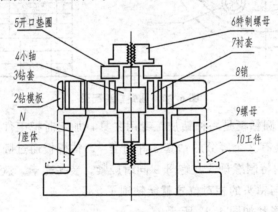

图6.24　圆钻模装配示意图

4）画零件草图

把拆下的零件逐个地徒手画出其零件草图。对于一些标准零件，如螺栓、螺钉、螺母、垫圈、键、销等可以不画，但需确定它们的规定标记。

画零件草图时应注意以下3点。

（1）对于零件草图的绘制，除图线是用徒手完成外，其他方面的要求均和画正式零件图一样。

（2）零件的视图选择和安排应尽可能地考虑到画装配图的方便。

（3）零件间有配合、连接和定位等关系的尺寸，在相关零件上应注意相同。

5）拼画装配图

根据装配体各组成件的零件草图和装配示意图就可以画出装配图。

（1）拟定表达方案。表达方案应包括选择主视图、确定视图数量和各视图的表达方法。

主视图采用局部剖，保留特制螺母部分外形，以此表达清楚部件的工作原理、零件间的装配连接关系以及零件的大致结构。左视图采用半剖视图，能更清晰地表达零件的形状结构；俯视图采用基本视图或局部视图，能进一步表达部件的整体形象（回转体），特别是三等分孔的特征，只有俯视图上表达得最清晰。

① 选择主视图。一般按装配体的工作位置选择，并使主视图能够反映装配体的工作原理、主要装配关系和主要结构特征。

如图 6.20 所示，圆钻模主体为回转类结构，垂直分布，且前后对称；上方特制螺母结构有特殊性。其主视图采用局部剖，保留特制螺母部分外形，以此表达清楚部件的工作原理、零件间的装配连接关系以及零件的大致结构，如图 6.22 所示。

② 确定视图数量和表达方法。主视图选定之后，一般地只能把装配体的工作原理、主要装配关系和主要结构特征表示出来，但是，只靠一个视图是不能把所有的情况全部表达清楚的。因此，就需要有其他视图作为补充，并应考虑何种表达方法最能做到易读易画。

圆钻模装配图除主视图外，可增加俯、左两个视图，其中左视图采用半剖视图，能更清晰地表达零件的形状结构，如图 6.22 所示；俯视图采用基本视图或局部视图，能进一步表达部件的整体形象（回转体），特别是三等分孔的特征，只有俯视图上表达得最清晰，如图 6.22 所示。

（2）画装配图的步骤。

① 根据所确定的视图数目、图形的大小和采用的比例选定图幅，并在图纸上进行布局。在布局时，应留出标注尺寸、编注零件序号、书写技术要求、画标题栏和明细栏的位置。

② 画出图框、标题栏和明细栏。

③ 画出各视图的主要中心线、轴线、对称线及基准线等。

④ 画出各视图主要部分的底稿。

通常可以先从主视图开始。根据各视图所表达的主要内容不同，可采取不同的方法着手。如果是画剖视图，则应从内向外画。这样被遮住的零件的轮廓线就可以不画。如果画的是外形视图，一般则是从大的或主要的零件着手。

⑤ 画次要零件、小零件及各部分的细节。

⑥ 加深并画剖面线。在画剖面线时，主要的剖视图可以先画。最好画完一个零件所有的剖面线，然后再开始画另外一个，以免剖面线方向的错误。

⑦ 注出必要的尺寸。

⑧ 编注零件序号，并填写明细栏和标题栏。

⑨ 填写技术要求等。

⑩ 仔细检查全图并签名，完成全图。

（3）参考尺寸及配合。

① 性能尺寸：尺寸 $3\times\phi11$ 为钻孔规格；$\phi66h6$，这是钻模底座上方的外圆直径，是圆钻模的规格，同时也标志着工件的规格。

② 配合尺寸：由零件间的装配、使用性能选择合适的配合种类及精度等级。配合尺

寸可用类比法来选择确定，具体见圆钻模装配图。

③ 安装尺寸：圆钻模只需放在钻床工作台上，所以不需安装尺寸。

④ 总体尺寸：总高 73，底座下方外圆直径 $\phi86$。

⑤ 其他重要尺寸：钻套等分圆周直径 $\phi55\pm0.02$、钻模板直径 $\phi72$。

(4) 参考技术要求。

① 使用性能：钻模应定位、夹紧可靠，拆卸灵活。

② 精度要求主要由配合精度及零件的形状位置精度来保证。

6) 测绘装配体成套资料的内容

(1) 装配体的装配示意图。装配示意图一般是用简单的图线画出装配体各零件的大致轮廓，以表示其装配位置、装配关系和工作原理等情况的简图。国家标准《机械制图》中规定了一些零件的简单符号，画图时可以参考使用。

(2) 标准件明细表。标准件外购比自制便宜，所以只要列出清单由供应部门采购即可，常用格式见表 6-1。

表 6-1 标准件明细表

序号	代号	名称	规格	数量	备注
1	GB/T 6170—2000	螺母	M10	1	件9
2	GB/T 119.1—2000	销	3m6×18	1	件8

(3) 零件草图。把拆下的零件逐个地徒手画出其零件草图。对于零件草图的绘制，除图线是用徒手完成外，其他方面的要求均和画正式零件图一样。自制零件都要绘制零件工作图，以便备料、设计工艺及工装设备、安排生产。

(4) 装配体的装配图。由装配示意图和零件草图、标准件清单拼绘完整的装配图。

7) 装配图中配合种类的选用

(1) 基准制的选用。

基孔制：一般情况下优先采用基孔制，因为孔难加工。

基轴制：选用基轴制的情况包括一轴多孔；农机、纺机中与冷拔轴配合的孔；直径 ≤3mm 的细轴；与标准件配合的孔（如与轴承的配合）；特定场合的非基准制配合。

例如，铣刀头中座体与轴承的配合；轴承与轴承盖的配合等。

(2) 公差等级的选用。

原则：在满足使用要求的前提下，获得最大的技术经济效益（即在满足使用要求的前提下，选用经济精度等级）。

公差等级的选用常采用类比法，即参考从生产实践中总结出来的经验资料进行比较选用。

(3) 配合种类的确定。

应根据使用要求确定配合种类，若孔、轴间有相对运动要求，必须选择间隙配合；若无相对运动要求，应根据具体工作条件的不同确定过盈、过渡配合，甚至间隙配合。

选定配合种类后应尽量选用优先配合，其次是常用配合（见表 6-2、表 6-3）。

表 6-2 基孔制优先和常用配合

基准孔	轴																			
	a	b	c	d	e	f	g	h	js	k	m	n	p	r	s	t	u	v	x	y	z
	间隙配合								过渡配合				过盈配合								
H6						$\frac{H6}{f5}$	$\frac{H6}{g5}$	$\frac{H6}{h5}$	$\frac{H6}{js5}$	$\frac{H6}{k5}$	$\frac{H6}{m5}$	$\frac{H6}{n5}$	$\frac{H6}{p5}$	$\frac{H6}{r5}$	$\frac{H6}{s5}$	$\frac{H6}{t5}$					
H7						$\frac{H7}{f6}$	$\frac{H7}{g6}$	$\frac{H7}{h6}$	$\frac{H7}{js6}$	$\frac{H7}{k6}$	$\frac{H7}{m6}$	$\frac{H7}{n6}$	$\frac{H7}{p6}$	$\frac{H7}{r6}$	$\frac{H7}{s6}$	$\frac{H7}{t6}$	$\frac{H7}{u6}$	$\frac{H7}{v6}$	$\frac{H7}{x6}$	$\frac{H7}{y6}$	$\frac{H7}{z6}$
H8					$\frac{H8}{e7}$	$\frac{H8}{f7}$	$\frac{H8}{g7}$	$\frac{H8}{h7}$	$\frac{H8}{js7}$	$\frac{H8}{k7}$	$\frac{H8}{m7}$	$\frac{H8}{n7}$	$\frac{H8}{p7}$	$\frac{H8}{r7}$	$\frac{H8}{s7}$	$\frac{H8}{t7}$	$\frac{H8}{u7}$				
				$\frac{H8}{d8}$	$\frac{H8}{e8}$	$\frac{H8}{f8}$		$\frac{H8}{h8}$													
H9				$\frac{H9}{c9}$	$\frac{H9}{d9}$	$\frac{H9}{e9}$	$\frac{H9}{f9}$	$\frac{H9}{h9}$													
H10			$\frac{H10}{c10}$	$\frac{H10}{d10}$				$\frac{H10}{h10}$													
H11	$\frac{H11}{a11}$	$\frac{H11}{b11}$	$\frac{H11}{c11}$	$\frac{H11}{d11}$				$\frac{H11}{h11}$													
H12		$\frac{H12}{b12}$						$\frac{H12}{h12}$													

注：1. H6/n5、H7/p6 在基本尺寸小于或等于 3mm 和 H8/r7 在小于或等于 100mm 时，为过渡配合。

2. 标注▼的配合为优先配合。

表 6-3 基轴制优先和常用配合

基准轴	孔																			
	A	B	C	D	E	F	G	H	JS	K	M	N	P	R	S	T	U	V	X	Y	Z
	间隙配合								过渡配合				过盈配合								
h5						$\frac{F6}{h5}$	$\frac{G6}{h5}$	$\frac{H6}{h5}$	$\frac{JS6}{h5}$	$\frac{K6}{h5}$	$\frac{M6}{h5}$	$\frac{N6}{h5}$	$\frac{P6}{h5}$	$\frac{R6}{h5}$	$\frac{S6}{h5}$	$\frac{T6}{h5}$					
h6						$\frac{F7}{h6}$	$\frac{G7}{h6}$	$\frac{H7}{h6}$	$\frac{JS7}{h6}$	$\frac{K7}{h6}$	$\frac{M7}{h6}$	$\frac{N7}{h6}$	$\frac{P7}{h6}$	$\frac{R7}{h6}$	$\frac{S7}{h6}$	$\frac{T7}{h6}$	$\frac{U7}{h6}$				
h7					$\frac{E8}{h7}$	$\frac{F8}{h7}$		$\frac{H8}{h7}$	$\frac{JS8}{h7}$	$\frac{K8}{h7}$	$\frac{M8}{h7}$	$\frac{N8}{h7}$									
h8				$\frac{D8}{h8}$	$\frac{E8}{h8}$	$\frac{F8}{h8}$		$\frac{H8}{h8}$													
h9				$\frac{D9}{h9}$	$\frac{E9}{h9}$	$\frac{F9}{h9}$		$\frac{H9}{h9}$													
h10				$\frac{D10}{h10}$				$\frac{H10}{h10}$													

续表

基准轴	孔																			
	A	B	C	D	E	F	G	H	JS	K	M	N	P	R	S	T	U	V	X	Y	Z
	间隙配合								过渡配合				过盈配合							
h11	$\dfrac{A11}{h11}$	$\dfrac{B11}{h11}$	▼$\dfrac{C11}{h11}$	$\dfrac{D11}{h11}$				▼$\dfrac{H11}{h11}$												
h12		$\dfrac{B12}{h12}$						$\dfrac{H12}{h12}$												

注：标注▼的配合为优先配合。

6. 参考答案

参见图 6.22。

模块 7

图 档 管 理

1. 项目导读

图档管理主要是指对产品图样的格式，如标题栏、明细栏、代号栏、附加栏等的设置及填写规则、设计文件格式、表格的填写规则、图样和设计文件的更改办法以及复制图的折叠方法等内容进行管理。图档管理已由人工传统管理转向计算机辅助管理。

2. 最终目标

掌握图档管理方法和分类，科学使用计算机高效管理。

3. 促成目标

(1) 了解图档管理知识。

(2) 掌握图样分类和折叠方法。

(3) 了解图纸打印、复制过程，掌握安全、保密管理方法。

(4) 了解图档补修方法，提供积极服务。

7.1 图档管理工作任务

7.1.1 管理知识

1. 图样的归档范围

由底图或原图经过复制的复制图是正式的技术文件，它保留原有的基础面貌并反映技术的修改和变化过程。复制图应当和有关的技术文字材料一起整理装订，以便于保管和日常借阅时使用。因此，复制图应当作为主要的技术资料存档。

2. 底图

底图是原始的正式文件，底图上有设计者和有关负责人的签字，准确可靠，同时兼备复制图样的作用，所以也应当妥善归档保存。

3. 原图

用于复制图样或描绘底图的原图有3种：第一种是勘察、测绘制成的硬板原图，它精密、准确，不易变形，应当作为技术档案保存；第二种是设计人员使用计算机绘制的设计原图，它同底图的作用一样，不仅准确可靠，而且兼备复制图样的作用，所以同样应当妥善归档保存；第三种原图是设计工作中产生的铅笔图，其内容已经反映在底图或复制图中。一般不必存档。但是某些具有历史意义或某些著名人物的设计原图，可以考虑作为技术档案保存。

4. 归档时间

根据每个设计部门图样形成的特点和本部门的工作情况，本着集中统一管理，便于安全、保密，有利用工作利用等要求，应当按规定做到随时归档和定时归档。

一般来说，专业设计部门可在一个项目设计完毕审批复制后，将该项目有关的图样、材料归档；建筑施工单位可在工程竣工交接验收后，将本工程有关的图样、材料归档；厂矿企业的产品图样、材料，应当在产品试制完毕，正式投产后归档；地质、勘探和测绘的图样材料，应当在一项勘测任务完成并作出总结报告后一并归档，如延长时间也可分段归档；水文气象部门的图样材料，基本上可以一年归档一次。

5. 归档的份数

复制图样一般应完整地归档一份，重要的和使用频繁的图样，为防止借阅过程中可能出现的无损破坏，应复制两份以上归档保存。

归档的图样必须收集齐全，不能出现遗漏。归档时，应编制移交目录，按目录点清，交接双方应在目录上签字，按时间分清责任。

7.1.2 图样的保管

对已经归档的图样进行妥善保管,是每位资料管理人员应尽的职责,技术档案出现差错不仅会给生产带来影响,造成不应有的经济损失,严重的还会造成政治影响。对图样的保管可以从以下几方面进行。

(1) 图纸编号。

(2) 成套图纸必须编制索引总目录,注明归档时间、总登记号、上架位置、张数、来源以及备注等,以便借阅者查找,同时减少入库者盲目翻阅查找而带来的损坏。

(3) 底图一般禁止折叠存放,宜装入大纸袋中,并平放在多层底图柜内存放。为保护底图,可沿周边折成双层。并用缝纫机线订一道线。对于使用频繁的底图,可采用预先复制备份底图的办法,用备份底图去复制蓝图。

(4) 为了保证成套图纸的完整性,复制图一般复制两套,一套折叠装订成册供存档用,另一套折叠装入盒内或袋内供借阅者借阅。存档时应注意去掉复制图样上的金属针(回形针和大头针等),以防日久腐蚀。

(5) 存放图样的档案库房应注意防潮、防水以及防日光直接照射。室内的温度一般应保持在14~24℃之间。空气的相对湿度应保持在45%~60%较为适宜。

(6) 严格制定借阅、归还和清点制度,保证图样资料的完整性。

7.2 图纸制作过程

7.2.1 图纸打印

1. 打印纸

打印纸分为硫酸透明纸和白纸,硫酸透明纸印制底图,白纸印制正常图。

透明底图纸又称硫酸纸,硫酸纸是由细微的植物纤维通过互相交织,在潮湿状态下经过游离打浆、不施胶、不加填料、抄纸,72%的浓硫酸浸泡2~3s,清水洗涤后以甘油处理,干燥后形成的一种质地坚硬、薄膜型的物质。硫酸纸质地坚实、密致而稍微透明,具有对油脂和水的渗透抵抗力强,不透气,且湿强度大等特点,能防水、防潮、防油、杀菌、消毒。

2. 打印机

喷墨打印机基本的工作原理都是先生产小墨滴,再利用喷墨头把细小的墨滴导引至设定的位置上,墨滴越小,打印的图片就越清晰。

喷墨打印机根据产品的主要用途可以分为3类:普通型喷墨打印机,数码照片型喷墨打印机和便捷式喷墨打印机。

普通型喷墨打印机是目前最为常见的打印机,可以用来打印文稿,打印图纸,也可以使用照片纸打印照片。

7.2.2 图纸复制

1. 晒图纸

晒图纸俗称"蓝图纸",是一种化学涂料加工纸,专供各种工程设计、机械制造晒图之用,是生产和科研、建设中必不可少的用品。通常用铁氰化和铁盐敏化的纸或布,曝光后用清水冲洗显影晒成的蓝底白图的相纸,特别供晒印地图、机械图、建筑图样用。

晒图纸保管时应防潮、防光照,放在干燥的地方密封。

2. 晒图机

晒图机是一种将描图纸上的图形通过曝光手段将图形转移到感光材料上,即晒图纸上,再通过显影洗出蓝图的设备。

3. 晒图

晒图是将画好的硫酸纸底图覆盖在专用黄色晒图纸上,经氨水或氨气熏后,没有线条的地方,透光被熏褪色,有线条的地方变成蓝色,所以就成了所谓的蓝图。现在虽然有很多先进的手法,可以将大幅面的图纸进行复印,但是用底图晒成的蓝图仍有不可代替的优点。蓝图必须用底图来晒,而且蓝图无法进行二次晒制,能够保证蓝图的一致性。而且复印出来的图纸能够进行二次复印,所以无法确定图纸在数次复印的过程中是否有过修改。常用的晒图方法有以下几种。

(1) 湿法晒图纸,即水洗晒图纸,亦即铁盐图纸,其感光还原系水洗,个别单位仍用此法。

(2) 干法晒图纸,即重氮相加晒图纸,或称氨薰晒图纸,其感光还原系用氨气,国内供应的都是这种晒图纸。

(3) 半湿法晒图纸有两种,一种将感光剂和还原剂都涂于纸上,边感光边偶合成图,国内还没有;另一种用于干法晒图,晒图时将氨水蒸发成雾状,使其边晒边成图。

4. 图纸折叠与装订

(1) 图纸折叠:按 A4 或 A3 图幅折叠,以装订左侧为基准,标题栏在首页右下角显著位置。

(2) 装订:不管图纸是横放(X)还是竖放(Y),均在左侧装订。

7.2.3 图纸修复

日久天长,底图还会因老化而变脆或因借阅次数过多而发生破损或产生皱折。

1. 硬化底图的处理

长期保存的底图,由于纸张被氧化或因晒图时烘烤而硬化、发黑、发脆时,可用排笔在铺平的底图上均匀地涂上一层化学纯甘油,晒干后可以恢复底图的柔软性。

2. 抽皱底图的伸平

底图受潮后纤维伸长,干燥后因纤维收缩不均匀而易出现抽皱现象。抽皱的底图必须展平后才能使用,否则,晒出的蓝图会失真,底图也容易破损。底图展平的方法有以下 3 种。

(1) 烫平法。将抽皱处的底图背面用水均匀喷潮,然后将图面向下铺平,并放在平滑干燥的平台上,然后在图纸上再盖上一层干净白纸,最后用湿热电熨斗熨平。

(2) 晒图机压平。将抽皱处的底图背面用水均匀喷潮,然后送入晒图机以慢速滚压并烘干,一次压烘不平再压,直至伸平为止。

(3) 压力机压平。底图大面积抽皱时,可将其背面喷潮,然后将其夹在两张有一定厚度的垫纸中间,用压力机加压一昼夜可压平。

7.3　图纸计算机辅助管理

7.3.1　管理系统

图纸管理系统是一个独立的应用程序,它可以对成套图纸按指定的路径自动搜索文件、提取数据、分析数据、自动建立反映产品装配关系的产品树,也可以手工生成产品树,并对产品树中的各节点进行编辑、查询、统计。

7.3.2　管理过程

1. 建立产品树

建立产品树有自动建立和手动生成两种方式。

2. 设置显示内容

3. 查询

4. 统计

5. 显示系统信息

7.4　基本训练与检验

1. 图纸编号归档（教师指导）

(1) 图纸编号。

(2) 图纸折叠。

(3) 建档。

2. 图纸制作（学习组长组织）

(1) 打印底图。

(2) 晒蓝图。

模块 8

制图员考证

模块描述

1. 项目导读

《中华人民共和国职业分类大典》将我国职业归为8个大类，66个中类，413个小类，1838个细业（职业）。8个大类分别介绍如下。

第一大类：国家机关、党群组织、企业、事业单位负责人，其中包括5个中类，16个小类，25个细类。

第二大类：专业技术人员，其中包括14个中类，115个小类，379个细类。

第三大类：办事人员和有关人员，其中包括4个中类，12个小类，45个细类。

第四大类：商业、服务业人员，其中包括8个大类，43个小类，147个细类。

第五大类：农、林、牧、渔、水利业生产人员，其中包括6个中类，30个小类，121个细类。

第六大类：生产、运输设备操作人员及有关人员，其中包括27个中类，195个小类，1119个细类。

第七大类：军人，其中包括1个中类，1个小类，1个细类。

第八大类：不便分类的其他从业人员，其中包括1个中类，1个小类，1个细类。制图员职业已列入其中，我国从1999年开始实施培训考证工作。

机械制图是每个从事机械工程设计、制造、维修和管理的工作人员必须具备的技能，在此基础上运用计算机高效绘图是科技发展的大势所趋。

国家职业资格共分4级，制图员考证初级（国家职业资格五级）、中级（国家职业资格四级）、高级（国家职业资格三级）、技师（国家职业资格二级）。主要考试分为应知机械制图理论知识考题和应用计算机绘图考题。

2. 最终目标

在校生可考取中级或高级制图员证，为毕业后考技师证奠定基础。

3. 促成目标

(1) 熟练掌握机械零件造型构图方法和理论。

(2) 熟练掌握零件各种图的尺规画图和计算机绘图画法和技能。

(3) 了解零件加工过程，会测绘零件图。

(4) 了解机器各种零部件的配合和连接。

1. 制图员考试要求

1）初级考试要求

制图员初级考试要求见表 8-1。

表 8-1 制图员初级考试要求

职业功能	工作内容	技能要求	相关知识
绘制二维图	描图	能描绘墨线图	描图的知识
	手工绘图（可根据申报专业任选一种）	机械图： (1) 能绘制螺纹连接的装配图； (2) 能绘制和阅读支架类零件图； (3) 能绘制和阅读箱体类零件图。 土建图： (1) 能识别常用建筑构、配件的代（符）号； (2) 能绘制和阅读楼房的建筑施工图	(1) 几何绘图知识； (2) 三视图投影知识； (3) 绘制视图、剖视图、断面图的知识； (4) 尺寸标注的知识； (5) 专业图的知识
绘制三维图	计算机绘图	(1) 能使用一种软件绘制简单的二维图形并标注尺寸； (2) 能使用打印机或绘图机输出图纸	(1) 调处图框、标题栏的知识； (2) 绘制直线、曲线的知识； (3) 曲线编辑的知识； (4) 文字标注的知识
	描图	能描绘正等轴测图	绘制正等轴测图的基本知识
图档管理	图纸折叠	能按要求折叠图纸	折叠图纸的要求
	图纸装订	能按要求将图纸装订成册	装订图纸的要求

2）中级考试要求

制图员中级考试要求见表 8-2。

表 8-2 制图员中级考试要求

职业功能	工作内容	技 能 要 求	相 关 知 识
绘制二维图	手工绘图（可根据申报专业任选一种）	机械图： (1) 能绘制螺纹连接的装配图； (2) 能绘制和阅读支架类零件图； (3) 能绘制和阅读箱体类零件图。 土建图： (1) 能识别常用建筑构、配件的代（符）号； (2) 能绘制和阅读楼房的建筑施工图	(1) 截交线的绘图知识； (2) 绘制相贯线的知识； (3) 一次变换投影面的知识； (4) 组合体的知识
绘制二、三维图	计算机绘图	能绘制简单的二维专业图形	(1) 图层设置的知识； (2) 工程标注的知识； (3) 调用图符的知识； (4) 属性查询的知识
	描图	(1) 能绘制斜二测图； (2) 能绘制正二测图	(1) 绘制斜二测图的知识； (2) 绘制正二测图的知识
	手工绘制轴侧图	(1) 能绘制正等轴测图； (2) 能绘制正等轴测剖视图	(1) 绘制正等轴测图的知识； (2) 绘制正等轴测剖视图的知识
图档管理	软件管理	能使用软件对成套图纸进行管理	管理软件的实用知识

3) 高级考试要求

制图员高级考试要求见表 8-3。

表 8-3 制图员高级考试要求

职业功能	工作内容	技 能 要 求	相 关 知 识
绘制二维图	手工绘图（可根据申报专业任选一种）	机械图： (1) 能绘制各种标准件和常用件； (2) 能绘制和阅读不少于 15 个零件的装配图； 土建图： (1) 能绘制钢筋混凝土结构图； (2) 能绘制钢结构图	(1) 变换投影面的知识； (2) 绘制两回转体轴线垂直交叉相贯线的知识

续表

职业功能	工作内容	技能要求	相关知识
绘制二维图	手工绘制草图	机械图：能绘制箱体类零件草图。 土建图： (1) 能绘制单层房屋的建筑施工草图； (2) 能绘制简单效果图	(1) 测量工具的使用知识； (2) 绘制专业示意图的知识
	计算机绘图（可根据申报专业任选一种）	机械图： (1) 能根据零件图绘制装配图； (2) 能根据装配图绘制零件图； 土建图：能绘制房屋建筑施工图	(1) 图块制作和调用的知识； (2) 图库的实用知识； (3) 属性修改的知识

2. 应会

计算机绘图，测绘零件图，由装配图拆画零件图。

3. 培训方式

(1) 集中辅导，课后答疑，模拟做题。

(2) 培训时间：30～60课时。

4. 考证

(1) 考场：各地人力资源部门在上、下半年分别举办两次考试，学校只有具有两名考评员以上教师和合格考场，才具备考点资格。

(2) 试题：从试题库随机抽取。

(3) 监考和阅卷：由考评员负责监考和阅卷。

(4) 发证：只有两门考卷均达60分以上才能发证。

模块 9

机械制图基础知识

 模块描述

通过填空题、选择题的练习,达到如下目标。
- 掌握机械制图基础知识,能够在绘图、读图中正确运用。
- 为制图员考证做好必要的准备。

模块 9 机械制图基础知识

9.1 填 空 题

9.1.1 制图基础知识

(1) 图纸的幅面分为_____幅面和_____幅面两类，基本幅面按尺寸大小可分为_____种，其代号分别为_____。

(2) 图纸格式分为_____和_____两种，按照标题栏的方位又可将图纸格式分为_____和_____两种。

(3) 标题栏应位于图纸的_____，一般包含以下 4 个区：_____、_____、_____、_____，标题栏中的文字方向为_____。

(4) 比例是指图中_____与其_____之比。图样上标注的尺寸应是机件的_____尺寸，与所采用的比例_____关。

(5) 常用比例有_____、_____和_____ 3 种；比例 1∶2 是指_____是_____的 2 倍，属于_____比例；比例 2∶1 是指_____是_____的 2 倍，属于_____比例。

(6) 图中应尽量采用_____比例，需要时也可采用_____或_____的比例。无论采用何种比例，图样中所注的尺寸，均为机件的_____。

(7) 图样中书写的汉字、数字和字母必须做到_____，汉字应用_____体书写，数字和字母应书写为_____体或_____体。

(8) 字号指字体的_____，图样中常用字号有_____号 4 种。

(9) 常用图线的种类有_____等 8 种。

(10) 图样中，机件的可见轮廓线用_____画出，不可见轮廓线用_____画出，尺寸线和尺寸界线用_____画出，对称中心线和轴线用_____画出。虚线、细实线和细点画线的图线宽度约为粗实线的_____。

(11) 图样上的尺寸是零件的_____尺寸，尺寸以_____为单位时，不需标注代号或名称。

(12) 标注尺寸的四要素是_____、_____、_____、_____。

(13) 尺寸标注中的符号：R 表示_____，φ 表示_____，Sφ 表示_____，t 表示_____，C 表示_____。

(14) 标注水平尺寸时，尺寸数字的字头方向应_____；标注垂直尺寸时，尺寸数字的字头方向应_____。角度的尺寸数字一律按_____位置书写。当任何图线穿过尺寸数字时都必须_____。

(15) 斜度是指_____对_____的倾斜程度，用符号_____表示，标注时符号的倾斜方向应与所标斜度的倾斜方向_____。

(16) 锥度是指_____与_____的比，锥度用符号_____表示，标注时符号的锥度方向应与所标锥度方向_____。

(17) 符号"∠1∶10"表示_____，符号"▷1∶5"表示_____。

(18) 平面图形中的线段可分为_____、_____、_____3种。它们的作图顺序应是先画出_____，然后画_____，最后画_____。

(19) 平面图形中的尺寸，按其作用可分为_____和_____两类。

(20) 已知定形尺寸和定位尺寸的线段叫_____；有定形尺寸，但定位尺寸不全的线段叫_____；只有定形尺寸没有定位尺寸的线段叫_____。

9.1.2 投影理论

(1) 投影法分为_____投影法和_____投影法两大类，一般绘图时使用的是_____投影法中的投影法。

(2) 当投射线互相_____，并与投影面_____时，物体在投影面上的投影叫_____。按正投影原理画出的图形叫_____。

(3) 一个投影_____确定物体的形状，通常在工程上多采用_____。

(4) 一个点在空间的位置有以下3种：_____、_____、_____。

(5) 当直线（或平面）平行于投影面时，其投影_____，这种性质叫_____性；当直线（或平面）垂直于投影面时，其投影_____，这种性质叫_____性；当直线（或平面）倾斜于投影面时，其投影_____，这种性质叫_____性。

(6) 直线按其对投影面的相对位置不同，可分为_____、_____和_____3种。

(7) 平面按其对投影面的相对位置不同，可分为_____、_____和_____3种。

(8) 与一个投影面垂直的直线，一定与其他两个投影面_____，这样的直线称为投影面的_____线，具体又可分为_____、_____、_____。

(9) 与一个投影面平行，与其他两个投影面倾斜的直线，称为投影面的_____线，具体又可分为_____、_____、_____。

(10) 与一个投影面垂直，而与其他两个投影面_____的平面，称为投影面的_____，具体又可分为_____、_____、_____。

(11) 与一个投影面平行，一定与其他两个投影面_____，这样的平面称为投影面的_____面，具体又可分为_____、_____、_____。

(12) 空间两直线的相对位置有_____、_____、_____3种。

(13) 两直线平行，其三面投影一定_____；两直线相交，其三面投影必然_____，并且交点_____；既不平行，又不相交的两直线，一定_____。

(14) 轴测投影根据投影方向与投影面的角度不同，分为_____和_____两大类。

(15) 根据3个轴向伸缩系数的不同，正轴测投影和斜轴测投影又各分为_____、_____、_____3种。最常用的轴测图为_____和_____。

(16) 正等测图的轴间角为_____，轴向伸缩系数为_____。斜二测图的轴间角为_____，轴向伸缩系数为_____。

(17) 立体分为_____和_____两种，所有表面均为平面的立体称为_____，包含有曲面的立体称为_____。

(18) 常见的平面体有_____、_____、_____等。常见的回转体有_____、_____、_____、_____等。

(19) 立体被平面截切所产生的表面交线称为_____。两立体相交所产生的表面交线称为_____。立体表面交线的基本性质是_____和_____。

(20) 平面体的截交线为封闭的_____，其形状取决于截平面所截到的棱边个数和交到平面的情况。曲面体的截交线通常为_____或_____，求作相贯线的基本思路为_____。

(21) 圆柱被平面截切后产生的截交线形状有_____、_____、_____ 3种。

(22) 圆锥被平面截切后产生的截交线形状有_____、_____、_____、_____、_____ 5种。

(23) 当平面平行于圆柱轴线截切时，截交线的形状是_____；当平面垂直于圆柱轴线截切时，截交线的形状是_____；当平面倾斜于圆柱轴线截切时，截交线的形状是_____。

(24) 回转体相交的相贯线形状有_____ 4种。

(25) 影响相贯线变化的因素有_____变化、_____变化和_____变化。

9.1.3 组合体的三视图

(1) 主视图所在的投影面称为_____，简称_____，用字母_____表示。俯视图所在的投影面称为_____，简称_____，用字母_____表示。左视图所在的投影面称为_____，简称_____，用字母_____表示。

(2) 主视图是由_____向_____投射所得的视图，它反映形体的_____和_____方位，即_____方向；俯视图是由_____向_____投射所得的视图，它反映形体的_____和_____方位，即_____方向；左视图是由_____向_____投射所得的视图，它反映形体的_____和_____方位，即_____方向。

(3) 三视图的投影规律是：主视图与俯视图_____；主视图与左视图_____；俯视图与左视图_____。远离主视图的方向为_____方，靠近主视图的方向为_____方。

(4) 组合体的组合类型有_____型、_____型、_____型 3种。

(5) 形体表面间的相对位置有_____、_____、_____、_____ 4种。

(6) 组合体形体分析的内容有_____分析和_____。

(7) 绘制组合体三视图的方法有_____、_____、_____。

(8) 看组合体三视图的方法有_____和_____。

(9) 平面立体一般要标注_____ 3个方向的尺寸，回转体一般只标注_____和_____的尺寸，切割体应标注_____和_____，而相贯体则应_____和_____。截交线和相贯线处_____尺寸。

(10) 组合体的视图上，一般应标注出_____、_____和_____ 3种尺寸，标注尺寸的起点称为尺寸的_____。

9.1.4 机件表达

(1) 基本视图一共有_____个，它们的名称分别是_____。

(2) 基本视图的"三等关系"为：_____视图_____；_____视图_____；_____视图_____。

(3) 表达形体外部形状的方法，除基本视图外，还有_____、_____、_____、_____4种视图。

(4) 按剖切范围的大小来分，剖视图可分为_____、_____、_____3种。

(5) 半剖视图适用于_____，其剖视图与外形图的分界线为_____线。

(6) 剖视图的剖切方法可分为_____、_____、_____、_____、_____5种。

(7) 剖视图的标注包括3部分内容：_____、_____、_____。

(8) 省略一切标注的剖视图，说明它的剖切平面通过机件的_____。

(9) 断面图用来表达零件的_____形状，剖面可分为_____和_____两种。

(10) 移出断面和重合断面的主要区别是：移出断面图画在_____，轮廓线用_____绘制；重合断面图画在_____，轮廓线用_____绘制。

9.1.5 标准件与常用件

(1) 螺纹的五要素是_____、_____、_____、_____、_____。只有当内、外螺纹的五要素_____时，它们才能互相旋合。

(2) 螺纹的三要素是_____、_____、_____。螺纹的三要素都符合国家标准规定的称为_____螺纹；牙型不符合国家标准的称为_____螺纹；牙型符合国家标准，但_____不符合国家标准的称为特殊螺纹。

(3) 外螺纹的规定画法是：大径用_____表示，小径用_____表示，终止线用_____表示。

(4) 在剖视图中，内螺纹的大径用_____表示，小径用_____表示，终止线用_____表示。不可见螺纹孔，其大径、小径和终止线都用_____表示。

(5) 一螺纹的标注为 M24×1.5，表示该螺纹是_____螺纹，其大径为_____，螺距为_____，旋向为_____。

(6) 粗牙普通螺纹，大径24mm，螺距3mm，中径公差带代号为6g，左旋，中等旋合长度，其螺纹代号为_____，该螺纹为_____螺纹。

(7) 梯形螺纹，公称直径20mm，螺距4mm，双线，右旋，中径公差带代号为7e，中等旋合长度，其螺纹代号为_____，该螺纹为_____螺纹。

(8) 用螺纹密封的管螺纹，尺寸代号为3/4，圆柱内螺纹与圆锥外螺纹连接的代号为_____。

(9) 螺纹联接用于_____，常见的螺纹联接形式有：_____、_____、_____、

(10) 键联接用于_____的_____连接，以_____。常用键的种类有_____、_____、_____、_____。

(11) 销用作零件间的_____。常用销的种类有_____、_____、_____。

(12) 齿轮传动用于传递_____，并可以改变运动_____。齿轮传动的3种形式是_____、_____、_____。

(13) 圆柱齿轮按轮齿的方向可分为_____、_____、_____3种。

(14) 齿轮轮齿部分的规定画法是：齿顶圆用_____绘制；分度圆用_____绘制；齿根圆用_____绘制，也可省略不画。在剖视图中，齿根圆用_____绘制。

(15) 轴承是用来_____轴的。滚动轴承分为_____、_____和_____3类。

(16) 轴承代号6208指该轴承类型为_____，其尺寸系列代号为_____，内径为_____。

(17) 轴承代号30205是_____轴承，其尺寸系列代号为_____，内径为_____。

(18) 弹簧可用于_____等作用。常见弹簧有_____、_____。

(19) 圆柱螺旋弹簧分为_____、_____、_____。

9.1.6 零件图和装配图

(1) 一张完整的零件图应包括下列4项内容：_____、_____、_____、_____。

(2) 图样中的图形只能表达零件的_____，零件的真实大小应以图样上所注的_____为依据。

(3) 选择零件图主视图的原则有_____、_____、_____。

(4) 标注尺寸的_____称为尺寸基准，机器零件在_____3个方向上，每个方向至少有一个尺寸基准。

(5) 机器零件按其形体结构的特征一般可分为四大类，它们是_____、_____、_____、_____。

(6) 零件上常见的工艺结构有_____、_____、_____、_____、_____等。

(7) 表面粗糙度是评定零件_____的一项技术指标，常用参数是_____，其值越小，表面越_____；其值越大，表面越_____。

(8) 表面粗糙度符号_____表示表面是用_____的方法获得，_____表示表面是用_____的方法获得。

(9) 当零件所有表面具有相同的表面粗糙度要求时，可在图样_____；当零件表面的大部分粗糙度相同时，可将相同的粗糙度代号标注在_____，并在前面加注_____两字。

(10) 标准公差是国家标准所列的用以确定_____的任一公差。公差等级是确定_____的等级。标准公差分_____各等级，即_____，等级依次_____；其中

IT 表示_____，阿拉伯数字表示_____。

（11）对于一定的基本尺寸，公差等级愈高，标准公差值愈_____，尺寸的精确程度越_____。

（12）配合分为_____3类。

（13）配合的基准制有_____和_____两种。优先选用_____。

（14）形状公差是指_____的形状对其_____的变动量。形状公差项目有_____、_____、_____、_____、_____、_____6种。

（15）位置公差是指_____的位置对其_____的变动量。理想位置由_____确定。

（16）位置公差项目有_____、_____、_____、_____、_____、_____、_____、_____8种。

（17）一张完整的装配图应具有下列4部分内容：_____、_____、_____、_____。

（18）装配图中常采用的特殊表达方法有_____、_____、_____、_____等。

（19）装配图中的尺寸种类有_____、_____、_____、_____、_____。

9.2 选择题

9.2.1 选择一种正确的答案（制图基础知识）

（1）图纸中汉字应写成（　　）体，采用国家正式公布的简化字。
A. 新宋　　　　B. 隶书　　　　C. 长仿宋　　　　D. 方正舒

（2）机械图样中，表示可见轮廓线采用（　　）线型。
A. 粗实线　　　B. 细实线　　　C. 波浪线　　　　D. 虚线

（3）图样上标注的尺寸，一般应由（　　）组成。
A. 尺寸数字、尺寸线及其终端、尺寸箭头
B. 尺寸界线、尺寸线及其终端、尺寸数字
C. 尺寸界线、尺寸箭头、尺寸数字
D. 尺寸线、尺寸界线、尺寸数字

（4）2∶1是（　　）比例。
A. 放大　　　　B. 缩小　　　　C. 优先选用　　　D. 尽量不用

（5）机件的真实大小应以图样上（　　）为依据，与图形的大小及绘图的准确度无关。
A. 所注尺寸数值　　　　　　　B. 所画图样形状
C. 所标绘图比例　　　　　　　D. 所加文字说明

（6）某产品用放大一倍的比例绘图，在标题栏比例中应填（　　）。
A. 放大一倍　　B. 1×2　　　　C. 2/1　　　　　D. 2∶1

(7) 制图国家标准规定，字体的号数，即字体的高度分为（　　）种。
A. 5 B. 6 C. 7 D. 8

(8) 制图国家标准规定，图纸幅面尺寸应优先选用（　　）种基本幅面尺寸。
A. 3 B. 4 C. 5 D. 6

(9) 制图国家标准规定，必要时图纸幅面尺寸可以沿（　　）边加长。
A. 长 B. 短 C. 斜 D. 各种

(10) 制图国家标准规定，字体的号数，即是字体的（　　）。
A. 高度 B. 宽度 C. 长度 D. 角度

(11) 制图国家标准规定，字体的号数，即是字体的高度，单位为（　　）米。
A. 分 B. 厘 C. 毫 D. 微

(12) 图样中书写数字或字母的字型有（　　），同一张图样上，只允许采用一种形式。
A. A型 B. B型 C. A型和B型 D. B型和C型

(13)《机械制图》国家标准规定，图样中书写数字或字母的字型有A、B两种，其区别为（　　）。
A. 字体宽度 B. 字体斜度 C. 字体大小 D. 笔画的宽度

(14) 机械图样中常用的图线线型有粗实线、（　　）虚线、波浪线等。
A. 细实线 B. 边框线 C. 轮廓线 D. 轨迹线

(15) 图样的尺寸一般以（　　）为单位时，不需要标注其计量单位符号，若采用其他计量单位时必须标明。
A. km B. dm C. cm D. mm

(16) 机件的每一尺寸一般只标注（　　），并应注在反映该形状最清晰的图形上。
A. 一次 B. 二次 C. 三次 D. 四次

(17) 图样上所注的尺寸，为该图样所示机件的（　　），否则应另加说明。
A. 留有加工余量尺寸   B. 最后完工尺寸
C. 加工参考尺寸   D. 有关测量尺寸

(18) 标注圆的直径尺寸时，（　　）一般应通过圆心，尺寸箭头指到圆弧上。
A. 尺寸线 B. 尺寸界线 C. 尺寸数字 D. 尺寸箭头

(19) 标注（　　）尺寸时，应在尺寸数字前加注符号"φ"。
A. 圆的直径 B. 圆球的直径 C. 圆的半径 D. 圆球的半径

(20) 标注（　　）尺寸时，应在尺寸数字前加注符号"Sφ"。
A. 圆的直径 B. 圆球的直径 C. 圆的半径 D. 圆球的半径

(21) 在绘制图样时，其断裂处的分界线，一般采用制图国家标准规定的（　　）绘制。
A. 波浪线 B. 细实线 C. 细点画线 D. 细双点画线

(22)《机械制图》国家标准规定，图样中，假想投影轮廓线，极限位置的轮廓线等用（　　）绘制。
A. 双点画线 B. 细点画线 C. 细实线 D. 波浪线

9.2.2 选择一种正确的答案（投影基础知识）

(1) (　　) 分为正投影法和斜投影法两种。
A. 平行投影法　　　　　　　B. 中心投影法
C. 投影面法　　　　　　　　D. 辅助投影法

(2) 平行投影法中的 (　　) 相垂直时，称为正投影法。
A. 物体与投影面　　　　　　B. 投射线与投影面
C. 投射中心与投影面　　　　D. 投射线与物体

(3) 正投影的基本特性主要有实形性、积聚性、(　　)。
A. 类似性　　B. 特殊性　　C. 统一性　　D. 普通性

(4) 工程上常用的 (　　) 有中心投影法和平行投影法。
A. 投影法　　B. 图解法　　C. 技术法　　D. 作图法

(5) 平行投影法分为 (　　) 两种。
A. 中心投影法和平行投影法　　B. 正投影法和斜投影法
C. 主要投影法和辅助投影法　　D. 一次投影法和二次投影法

(6) 平行投影法中的投射线与投影面相垂直时，称为 (　　)。
A. 正投影法　　B. 斜投影法　　C. 垂直投影法　　D. 中心投影法

(7) 将投射中心移至无穷远处，则投影线视为 (　　)。
A. 交于一点　　B. 平行　　C. 倾斜　　D. 相交

9.2.3 选择一种正确的答案（描图基础知识）

(1) 描图的常用工具有 (　　)、圆规、曲线板、三角板、描图笔等。
A. 铅笔　　B. 钢笔　　C. 直线笔　　D. 曲线笔

(2) 描圆弧时估计圆心的方法是，根据圆弧的圆心必在任意一条弦的垂直平分线上这一原理，先 (　　)，移动圆心直至全部吻合再下笔描墨线。
A. 描线，不吻合就擦掉　　　　B. 计算，得出圆心准确位置
C. 试描，提笔离纸画弧　　　　D. 拓印，得出圆心大致位置

(3) 描图时应按先粗后细，(　　)，先上后下步骤进行。
A. 先圆后直，先右后左　　　　B. 先圆后直，先左后右
C. 先直后圆，先左后右　　　　D. 先直后圆，先右后左

(4) 在绘制正图时加深的顺序是 (　　)。
A. 先加深圆或圆弧后加深直线　　B. 先注尺寸和写字后加深图形
C. 一边加深图形一边注尺寸和写字　D. 加深图形和注尺寸及写字不分先后

(5) 在用于晒图的描图纸上去除错线或墨渍时可用 (　　)、局部切换、毛笔蘸醋酸擦除等方法处理。
A. 橡皮擦除　　B. 刀片刮除　　C. 白粉遮盖　　D. 白纸贴盖

(6) 描图中直线笔运走时，应以小拇指贴着尺身，从始至终要保持笔身 (　　)，速

度要均匀慢行。

A. 向左倾斜 5～30° B. 向右倾斜 5～20°
C. 向左倾斜 25° D. 向右倾斜 25°

(7) 描图中描直线与圆弧连接时，（　　）。

A. 应先描直线再描圆弧 B. 应先描圆弧再描直线
C. 应圆弧和直线同时描 D. 圆弧和直线的先后顺序可任意描

(8) （　　）的常用工具有铅笔、圆规、曲线板、三角板等。

A. 描图 B. 画正图 C. 画草图 D. 画底图

9.2.4 选择一种正确的答案（轴测图基础知识）

(1) 相邻两轴测轴之间的夹角，称为（　　）。

A. 夹角 B. 轴间角 C. 两面角 D. 倾斜角

(2) 空间3个坐标轴在轴测投影面上的轴向变形系数一样的投影，称为（　　）。

A. 正轴测投影 B. 斜轴测投影
C. 正等轴测投影 D. 斜二轴测投影

(3) 正等轴测图中，轴向变形系数为（　　）。

A. 0.82 B. 1 C. 1.22 D. 1.5

(4) 正等轴测图中，简化变形系数为（　　）。

A. 0.82 B. 1 C. 1.22 D. 1.5

(5) 国家标准推荐的轴测投影为（　　）。

A. 正轴测投影和斜轴测投影 B. 正等测和正二测
C. 正二测和斜二测 D. 正等测和斜二测

(6) 正轴测投影图中，其中两个轴的轴向变形系数（　　）的轴测图称为正二等轴测图。

A. 相同 B. 不同 C. 相反 D. 同向

(7) 正二轴测投影图中的轴间角分别为（　　）。

A. 120°，120°和90° B. 131°25′，131°25′和97°10′
C. 90°，90°和60° D. 60°，60°和45°

(8) 画正二轴测图，首先确定（　　）。

A. 轴测轴 B. 三视图位置 C. 物体的位置 D. 投射方向

(9) 画正二轴测图时，在坐标面上的圆投影均为椭圆，（　　）。

A. 3个椭圆均不同 B. 3个椭圆均相同
C. 其中两个椭圆相同 D. 3个椭圆的短轴相同

(10) 正等轴测投影图中，肋板的剖面线通过纵向对称平面时，应（　　）。

A. 不画剖面符号 B. 画剖面符号
C. 加标注 D. 画波浪线

(11) 正等轴测图中画剖视图的方法有（　　）等几种。

A. 全剖法、半剖法、断面法 B. 剖面法、局部剖切法、断面法

C. 复合法、全剖法、半剖法　　D. 剖切法、剖面法、重合法、坐标法

(12) 正等轴测投影图中，剖视图中剖面线的画法应（　　）。

A. 与正投影相同　　　　　　B. 与水平线成 45°

C. 平行于轨迹三角形的对应边　D. 任意角度

(13) 正等轴测投影图中，剖视图中剖面线应画成（　　）。

A. 粗实线　　B. 点画线　　C. 双点画线　　D. 细实线

(14) 四心圆法画椭圆，四个圆心（　　）上。

A. 均在椭圆的长轴　　　　　B. 均在椭圆的短轴

C. 在椭圆的长、短轴　　　　D. 不在椭圆的长、短轴

(15) 椭圆的长短轴方向是互相（　　）的。

A. 平行　　B. 交叉　　C. 相交　　D. 垂直

(16) 球的正等轴测投影图，如采用简化变形系数，直径放大（　　）倍。

A. 1　　B. 1.25　　C. 0.82　　D. 1.22

(17) 在斜二等轴测图中，当两个轴的轴向变形系数为 1 时，第三个轴的轴向变形系数为（　　）。

A. 0.82　　B. 0.7　　C. 0.6　　D. 0.5

(18) 在斜二等轴测图中，当一个轴的轴向变形系数为 0.5 时，另外 2 个轴的轴向变形系数均为（　　）。

A. 0.82　　B. 1　　C. 0.9　　D. 0.8

(19) 在斜二等轴测图中，取轴间角 XOZ 和 YOZ 均为 135°时，而轴间角 XOY 为（　　）。

A. 100°　　B. 105°　　C. 90°　　D. 95°

(20) 画正等轴测剖视图时，YOZ 和 XOZ 轴测坐标面上的剖面线方向与水平面成（　　）。

A. 45°　　B. 60°　　C. 30°　　D 15°

(21) 在轴测剖视图上，当剖切平面通过零件的肋板或薄壁等结构的纵向平面剖切时，这些结构断面上都（　　）。

A. 不画剖面线　　B. 画剖面线　　C. 涂黑　　D. 画虚线

(22) 在斜二等轴测图中，取轴间角 $X_1O_1Z_1$ 为 90°时，$X_1O_1Y_1$ 和 $Y_1O_1Z_1$ 的两个轴轴间角分别为（　　）。

A. 120°，150°　　B. 135°，135°　　C. 100°，170°　　D. 135°，45°

(23) 画轴测剖视图的方法有两种，其中一种是先画（　　），再作剖视。

A. 外形　　B. 断面　　C. 三视图　　D. 剖面线

9.2.5　选择一种正确的答案（齿轮图基础知识）

(1) 在齿轮投影面为圆的视图上，分度圆采用（　　）绘制。

A. 细实线　　B. 点划线　　C. 粗实线　　D. 虚线

(2) 一对互相啮合的齿轮，它们的（　　）必须相同。

A. 分度圆直径　　B. 齿数　　　　C. 模数和齿数　　D. 模数和齿形角

(3) 两圆柱齿轮轴线之间最短距离称为（　　）。

A. 全齿高　　　　B. 距离　　　　C. 分度圆周长　　D. 中心距

(4) 根据两啮合齿轮轴线在空间的相对位置不同，常见的齿轮传动可以分为圆柱齿轮、蜗轮蜗杆和（　　）。

A. 圆锥齿轮　　　B. 斜齿轮　　　C. 链轮　　　　　D. 皮带轮

(5) 一组啮合的圆柱正齿轮，它们的中心距为（　　）。

A. $2(d_1+d_2)$　B. $(d_1+d_2)/2$　C. $m(d_1+d_2)/2$　D. $2(d_1+d_2)$

(6) 一圆柱正齿轮的模数 $m=2.5$，齿数 $z=40$ 时，齿轮的齿顶圆直径为（　　）mm。

A. 100　　　　　B. 105　　　　　C. 93.5　　　　　D. 102.5

9.2.6　选择一种正确的答案（零件图草图的基础知识）

(1) 徒手绘图要求画图速度要快、（　　）比例要准，图面质量要好。

A. 画图　　　　　B. 选择　　　　C. 目测　　　　　D. 计算

(2) 草图就是目测估计图形与实物的比例，按一定的画法要求，（　　）绘制的图。

A. 用计算机　　　B. 用仪器　　　C. 用绘图仪　　　D. 徒手

(3) 在表达设计方案确定布图方式时，往往先画出（　　），以便进行具体讨论。

A. 正式图　　　　B. 草图　　　　C. 计算机图　　　D. 三视图

(4) 草图中要求粗细分明，基本（　　）方向正确。

A. 垂直　　　　　B. 水平　　　　C. 圆　　　　　　D. 平直

(5) 在生产中，需根据现有零件，通过（　　）手段画出零件草图。

A. 目测　　　　　B. 测绘　　　　C. 计算机　　　　D. 仪器作图

(6) 徒手画图的基本要求是（　　）。

A. 线条横平竖直　　　　　　　　B. 尺寸准确

C. 快，准，好　　　　　　　　　D. 速度快

(7) 徒手画图的基本要求是（　　）。

A. 目测　　　　　B. 测量　　　　C. 查表　　　　　D. 类比

9.2.7　选择一种正确的答案（图档管理的基础知识）

(1) 图纸的装订位置，应在图纸的（　　）。

A. 左侧　　　　　B. 下方　　　　C. 上方　　　　　D 右侧

(2) 图纸一般折叠成（　　）的规格后再装订。

A. A3 或 A4　　　B. A0 或 A1　　 C. A1 或 A2　　　D. A2 或 A3

(3) 无论哪种装订，都需将（　　）露在外面

A. 明细栏　　　　B. 技术要求　　C. 图形　　　　　D. 标题栏

(4) 无装订边图纸的装订，是在图纸的左下角粘贴上（　　）。

A. 图钉　　　　　B. 装订胶带　　C. 胶布　　　　　D. 硬板纸

(5) 制图国家标准规定，图框格式分为（   ）两种，但同一产品的图样只能采用一种格式。

　　A. 横装和竖装　　　　　　B. 有加长边和无加长边
　　C. 不留装订边和留装订边　　D. 粗实线和细实线

(6) 制图国家标准规定，（   ）分为不留装订边和留装订边两种，但同一产品的图样只能采用一种格式。

　　A. 图框格式　　B. 图纸幅面　　C. 基本图幅　　D. 标题栏

(7) 某一产品的图样，有一部分图纸的图框为留装订边，有一部分图纸的图框为不留装订边，这种做法是（   ）。

　　A. 正确的　　B. 错误的　　C. 无所谓　　D. 允许的

(8) 生产现场和技术交流活动中的工程图样，是由（   ）或原图复制而成的复制图。

　　A. 描图　　B. 工程图　　C. 底图　　D. 照片

(9) 常见的复制图样的方法有重氮晒图法、（   ）和缩微复制法。

　　A. 照相　　B. 静电复印法　　C. 描图　　D. 拓印

(10) 用于复制图样或描绘底图的原图有3种，第一是硬板原图，第二是计算机绘制的设计原图，第三是（   ）。

　　A. 效果图　　　　　　　　B. 草图
　　C. 轴测图　　　　　　　　D. 设计工作中产生的铅笔图

(11) 为保证成套图纸的完整性，复制图纸一般复制（   ）套。

　　A. 1　　B. 2　　C. 3　　D. 4

(12) 成套图纸必须编制（   ）。

　　A. 图号　　B. 目录　　C. 索引总目录　　D. 时间

(13) （   ）应当作为主要的技术资料存档。

　　A. 草图　　B. 三视图　　C. 示意图　　D. 复制图

(14) 凡是绘制了视图、编制了（   ）的图纸称为图样。

　　A. 标题栏　　B. 技术要求　　C. 尺寸　　D. 图号

(15) 成套图纸必须进行系统的（   ）。

　　A. 编号　　B. 分类　　C. 分类编号　　D. 图号

(16) 分类编号，按对象功能、形状的相似性，采用（   ）进制分类法进行编号。

　　A. 二　　B. 十　　C. 十二　　D. 六十

(17) 图样和文件的编号一般有分类编号和（   ）编号两大类。

　　A. 图纸　　B. 零件图　　C. 装配图　　D. 隶属

(18) 每个产品、部件、零件的图样和文件均应有独立的（   ）。

　　A. 代号　　B. 标注　　C. 分类编号　　D. 字母

(19) 在图档管理知识中，对已归档的图样进行妥善保管，底图一般禁止（   ）存放。

　　A. 备份　　B. 柜内　　C. 大袋　　D. 折叠

（20）用于复制图样或描绘底图的原图有勘察、测绘制成的硬板原图、计算机绘制的设计原图和设计工作中产生的（　　）。

A. 照片　　　B. 铅笔图　　　C. 拓印图　　　D. 描墨图

（21）底图是原始的正式文件，底图上有设计者和有关（　　）的签字，准确可靠，所以也应当妥善归档保存。

A. 描图员　　　B. 技术员　　　C. 工艺员　　　D. 负责人

（22）为了翻阅查找方便，成套图纸必须编制（　　）。

A. 记号　　　B. 图号　　　C. 时间　　　D. 索引总目录

9.2.8　选择一种正确的答案（立体表面点线面的位置判断）

（1）在下列 4 种说法中，选择一种正确的答案。（　　）

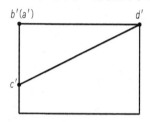
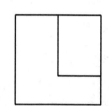

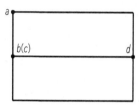

A. AB 是正垂线，BC 是铅垂线，CD 是正平线

B. AB 是侧平线，BC 是正平线，CD 是一般位置直线

C. AB 是侧平线，BC 是正平线，CD 是正平线

D. AB 是正垂线，BC 是铅垂线，CD 是一般位置直线

(2) 在下列 4 种说法中，选择一种正确的答案。（　　）

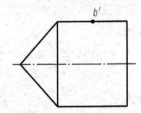
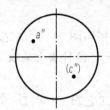

A. A 上 B 下，C 右 D 左
B. A 左 B 右，C 前 D 后
C. A 左 B 上，C 右 D 前
D. A 后 B 前，C 上 D 下

(3) 在下列 4 种说法中，选择一种正确的答案。（　　）

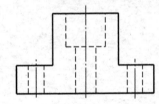
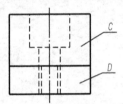
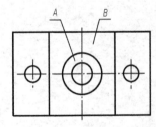

A. A 上 B 下，C 左 D 右
B. A 上 B 下，C 右 D 左
C. A 下 B 上，C 左 D 右
D. A 下 B 上，C 右 D 左

(4) 在下列 4 种说法中,选择一种正确的答案。( )

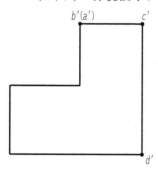
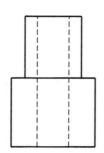
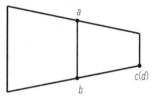

A. AB 是侧平线,BC 是水平线,CD 是正平线
B. AB 是水平线,BC 是一般位置直线,CD 是侧平线
C. AB 是正垂线,BC 是一般位置直线,CD 是铅垂线
D. AB 是正垂线,BC 是水平线,CD 是铅垂线

(5) 在下列 4 种说法中,选择一种正确的答案。( )

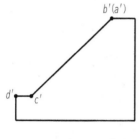
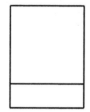
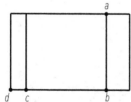

A. AB 是水平线,BC 是一般位置直线,CD 是正平线
B. AB 是正垂线,BC 是正平线,CD 是侧垂线
C. AB 是侧平线,BC 是一般位置直线,CD 是水平线
D. AB 是正平线,BC 是侧平线,CD 是铅垂线

(6) 在下列 4 种说法中,选择一种正确的答案。(　　)

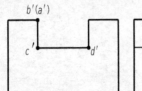
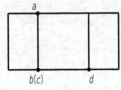

A. AB 是水平线,BC 是一般位置直线,CD 是正平线
B. AB 是正垂线,BC 是正平线,CD 是侧垂线
C. AB 是侧平线,BC 是一般位置直线,CD 是水平线
D. AB 是正平线,BC 是侧平线,CD 是铅垂线

(7) 在下列 4 种说法中,选择一种正确的答案。(　　)

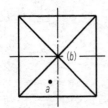

A. A 上 B 下,C 前 D 后　　　　B. A 下 B 上,C 左 D 右
C. A 前 C 后,B 上 D 下　　　　D. A 前 B 下,C 右 D 左

(8) 在下列 4 种说法中,选择一种正确的答案。(　　)

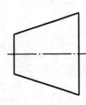
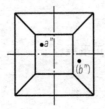

A. A 上 B 下，C 右 D 左
B. A 左 B 右，C 上 D 下
C. A 前 B 后，C 左 D 右
D. A 左 B 右，C 后 D 前

（9）在下列 4 种说法中，选择一种正确的答案。（　　）

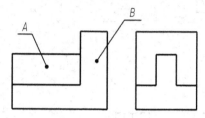

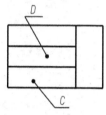

A. A 上 B 下，C 前 D 后
B. A 前 B 后，C 上 D 下
C. A 后 B 前，C 下 D 上
D. A 左 B 右，C 上 D 下

（10）在下列 4 种说法中，选择一种正确的答案。（　　）

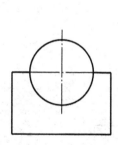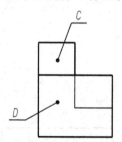

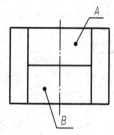

A. A 上 B 下，C 右 D 左
B. A 上 B 下，C 左 D 右
C. A 下 B 上，C 左 D 右
D. A 下 B 上，C 右 D 左

9.2.9 选择正确的左视图（投影关系、截交线、相贯线）

(1) 选择正确的左视图。（　　）

　　　　A.　　　　　B.　　　　　C.　　　　　D.

(2) 选择正确的左视图。（　　）

　　　　　　A.　　　　　B.　　　　　C.　　　　　D.

(3) 选择正确的左视图。（　　）

　　　　　　A.　　　　　B.　　　　　C.　　　　　D.

(4) 选择正确的左视图。（　　）

 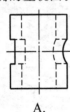 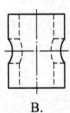 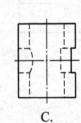 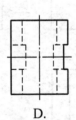
　　　　　　A.　　　　　B.　　　　　C.　　　　　D.

(5) 选择正确的左视图。（   ）

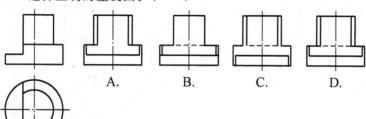

(6) 选择正确的左视图。（   ）

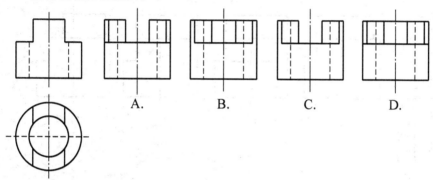

(7) 选择正确的左视图。（   ）

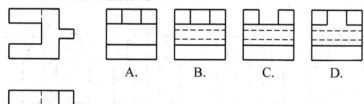

(8) 选择正确的左视图。（   ）

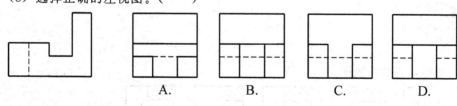

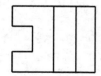

(9) 选择正确的左视图。(　　)

　　　　　　　A.　　　　　B.　　　　　C.　　　　　D.

(10) 选择正确的左视图。(　　)

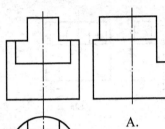 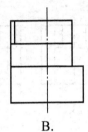 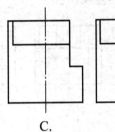 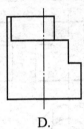
　　　　　A.　　　　　B.　　　　　C.　　　　　D.

(11) 选择正确的左视图。(　　)

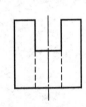 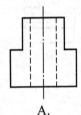 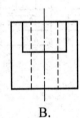 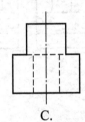 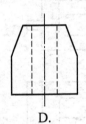
　　　　　　　A.　　　　　B.　　　　　C.　　　　　D.

(12) 选择正确的左视图。(　　)

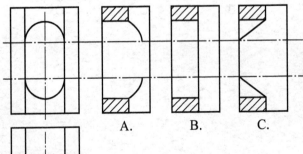
　　　　　A.　　　　　B.　　　　　C.　　　　　D.

附　　录

1. 螺纹

附表 1-1　普通螺纹直径与螺距系列(GB/T 193—2003)和公称尺寸(GB/T 196—2003)

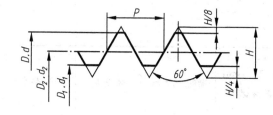

标记示例：

公称直径为 M24，螺距为 3mm，右旋的粗牙普通螺纹，其标记为：M24

公称直径为 M24，螺距为 1.5mm，左旋的细牙普通螺纹，其标记为：M24×1.5-LH

公称直径 D、d			螺距 P		粗牙小径 D_1、d_1
第1系列	第2系列	第3系列	粗牙	细牙	
3			0.5	0.35	2.459
	3.5		(0.6)		2.850
4			0.7	0.5	3.242
	4.5		(0.75)		3.688
5			0.8		4.134
	6		1	0.75、(0.5)	4.917
		7			5.917
8			1.25	1、0.75、(0.5)	6.647
10			1.5	1.25、1、0.75、(0.5)	8.376
12			1.75	1.5、1.25、1、(0.75)、(0.5)	10.106
	14		2	1.5、(1.25)、1、(0.75)、(0.5)	11.835
		15		1.5、(1)	*13.376
16			2	1.5、1、(0.75)、(0.5)	13.835
	18		2.5	2、1.5、1、(0.75)、(0.5)	15.294
20					17.294
	22				19.294
24			3	2、1.5、1、(0.75)	20.754
		25		2、1.5、(1)	*22.835
	27		3	2、1.5、1、(0.75)	23.752
30			3.5	(3)、2、1.5、1、(0.75)	29.211
	33			(3)、2、1.5、(1)、(0.75)	26.211
		35		1.5	*33.376
36			4	3、2、1.5、(1)	31.670
	39				34.670

注：1. 优先选用第1系列。

　　2. 括号内尺寸尽可能不用。

　　3. 带 * 号的为细牙参考，是对应于第1种细牙螺距的小径尺寸。

附表 1-2 55°非密封管螺纹(GB/T 7307—2001)

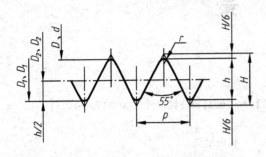

标记示例：

尺寸代号为 1/2，右旋，非密封管螺纹，其标记为：G1/2

尺寸代号	公称尺寸			第25.4mm内牙数 n	螺距 P/mm	牙高 h	圆弧半径 r
	大径 D，d	中径 D_2，d_2	小径 D_1，d_1				
1/8	9.728	9.147	8.566	28	0.907	0.518	0.125
1/4	13.157	12.301	11.445	19	1.337	0.856	0.184
3/8	16.662	15.806	14.950				
1/2	20.955	19.793	18.631	14	1.814	1.162	0.249
5/8	22.911	21.749	20.587				
3/4	26.441	25.279	24.117				
1	33.249	31.770	30.291				
$1\frac{1}{8}$	37.897	36.418	34.939				
$1\frac{1}{4}$	41.910	40.431	38.952				
$1\frac{1}{2}$	47.803	46.324	44.845	11	2.309	1.479	0.317
$1\frac{3}{4}$	53.746	52.267	50.788				
2	59.614	58.135	56.656				
$2\frac{1}{4}$	65.710	64.231	62.752				
$2\frac{1}{2}$	75.184	73.705	72.226				
$2\frac{3}{4}$	81.534	80.005	78.576				
3	87.884	86.405	84.926				

2. 常用螺纹紧固件

附表 2-1 六角头螺栓(GB/T 5782—2000)、六角头螺栓全螺纹(GB/T 5783—2000)

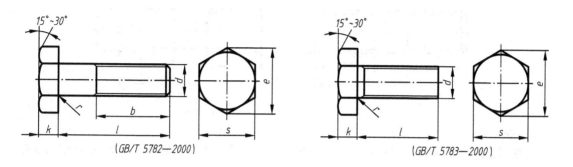

(GB/T 5782—2000)　　　　　　　　　(GB/T 5783—2000)

标记示例：

螺纹规格 d＝M12，公称直径 L＝80mm，性能等级为 8.8 级，表面氧化，产品等级为 A 级的六角头螺栓，其标记为：

螺栓 GB/T 5782—2000　M12×80

螺纹规格 d		M3	M4	M5	M6	M8	M10	M12	M16	M20	M24	M30	M36
S(公称)		5.5	7	8	10	13	16	18	24	30	36	46	55
K(公称)		2	2.8	3.5	4	5.3	6.4	7.5	10	12.5	15	18.7	22.5
r		0.1	0.2	0.2	0.25	0.4	0.4	0.6	0.6	0.6	0.8	1	1
e	A 级	6.01	7.66	8.79	11.05	14.38	17.77	20.03	26.75	33.53	39.98		
	B 级	5.88	7.50	8.63	10.89	14.20	17.59	19.85	26.17	32.95	39.55	50.85	51.1
b 参考 (GB/T 5782)	L≤125	12	14	16	18	22	26	30	38	46	54	66	
	125＜L ≤200	18	20	22	24	28	32	36	44	52	60	72	84
	L≤200	31	33	35	37	41	45	49	57	65	73	85	97
L(范围)	GB/T 5782	20～30	25～40	25～50	30～60	40～80	45～100	50～120	65～160	80～200	90～240	110～300	14～360
	GB/T 5783	6～30	8～40	10～50	12～60	16～80	20～100	25～120	30～150	40～150	50～150	60～200	70～200
L(系列)		6, 8, 10, 12, 16, 20, 25, 30, 35, 40, 45, 50, 55, 60, 65, 70, 80, 90, 100, 110, 120, 130, 140, 150, 160, 180, 200, 220, 240, 260, 280, 300, 320, 340, 360, 380, 400, 420, 440, 460, 480, 500												

附表 2-2 双头螺柱 $b_m=1d$(GB/T 897—1988)、双头螺柱 $b_m=1.25d$(GB/T 898—1988)
双头螺柱 $b_m=1.5d$(GB/T 899—1988)、双头螺柱 $b_m=2d$(GB/T 900—1988)

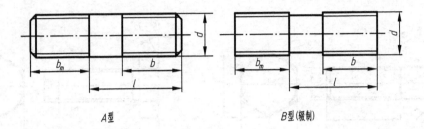

标记示例：

两端均为粗牙普通螺纹，$d=10$，$l=50$，性能等级为 4.8 级，不经表面处理，B 型，$b_m=2d$ 的双头螺柱，其标记为：

GB/T 900—1988　M10×50

旋入机体一端为粗牙普通螺纹，旋螺母一端为螺距 $P=1$ 的细牙普通螺纹，$d=10$，$l=50$，性能等级为 4.8 级，不经表面处理，A 型，$b_m=1d$ 的双头螺柱，其标记为：

GB/T 897—1988　AM-M10×1×50

螺纹规格 d	b_m(公称)				螺柱长度 l / 螺旋母端长度 b
	GB/T 897	GB/T 898	GB/T 899	GB/T 900	
M3			4.5	6	$\frac{16\sim206}{6}$，$\frac{(22)\sim4012}{12}$
M4			6	8	$\frac{16\sim(22)}{8}$，$\frac{25\sim40}{14}$
M5	5	6	8	10	$\frac{16\sim(22)}{10}$，$\frac{25\sim50}{16}$
M6	6	8	10	12	$\frac{20\sim(22)}{10}$，$\frac{25\sim30}{14}$，$\frac{(32)\sim(75)}{18}$
M8	8	10	12	16	$\frac{20\sim(22)}{12}$，$\frac{25\sim30}{16}$，$\frac{(32)\sim90}{22}$
M10	10	12	15	20	$\frac{23\sim(28)}{14}$，$\frac{30\sim(38)}{16}$，$\frac{40\sim120}{26}$，$\frac{130}{32}$
M12	12	15	18	24	$\frac{25\sim30}{16}$，$\frac{(32)\sim40}{20}$，$\frac{45\sim120}{30}$，$\frac{130\sim180}{36}$
M16	16	20	24	32	$\frac{30\sim(38)}{20}$，$\frac{40\sim(55)}{30}$，$\frac{60\sim120}{38}$，$\frac{130\sim200}{44}$
M20	20	25	30	40	$\frac{35\sim40}{25}$，$\frac{(45)\sim(65)}{35}$，$\frac{70\sim120}{46}$，$\frac{130\sim200}{52}$
M24	24	30	36	48	$\frac{45\sim50}{30}$，$\frac{(55)\sim(75)}{45}$，$\frac{80\sim120}{54}$，$\frac{130\sim200}{60}$
l(系列)	12、(14)、16、(18)、20、(22)、25、(28)、30、(32)、35、(38)、40、45、50、60、(65)、70、75、80、(85)、90、(95)、100～260(10 进位)、280、300				

注：l 尽可能不采用括号内的规格。

附表 2-3　开槽圆柱头螺钉(GB/T 65—2000)、开槽盘头螺钉(GB/T 67—2000) 开槽沉头螺钉(GB/T 68—2000)

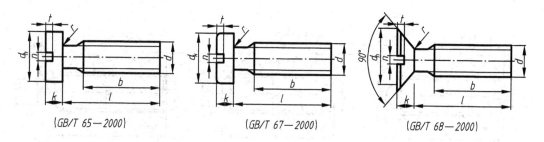

(GB/T 65—2000)　　　　(GB/T 67—2000)　　　　(GB/T 68—2000)

标记示例：

螺纹规格 $d=$ M5，公称长度 $l=20$，性能等级为 4.8 级，不经表面处理的 A 级开槽圆柱头螺钉，其标记为：

螺钉　GB/T 65—2000　M5×20

	螺纹规格 d	M1.6	M2	M2.5	M3	M4	M5	M6	M8	M10
GB/T 65 —2000	d_k	3	3.8	4.5	5.5	7	8.5	10	13	16
	k	1.1	1.4	1.8	2	2.6	3.3	3.9	5	6
	t_{min}	0.45	0.6	0.7	0.85	1.1	1.3	1.6	2	2.4
	l	2~16	3~20	3~25	4~35	5~40	6~50	8~60	10~80	12~80
	全螺纹时最大长度	全螺纹				40				
GB/T 67 —2000	d_k	3.2	4	5	5.6	8	9.5	12	16	23
	k	1	1.3	1.5	1.8	2.4	3	3.6	4.8	6
	t_{min}	0.35	0.5	0.6	0.7	1	1.2	1.4	1.9	2.4
	l	2~16	2.5~20	3~25	4~30	5~40	6~50	8~60	10~80	12~80
	全螺纹时最大长度	30				40				
GB/T 68 —2000	d_k	3	3.8	4.7	5.5	8.4	9.3	11.3	15.8	18.5
	k	1	1.2	1.5	1.65	2.7		3.3	4.65	5
	t_{min}	0.32	0.4	0.5	0.6	1	1.1	1.2	1.8	2
	l	2.5~16	3~20	4~25	5~30	6~40	8~50	8~60	10~80	12~80
	全螺纹时最大长度	30				45				
	n	0.4	0.5	0.6	0.8	1.2		1.6	2	2.5
	b_{min}	25				38				
	L(系列)	2、2.5、3、4、5、6、8、10、12、(14)、16、20、25、30、35、40、45、50、(55)、60、(65)、70、(75)、80								

注：l 尽可能不采用括号内的规格。

附表 2-4 开槽锥端紧定螺钉(GB/T 71—1985)、开槽平端紧定螺钉(GB/T 73—1985) 开槽长圆柱端紧定螺钉(GB/T 75—1985)

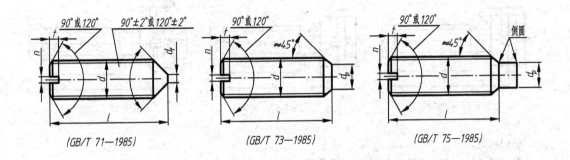

(GB/T 71—1985)　　　　　　(GB/T 73—1985)　　　　　　(GB/T 75—1985)

标记示例：

螺纹规格 d=M5，公称长度 l=20，性能等级为 14H 级，表面氧化的开槽锥端紧定螺钉，其标记为：

螺钉 GB/T 71—1985 M5×20

螺纹规格 d		M2	M2.5	M3	M4	M5	M6	M8	M10	M12
d_{tmax}		0.2	0.25	0.3	0.4	0.5	1.5	2	2.5	3
d_{pmax}		1	1.5	2	2.5	3.5	4	5.5	7	8.5
n 公称		0.25	0.4	0.4	0.6	0.8	1	1.2	1.6	2
t_{min}		0.64	0.72	0.8	1.12	1.28	1.6	2	2.4	2.8
z_{max}		1.25	1.5	1.75	2.25	2.75	3.25	4.3	5.3	6.3
l(范围)	GB/T 71	3～10	3～12	4～16	6～20	8～25	8～30	10～40	12～50	14～60
	GB/T 73	2～10	2.5～12	3～16	4～20	5～25	6～30	8～40	10～50	12～60
	GB/T 75	3～10	4～12	5～16	6～20	6～25	8～30	10～40	12～50	14～60
l≤右表值的短螺钉，按表图中 120° 角制，90° 则用于其余长度	GB/T 71		3							
	GB/T 73	2.5	3	3	4	5	6			
	GB/T 75	3	4	5	6	8	10	14	16	20
l(系列)		2、2.5、3、4、5、6、8、10、12、(14)、16、20、25、30、35、40、45、50、(55)、60								

注：l 尽可能不采用括号内的规格。

附表 2-5　六角螺母(GB/T 41—2000)、1型六角螺母(GB/T 6170—2000) 六角薄螺母(GB/T 6172.1—2000)

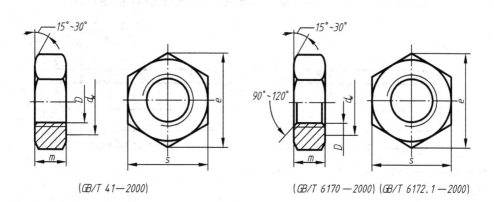

(GB/T 41—2000)　　　　　　　(GB/T 6170—2000)(GB/T 6172.1—2000)

标记示例：

螺纹规格 D=M12，性能等级为5级，不经表面处理，产品等级为C级的六角螺母，其标记为：

　　　　螺母　GB/T 41—2000　M12

螺纹规格 D=M12，性能等级为8级，不经表面处理，产品等级为A级的Ⅰ型六角螺母，其标记为：

　　　　螺母　GB/T 6170—2000　M12

螺纹规格 D=M12，性能等级为04级，不经表面处理，产品等级为A级的六角薄螺母，其标记为：

　　　　螺母　GB/T 6172.1—2000　M12

螺纹规格 d		M3	M4	M5	M6	M8	M10	M12	(M14)	M16	(M18)	M20	(M22)	MM24	(M27)	M30	M36	M42	M48
e(近似)		6	7.7	8.8	11	14.4	17.8	20	23.4	26.8	29.6	35	27.3	29.6	45.2	50.9	60.8	72	92.6
S(公称)max		5.5	7	8	10	13	16	18	21	24	27	30	34	36	41	46	55	65	75
m_{max}	GB/T 41			5.6	6.4	7.9	9.5	12.2	13.9	15.9	16.9	19	20.2	22.3	24.7	26.4	31.9	34.9	38.9
	GB/T 6170	2.4	3.2	4.7	5.	6.8	8.4	10.8	12.8	14.8	15.8	18	19.4	21.5	23.8	25.6	31	34	38
	GB/T 6172	1.8	2.2	2.7	3.2	4	5	6	7	8	9	10	11	12	13.5	15	18	21	24

注：1. 表中 e 为圆整近似值。

　　2. 尽可能不采用括号内的规格。

　　3. A级用于 D≤16 的螺母；B级用于 D>16 的螺母。

附表 2-6 小垫圈 A 级(GB/T 848—2002)、平垫圈 C 级(GB/T 95—2002)、
大垫圈 A 级(GB/T 96.1—2002)、大垫圈 C 级(GB/T 96.1—2002)、
平垫圈 A 级(GB/T 97.1—2002)、平垫圈倒角型 A 级(GB/T 97.2—2002)

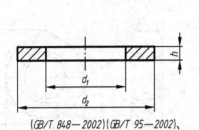

(GB/T 848—2002)(GB/T 95—2002)、
(GB/T 96.1—2002)、(GB/T 97.1—2002)
(GB/T 97.2—2002)

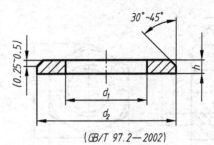

(GB/T 97.2—2002)

标记示例：
规格 8mm，性能等级为 100HV 级，不经表面处理，产品等级为 C 级的平垫圈，其标记为：
垫圈 GB/T 95—2002 8

规格 8mm，性能等级为 A140 级，不经表面处理，产品等级为 A 级的倒角型平垫圈，其标记为：
垫圈 GB/T 97.2—2002 8

公称尺寸(螺纹大径) d	小垫圈 A 级 (GB/T 848—2002)			平垫圈 C 级 (GB/T 95—2002)			大垫圈 A 级 (GB/T 96.1—2002) 大垫圈 C 级 (GB/T 96.1—2002)			平垫圈 A 级 (GB/T 97.1—2002) 平垫圈倒角型 A 级 (GB/T 97.2—2002)		
	d_{1min}	d_{2max}	h	d_{1min}	d_{2max}	h	d_{1min}	d_{2max}	h	d_{1min}	d_{2max}	h
4	4.3	8	0.5	4.5	9	0.8	4.3	12	1	4.3	9	0.8
5	5.3	9	1	5.5	10	1	5.3	15	1.2	5.3	10	1
6	6.4	11		6.6	12	1.6	6.4	18	1.6	6.4	12	1.6
8	8.4	15	1.6	9	16		8.4	24	2	8.4	16	
10	10.5	18		11	20	2	10.5	30	2.5	10.5	20	2
12	13	20	2	13.5	24	2.5	13	37		13	24	2.5
14	15	24	2.5	15.5	28		15	44	3	15	28	
16	17	28		17.5	30	3	17	50		17	30	3
20	21	34	3	22	37		22	60	4	21	37	
24	25	29	4	26	44	4	26	72	5	25	44	4
30	31	50		33	56		33	92	6	31	56	
36	37	60	5	39	66	5	39	110	8	37	66	5
42				45	78	8	45	125	10	45	78	8
48				52	92		52	145		52	92	

注：1. A 级适用于精装系列，C 级适用于中等装配系列。
2. GB/T 848—2002 主要用于圆柱头螺钉，其他用于标准的六角螺柱、螺母和螺钉。

附表 2-7 标准型弹簧垫圈(GB/T 93—1987)、轻型弹簧垫圈(GB/T 859—1987)

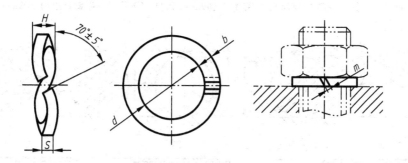

标记示例：

规格 16mm，材料为 65Mn，表面氧化的标准型弹簧垫圈，其标记为：

垫圈 GB/T 93—1987 16

规格 (螺纹大径)	d	H		S=b	S	b	m≤	
		GB/T 93	GB/T 859	GB/T 93	GB/T 859		GB/T 93	GB/T 859
2	2.1	1.2	1	0.6	0.5	0.8	0.4	0.3
2.5	2.6	1.6	1.2	0.8	0.6			
3	3.1	2	1.6	1.	0.8	1	0.5	0.4
4	4.1	2.4		1.2	0.8	1.2	0.6	
5	5.1	3.2	2	1.6	1		0.8	0.5
6	6.2	4	2.4	2	1.2	1.6	1	0.6
8	8.2	5	3.2	2.5	1.6	2	1.2	0.8
10	10.2	65	4	3	2	2.5	1.5	1
12	12.3	7	5	3.5	2.5	3.5	1.7	1.2
16	16.5	8	6.4	4	3.2	4.5	2	1.6
20	20.5	10	8	5	4	5.5	2.5	2
24	24.5	12	9.6	6	4.8	6.5	3	2.4
30	30.5	13	12	6.5	6	8	3.2	3
36	36.6	14		7			3.5	
42	42.6	16		8			4	
48	49	18		9			4.5	

3. 键和销

附表 3-1 平键 键槽的剖面尺寸（GB/T 1095—2003）、普通型 平键（GB/T 1096—2003）

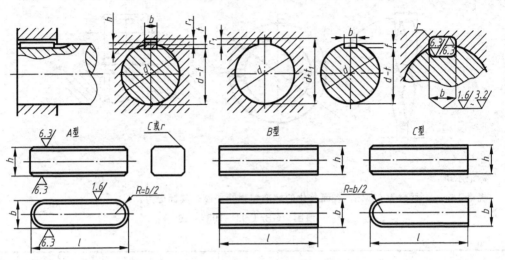

标记示例：
圆头普通平键（A 型），$b=18$mm，$h=11$mm，$l=100$mm，其标记为 键 GB/T 1096—2003 18×100
方头普通平键（B 型），$b=18$mm，$h=11$mm，$l=100$mm，其标记为 键 GB/T 1096—2003 B18×100
单头普通平键（C 型），$b=18$mm，$h=11$mm，$l=100$mm，其标记为 键 GB/T 1096—2003 C18×100

轴	键		键槽										
公称直径 d	公称尺寸 $b×h$	长度 L	宽度 b						深度				半径 r	
			公称尺寸 b	极限偏差					轴 t		毂 t_1			
				松联接		正常联接		紧密联接	公称尺寸	极限偏差	公称尺寸	极限偏差	最大	最小
				轴 H9	毂 D10	轴 N9	毂 JS9	轴和毂 P9						
自 >6~8	2×2	6~20	2	+0.035 0	+0.060 +0.020	−0.004 −0.029	±0.0125	−0.006 −0.031	1.2	+0.1 0	1	+0.1 0	0.08	0.16
>10~12	3×3	6~30	3						1.8		1.4			
>10~12	4×4	8~45	4	+0.030 0	+0.078 +0.030	0 −0.030	±0.015	−0.078 −0.030	2.5		1.8			
>12~17	5×5	10~56	5						3.0		2.3		0.16	0.25
>17~22	6×6	14~70	5						3.5		2.8			
>22~30	8×7	18~90	8	+0.036 0	+0.098 +0.040	0 −0.036	±0.018	−0.015 −0.051	4.0		3.3			
>30~38	10×8	22~110	10						5.0		3.3			
>38~44	12×8	28~140	12						5.0		3.3	+0.2 0	0.25	0.40
>44~50	14×9	36~160	14	+0.043 0	+0.120 +0.050	0 −0.043	±0.022	−0.018 −0.061	5.5		3.8			
>55~58	16×10	45~180	16						6.0	+0.2 0	4.3			
>58~65	18×11	50~200	18						7.0		4.4			
>65~75	20×12	56~220	20	+0.052 0	+0.149 +0.065	0 −0.052	±0.026	−0.022 −0.074	7.5		4.9		0.40	0.60
>75~85	22×14	63~250	22						9.0		5.4			
>85~95	25×14	70~280	25	+0.052 0	+0.149 +0.065	0 −0.052	±0.026	−0.022 −0.074	9.0		5.4	+0.02		
>95~110	28×16	80~320	28						10		6.4			
>110~130	32×18	90~360	32						11.0		7.4			
>130~150	36×20	100~400	36	+0.062 0	+0.180 +0.080	0 −0.062	±0.031	−0.026 −0.08	12.0	+0.3 0	8.4	+0.3 0	0.70	1.0
>150~170	40×22	100~400	40						13.0		9.4			
>170~200	45×25	110~450	45						15.0		10.4			
l（系列）		6、8、10、12、14、16、18、20、22、25、28、32、36、40、45、50、56、63、70、80、90、100、110、125、140、160、180、200、220、250、280、320、360、400、450、500												

注：1. $(d-t)$ 和 $(b+t_1)$ 两组组合尺寸的极限偏差按相应的 t 和 t_1 的极限偏差选取，但 $(d-t)$ 极限偏差应取负号（−）。
2. 键 b 的极限偏差为 h9，h 的极限偏差为 h11，l 的极限偏差为 h14。

附表 3-2 圆柱销　不淬硬钢和奥氏体不锈钢(GB/T 119.1—2000)、圆柱销　淬硬钢和马氏体不锈钢(GB/T 119.2—2000)

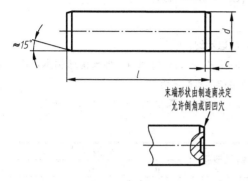

标记示例：

公称直径 $d=6$mm，公差 m6，公称长度 $l=30$mm，材料为钢，不经淬火，不经表面处理的圆柱销，其标记为：

销 GB/T 119.1—2000　6m6×30

公称直径 $d=6$mm，公差 m6，公称长度 $l=30$mm，材料为钢，普通淬火(A 型)，表面氧化处理的圆柱销，其标记为：

销 GB/T 119.2—2000　6×30

d(公称)		2.5	3	4	5	6	8	10	12	16	20	25	30
$c\approx$		0.4	0.5	0.63	0.8	1.2	1.6	2	2.5	3	3.5	4	5
l	GB/T 119.1	6~24	8~30	8~40	10~50	12~60	14~80	18~95	22~140	26~180	35~200	50~200	60~200
	GB/T 119.2	6~24	8~30	8~40	12~50	14~60	18~80	22~100	26~100	40~100	50~100		
l(系列)		3、4、5、6、8、10、12、14、16、18、20、22、24、26、28、30、32、35、40、45、50、55、60、65、70、80、85、90、95、100、120、140、160、180、200											

注：1. GB/T 119.1—2000 规定圆柱销的公称直径 $d=0.6\sim50$mm，公称长度 $l=2\sim200$mm，公差有 m6 和 h8。

2. GB/T 119.2—2000 规定圆柱销的公称直径 $d=1\sim20$mm，公称长度 $l=3\sim100$mm，公差仅有 m6。普通淬火为 A 型，表面淬火为 B 型。

3. 当圆柱销的公差为 h8 时，其表面粗糙度 $Ra\leqslant1.6\mu m$。

附表 3-3 圆锥销(GB/T 117—2000)

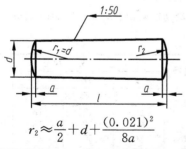

标记示例：

公称直径 $d=10$mm，公称长度 $l=50$mm，材料为 35 钢，热处理硬度 28~38HRC，表面氧化处理的 A 型圆锥销，其标记为：

销 GB/T 117—2000　10×30

$$r_2\approx\frac{a}{2}+d+\frac{(0.021)^2}{8a}$$

d(公称)	2.5	3	4	5	6	8	10	12	16	20	25	30
$a\approx$	0.3	0.4	0.5	0.63	0.8	1	1.2	1.6	2	2.5	3	4
l	10~35	12~45	14~55	18~60	22~90	22~120	22~160	32~180	40~200	45~200	50~200	55~200
l(系列)	10、12、14、16、18、20、22、24、26、28、30、32、35、40、45、50、55、60、65、70、75、80、85、90、95、100、120、140、160、180、200											

注：A 型为磨削，锥面表面粗糙度 $Ra=0.8\mu m$；B 型为切削或冷墩，锥面表面粗糙度 $Ra=3.2\mu m$。

4. 滚动轴承

附表 4-1 深沟球轴承(GB/T 276—1994)

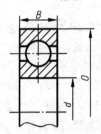

标记示例：

内径 $d=20$mm 的 60000 型深沟球轴承，尺寸系列为(0)2，其标记为：

滚动轴承 6201　GB/T 276—1994

轴承型号	外型尺寸			轴承型号	外型尺寸		
	d	D	B		d	D	B
尺寸系列(0)2				尺寸系列(0)4			
6203	17	40	12	6403	17	62	17
6204	20	47	14	6404	20	72	19
6205	25	52	15	6405	25	80	21
6206	30	62	16	6406	30	90	23
6207	35	72	17	6407	35	100	25
6208	40	80	18	6408	40	110	27
6209	45	85	19	6409	45	120	29
6210	50	90	20	6410	50	130	31
6211	55	100	21	6411	55	140	33
6212	60	110	22	6412	60	150	35
6213	65	120	23	6413	65	160	37
6214	70	125	24	6414	70	180	42
6215	75	130	25	6415	75	190	45
6216	80	140	26	6416	80	200	48

附表 4-2 推力球轴承(GB/T 301—1995)

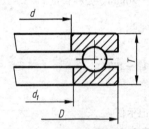

标记示例：

内径 $d=17$mm 的 51000 型推力球轴承，尺寸系列为 12，其标记为：

滚动轴承 51203　GB/T 301—1995

轴承型号	外型尺寸				轴承型号	外型尺寸			
	d	D	T	d_1		d	D	T	d_1
尺寸系列 12					尺寸系列 13				
51202	15	32	12	17	51304	20	47	18	22
51203	17	35	12	19	51305	25	52	18	27
51204	20	40	14	22	51306	30	60	21	32
51205	25	47	15	27	51307	35	68	24	37
51206	30	52	16	32	51308	40	78	26	42
51207	35	62	18	37	51309	45	85	28	47
51208	40	68	19	42	51310	50	95	31	52
51209	45	73	20	47	51311	55	105	35	62
51210	50	78	22	52	51312	60	110	35	62
51211	55	90	25	57	51313	65	115	36	67
51212	60	95	26	62	51314	70	125	40	72
51213	65	100	27	67	51315	75	135	44	77
51214	70	105	27	72	51316	80	140	44	82
51215	75	110	27	77	51317	85	150	49	88

附表 4-3　圆锥滚子轴承(GB/T 297—1994)

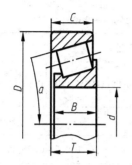

标记示例：

内径 $d=60$mm 的 30000 型圆锥滚子轴承，尺寸系列为 02，其标记为：

滚动轴承 30212　GB/T 297—1994

轴承型号	外型尺寸					
	d	D	B	C	T	a
尺寸系列 02						
30203	17	40	12	11	13.25	12°57′10″
30204	20	47	14	12	15.25	12°57′10″
30205	25	52	15	13	16.25	14°02′10″
30206	30	62	16	14	17.25	14°02′10″
30207	35	72	17	15	18.25	14°02′10″
30208	40	80	18	16	19.75	14°02′10″
30209	45	85	19	16	20.25	15°06′34″
30210	50	90	20	17	21.75	15°38′32″
30211	55	100	21	18	22.75	15°06′34″
30212	60	110	22	19	23.75	15°06′34″
30213	65	120	23	20	24.75	15°06′34″
30214	70	125	24	21	26.25	15°38′32″
30215	75	130	25	22	27.25	16°10′20″
30216	80	140	26	22	28.25	15°38′32″
尺寸系列 23						
32305	25	62	24	20	25.25	11°18′36″
32306	30	72	27	23	28.75	11°51′35″
32307	35	80	31	25	32.75	11°51′35″
32308	40	90	33	27	25.25	12°57′10″
32309	45	100	36	30	38.25	12°57′10″
32310	50	110	40	33	42.25	12°57′10″
32311	55	120	43	35	45.5	12°57′10″
32312	60	130	46	37	48.5	12°57′10″
32313	65	140	48	39	51	12°57′10″
32314	70	150	51	42	54	12°57′10″
32315	75	160	55	45	58	12°57′10″

5. 极限与配合

附表 5-1　标准公差数值(GB/T 18001—2009)

基本尺寸 mm		标准公差等级																
大于	至	IT1	IT2	IT3	IT4	IT5	IT6	IT7	IT8	IT9	IT10	IT11	IT12	IT13	IT14	IT15	IT16	IT17	IT18
		μm											mm						
—	3	0.8	1.2	2	3	4	6	10	14	25	40	60	0.1	0.14	0.25	0.5	0.6	1	1.4
3	6	1	1.5	2.5	4	5	8	12	18	30	48	75	0.12	0.18	0.3	0.48	0.75	1.2	1.8
6	10	1	1.5	2.5	4	6	9	15	22	36	58	90	0.15	0.22	0.36	0.58	0.9	1.5	2.2
10	18	1.2	2	3	5	8	11	18	27	43	70	110	0.18	0.27	0.43	0.7	1.1	1.8	2.7
18	30	1.5	2.5	4	6	9	13	21	33	52	84	130	0.21	0.33	0.52	0.84	1.3	2.1	3.3
30	50	1.5	2.5	4	7	11	16	25	39	62	100	160	0.25	0.39	0.62	1	1.6	2.5	3.9
50	80	2	3	5	8	13	19	30	46	74	120	190	0.3	0.46	0.74	1.2	1.9	3	4.6
80	120	2.5	4	6	10	15	22	35	54	87	140	220	0.35	0.54	0.87	1.4	2.2	3.5	5.4
120	180	3.5	5	8	12	18	25	40	63	100	160	250	0.4	0.63	1	1.6	2.5	4	6.3
180	250	4.5	7	10	14	20	29	46	72	115	185	290	0.46	0.72	1.15	1.85	2.9	4.6	7.2
250	315	6	8	12	16	23	32	52	81	130	210	320	0.52	0.81	1.3	2.1	3.2	5.2	8.1
315	400	7	9	13	18	25	36	57	89	140	230	360	0.57	0.89	1.4	2.3	3.6	5.7	8.9
400	500	8	10	15	20	27	40	63	97	155	250	400	0.63	0.97	1.55	2.5	4	6.3	9.7
500	630	9	11	16	22	32	44	70	110	175	280	440	0.7	1.1	1.75	2.8	4.4	7	11
630	800	10	13	18	25	36	50	80	125	200	320	500	0.8	1.25	2	3.2	5	8	12.5
800	1000	11	15	21	28	40	56	90	140	230	360	560	0.9	1.4	2.3	3.6	5.6	9	14
1000	1250	13	18	24	33	47	66	105	165	260	420	660	1.05	1.65	2.6	4.2	6.6	10.5	16.5
1250	1600	15	21	29	39	55	78	125	195	310	500	780	1.25	1.95	3.1	5	7.8	12.5	19.5
1600	2000	18	25	35	46	65	92	150	230	370	600	920	1.5	2.3	3.7	6	9.2	15	23
2000	2500	22	30	41	55	78	110	175	280	440	700	1100	1.75	2.8	4.4	7	11	17.5	28
2500	3150	26	36	50	68	96	135	210	330	540	860	1350	2.1	3.3	5.4	8.6	13.5	21	33

注：1. 基本尺寸大于 500mm 的 IT1 至 IT5 的标准公差数值为试行的。
　　2. 基本尺寸小于或等于 1mm 时，无 IT4 至 IT18。

附表 5-2　常用及优先用途孔的极限偏差(GB/T 18002—2009)(尺寸至 500mm)　单位：$\mu m\left(\frac{1}{1000}mm\right)$

公称尺寸/mm		常用及优先公差带													
		A*	B*		C		D				E		F		
大于	至	11	11	12	11	12	8	9	10	11	8	9	6	7	8	9
—	3	+330 +270	+200 +140	+240 +140	+120 +60	+160 +60	+34 +20	+45 +20	+60 +20	+80 +20	+28 +14	+39 +14	+12 +6	+16 +6	+20 +6	+31 +6
3	6	+345 +270	+215 +140	+260 +140	+145 +70	+190 +70	+48 +30	+60 +30	+78 +30	+105 +30	+38 +20	+50 +20	+18 +10	+22 +10	28+ +10	+40 +10
6	10	+370 +280	+240 +150	+300 +150	+170 +80	+230 +80	+62 +40	+76 +40	+98 +40	+130 +40	+47 +25	+61 +25	+22 +13	+28 +13	+35 +13	+49 +13
10	14	+400 +290	+260 +150	+330 +150	+205 +95	+275 +95	+77 +50	+93 +50	+120 +50	+160 +50	+59 +32	+75 +32	+27 +16	+34 +16	+43 +16	+59 +16
14	18															
18	24	+430 +300	+290 +160	+370 +160	+240 +110	+320 +110	+98 +65	+117 +65	+149 +65	+195 +65	+73 +40	+92 +40	+33 +20	+41 +20	+53 +20	+72 +20
24	30															
30	40	+470 +310	+330 +170	+420 +170	+280 +120	+370 +120	+119 +807	+142 +80	+180 +80	+240 +80	+89 +50	+112 +50	+41 +25	+50 +25	+64 +25	+87 +25
40	50	+480 +320	+340 +180	+430 +180	+290 +130	+380 +130										
50	65	+530 +340	+380 +190	+490 +190	+330 +140	+440 +140	+146 +100	+174 +100	+220 +100	+290 +60	+106 +60	+134 +60	+49 +30	+60 +30	+76 30+	+104 +30
65	80	+550 +360	+390 +200	+500 +200	+340 +150	+450 +150										
80	100	+600 +380	+440 +220	+570 +220	+390 +170	+520 +170	+174 +120	+207 +120	+260 +120	+340 +120	+126 +72	+159 +72	+58 +36	+71 +36	+90 +36	+123 +36
100	120	+630 +410	+460 +240	+590 +240	+400 +180	+530 +180										
120	140	+710 +460	+510 +260	+660 +260	+450 +200	+600 +200	+208 +145	+245 +145	+305 +145	+395 +145	+148 +85	+185 +85	+68 +43	+83 +43	+106 +43	+143 +43
140	160	+770 +560	+530 +280	+680 +280	+460 +210	+610 +210										
160	180	+830 +580	+560 +310	+710 +310	+480 +230	+630 +230										
180	200	+950 +660	+630 +340	+800 +340	+530 +240	+700 +240	+242 +170	+285 +170	+355 +170	+460 +170	+172 +100	+215 +100	+79 +50	+96 +50	+122 +50	165+ +50
200	225	+1030 +740	+670 +380	+840 +380	+550 +260	+720 +260										
225	250	+1110 +820	+710 +420	+880 +420	+570 +280	+740 +280										
250	280	+1240 +920	+800 +480	+1000 +480	+620 +300	+820 +300	+271 +190	+320 +190	+400 +190	+510 +190	+191 +110	+240 +110	+88 +56	+108 +56	+137 +56	+186 +56
280	315	+1370 +1050	+860 +540	+1060 +540	+650 +330	+850 +330										
315	355	+1560 +1200	+960 +600	+1170 +600	+720 +360	+930 +360	+229 +210	+350 +210	+440 +210	+570 +210	+214 +125	+265 +125	+98 +62	+119 +62	+151 +62	+202 +62
355	400	+1710 +1350	+1040 +680	+1250 +680	+760 +400	+970 +400										
400	450	+1900 +1500	+1160 +760	+1390 +760	+840 +440	+1070 +440	+327 +230	+385 +230	+480 +230	+630 +230	+232 +135	+290 +135	+108 +68	+131 +68	+165 +68	+223 +68
450	500	+2050 +1650	+1240 +840	+1470 +840	+880 +480	+1110 +488										

(续)

公称尺寸/mm		常用及优先公差带													
		G		H						JS			K		
大于	至	6	7	6	7	8	9	10	11	12	6	7	8	6	7	8
	3	+8 +2	+12 +2	+6 0	+10 0	+14 0	+25 0	+40 0	+60 0	+100 0	±3	±5	±7	0 −6	0 −10	0 −14
3	6	+12 +4	+16 +4	+8 0	+12 0	+18 0	+30 0	+48 0	+75 0	+120 0	±4	±6	±9	+2 −6	+3 −9	+5 −13
6	10	+14 +5	+20 +5	+9 0	+15 0	+22 0	+36 0	+58 0	+90 0	+150 0	±4.5	±7	±11	+2 −7	+5 −10	+6 −16
10	14	+17 0	+24 0	+11 0	+18 0	+27 0	+43 0	+70 0	+110 0	+180 0	±5.5	±9	±13	+2 −9	+6 −12	+8 −19
14	18															
18	24	+20 +7	+28 +0	+13 0	+21 0	+32 0	+52 0	+84 0	+130 0	+210 0	±6.5	±10	±16	+2 −11	+6 −15	+10 −23
24	30															
30	40	+25 +9	+34 +9	+16 0	+25 0	+39 0	+62 0	+100 0	+160 0	+250 0	±8	±12	±19	+2 −13	+7 −18	+12 −27
40	50															
50	65	+29 +10	+40 +10	+19 0	+30 0	+46 0	+74 0	+120 0	+190 0	+300 0	±9.5	±15	±23	+4 −15	+9 −21	+14 −32
65	80															
80	100	+34 +12	+47 +12	+22 0	+35 0	+54 0	+87 0	+140 0	+220 0	+350 0	±11	±17	±27	+4 −18	+10 −25	+16 −38
100	120															
120	140	+39 +14	+54 +14	+25 0	+40 0	+63 0	+100 0	+160 0	+250 0	+400 0	±12.5	±20	±31	+4 −21	+12 −28	+20 −43
140	160															
160	180															
180	200	+44 +15	+61 +15	+29 0	+46 0	+72 0	+115 0	+185 0	+290 0	+460 0	±14.5	±23	±36	+5 −24	+13 −33	+22 −50
200	225															
225	250															
250	280	+49 +17	+69 +17	+32 0	+52 0	+81 0	+130 0	+210 0	+320 0	+520 0	±16	±26	±40	+5 −27	+16 −36	+25 −56
280	315															
315	355	+54 +18	+75 +18	+36 0	+57 0	+89 0	+140 0	+230 0	+360 0	+570 0	±18	±28	±44	+7 −29	+17 −40	+28 −61
355	400															
400	450	+60 +20	+83 +20	+40 0	+63 0	+97 0	+155 0	+250 0	+400 0	+630 0	±20	±31	±48	+8 −32	+18 −45	+29 −68
450	500															

(续)

公称尺寸/mm		常用及优先公差带												
		M			N			P		R		S		I		U
大于	至	6	7	8	6	7	8	6	7	6	7	6	7	6	7	7
	3	−2 −8	−2 −12	−2 −16	−4 −10	−4 −14	−4 −18	−6 −12	−6 −16	−10 −20	−10 −20	−14 −20	−14 −24	—	—	−18 −28
3	6	−1 −9	0 −12	+2 −16	−5 −13	−4 −16	−2 −20	−9 −17	−8 −20	−12 −20	−11 −23	−16 −24	−15 −27	—	—	−19 −31
6	10	−3 −12	0 −15	+ −21	−7 −16	−4 −19	−3 −25	−12 −21	−9 −24	−16 −25	−13 −28	−20 −29	−27 −32	—	—	−22 −37
10	14	−4 −15	0 −18	+2 −25	−9 −20	−5 −23	−3 −30	−15 −26	−11 −29	−20 −31	−16 −34	−25 −34	−21 −39	—	—	−26 −44
14	18															
18	24	−4 −17	0 −21	+4 −29	−11 −24	−7 −28	−3 −36	−18 −31	−14 −35	−24 −37	−20 −41	−31 −44	−27 −48	—	—	−33 −54
24	30													−37 −52	−33 −54	−40 −61
30	40	−4 −20	0 −25	+5 −34	−12 −28	−8 −33	−3 −42	−21 −37	−17 −42	−29 −45	−25 −50	−38 −54	−34 −59	−43 −59	−39 −64	−51 −76
40	50													−49 −65	−45 −70	−61 −86
50	65	−5 −24	0 −30	+5 −41	−14 −33	−9 −39	−4 −50	−26 −45	−21 −51	−35 −54	−30 −60	−47 −66	−42 −72	−60 −79	−55 −85	−76 −106
65	80									−37 −56	−32 −62	−53 −72	−48 −78	−69 −88	−64 −94	−91 −121
80	100	−6 −28	0 −35	+6 −48	−16 −38	−10 −45	−4 −58	−30 −52	−24 −59	−44 −66	−38 −73	−64 −86	−58 −93	−84 −106	−78 −113	−111 −146
100	120									−47 −69	−41 −76	−72 −94	−66 −101	−97 −119	−91 −126	−131 −164
120	140	−8 −33	0 −40	+8 −55	−20 −45	−12 −52	−4 −67	−36 −61	−28 −68	−56 −81	−48 −88	−85 −110	−77 −117	−115 −140	−107 −147	−155 −195
140	160									−58 −83	−50 −90	−93 −118	−85 −125	−127 −152	−119 −159	−175 −215
160	180									−61 −86	−53 −93	−101 −126	−93 −133	−139 −164	−131 −171	−195 −235
180	200	−8 −37	0 −46	+9 −63	−22 −51	−14 −60	−5 −77	−41 −70	−33 −79	−68 −97	−60 −106	−113 −142	−105 −151	−157 −186	−149 −195	−219 −265
200	225									−71 −100	−63 −109	−121 −150	−113 −159	−171 −200	−163 −209	−241 −287
225	250									−75 −104	−67 −113	−131 −160	−123 −169	−187 −216	−179 −225	−267 −313
250	280	−9 −41	0 −52	+9 −72	−25 −57	−14 −66	−5 −86	−47 −79	−36 −88	−85 −114	−74 −126	−149 −181	−138 −190	−209 −241	−198 −250	−295 −347
280	315									−89 −121	−78 −130	−161 −193	−150 −202	−231 −263	−220 −272	−330 −382
315	355	−10 −46	0 −57	+11 −78	−26 −62	−16 −73	−5 −94	−51 −87	−41 −98	−97 −133	−87 −144	−179 −215	−169 −226	−257 −293	−247 −304	−369 −426
355	400									−103 −139	−93 −150	−197 −233	−187 −244	−283 −319	−273 −330	−414 −471
400	450	−10 −50	0 −63	+11 −86	−27 −67	−17 −80	−6 −103	−55 −95	−45 −108	−113 −153	−103 −166	−219 −259	−209 −272	−317 −357	−307 −370	−467 −530
450	500									−119 −159	−109 −172	−239 −279	−229 −292	−347 −387	−337 −400	−517 −580

附表 5-3　常用及优先用途轴的极限偏差(GB/T 18002—2009)(尺寸至 500mm)　单位：$\mu m\left(\dfrac{1}{1000}mm\right)$

公称尺寸/mm		常用及优先公差带											
		a*	b*		c			d				e		
大于	至	11	11	12	9	10	11	8	9	10	11	7	8	9
—	3	−270 −330	−140 −200	−140 −240	−60 −85	−60 −100	−60 −120	−20 −34	−20 −45	−20 −60	−20 −80	−14 −24	−14 −28	−14 −39
3	6	−270 −345	−140 −215	−140 −260	−70 −100	−70 −118	−70 −145	−30 −48	−30 −60	−30 −78	−30 −105	−20 −32	−20 −38	−20 −50
6	10	−280 −370	−150 −240	−150 −300	−80 −116	−80 −138	−80 −170	−40 −62	−40 −76	−40 −98	−40 −130	−25 −40	−25 −47	−25 −61
10	14	−290 −400	−150 −260	−150 −330	−95 −138	−95 −165	−95 −205	−50 −77	−50 −93	−50 −120	50— −160	−32 −50	32— −59	−32 −75
14	18													
18	24	−300 −430	−160 −290	−160 −370	−110 −162	−110 −194	−110 −240	−65 −98	−65 −117	−65 −149	−65 −195	−40 −61	−40 −73	−40 −92
24	30													
30	40	−310 −470	−170 −330	−170 −420	−120 −182	−120 −220	−120 −280	−80 −119	−80 −142	−80 −180	−80 −240	−50 −75	−50 −89	−50 −112
40	50	−320 −480	−180 −340	−180 −430	−130 −192	−130 −230	−130 −290							
50	65	−340 −530	−190 −380	−190 −490	−140 −214	−140 −260	−140 −330	−100 −146	−100 −174	−100 −220	−100 −290	−60 −90	−60 −106	−60 −134
65	80	−360 −550	−200 −390	−200 −500	−150 −224	−150 −270	−150 −340							
80	100	−380 −600	−220 −440	−220 −570	−170 −257	−170 −310	−170 −390	−120 −174	−120 −207	−120 −260	−120 −340	−72 −107	−72 −126	−72 −159
100	120	−410 −630	−240 −460	−240 −590	−180 −267	−180 −320	−180 −400							
120	140	−460 −710	−260 −510	−260 −660	−200 −300	−200 −360	−200 −450	−145 −208	−145 −245	−145 −305	−145 −395	−85 −125	−85 −148	−85 −185
140	160	−520 −770	−280 −530	−280 −680	−210 −310	−210 −370	−210 −460							
160	180	−580 −830	−310 −560	−310 −710	−230 −330	−230 −390	−230 −480							
180	200	−660 −950	−340 −630	−340 −800	−240 −355	−240 −425	−240 −530	−170 −240	−170 −285	−170 −355	−170 −460	−100 −146	−100 −172	−100 −215
200	225	−740 −1030	−380 −670	−380 −840	−260 −375	−260 −445	−260 −550							
225	250	−820 −1110	−420 −710	−420 −880	−280 −395	−280 −465	−280 −570							
250	280	−920 −1240	−480 −800	−480 −1000	−300 −430	−300 −510	−300 −620	−190 +271	−190 −320	−190 −400	−190 −510	−110 −162	−110 −191	−110 −240
280	315	−1050 −1370	−540 −860	−540 −1060	−330 −460	−330 −540	−330 −650							
315	355	−1200 −1560	−600 −960	−600 −1170	−360 −500	−360 −590	−360 −720	−210 −299	−220 −350	−210 −440	−210 −570	−125 −182	−125 −214	−125 −265
355	400	−1530 −1710	−680 −1040	−680 −1250	−400 −540	−400 −630	−400 −760							
400	450	−1500 −1900	−760 −1160	−760 −1390	−440 −595	−440 −690	−440 −840	−230 −327	−230 −385	−230 −480	−230 −630	−135 −198	−135 −232	−135 −290
450	500	−1650 −2050	−840 −1240	−840 −1470	−480 −635	−480 −730	−480 −880							

(续)

公称尺寸 /mm		常用及优先公差带													
		f					g			h						
大于	至	5	6	7	8	9	5	6	7	5	6	7	8	9	10	11	12
	3	−6 −10	−6 −12	−6 −16	−6 −20	−6 −31	−2 −6	−2 −8	−2 −12	0 −4	0 −6	0 −10	0 −14	0 −25	0 −40	0 −60	0 −100
3	6	−10 −15	−10 −18	−10 −22	−10 −28	−10 −40	−4 −9	−4 −12	−4 −16	0 −5	0 −8	0 −12	0 −18	0 −30	0 −48	0 −75	0 −120
6	10	−13 −19	−13 −22	−13 −28	−13 −35	−13 −49	−5 −11	−5 −14	−5 −20	0 −6	0 −9	0 −15	0 −22	0 −36	0 −58	0 −90	0 −150
10	14	−16 −24	−16 −27	−16 −34	−16 −43	−16 −59	−6 −14	−6 −17	−6 −24	0 −8	0 −11	0 −18	0 −27	0 −43	0 −70	0 −110	0 −180
14	18																
18	24	−20 −29	−20 −33	−20 −41	−20 −53	−20 −72	−7 −16	−7 −20	−7 −28	0 −9	0 −13	0 −21	0 −33	0 −52	0 −84	0 −130	0 −210
24	30																
30	40	−25 −36	−25 −41	−25 −50	−25 −64	−25 −87	−9 −20	−9 −25	−9 −34	0 −11	0 −16	0 −25	0 −39	0 −62	0 −100	0 −160	0 −250
40	50																
50	65	−30 −43	−30 −49	−30 −60	−30 −76	−30 −104	−10 −23	−10 −29	−10 −40	0 −13	0 −19	0 −30	0 −46	0 −74	0 −120	0 −190	0 −300
65	80																
80	100	−36 −51	−36 −58	−36 −71	−36 −90	−36 −123	−12 −27	−12 −34	−12 −47	0 −15	0 −22	0 −35	0 −54	0 −87	0 −140	0 −225	0 −350
100	120																
120	140	−43 −61	−43 −68	−43 −83	−43 −106	−43 −143	−14 −32	−14 −39	−14 −54	0 −18	0 −25	0 −40	0 −63	0 −100	0 −160	0 −250	0 −400
140	160																
160	180																
180	200	−50 −70	−50 −79	−50 −96	−50 −122	−50 −165	−15 −35	−15 −44	−15 −61	0 −20	0 −29	0 −46	0 −72	0 −115	0 −185	0 −290	0 −460
200	225																
225	250																
250	280	−56 −79	−56 −88	−56 −108	−56 −137	−56 −186	−17 −40	−17 −49	−17 −69	0 −23	0 −32	0 −52	0 −81	0 −130	0 −210	0 −320	0 −520
280	315																
315	355	−62 −87	−62 −98	−62 −119	−62 −151	−62 −202	−18 −43	−18 −54	−13 −75	0 −25	0 −36	0 −57	0 −89	0 −140	0 −230	0 −360	0 −570
355	400																
400	450	−68 −95	−68 −108	−68 −131	−68 −165	−68 −223	−20 −47	−20 −60	−20 −83	0 −27	0 −40	0 −63	0 −97	0 −155	0 −250	0 −400	0 −630
450	500																

(续)

公称尺寸/mm		常用及优先公差带												
		js			k			m			n			p		
大于	至	5	6	7	5	6	7	5	6	7	5	6	7	5	6	7
—	3	±2	±3	±5	+4 +0	+6 +0	+10 +0	+6 +2	+8 +2	+12 +2	+8 +4	+10 +4	+14 +4	+10 +6	+12 +6	+16 +6
3	6	±2.5	±4	±6	+6 +1	+9 +1	+13 +1	+9 +4	+12 +4	+16 +4	+13 +8	+16 +8	+20 +8	+17 +12	+20 +12	+24 +12
6	10	±3	±4.5	±7	+7 +1	+10 +1	+16 +1	+12 +6	+15 +6	+21 +6	+16 +10	+19 +10	+25 +10	+21 +15	+24 +15	+30 +15
10	14	±4	±5.5	±9	+9 +1	+12 +1	+19 +1	+15 +7	+18 +7	+25 +7	+20 +12	+23 +12	+30 +12	+26 +18	+29 +18	+36 +18
14	18															
18	24	±4.5	±6.5	±10	+11 +2	+15 +2	+23 +2	+17 +8	+21 +8	+29 +8	+24 +15	+28 +15	+36 +15	+31 +22	+35 +22	+43 +22
24	30															
30	40	±5.5	±8	±12	+13 +2	+18 +2	+27 +2	+20 +9	+25 +9	+34 +9	+28 +17	+33 +17	+42 +17	+37 +26	+42 +26	+51 +26
40	50															
50	65	±6.6	±9.5	±15	+15 +2	+21 +2	+32 +2	+24 +11	+30 +11	+41 +11	+33 +20	+39 +20	+50 +20	+45 +32	+51 +32	+62 +32
65	80															
80	100	±7.5	±11	±17	+18 +3	+25 +3	+38 +3	+28 +13	+35 +13	+48 +13	+38 +23	+45 +23	+58 +23	+52 +37	+58 +37	+72 +37
100	120															
120	140	±9	±12.5	±20	+21 +3	+28 +3	+43 +3	+33 +15	+40 +15	+55 +15	+45 +27	+52 +27	+67 +27	+61 +43	+68 +43	+83 +43
140	160															
160	180															
180	200	±10	±14.5	±23	+24 +4	+33 +4	+50 +4	+37 +17	+46 +17	+63 +17	+51 +31	+60 +31	+77 +31	+70 +50	+79 +50	+96 +50
200	225															
225	250															
250	280	±11.5	±16	±26	+27 +4	+36 +4	+56 +4	+43 +20	+52 +20	+72 +20	+57 +34	+66 +34	+86 +34	+79 +56	+88 +56	+108 +56
280	315															
315	355	±12.5	±18	±28	+29 +4	+40 +4	+61 +4	+46 +21	+57 +21	+78 +21	+62 +37	+73 +37	+94 +37	+87 +62	+98 +62	+119 +62
355	400															
400	450	±13.5	±20	±31	+32 +5	+45 +5	+68 +5	+50 +23	+63 +23	+86 +23	+67 +40	+80 +40	+103 +40	+95 +68	+108 +68	+131 +68
450	500															

（续）

公称尺寸/mm		常用及优先公差带												
		r			s			t			u		v	x	y	z
大于	至	5	6	7	5	6	7	5	6	7	6	7	6	6	6	6
—	3	+14 +10	+16 +10	+20 +10	+18 +14	+20 +14	+24 +14	—	—	—	+24 +18	+28 +18	—	+26 +20	—	+32 +26
3	6	+20 +15	+23 +15	+27 +15	+24 +19	+27 +19	+31 +19	—	—	—	+31 +23	+35 +23	—	+36 +28	—	+43 +35
6	10	+25 +19	+28 +19	+34 +19	+29 +23	+32 +23	+38 +23	—	—	—	+37 +28	+43 +28	—	+43 +34	—	+51 +42
10	14	+31 +23	+31 +23	+41 +23	+36 +28	+39 +28	+46 +28	—	—	—	+44 +33	+51 +33	—	+51 +40	—	+61 +50
14	18												+50 +39	+56 +45	—	+71 +60
18	24	+37 +28	+37 +28	+49 +28	+44 +35	+48 +35	+56 +35	—	—	—	+54 +41	+62 +41	+60 +47	+67 +54	+76 +63	+86 +73
24	30							+50 +41	+54 +41	+62 +41	+61 +48	+69 +48	+68 +55	+77 +64	+88 +75	+101 +88
30	40	+45 +34	+50 +34	+59 +34	+54 +43	+59 +43	+68 +43	+59 +48	+64 +48	+73 +48	+76 +60	+85 +60	+84 +68	+96 +80	+110 +94	+128 +112
40	50							+65 +54	+70 +54	+79 +54	+86 +70	+95 +70	+97 +81	+113 +97	+130 +114	+152 +136
50	65	+54 +41	+60 +41	+71 +41	+66 +53	+72 +53	+83 +53	+79 +66	+85 +66	+96 +66	+106 +87	+117 +87	+121 +102	+141 +122	+163 +144	+191 +172
65	80	+56 +43	+62 +43	+73 +43	+72 +59	+78 +59	+89 +59	+88 +75	+94 +75	+105 +75	+121 +102	+132 +102	+139 +120	+165 +146	+193 +174	+229 +210
80	100	+66 +51	+73 +51	+86 +51	+86 +71	+93 +71	+106 +71	+106 +91	+113 +91	+126 +91	+146 +124	+159 +124	+168 +146	+200 +178	+236 +214	+280 +258
100	120	+69 +54	+76 +54	+89 +54	+94 +79	+101 +79	+114 +79	+110 +104	+126 +104	+139 +104	+166 +144	+179 +144	+194 +172	+232 +210	+276 +254	+332 +310
120	140	+81 +63	+88 +63	+103 +63	+110 +92	+117 +92	+132 +92	+140 +122	+147 +122	+162 +122	+195 +170	+210 +170	+227 +202	+273 +248	+325 +300	+390 +365
140	160	+83 +65	+90<to>+65</to>	+105 +65	+118 +100	+125 +100	+140 +100	+152 +134	+159 +134	+174 +134	+215 +190	+230 +190	+253 +228	+305 +280	+365 +340	+440 +415
160	180	+86 +68	+93 +68	+108 +68	+126 +108	+133 +108	+148 +108	+164 +146	+171 +146	+186 +146	+235 +210	+250 +210	+277 +252	+335 +310	+405 +380	+490 +465
180	200	+97 +77	+106 +77	+123 +77	+142 +122	+151 +122	+168 +122	+186 +166	+195 +166	+212 +166	+265 +236	+282 +236	+313 +284	+379 +350	+454 +425	+549 +520
200	225	+100 +80	+109 +80	+126 +80	+150 +130	+159 +130	+176 +130	+200 +180	+209 +180	+226 +180	+287 +258	+304 +258	+339 +310	+414 +385	+499 +470	+604 +575
225	250	+104 +84	+113 +84	+130 +84	+160 +140	+169 +140	+186 +140	+216 +196	+225 +196	+242 +196	+313 +284	+330 +284	+369 +340	+454 +425	+549 +520	+669 +640
250	280	+117 +94	+126 +94	+146 +94	+181 +158	+290 +158	+210 +158	+241 +218	+250 +218	+270 +218	+347 +315	+367 +315	+417 +385	+507 +475	+612 +580	+742 +710
280	315	+121 +98	+130 +98	+150 +98	+193 +170	+202 +170	+222 +179	+263 +240	+272 +240	+292 +240	+382 +350	+420 +350	+457 +425	+557 +525	+682 +650	+822 +790
315	355	+133 +108	+144 +108	+165 +108	+215 +190	+226 +190	+247 +190	+293 +268	+304 +268	+325 +268	+426 +390	+447 +390	+511 +475	+626 +590	+766 +730	+936 +900
355	400	+139 +114	+150 +114	+171 +114	+233 +208	+244 +208	+265 +208	+319 +294	+330 +294	+351 +294	+471 +435	+495 +435	+566 +530	+696 +660	+856 +820	+1036 +1000
400	450	+153 +126	+166 +126	+189 +126	+259 +232	+272 +232	+295 +232	+357 +330	+370 +330	+393 +330	+530 +490	+553 +490	+635 +595	+780 +740	+960 +920	+1140 +1100
450	500	+159 +132	+172 +132	+195 +132	+279 +252	+292 +252	+315 +252	+387 +360	+400 +360	+423 +360	+580 +540	+603 +540	+700 +660	+860 +820	+1040 +1000	+1290 +1250

参 考 文 献

[1] 朱强．机械制图［M］．北京：人民邮电出版社，2009．
[2] 李典灿．机械图样识读与测绘［M］．北京：机械工业出版社，2009．
[3] 邓小君，袁世先．机械制图与CAD［M］．北京：机械工业出版社，2011．
[4] 宋巧莲．机械制图与计算机绘图［M］．北京：机械工业出版社，2007．
[5] 钱可强．机械制图［M］．北京：化学工业出版社，2004．
[6] 钱可强，邱坤．机械制图［M］．北京：化学工业出版社，2008．
[7] 金大鹰．机械制图［M］．北京：机械工业出版社，2006．
[8] 曾令宜．机械制图与计算机绘图［M］．北京：人民邮电出版社，2008．
[9] 邱卉颖，胡静．机械制图［M］．北京：北京交通大学出版社，2010．
[10] 李景龙．新编机械制图［M］．西安：西北工业大学出版社，2010．

北京大学出版社高职高专机电系列规划教材

序号	书号	书名	编著者	定价	印次	出版日期	配套情况
	"十二五"职业教育国家规划教材							
1	978-7-301-24455-5	电力系统自动装置(第2版)	王伟	26.00	1	2014.8	ppt/pdf
2	978-7-301-24506-4	电子技术项目教程(第2版)	徐超明	42.00	1	2014.7	ppt/pdf
3	978-7-301-24227-8	汽车电气系统检修(第2版)	宋作军	30.00	1	2014.8	ppt/pdf
4	978-7-301-24507-1	电工技术与技能	王平	42.00	1	2014.8	ppt/pdf
5	978-7-301-17398-5	数控加工技术项目教程	李东君	48.00	1	2010.8	ppt/pdf
6	978-7-301-25341-0	汽车构造(上册)——发动机构造(第2版)	罗灯明	35.00	1	2015.5	ppt/pdf
7	978-7-301-25529-2	汽车构造(下册)——底盘构造(第2版)	鲍远通	36.00	1	2015.5	ppt/pdf
8	978-7-301-25650-3	光伏发电技术简明教程	静国梁	29.00	1	2015.6	ppt/pdf
9	978-7-301-24589-7	光伏发电系统的运行与维护	付新春	33.00	1	2015.7	ppt/pdf
10	978-7-301-18322-9	电子EDA技术(Multisim)	刘训非	30.00	2	2012.7	ppt/pdf
	机械类基础课							
1	978-7-301-13653-9	工程力学	武昭晖	25.00	3	2011.2	ppt/pdf
2	978-7-301-13574-7	机械制造基础	徐从清	32.00	3	2012.7	ppt/pdf
3	978-7-301-13656-0	机械设计基础	时忠明	25.00	3	2012.7	ppt/pdf
4	978-7-301-28308-0	机械设计基础	王雪艳	57.00	1	2017.7	ppt/pdf
5	978-7-301-13662-1	机械制造技术	宁广庆	42.00	2	2010.11	ppt/pdf
6	978-7-301-27082-0	机械制造技术	徐勇	48.00	1	2016.5	ppt/pdf
7	978-7-301-19848-3	机械制造综合设计及实训	裘俊彦	37.00	1	2013.4	ppt/pdf
8	978-7-301-19297-9	机械制造工艺及夹具设计	徐勇	28.00	1	2011.8	ppt/pdf
9	978-7-301-25479-1	机械制图——基于工作过程(第2版)	徐连孝	62.00	1	2015.5	ppt/pdf
10	978-7-301-18143-0	机械制图习题集	徐连孝	20.00	1	2013.4	ppt/pdf
11	978-7-301-15692-6	机械制图	吴百中	26.00	2	2012.7	ppt/pdf
12	978-7-301-27234-3	机械制图	陈世芳	42.00	1	2016.8	ppt/pdf/素材
13	978-7-301-27233-6	机械制图习题集	陈世芳	38.00	1	2016.8	pdf
14	978-7-301-22916-3	机械图样的识读与绘制	刘永强	36.00	1	2013.8	ppt/pdf
15	978-7-301-27778-2	机械设计基础课程设计指导书	王雪艳	26.00	1	2017.1	ppt/pdf
16	978-7-301-23354-2	AutoCAD应用项目化实训教程	王利华	42.00	1	2014.1	ppt/pdf
17	978-7-301-27906-9	AutoCAD机械绘图项目教程(第2版)	张海鹏	46.00	1	2017.3	ppt/pdf
18	978-7-301-17573-6	AutoCAD机械绘图基础教程	王长忠	32.00	2	2013.8	ppt/pdf
19	978-7-301-28261-8	AutoCAD机械绘图基础教程与实训(第3版)	欧阳全会	42.00	1	2017.6	ppt/pdf
20	978-7-301-22185-3	AutoCAD 2014机械应用项目教程	陈善岭	32.00	1	2016.1	ppt/pdf
21	978-7-301-26591-8	AutoCAD 2014机械绘图项目教程	朱昱	40.00	1	2016.2	ppt/pdf
22	978-7-301-24536-1	三维机械设计项目教程(UG版)	龚肖新	45.00	1	2014.9	ppt/pdf
23	978-7-301-27919-9	液压传动与气动技术(第3版)	曹建东	48.00	1	2017.2	ppt/pdf
24	978-7-301-13582-2	液压与气压传动技术	袁广	24.00	5	2013.8	ppt/pdf
25	978-7-301-24381-7	液压与气动技术项目教程	武威	30.00	1	2014.8	ppt/pdf
26	978-7-301-19436-2	公差与测量技术	余键	25.00	1	2011.9	ppt/pdf
27	978-7-5038-4861-2	公差配合与测量技术	南秀蓉	23.00	4	2011.12	ppt/pdf
28	978-7-301-19374-7	公差配合与技术测量	庄佃霞	26.00	2	2013.8	ppt/pdf
29	978-7-301-25614-5	公差配合与测量技术项目教程	王丽丽	26.00	1	2015.4	ppt/pdf
30	978-7-301-25953-5	金工实训(第2版)	柴增田	38.00	1	2015.6	ppt/pdf
31	978-7-301-28647-0	钳工实训教程	吴笑伟	23.00	1	2017.9	ppt/pdf
32	978-7-301-13651-5	金属工艺学	柴增田	27.00	2	2011.6	ppt/pdf
33	978-7-301-23868-4	机械加工工艺编制与实施(上册)	于爱武	42.00	1	2014.3	ppt/pdf/素材
34	978-7-301-24546-0	机械加工工艺编制与实施(下册)	于爱武	42.00	1	2014.7	ppt/pdf/素材
35	978-7-301-21988-1	普通机床的检修与维护	宋亚林	33.00	1	2013.1	ppt/pdf

序号	书号	书名	编著者	定价	印次	出版日期	配套情况
36	978-7-5038-4869-8	设备状态监测与故障诊断技术	林英志	22.00	3	2011.8	ppt/pdf
37	978-7-301-22116-7	机械工程专业英语图解教程(第2版)	朱派龙	48.00	2	2015.5	ppt/pdf
38	978-7-301-23198-2	生产现场管理	金建华	38.00	1	2013.9	ppt/pdf
39	978-7-301-24788-4	机械CAD绘图基础及实训	杜洁	30.00	1	2014.9	ppt/pdf
数控技术类							
1	978-7-301-17148-6	普通机床零件加工	杨雪青	26.00	2	2013.8	ppt/pdf/素材
2	978-7-301-17679-5	机械零件数控加工	李文	38.00	1	2010.8	ppt/pdf
3	978-7-301-13659-1	CAD/CAM实体造型教程与实训(Pro/ENGINEER版)	诸小丽	38.00	4	2014.7	ppt/pdf
4	978-7-301-24647-6	CAD/CAM数控编程项目教程(UG版)(第2版)	慕灿	48.00	1	2014.8	ppt/pdf
5	978-7-301-21873-0	CAD/CAM数控编程项目教程(CAXA版)	刘玉春	42.00	2	2013.3	ppt/pdf
6	978-7-5038-4866-7	数控技术应用基础	宋建武	22.00	2	2010.7	ppt/pdf
7	978-7-301-13262-3	实用数控编程与操作	钱东东	32.00	4	2013.8	ppt/pdf
8	978-7-301-14470-1	数控编程与操作	刘瑞已	29.00	2	2011.2	ppt/pdf
9	978-7-301-20312-5	数控编程与加工项目教程	周晓宏	42.00	1	2012.3	ppt/pdf
10	978-7-301-23898-1	数控加工编程与操作实训教程(数控车分册)	王忠斌	36.00	1	2014.6	ppt/pdf
11	978-7-301-20945-5	数控铣削技术	陈晓罗	42.00	1	2012.7	ppt/pdf
12	978-7-301-21053-6	数控车削技术	王军红	28.00	1	2012.8	ppt/pdf
13	978-7-301-25927-6	数控车削编程与操作项目教程	肖国涛	26.00	1	2015.7	ppt/pdf
14	978-7-301-17398-5	数控加工技术项目教程	李东君	48.00	1	2010.8	ppt/pdf
15	978-7-301-21119-9	数控机床及其维护	黄应勇	38.00	1	2012.8	ppt/pdf
16	978-7-301-20002-5	数控机床故障诊断与维修	陈学军	38.00	1	2012.1	ppt/pdf
模具设计与制造类							
1	978-7-301-23892-9	注射模设计方法与技巧实例精讲	邹继强	54.00	1	2014.2	ppt/pdf
2	978-7-301-24432-6	注射模典型结构设计实例图集	邹继强	54.00	1	2014.6	ppt/pdf
3	978-7-301-18471-4	冲压工艺与模具设计	张芳	39.00	1	2011.3	ppt/pdf
4	978-7-301-19933-6	冷冲压工艺与模具设计	刘洪贤	32.00	1	2012.1	ppt/pdf
5	978-7-301-20414-6	Pro/ENGINEER Wildfire产品设计项目教程	罗武	31.00	1	2012.5	ppt/pdf
6	978-7-301-16448-8	Pro/ENGINEER Wildfire设计实训教程	吴志清	38.00	1	2012.8	ppt/pdf
7	978-7-301-22678-0	模具专业英语图解教程	李东君	22.00	1	2013.7	ppt/pdf
电气自动化类							
1	978-7-301-18519-3	电工技术应用	孙建领	26.00	1	2011.3	ppt/pdf
2	978-7-301-25670-1	电工电子技术项目教程(第2版)	杨德明	49.00	1	2016.1	ppt/pdf
3	978-7-301-22546-2	电工技能实训教程	韩亚军	22.00	1	2013.6	ppt/pdf
4	978-7-301-22923-1	电工技术项目教程	徐超明	38.00	1	2013.8	ppt/pdf
5	978-7-301-12390-4	电力电子技术	梁南丁	29.00	3	2013.5	ppt/pdf
6	978-7-301-17730-3	电力电子技术	崔红	23.00	1	2010.9	ppt/pdf
7	978-7-301-19525-3	电工电子技术	倪涛	38.00	1	2011.9	ppt/pdf
8	978-7-301-24765-5	电子电路分析与调试	毛玉青	35.00	1	2015.3	ppt/pdf
9	978-7-301-16830-1	维修电工技能与实训	陈学平	37.00	1	2010.7	ppt/pdf
10	978-7-301-12180-1	单片机开发应用技术	李国兴	21.00	2	2010.9	ppt/pdf
11	978-7-301-20000-1	单片机应用技术教程	罗国荣	40.00	1	2012.2	ppt/pdf
12	978-7-301-21055-0	单片机应用项目化教程	顾亚文	32.00	1	2012.8	ppt/pdf
13	978-7-301-17489-0	单片机原理及应用	陈高锋	32.00	1	2012.9	ppt/pdf
14	978-7-301-24281-0	单片机技术及应用	黄贻培	30.00	1	2014.7	ppt/pdf
15	978-7-301-22390-1	单片机开发与实践教程	宋玲玲	24.00	1	2013.6	ppt/pdf
16	978-7-301-17958-1	单片机开发入门及应用实例	熊华波	30.00	1	2011.1	ppt/pdf
17	978-7-301-16898-1	单片机设计应用与仿真	陆旭明	26.00	2	2012.4	ppt/pdf

序号	书号	书名	编著者	定价	印次	出版日期	配套情况
18	978-7-301-19302-0	基于汇编语言的单片机仿真教程与实训	张秀国	32.00	1	2011.8	ppt/pdf
19	978-7-301-12181-8	自动控制原理与应用	梁南丁	23.00	3	2012.1	ppt/pdf
20	978-7-301-19638-0	电气控制与PLC应用技术	郭燕	24.00	1	2012.1	ppt/pdf
21	978-7-301-19272-6	电气控制与PLC程序设计(松下系列)	姜秀玲	36.00	1	2011.8	ppt/pdf
22	978-7-301-12383-6	电气控制与PLC(西门子系列)	李伟	26.00	2	2012.3	ppt/pdf
23	978-7-301-18188-1	可编程控制器应用技术项目教程(西门子)	崔维群	38.00	2	2013.6	ppt/pdf
24	978-7-301-23432-7	机电传动控制项目教程	杨德明	40.00	1	2014.1	ppt/pdf
25	978-7-301-12382-9	电气控制及PLC应用(三菱系列)	华满香	24.00	2	2012.5	ppt/pdf
26	978-7-301-22315-4	低压电气控制安装与调试实训教程	张郭	24.00	1	2013.4	ppt/pdf
27	978-7-301-24433-3	低压电器控制技术	肖朋生	34.00	1	2014.7	ppt/pdf
28	978-7-301-22672-8	机电设备控制基础	王本轶	32.00	1	2013.7	ppt/pdf
29	978-7-301-18770-8	电机应用技术	郭宝宁	33.00	1	2011.5	ppt/pdf
30	978-7-301-23822-6	电机与电气控制	郭夕琴	34.00	1	2014.8	ppt/pdf
31	978-7-301-21269-1	电机控制与实践	徐锋	34.00	1	2012.9	ppt/pdf
32	978-7-301-12389-8	电机与拖动	梁南丁	32.00	2	2011.12	ppt/pdf
33	978-7-301-18630-5	电机与电力拖动	孙英伟	33.00	1	2011.3	ppt/pdf
34	978-7-301-16770-0	电机拖动与应用实训教程	任娟平	36.00	1	2012.11	ppt/pdf
35	978-7-301-28710-1	电机与控制	马志敏	31.00	1	2017.9	ppt/pdf
36	978-7-301-22632-2	机床电气控制与维修	崔兴艳	28.00	1	2013.7	ppt/pdf
37	978-7-301-22917-0	机床电气控制与PLC技术	林盛昌	36.00	1	2013.8	ppt/pdf
38	978-7-301-28063-8	机房空调系统的运行与维护	马也骋	37.00	1	2017.4	ppt/pdf
39	978-7-301-26499-7	传感器检测技术及应用(第2版)	王晓敏	45.00	1	2015.11	ppt/pdf
40	978-7-301-20654-6	自动生产线调试与维护	吴有明	28.00	1	2013.1	ppt/pdf
41	978-7-301-21239-4	自动生产线安装与调试实训教程	周洋	30.00	1	2012.9	ppt/pdf
42	978-7-301-18852-1	机电专业英语	戴正阳	28.00	2	2013.8	ppt/pdf
43	978-7-301-24764-5	FPGA应用技术教程(VHDL版)	王真富	38.00	1	2015.2	ppt/pdf
44	978-7-301-26201-6	电气安装与调试技术	卢艳	38.00	1	2015.8	ppt/pdf
45	978-7-301-26215-3	可编程控制器编程及应用(欧姆龙机型)	姜凤武	27.00	1	2015.8	ppt/pdf
46	978-7-301-26481-2	PLC与变频器控制系统设计与高度(第2版)	姜永华	44.00	1	2016.9	ppt/pdf
		汽车类					
1	978-7-301-17694-8	汽车电工电子技术	郑广军	33.00	1	2011.1	ppt/pdf
2	978-7-301-26724-0	汽车机械基础(第2版)	张本升	45.00	1	2016.1	ppt/pdf/素材
3	978-7-301-26500-0	汽车机械基础教程(第3版)	吴笑伟	35.00	1	2015.12	ppt/pdf/素材
4	978-7-301-17821-8	汽车机械基础项目化教学标准教程	傅华娟	40.00	2	2014.8	ppt/pdf
5	978-7-301-19646-5	汽车构造	刘智婷	42.00	1	2012.1	ppt/pdf
6	978-7-301-25341-0	汽车构造(上册)——发动机构造(第2版)	罗灯明	35.00	1	2015.5	ppt/pdf
7	978-7-301-25529-2	汽车构造(下册)——底盘构造(第2版)	鲍远通	36.00	1	2015.5	ppt/pdf
8	978-7-301-13661-4	汽车电控技术	祁翠琴	39.00	6	2015.2	ppt/pdf
9	978-7-301-19147-7	电控发动机原理与维修实务	杨洪庆	27.00	1	2011.7	ppt/pdf
10	978-7-301-13658-4	汽车发动机电控系统原理与维修	张吉国	25.00	2	2012.4	ppt/pdf
11	978-7-301-27796-6	汽车发动机电控技术(第2版)	张俊	53.00	1	2017.1	ppt/pdf/
12	978-7-301-21989-8	汽车发动机构造与维修(第2版)	蔡兴旺	40.00	1	2013.1	ppt/pdf/素材
13	978-7-301-18948-1	汽车底盘电控原理与维修实务	刘映凯	26.00	1	2012.1	ppt/pdf
14	978-7-301-24227-8	汽车电气系统检修(第2版)	宋作军	30.00	1	2014.8	ppt/pdf
15	978-7-301-23512-6	汽车车身电控系统检修	温立全	30.00	1	2014.1	ppt/pdf
16	978-7-301-18850-7	汽车电器设备原理与维修实务	明光星	38.00	2	2013.9	ppt/pdf
17	978-7-301-29483-3	汽车电器设备技术	戚金凤	41.00	1	2018.5	ppt/pdf
18	978-7-301-20011-7	汽车电器实训	高照亮	38.00	1	2012.1	ppt/pdf

序号	书号	书名	编著者	定价	印次	出版日期	配套情况
19	978-7-301-22363-5	汽车车载网络技术与检修	闫炳强	30.00	1	2013.6	ppt/pdf
20	978-7-301-14139-7	汽车空调原理及维修	林 钢	26.00	3	2013.8	ppt/pdf
21	978-7-301-16919-3	汽车检测与诊断技术	娄 云	35.00	2	2011.7	ppt/pdf
22	978-7-301-22988-0	汽车拆装实训	詹远武	44.00	1	2013.8	ppt/pdf
23	978-7-301-18477-6	汽车维修管理实务	毛 峰	23.00	1	2011.3	ppt/pdf
24	978-7-301-19027-2	汽车故障诊断技术	明光星	25.00	1	2011.6	ppt/pdf
25	978-7-301-17894-2	汽车养护技术	隋礼辉	24.00	1	2011.3	ppt/pdf
26	978-7-301-22746-6	汽车装饰与美容	金守玲	34.00	1	2013.7	ppt/pdf
27	978-7-301-25833-0	汽车营销实务(第2版)	夏志华	32.00	1	2015.6	ppt/pdf
28	978-7-301-27595-5	汽车文化（第2版）	刘 锐	31.00	1	2016.12	ppt/pdf
29	978-7-301-20753-6	二手车鉴定与评估	李玉柱	28.00	1	2012.6	ppt/pdf
30	978-7-301-26595-6	汽车专业英语图解教程(第2版)	侯锁军	29.00	1	2016.4	ppt/pdf/素材
31	978-7-301-27089-9	汽车营销服务礼仪(第2版)	夏志华	36.00	1	2016.6	ppt/pdf
电子信息、应用电子类							
1	978-7-301-19639-7	电路分析基础(第2版)	张丽萍	25.00	1	2012.9	ppt/pdf
2	978-7-301-27605-1	电路电工基础	张 琳	29.00	1	2016.11	ppt/fdf
3	978-7-301-19310-5	PCB板的设计与制作	夏淑丽	33.00	1	2011.8	ppt/pdf
4	978-7-301-21147-2	Protel 99 SE 印制电路板设计案例教程	王 静	35.00	1	2012.8	ppt/pdf
5	978-7-301-18520-9	电子线路分析与应用	梁玉国	34.00	1	2011.7	ppt/pdf
6	978-7-301-12387-4	电子线路CAD	殷庆纵	28.00	4	2012.7	ppt/pdf
7	978-7-301-12390-4	电力电子技术	梁南丁	29.00	2	2010.7	ppt/pdf
8	978-7-301-17730-3	电力电子技术	崔 红	23.00	1	2010.9	ppt/pdf
9	978-7-301-19525-3	电工电子技术	倪 涛	38.00	1	2011.9	ppt/pdf
10	978-7-301-18519-3	电工技术应用	孙建领	26.00	1	2011.3	ppt/pdf
11	978-7-301-22546-2	电工技能实训教程	韩亚军	22.00	1	2013.6	ppt/pdf
12	978-7-301-22923-1	电工技术项目教程	徐超明	38.00	1	2013.8	ppt/pdf
13	978-7-301-25670-1	电工电子技术项目教程（第2版）	杨德明	49.00	1	2016.2	ppt/pdf
14	978-7-301-26076-0	电子技术应用项目式教程(第2版)	王志伟	40.00	1	2015.9	ppt/pdf/素材
15	978-7-301-22959-0	电子焊接技术实训教程	梅琼珍	24.00	1	2013.8	ppt/pdf
16	978-7-301-17696-2	模拟电子技术	蒋 然	35.00	1	2010.8	ppt/pdf
17	978-7-301-13572-3	模拟电子技术及应用	刁修睦	28.00	3	2012.8	ppt/pdf
18	978-7-301-18144-7	数字电子技术项目教程	冯泽虎	28.00	1	2011.1	ppt/pdf
19	978-7-301-19153-8	数字电子技术与应用	宋雪臣	33.00	1	2011.9	ppt/pdf
20	978-7-301-20009-4	数字逻辑与微机原理	宋振辉	49.00	1	2012.1	ppt/pdf
21	978-7-301-12386-7	高频电子线路	李福勤	20.00	3	2013.8	ppt/pdf
22	978-7-301-20706-2	高频电子技术	朱小祥	32.00	1	2012.6	ppt/pdf
23	978-7-301-18322-9	电子EDA技术(Multisim)	刘训非	30.00	2	2012.7	ppt/pdf
24	978-7-301-14453-4	EDA技术与VHDL	宋振辉	28.00	2	2013.8	ppt/pdf
25	978-7-301-22362-8	电子产品组装与调试实训教程	何 杰	28.00	1	2013.6	ppt/pdf
26	978-7-301-19326-6	综合电子设计与实践	钱卫钧	25.00	2	2013.8	ppt/pdf
27	978-7-301-17877-5	电子信息专业英语	高金玉	26.00	2	2011.11	ppt/pdf
28	978-7-301-23895-0	电子电路工程训练与设计、仿真	孙晓艳	39.00	1	2014.3	ppt/pdf
29	978-7-301-24624-5	可编程逻辑器件应用技术	魏 欣	26.00	1	2014.8	ppt/pdf
30	978-7-301-26156-9	电子产品生产工艺与管理	徐中贵	38.00	1	2015.8	ppt/pdf

如您需要更多教学资源如电子课件、电子样章、习题答案等，请登录北京大学出版社第六事业部官网www.pup6.cn搜索下载。

如您需要浏览更多专业教材，请扫下面的二维码，关注北京大学出版社第六事业部官方微信（微信号：pup6book），随时查询专业教材、浏览教材目录、内容简介等信息，并可在线申请纸质样书用于教学。

感谢您使用我们的教材，欢迎您随时与我们联系，我们将及时做好全方位的服务。联系方式：010-62750667，329056787@qq.com，pup_6@163.com，lihu80@163.com，欢迎来电来信。客户服务QQ号：1292552107，欢迎随时咨询